Python Crawler Programming

Principles, Technologies and Development

Python爬虫技术

深入理解原理、技术与开发

李宁◎编著

Li Ning

清华大学出版社

北京

内 容 简 介

本书从实战角度系统讲解 Python 爬虫的核心知识点，并通过大量的真实项目让读者熟练掌握 Python 爬虫技术。本书用 20 多个实战案例，完美演绎了使用各种技术编写 Python 爬虫的方式，读者可以任意组合这些技术，完成非常复杂的爬虫应用。

全书共 20 章，分为 5 篇。第 1 篇基础知识（第 1、2 章），主要包括 Python 运行环境的搭建、HTTP 基础、网页基础（HTML、CSS、JavaScript 等）、爬虫的基本原理、Session 与 Cookie。第 2 篇网络库（第 3～6 章），主要包括网络库 urllib、urllib3、requests 和 Twisted 的核心使用方法，如发送 HTTP 请求、处理超时、设置 HTTP 请求头、搭建和使用代理、解析链接、Robots 协议等。第 3 篇解析库（第 7～10 章），主要包括 3 个常用解析库（lxml、Beautiful Soup 和 pyquery）的使用方法，同时介绍多种用于分析 HTML 代码的技术，如正则表达式、XPath、CSS 选择器、方法选择器等。第 4 篇数据存储（第 11、12 章），主要包括 Python 中数据存储的解决方案，如文件存储和数据库存储，其中数据库存储包括多种数据库，如本地数据库 SQLite、网络数据库 MySQL 以及文档数据库 MongoDB。第 5 篇爬虫高级应用（第 13～20 章），主要包括 Python 爬虫的一些高级技术，如抓取异步数据、Selenium、Splash、抓取移动 App 数据、Appium、多线程爬虫、爬虫框架 Scrapy，最后给出一个综合的实战案例，综合了 Python 爬虫、数据存储、PyQt5、多线程、数据可视化、Web 等多种技术实现一个可视化爬虫。

本书可以作为广大计算机软件技术开发者、互联网技术研究人员学习"爬虫技术"的参考用书。也可以作为高等院校计算机科学与技术、软件工程、人工智能等专业的教学参考用书。

图书在版编目 (CIP) 数据

Python 爬虫技术：深入理解原理、技术与开发 / 李宁编著. —北京：清华大学出版社，2020.1（2023.8 重印）
（宁哥大讲堂）
ISBN 978-7-302-53568-3

Ⅰ . ① P… Ⅱ . ①李… Ⅲ . ①软件工具—程序设计 Ⅳ . ① TP311.561

中国版本图书馆 CIP 数据核字（2019）第 173106 号

责任编辑：盛东亮　钟志芳
封面设计：李召霞
责任校对：白　蕾
责任印制：丛怀宇

出版发行：清华大学出版社
　　　　网　　　址：http://www.tup.com.cn，http://www.wqbook.com
　　　　地　　　址：北京清华大学学研大厦 A 座　　　　邮　　编：100084
　　　　社 总 机：010-83470000　　　　邮　　购：010-62786544
　　　　投稿与读者服务：010-62776969，c-service@tup.tsinghua.edu.cn
　　　　质 量 反 馈：010-62772015，zhiliang@tup.tsinghua.edu.cn
印 装 者：三河市铭诚印务有限公司
经　　销：全国新华书店
开　　本：203mm×260mm　　　　印　　张：31.25　字　　数：855 千字
版　　次：2020 年 1 月第 1 版　　　　印　　次：2023 年 8 月第 7 次印刷
印　　数：10001～10800
定　　价：89.00 元

产品编号：082638-01

Python 现在非常火爆。但 Python 就和英语一样，如果只会 Python 语言，就相当于只能用英语进行日常会话。然而，真正的英语高手是可以作为专业领域翻译的，如 IT、金融、数学等专业领域。Python 也是一样，光学习 Python 语言是不行的，要想找到更好的工作，或得到更高的薪水，需要学会用 Python 做某一领域的应用。

现在 Python 应用的热门领域比较广，例如人工智能，不过人工智能不光涉及 Python 语言本身的技术，还涉及数学领域的知识，虽然比较火爆，但绝对不是短时间可以掌握的。然后有一个领域与人工智能的火爆程度相当，但不像人工智能那样难入门，这就是爬虫领域。

为什么爬虫领域如此火爆呢？其实爬虫的基本功能就是从网上下载各种类型的数据（如 HTML、图像文件等）。但不要小瞧这些下载的数据，因为这些数据将成为很多应用的数据源。例如，著名的 Google 搜索引擎，每天都会有数以亿计的查询请求，而搜索引擎为这些请求返回的数据，都是来源于强大的爬虫。编写搜索引擎的第一步就是通过爬虫抓取整个互联网的数据，然后将这些数据库保存到本地（以特定的数据格式），接下来就是对这些数据进行分析整理。然后才可以通过搜索引擎进行查询。虽然搜索引擎的实现技术非常多，也非常复杂，但爬虫是 1，其他的所有技术都是 0，如果没有爬虫搜集数据，再强大的分析程序也毫无用武之地。

除了搜索引擎外，人工智能中的重要分支深度学习也需要爬虫抓取的数据来训练模型。例如，要想训练一个识别金字塔的深度学习模型，就需要大量与金字塔相关的图片进行训练。最简单的方式，就是使用百度或谷歌搜索金字塔图片，然后用爬虫抓取这些图片到本地。这是利用了搜索引擎通过关键字分类的特性，并且重新利用了这些分类的图片。

通过这些例子可以了解到，学习爬虫是进入其他更高端领域的钥匙，所以学习 Python 爬虫将成为第一个需要选择的热门领域。

尽管爬虫的基本功能是下载文件，但一个复杂的爬虫应用，可不光涉及网络技术。将数据下载后，还需要对数据进行分析，提取需要的信息，以及进行数据可视化，甚至需要一个基于 UI 的可视化爬虫。所以与爬虫有关的技术还是很多的。

由于 Pythonp 爬虫涉及的技术很多，学习资料过于分散。所以，笔者觉得很有必要编写一本全面介绍 Python 爬虫实战类的书籍，在书中分享笔者对 Python 爬虫以及相关技术的理解和经验，帮助同行和感兴趣的朋友快速入门，并利用 Python 语言编写各种复杂的爬虫应用。笔者希望本书能起到抛砖引玉的作用，使读者对 Python 爬虫以及相关技术产生浓厚的兴趣，并能成功进入 Python 爬虫领域。加油！高薪的工作在等着你们！

本书使用最新的 Python 3 编写，并在书中探讨了关于 Python 爬虫的核心技术。全书分 5 篇，共 20 章。内容涵盖 Python 爬虫的基础知识、常用网络库、常用分析库、数据存储技术、异步数据处理、可见即可爬技术、抓取移动 App、Scrapy 等。本书还包含 20 多个真实的项目，以便让读者身临其境地体验 Python 爬虫的魅力。

限于篇幅，本书无法囊括 Python 爬虫以及相关技术的方方面面，只能尽自己所能，与大家分享尽可能多的知识和经验。相信通过本书的学习，读者可以拥有进一步深入学习的能力，达到 Python 爬虫高手的程度也只是时间问题。

为方便读者学习，本书配套提供了程序代码，并录制了一集视频，扫码即可下载程序代码或观看视频。

最后，笔者希望本书能为国内的 Python 爬虫以及相关技术的普及，为广大从业者提供有价值的实践经验并帮助他们快速上手贡献绵薄之力。

编著者
2019 年 10 月

第 5 篇　爬虫高级应用

第1篇
基础知识

第 1 章

开发环境配置

"工欲善其事，必先利其器。"，由于本书涉及的爬虫使用 Python 语言编写，所以在学习编写爬虫之前，必须先搭建好 Python 开发环境。Python 程序可以直接使用记事本开发，也可以使用 IDE（Integrated Development Environment，集成开发环境）开发。不过大多数项目都会使用 IDE 开发。因为 IDE 支持代码高亮、智能提示和可视化等功能，这些功能可以让开发效率大大提升。

本章主要介绍以下内容：

（1）安装 Python 标准环境；

（2）安装 Anaconda Python 环境；

（3）设置 PATH 环境变量；

（4）安装 PyCharm；

（5）配置 PyCharm。

关注公众号并输入 247415
下载配书源代码

1.1 安装官方的 Python 运行环境

不管用什么工具开发 Python 程序，都必须先安装 Python 的运行环境。由于 Python 是跨平台的，所以在安装之前，先要确定在哪一个操作系统平台上安装，目前最常用的是 Windows、macOS 和 Linux 三大平台。由于目前国内使用 Windows 和 macOS 的程序员比较多，所以本章主要以 Windows 和 macOS 为例介绍如何安装和使用 Python 运行环境。

读者可以直接到 Python 的官网（https://www.python.org/downloads）下载相应操作系统平台的 Python 安装包。

进入下载页面，浏览器会根据不同的操作系统显示不同的 Python 安装包下载链接。如果读者使用的是 Windows 平台，会显示如图 1-1 所示的 Python 下载页面。

如果读者使用的是 macOS 平台，会显示如图 1-2 所示的 Python 下载页面。

不管是哪个操作系统平台的下载页面，都会出现"Download Python 3.7.2"按钮（随着时间的推移，可能版本号略有不同）。直接单击"Download Python3.7.2"按钮下载相应平台的 Python 安装包即可。如果是 Windows 平台，下载的是 exe 文件，如果是 macOS 平台，下载的是 pkg 文件，这是 macOS 上的安装程序，直接安装即可。

图 1-1 Windows 平台的 Python 下载页面

图 1-2 macOS 平台的 Python 下载页面

现在主要介绍在 Windows 平台如何安装 Python 运行环境。首先运行下载的 exe 文件，会显示 Python 安装界面。如果读者的机器已经安装了 Python 环境，那么会显示如图 1-3 所示的升级或重新安装的界面。如果读者的机器没有安装过 Python 环境，显示的安装界面与图 1-3 的界面类似，只是 Upgrade Now 变成了 Install Now。建议读者选中界面下方的"Add Python 3.7 to PATH"复选框，这样安装程序就会自动将 Python 的路径加到 PATH 环境变量中。

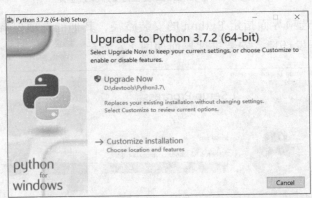

图 1-3 Windows 版 Python 3.7 安装程序的第一个界面

在图 1-3 所示的界面中出现两个安装选项，Upgrade Now 和 Customize installation，如果读者要升级 Python，可以单击 Upgrade Now 按钮，如果读者想定制安装选项，可以单击 Customize installation。现在我们定制安装 Python 环境。单击 Customize installation 按钮，会显示如图 1-4 所示的界面，默认所有的复选框全部选中，保留默认设置，然后单击 Next 按钮进入下一个安装界面。

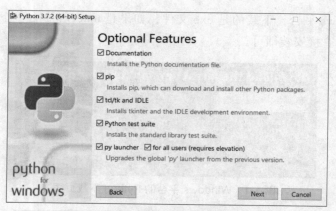

图 1-4　Python 选项界面

进入下一个安装界面后，会看到如图 1-5 所示的选项以及一个输入安装路径的文本框。

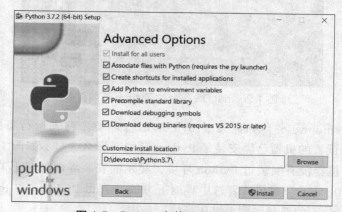

图 1-5　Python 安装程序的高级选项

读者可以在这个高级选项界面指定 Python 的安装路径，其他的选项保持默认设置即可。最后单击 Install 按钮安装 Python 开发环境，安装进度界面如图 1-6 所示。

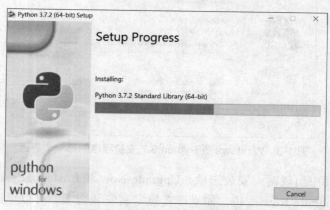

图 1-6　Python 安装进度界面

安装完成后，关闭安装界面。macOS 下安装 Python 的过程与 Windows 类似，读者可以自行安装。

1.2 配置 PATH 环境变量

在安装完 Python 运行环境后，我们可以测试一下 Python 运行环境，如果在安装 Python 的过程中忘记了选中 "Add Python 3.7 to PATH" 复选框，那么默认情况下，Python 安装程序是不会将 Python 安装目录添加到 PATH 环境变量中的。这样一来，我们就无法在 Windows 命令行工具中的任何目录执行 python 命令了，必须进入 Python 的安装目录才可以使用 python 命令。

为了更方便地执行 python 命令，建议将 Python 安装目录添加到 PATH 环境变量中。在 Windows 平台配置 PATH 环境变量的步骤如下。

回到桌面，右击 "此电脑"，在弹出菜单中单击 "属性" 菜单项，会显示如图 1-7 所示的 "系统" 窗口。

图 1-7 "系统" 窗口

单击 "系统" 窗口左侧的 "高级系统设置"，弹出如图 1-8 所示的 "系统属性" 窗口。

单击 "系统属性" 窗口下方的 "环境变量 (N)..." 按钮，弹出如图 1-9 所示的 "环境变量" 窗口。

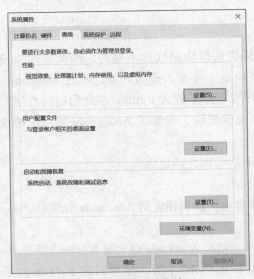

图 1-8 "系统属性" 窗口

图 1-9 "环境变量" 窗口

"环境变量" 窗口有两个列表，上面的列表是为 Windows 当前登录用户设置环境变量，在这里设置的环境变量只对当前登录用户有效。下面的列表是对所有用户设置的环境变量，这些变量对所有的用户都有效。读者在哪里设置 PATH 环境变量都可以，本书在上面的列表中设置了 PATH 环境变量。如果在列表中没有 PATH 环境变量，可单击"新建 (N)..."按钮添加一个新的 PATH 环境变量。如果已经有了 PATH 环境变量，双击 PATH，就会弹出如图 1-10 所示的"编辑环境变量"对话框。单击"新建"按钮，添加 Python 的安装路径即可。注意，这里要填写目录，而不是 python.exe 文件的路径。

在 Path 环境变量中添加 Python 的路径后，打开 Windows 命令行工具，执行 python --version 命令，如果输出如图 1-11 所示的内容，说明 Python 已经安装成功。

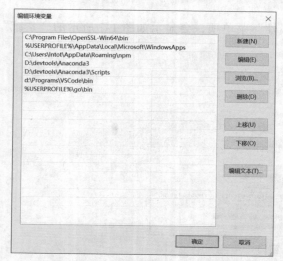

图 1-10 "编辑环境变量"对话框

图 1-11 测试 Python 运行环境是否安装成功

1.3 安装 Anaconda Python 开发环境

开发一个完整的 Python 应用，光使用 Python 本身提供的模块是远远不够的，因此，需要使用大量第三方模块。在开发 Python 应用时安装这些第三方模块是一件令人头痛的事，不过 Anaconda 会让这件事轻松不少。Anaconda 是一个集成的 Python 运行环境。除了包含 Python 本身的运行环境外，还集成了很多第三方模块，如 numpy、pandas、flask 等。也就是说，安装了 Anaconda 后，这些模块都不需要安装了。

Anaconda 的安装相当简单，首先进入 Anaconda 的下载页面，地址为：

https://www.anaconda.com/distribution

Anaconda 的下载页面会根据用户当前使用的操作系统自动切换到相应的 Anaconda 安装包。Anaconda 是跨平台的，支持 Windows、macOS 和 Linux。

Anaconda 的安装包分为 Python3.x 和 Python2.x 两个版本，目前 Anaconda 稳定版本分别支持 Python3.6 和 Python2.7，所以习惯上称这两个版本为 Python3.6 版和 Python2.7 版，尽管目前 Python 的最新版本是 3.7，但使用 Python3.6 仍然可以完美地运行本书的案例，所以读者只需要选择 Python3.6 或其以上版本即可。

进入 Anaconda 下载页面后，会显示当前操作系统的下载页面，如图 1-12 是 macOS 系统的下载页面。读者可以单击 Windows 和 Linux 链接切换不同操作系统对应的下载页面。

Windows
macOS
Linux
Anaconda 5.0.1 For macOS Installer
Python 3.6 version *
Download
64-Bit Graphical Installer (569 MB)
64-Bit Command-Line Installer (491 MB)
Python 2.7 version *
Download
64-Bit Graphical Installer (563 MB)
64-Bit Command-Line Installer (487 MB)

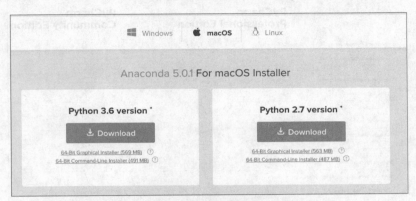

图 1-12　Anaconda 的下载页面（macOS）

单击 Download 按钮下载相应平台的安装程序，然后直接安装即可。成功安装 Anaconda 环境后，进入操作系统的控制台（Windows 是命令提示符），执行 python 命令，就会进入如图 1-13 所示的 Python REPL 环境（Python 命令行交互环境）。可以在这个环境中执行任何的 Python 代码。如果能成功进入 Python REPL 环境，说明 Anaconda 环境已经安装成功。

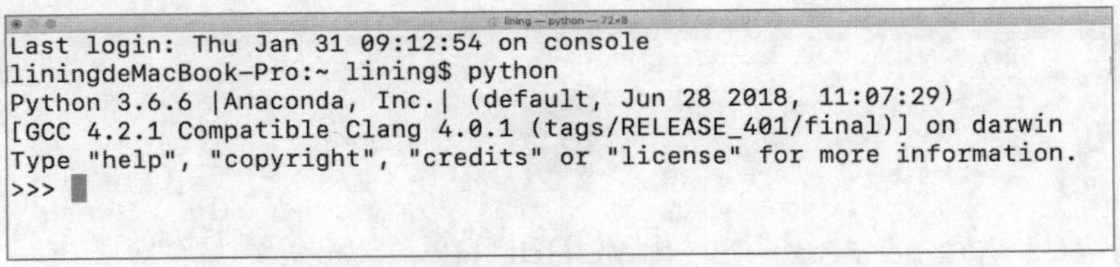

Last login: Thu Jan 31 09:12:54 on console
liningdeMacBook-Pro:~ lining$ python
Python 3.6.6 |Anaconda, Inc.| (default, Jun 28 2018, 11:07:29)
[GCC 4.2.1 Compatible Clang 4.0.1 (tags/RELEASE_401/final)] on darwin
Type "help", "copyright", "credits" or "license" for more information.
>>>

图 1-13　Python REPL 环境（macOS）

1.4　安装 PyCharm

PyCharm 是一个专门用于开发 Python 程序的 IDE，由 JetBrains 公司开发，这个公司开发出很多非常流行的 IDE，例如 WebStorm、Intellj IDEA 等，其中 Android Studio（开发 Android App 的 IDE）就是基于 Intellj IDEA 社区版开发的。

PyCharm 有两个版本：社区版和专业版。社区版是免费的，但功能有限，不过使用 PyCharm 社区版完成本书的案例已经足够了。

读者可以到 PyCharm 官网（https://www.jetbrains.com/pycharm）下载 PyCharm 的安装文件。

进入 PyCharm 下载页面后，将页面垂直滚动条滑动到中下部，会看到如图 1-14 所示的 PyCharm 专业版和社区版的下载按钮。

PyCharm 下载页面会根据用户当前使用的操作系统自动切换到相应的安装文件，Windows 是 exe 文件，macOS 是 dmg 文件，Linux 是 tar.gz 文件。读者只需单击右侧的 DOWNLOAD 按钮即可下载相应操作系统平台的安装程序。

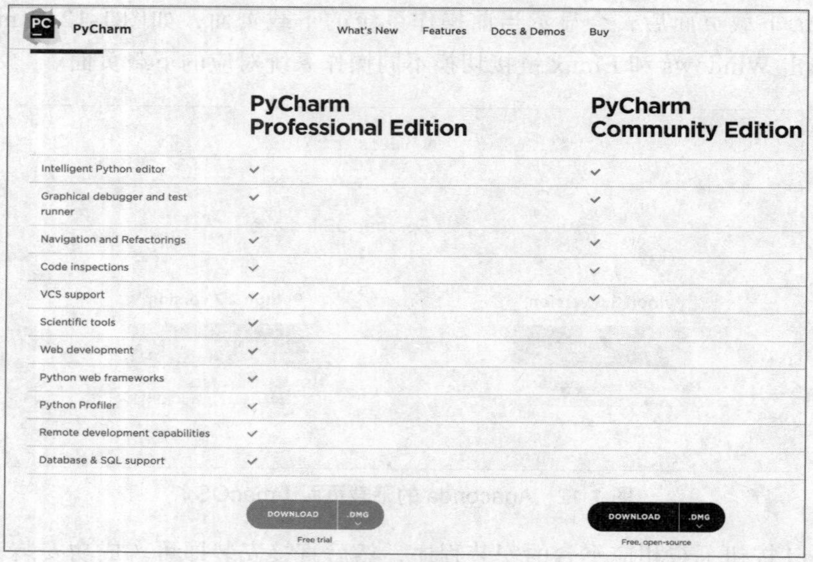

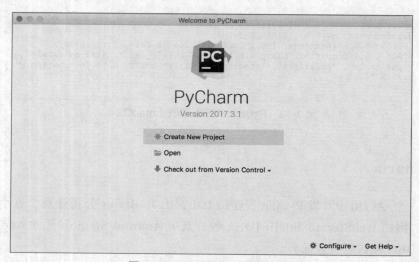

图 1-14　下载 PyCharm

　　下载完 PyCharm 即可运行 PyCharm，第 1 次运行 PyCharm，会显示如图 1-15 所示的欢迎界面。单击 Create New Project 按钮即可建立 Python 工程。

图 1-15　PyCharm 的欢迎界面

1.5　配置 PyCharm

　　单击图 1-15 所示 PyCharm 欢迎界面的 Create New Project 按钮，会显示 New Project 窗口，这个窗口是用来创建 Python 工程的。在 Location 文本框中输入 Python 工程的名称，如果读者要选择不同的 Python 运行环境，可以单击 Project Interpreter，会在 New Project 窗口下方显示如图 1-16 所示的 Python 运行环境选择界面。

图 1-16 New Project 窗口

如果读者已经配置好了 PyCharm 中的 Python 运行环境，从 Interpreter 列表中选择一个 Python 运行环境即可。如果读者还没有对 PyCharm 进行配置，需要单击 Interpreter 列表框右侧的按钮，然后在弹出菜单中单击 Add Local 菜单项，会弹出如图 1-17 所示的 Add Local Python Interpreter 窗口。

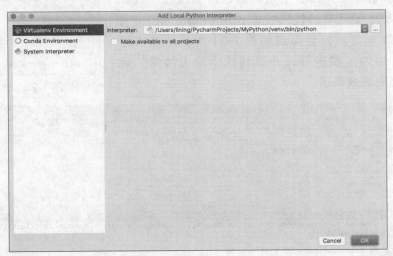

图 1-17 Add Local Python Interpreter 窗口

选择左侧列表中的 Virtualenv Environment，单击右侧 Interpreter 列表框右侧的省略号按钮，会弹出一个 Select Python Interpreter 窗口，如图 1-18 所示。在该窗口中选择 Anaconda 或其他 Python 解释器，然后单击 OK 按钮关闭该窗口。

接下来回到图 1-16 所示的 New Project 窗口，在 Interpreter 列表中选择刚才指定的 Python 运行环境，最后单击 Create 按钮创建 Python 工程。一个空的 Python 工程如图 1-19 所示。

Python 源代码文件可以放在 Python 工程的任何位置，通常将 Python 源代码文件放在 src 目录中，然后选择 src 目录，在右键菜单中选择 New → Python File 命令创建一个 Python 文件（这里是 Test. py），如图 1-20 所示。

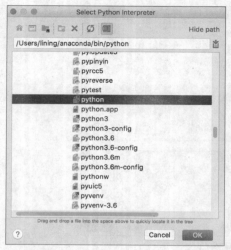

图 1-18   Select Python Interpreter 窗口

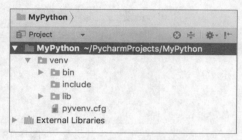

图 1-19   空的 Python 工程

第一次运行 Python 程序可以右击 Test.py 文件，在菜单中选择 Run‘Test’命令运行 Test.py 脚本文件。以后再运行，可以直接单击 MyCharm 主界面右上角的绿色箭头按钮。现在为 Test.py 文件输入一行简单的代码，如 print('hello world')，然后运行 Test.py 脚本文件，会得到如图 1-21 所示的输出结果。如果读者按前面的步骤进行，并得到这个输出结果，就说明 PyCharm 已经安装成功了。

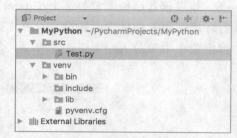

图 1-20   创建 Test.py 文件

图 1-21   在 PyCharm 中运行 Python 脚本文件

1.6   小结

本章简单介绍了如何安装 Python 开发环境，推荐安装 Anaconda 环境，这样很多第三方库就无须安装了。如果对 Python 语言本身还不熟悉，可以参考《Python 从菜鸟到高手》一书。

第 2 章

爬虫基础

在编写爬虫之前，有必要了解一些爬虫的基础知识，例如 HTTP、HTML、CSS、Session 和 Cookie 等。本章会对这些基础知识做简要的介绍。

本章主要介绍以下内容：

（1）HTTP 和 HTTPS 的基本原理；

（2）URL、URI 和 URN 的区别；

（3）HTTP 请求和 HTTP 响应；

（4）Web 三剑客（HTML、CSS 和 JavaScript）在爬虫中的地位；

（5）爬虫的基本原理；

（6）通过 Session 和 Cookie 如何保存 HTTP 状态；

（7）编写爬虫的基本步骤。

2.1 HTTP 基础

本节具体介绍 HTTP 的基本原理，以及在浏览器中通过 URL 获取网页内容的过程中到底发生了什么。了解这些内容，有助于进一步了解爬虫的基本原理。

2.1.1 URI 和 URL

通过浏览器访问网页，首先就要接触 URL（Uniform Resource Location，统一资源定位符），不过在很多场景，经常会遇到 URI，那么 URI 是什么呢？ URI 的英文全称是 Uniform Resource Identifier，中文的意思是"统一资源标识符"。

在很多时候，URL 与 URI 可以互换，例如，https://geekori.com/edu/course.php?c_id=6 是 geekori. com 上一个页面的链接，这是一个 URL，同时也是一个 URI。也就是说，在 geekori.com 上有一个页面，通过 URL/URI 指定了该页面的访问协议（https）、访问域名（geekori.com）、访问路径（/edu/course.php）和参数（?c_id=6）。通过这样一个链接，我们可以在互联网上唯一定位这个资源，这就是

URL/URI。

既然同时存在 URL 和 URI，那么它们肯定有区别。其实 URL 是 URI 的子集，也就是说，每个 URL 都是 URI，但并不是所有的 URI 都是 URL。那么有哪些 URI 不是 URL 呢？URI 除了包含 URL 外，还有 URN（Universal Resource Name，统一资源名称）。URN 只命名资源而不指定如何获得资源，例如，P2P 下载中使用的磁力链接是 URN 的一种实现，它可以持久化地标识一个 BT 资源，资源分布式地存储在 P2P 网络中，无须中心服务器用户即可找到并下载它。在磁力链接中类似 magnet:?xt=urn:btih: 开头的字符串就是一个 URN。而 URL 不仅命名了资源，还指定了如何获取资源，如获取资源的协议、域名、路径等。不过对于爬虫来说，主要使用 URL，URN 用的并不多。用于访问网页的链接可以称为 URL，也可以称为 URI，本书中称为 URL。

2.1.2　超文本

超文本，英文名字是 hypertext。在 Web 应用中，超文本主要是指 HTML 代码。我们在浏览器中看到的内容就是浏览器解析超文本（HTML 代码）后的输出结果。这些 HTML 代码由若干个节点组成，例如，用于显示图像的 img 节点，用于换行的 p 节点，用于显示表格的 table 节点。浏览器解析这些节点后，就形成了平时看到的页面，而页面的源代码（HTML 代码）就可以称为超文本。

任何浏览器都可以查看当前页面的源代码，本节以 Chrome 为例，在 Chrome 中打开任意一个页面，如京东商城，在页面的右键菜单中单击"检查"命令，就会打开浏览器的开发者工具，在 Elements 节点页可以看到当前页面的源代码，如图 2-1 所示。

图 2-1　浏览"京东商城"首页的源代码

2.1.3　HTTP 与 HTTPS

任何一个 URL 的开头都指明了协议，例如，在访问京东商城 https://www.jd.com 时，协议是

https，Web 资源除了 https，还有 http。除了以这两个协议开头的 URL，还有以 ftp、sftp、smb 等协议开头的 URL。那么协议是指什么呢？其实这里的协议就是指数据传输协议，也就是数据的传输格式（数据传输规范）。只要客户端（浏览器）和服务端都遵循这些规范，就可以正常传输数据。由于爬虫主要涉及的协议是 HTTP 和 HTTPS，所以本节主要介绍这两种协议。

HTTP 的全称是 Hyper Text Transfer Protocol，中文名是"超文本传输协议"。HTTP 理论上可以传输任何类型的数据，包括超文本数据、普通的文本数据、二进制数据（如图像、视频文件等），不过对于爬虫来说，主要关注通过 HTTP 传输的超文本数据。HTTP 是由万维网协会（World Wide Web Consortium，W3C）和 Internet 工作小组（Internet Engineering Task Force，IETF）共同合作制定的规范，目前广泛使用的是 HTTP 1.1。

HTTPS 的全称是 Hyper Text Transfer Protocol over Secure Socket Layer，是安全的 HTTP 数据通道，也可以认为是 HTTP 的安全版本，即 HTTP 下加入 SSL 层，简称为 HTTPS。通过 HTTPS 传输的数据都是加密的，而通过 HTTP 传输的数据都是明文。

HTTPS 的安全基础是 SSL，因此通过 HTTPS 传输的数据都是经过 SSL 加密的，主要有以下两种作用。

（1）建立一个信息安全通道来保证数据传输的安全。

（2）确认网站是安全和真实的。

第 1 个作用非常好理解，那么第 2 个作用是什么意思呢？还是以京东商城为例，在 chrome 浏览器中打开京东商城首页后，在浏览器地址栏左侧会出现一个小锁，单击小锁，会显示如图 2-2 所示的页面。最上方会显示"连接是安全的"。这就表明对京东商城访问是安全的。

为了更进一步证明访问的确实是京东商城，单击图 2-2 所示弹出页面的"证书（有效）"链接，会显示证书的颁发机构，单击"细节"会显示更多关于证书的信息，如图 2-3 所示。

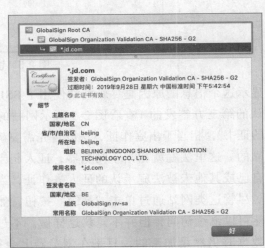

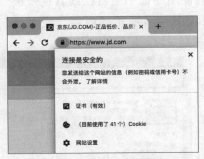

图 2-2　连接安全的京东商城　　　　　　　　图 2-3　证书详细信息

从证书信息可以看出，京东商城使用了 GlobalSign 签发的证书，顶级域名是 jd.com，也就是说，www.jd.com、wt.jd.com 这些域名都会使用这个证书，这就证明了访问的 https://www.jd.com 不仅是安全的，而且的确是京东商城的官方网站。

现在越来越多的网站和 App 都已经向 HTTPS 方向发展，例如：

（1）苹果公司强制所有的 iOS App 在 2017 年 1 月 1 日前全部改为使用 HTTPS 加密，否则 App 就无法在应用商店上架。

（2）从 Chrome 56（Google 在 2017 年 1 月推出）开始，对未进行 HTTPS 加密的网站链接显示风险提示，也就是在地址栏左侧显示一个感叹号图标，并且显示"不安全"字样。单击感叹号图标，弹出页面会显示"您与此网站之间建立的连接不安全"，如图 2-4 所示。

（3）微信小程序要求必须使用 HTTPS 请求与服务端通信。

在访问某些网站时，尽管使用的是 HTTPS，但 Chrome 浏览器仍然会提示该网站不安全，例如，访问本机（nginx 作为服务器），尽管使用的是 https://localhost，但浏览器会提示如图 2-5 所示的信息。

图 2-4   不安全连接

图 2-5   访问不安全的网站

显示这个信息的原因是尽管网站使用了 SSL 进行加密，但使用的证书是自己或其他未被当前浏览器承认的第三方签发的（查看图 2-5 所示网站的证书，会显示如图 2-6 所示的内容，很明显，这是自签发的证书），相当于出庭作证，法庭首先需要确认证人本身是可靠的。这里法庭就相当于浏览器，证人相当于证书。如果是自己或其他未被法庭承认的证人去作证，当然是无效证词了。尽管这类网站通过单击"高级"按钮，然后按提示操作仍然可以继续访问，但并不建议这样做。不过这类网站在传输数据时仍然是加密的，只是在浏览器上会提示不安全。对于一些应用，可以利用自签名的 HTTPS 网站传输加密数据，不过对于一些应用，如 Android App，要求签名必须是被当前系统认可的才可以访问，因此，如果要自己搭建基于HTTPS 的网站，最好到相关权威机构购买证书。

图 2-6   自签发的证书

2.1.4 HTTP 的请求过程

在浏览器地址栏中输入一个 URL，按 Enter 键会在浏览器中显示页面内容。实际上，这个过程是按 Enter 键后，浏览器根据 URL 指定的地址向服务端发送一个请求，当服务端接收到这个请求后，会对请求数据进行解析，并处理解析后的数据，然后返回对应的响应数据，这些响应数据最终会被回传给浏览器。对于浏览器来说，这些响应数据的核心内容就是页面的源代码（主要是 HTML 代码），浏览器会对这些源代码进行解析，然后将解析结果展示在浏览器上，这就是我们最终看到的页面，整个过程如图 2-7 所示。

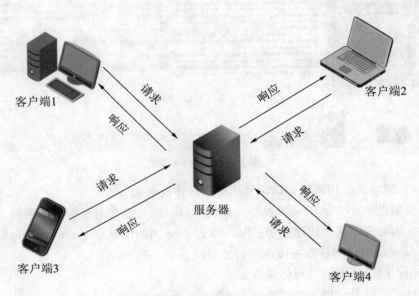

图 2-7　HTTP 请求过程示意图

这里的客户端表示 PC、手机以及任何计算设备的浏览器，服务器表示网站所在的服务器。为了更直观说明这个过程，可以通过 Chrome 浏览器的开发者工具中的 Network 监听组件观察 Web 页面请求服务器的各类 URL。

打开 Chrome 浏览器，进入京东商城首页，在页面右键菜单中单击"检查"命令打开开发者工具，然后切换到 Network 面板，就会看到很多 URL，如图 2-8 所示。

Network 面板中的每一个条目表示一个 URL，每列的含义如下。

（1）Name：请求的文件名。通常来讲，一个 URL 就是请求服务器的一个文件，而 Name 列的值就是这个 URL 最后的文件名。例如，请求 URL 是 https://m.360buyimg.com/babel/jfs/abc.jpg，那么 Name 列的值就是 abc.jpg。

（2）Status：响应状态码。如果服务器成功响应客户端，响应状态码通常是 200。通过响应状态码，可以判断发送的请求是否得到了服务器的正常响应。

（3）Type：请求的文档类型。一般会根据响应头的 content-type 字段确定文档类型，例如，请求的 URL 是 https://m.360buyimg.com/babel/jfs/abc.jpg，content-type 字段的值就是 image/jpeg，所以 Type 列的值就是 jpeg。

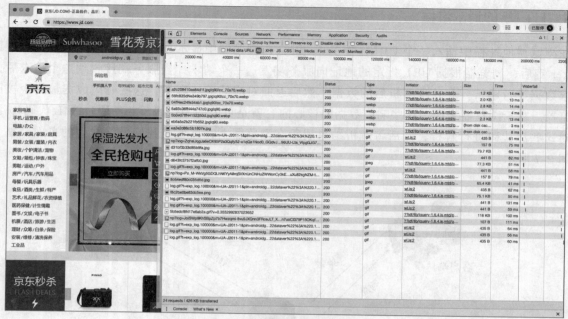

图 2-8   Network 面板

（4）Initiator：请求源。用来标记请求是由哪个程序发起的。

（5）Size：资源的大小。由于向服务器发送请求后，服务器会返回对应的资源，这个 Size 列就是返回资源的大小。如果资源从本地缓存中获取，那么 Size 列的值就是 from disk cache。

（6）Time：从发起请求到获取响应所用的总时间。

（7）Waterfall：网络请求的可视化瀑布流。

单击某个条目，可以看到更详细的信息，如图 2-9 所示。

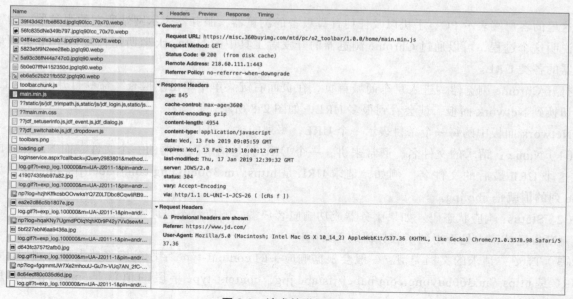

图 2-9   请求的详细信息

详细信息页面有 3 个部分：General、Response Headers 和 Request Headers，分别表示基本信息、响应头信息和请求头信息。其中 General 部分的字段含义如下。

（1）Request URL：请求的完整 URL。

（2）Request Method：请求的方法，本例是 GET，另外一个常用的方法是 POST。

（3）Status Code：响应状态码。

（4）Remote Address：远程服务器的地址和端口号。

（5）Referrer Policy：Referrer 判别策略。

在客户端和服务器交互的过程中，涉及两个"头"，一个是请求头（Request Headers），一个是响应头（Response Headers）。请求头和响应头都由若干字段组成，用于描述在请求和响应过程中的相关信息。例如，请求信息是由什么客户端发出的，会通过请求头的 User-Agent 字段描述，通过该字段，服务器就会知道客户端是通过 Chrome、Firefox，或是 IE 发出的请求。而浏览器可以通过响应头的 content-type 字段得到服务器返回资源的类型。下面详细介绍请求头和响应头包含的内容。

2.1.5 请求

请求是由客户端向服务端发出的，可分为 4 部分：请求方法（Request Method）、请求链接（Request URL）、请求头（Request Headers）、请求体（Request Body）。

1．请求方法

请求方法有很多个，但常用的只有 GET 和 POST。

在浏览器地址栏输入一个 URL，然后按 Enter 键，这时浏览器会向服务器发送一个 GET 请求，请求的参数包含在 URL 中。例如，在京东商城搜索《Python 从菜鸟到高手》一书，可以使用 https://search.jd.com/Search?keyword=Python 从菜鸟到高手，其中 keyword 就是要传给服务端的搜索关键字，很明显，所有的参数都暴露在浏览器地址栏中。POST 方法通常在提交表单时发起，需要传输的数据并不包含在 URL 中，而是包含在请求体中。例如，在用户登录页面，输入用户名和密码后，单击"登录"按钮，通常会发起一个 POST 请求，将用户名和密码放在请求体中提交给服务端。

GET 和 POST 请求方法的主要区别如下。

（1）GET 请求中的参数都包含在 URL 中，数据可以在 URL 中看到，而 POST 请求提交的数据并不会包含在 URL 中，这些数据会包含在请求体中提交给服务端。

（2）GET 请求提交的数据最多只有 1024 个字节，而 POST 请求对提交数据的大小没有限制，所以通常用 GET 提交简单的数据，用 POST 提交复杂的数据，例如上传文件。

由于 GET 请求提交的数据会直接显示在浏览器地址栏中，所以如果要提交敏感数据，例如用户名和密码，一般会使用 POST 请求，因为通过 POST 请求提交的数据并不出现在浏览器地址栏中。当然，使用 POST 请求提交的数据并不是绝对安全，使用很多工具可以查看通过 POST 请求提交的数据，例如，前面介绍的 Chrome 浏览器的开发者工具。但不管怎样，至少通过 POST 请求提交的数据不会直接显示出来。

除了 GET 和 POST 方法外，还有很多其他的请求方法，表 2-1 对这些方法做了一个简单的总结。

表 2-1 HTTP 请求方法

方　　法	描　　述
GET	请求指定的页面信息，并返回页面内容
HEAD	与 GET 请求类似，只不过返回的响应信息中没有具体的内容，该方法仅用于获取响应头
POST	请求指定的页面信息，只是提交的数据包含在请求体中。通常用于表单提交或上传文件
PUT	用客户端向服务器传送的数据取代指定的文档的内容
DELETE	请求服务器删除指定的页面
CONNECT	将服务器作为跳板，让服务器代替客户端访问指定网页，相当于将服务器作为代理使用
OPTIONS	允许客户端查看服务器的性能
TRACE	回显服务器收到的请求，主要用于测试或诊断

2. 请求链接

请求链接，也就是 URL，用于指定请求的唯一资源。

3. 请求头

请求头用来提供服务器使用的信息，由若干个请求头字段组成，例如，Cookie、User-Agent 等。下面解释一下常用请求头字段的作用。

（1）Accept：请求报头域，用于告诉服务端，客户端可以接收什么类型的信息。例如，Accept: text/html 表示客户端可以接收 HTML 格式的信息。

（2）Accept-Charset：指定客户端可接受的编码格式。例如，Accept-Charset: utf-8 表示客户端可以接受 utf-8 编码。

（3）Accept-Encoding：指定客户端可接受的内容编码列表。例如，Accept-Encoding: gzip, deflate。

（4）Accept-Language：指定客户端可接受的语言列表。例如，Accept-Language: en-US。

（5）Content-Length：指定客户端提交的请求体的大小（以字节为单位）。例如，Content-Length: 348 表示请求体一共有 348 个字节。

（6）Content-Type：请求体的文档类型。例如，Content-Type: application/x-www-form-urlencoded 表示请求体是一个表单。

（7）Cookie：存储在本地的数据，通常以 key-value 形式存储。一般通过 Cookie 跟踪客户端。由于 HTTP 是无状态连接，也就是说，一旦本次数据交互完成，客户端与服务端就会立刻断开连接，不会保留任何状态。为了当客户端再次访问服务端时，服务端可以知道这个客户端曾经访问过服务端，就需要在客户端第一次访问服务端，并满足一定条件时，在客户端保存可以唯一标识该客户端的数据，当客户端再次访问服务端时，就会从客户端取出这个唯一标识，并将这个唯一标识通过 Cookie 请求头字段发送给服务端。而这些以 key-value 形式保存在本地的文件就称为 Cookie 文件。例如，Cookie: clientid=123456，这里 clientid 就是客户端传给服务端的唯一标识。Web 应用通常使用这个功能来实现用户免登录功能，也就是当用户第一次登录成功后，会从服务端获得唯一表示该用户的标识，并将这个标识保存在 Cookie 文件中，当用户再次浏览该网站时，浏览器就会从 Cookie 文件中读取这个标识，并通过 Cookie 请求头字段将其发送给服务端，这样服务端就知道这个用户已经登录了，所以就会直接返回登录后才能看到的页面。

（8）Host：服务端的域名和端口号，例如，Host: geekori.com:8080。有时服务端会校验 Host 字段的值，请求 URL 中的域名必须与 Host 字段的值相同，否则会认为是无效请求。

（9）Referer：用来标识这个请求是从哪个页面发过来的，服务器可以用这一信息做相应的处理，例如，做来源统计，防盗链处理等。例如，Referer: https://www.jd.com。

（10）User-Agent：用于表示客户端的操作系统和浏览器版本。服务器可以根据这个字段知道客户端使用的操作系统以及用什么浏览器向服务端发起的请求。不过这个字段并不可信，通过用程序向服务端发送请求，可以用该字段来模拟浏览器和操作系统。这一点在爬虫上经常用到，因为很多网站都加了反爬虫机制，最简单的反爬虫机制就是检测请求头的 User-Agent 字段。

设置请求头是编写爬虫的一个重要步骤，几乎所有的爬虫都需要设置请求头，例如，如果要模拟浏览器抓取页面，可以设置 User-Agent 字段。有一些网站要想抓取数据，首先要登录，而登录信息就存在 Cookie 文件中，所以可以先在浏览器上手工登录网站，然后获取 Cookie 中唯一标识该用户的 ID，并将这个 ID 通过模拟的 Cook 发送给服务端，这样服务端就会认为当前发起请求的用户已经登录了，就会返回正常的页面信息。这种方式也叫作 Cookie 劫持，是爬虫的一种重要抓取数据方式。

4．请求体

请求体可以包含任何内容，如果请求是通过表单提交的，那么请求体就是表单的内容，如果是上传文件，那么请求体就是文件的内容（通常会对文件的内容进行 base64 编码）。例如，在京东商城使用用户名和密码登录，如图 2-10 所示。

单击"登录"按钮后，不管用户名和密码是否正确，都会向服务端提交如图 2-11 所示的表单数据。在表单数据中有一个 loginName 字段，该字段的值就是登录用户名，密码没有直接通过请求体发送给服务端。

图 2-10　登录京东商城

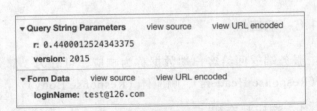

图 2-11　京东商城提交的表单数据

当提交表单时，Content-Type 字段的值包含 application/x-www-form-urlencoded，表明客户端提交的是表单数据。

如果是上传文件，那么 Content-Type 字段的值会包含 multipart/form-data，表明客户端发送的请求体中是上传的文件。例如，使用博客园后台上传文件，如图 2-12 所示。

单击"上传"按钮后，会上传文件，这时发送的请求头如图 2-13

图 2-12　在博客园后台上传文件

所示。由于上传的是文件，Chrome 浏览器的开发者工具并未显示上传文件的内容。

```
▼ Request Headers
  :authority: i.cnblogs.com
  :method: POST
  :path: /Files.aspx
  :scheme: https
  accept: text/html,application/xhtml+xml,application/xml;q=0.9,image/webp,image/apng,*/*;q=0.8
  accept-encoding: gzip, deflate, br
  accept-language: zh-CN,zh;q=0.9,en;q=0.8
  cache-control: max-age=0
  content-length: 13650
  content-type: multipart/form-data; boundary=----WebKitFormBoundary7CbqUdNCigbSWrHm
  cookie: _ga=GA1.2.625962590.1540971634; __gads=ID=f0263b9dbf2b4f49:T=1540971634:S=ALNI_MZAYGn5aamcQ7Yizv1dTzSr5QdxgQ; __utma=226521935.625962590.1
  540971634.1546051738.1546418865.2; __utmz=226521935.1546418865.2.2.utmcsr=google.com|utmccn=(referral)|utmcmd=referral; pgv_pvi=5618066
  432; UM_distinctid=1683c6f0535475-0f7e99b4e5ef56-10366654-384000-1683c6f05369d2; .CNBlogsCookie=EAAFD1538B3D20C3D192F359759F31F3ABFA15F0BF880C94
  F3CEB8166F3040DF18AC0B3781029B25EF8BB66B47C851F97AF3ECC0105275FC7E7CF7FEB7A7ED212A1340741113F6AF0B9B018ED976B62B3C1CF005; _gid=GA1.2.1461410866.
  1550134196; SERVERID=a15b3bd10716e69d8be538bb89e87a05|1550134481|1550134479
  origin: https://i.cnblogs.com
  referer: https://i.cnblogs.com/
  upgrade-insecure-requests: 1
  user-agent: Mozilla/5.0 (Macintosh; Intel Mac OS X 10_14_2) AppleWebKit/537.36 (KHTML, like Gecko) Chrome/71.0.3578.98 Safari/537.36
```

图 2-13   上传文件时的请求头

在编写爬虫时，可能需要自己构造 POST 请求，这就需要设置请求头的 Content-Type 字段的值，表 2-2 列出了常用的 Content-Type 字段值。

表 2-2   常用 Content-Type 字段值

Content-Type	提交的数据类型
application/x-www-form-urlencoded	表单
multipart/form-data	上传的文件
application/json	JSON 格式的数据
text/xml	XML 格式的数据

注意

在自己构造 POST 请求时，一定要正确设置 Content-Type 字段的值，否则可能会无法正常提交 POST 请求。

2.1.6　响应

服务端返回给客户端数据称为响应，可分为 3 部分：响应状态码（Response Status Code）、响应头（Response Headers）、响应体（Response Body）。

1. 响应状态码

响应状态码表示服务器的响应状态，如 200 表示服务器正常响应，404 表示页面未找到，500 表示服务器内部错误，通常是服务端程序执行错误。在爬虫中，我们可以根据状态码来判断服务器的响应状态，如果状态码为 200，则表示服务器成功返回数据，这样爬虫就可以对返回数据做进一步处理了，相反，如果状态码是 404、500 或其他值，那么表明当前请求的 URL 有问题，这时爬虫要采取其他措施，如将 URL 标记为不可用、直接忽略该 URL 或重新发送请求。

响应状态码由 3 位十进制数字组成，第 1 位数字从 1 到 5 都有不同的含义，也可以看作响应状态码的 5 种类型，表 2-3 详细介绍了响应状态码的类型。

表 2-3　响应状态码的 5 种类型

类型（响应状态码第 1 位数字）	含　义
1	信息，服务器收到请求，需要请求者继续执行操作
2	成功，操作被成功接收并处理
3	重定向，需要进一步的操作以完成请求
4	客户端错误，请求包含语法错误或无法完成请求
5	服务器错误，服务器在处理请求的过程中发生了错误

响应状态码的后两位表示具体的响应动作，详细描述见表 2-4。

表 2-4　响应状态码的详细描述

响应状态码	说　明	详　情
100	继续	客户端应继续提出请求。服务器已经收到请求的一部分，正在等待其余部分
101	切换协议	服务器根据客户端的请求切换协议。只能切换到更高级的协议，例如，切换到 HTTP 的新版本协议
200	请求成功	服务器已经成功处理了请求
201	已创建	请求成功，并且服务器创建了新的资源
202	已接受	服务器已经接受请求，但未处理完成
203	非授权信息	请求成功。但返回的信息不在原始的服务器，可能来自另一个数据源
204	已创建	请求成功，并且服务器创建了新的资源
205	无内容	服务器成功处理，但未返回任何内容
206	部分内容	服务器成功处理了部分请求
300	多种选择	请求的资源可包括多个位置，相应可返回一个资源特征与地址的列表用于用户终端（例如浏览器）选择
301	永久移动	请求的网页已经永久移动到新位置，即永久重定向
302	临时移动	请求的网页暂时跳转到其他页面，即暂时重定向
303	查看其他地址	与 301 类似。使用 GET 和 POST 请求查看
304	未修改	此次请求返回的网页未修改，继续使用上次的资源
305	使用代理	所请求的资源必须通过代理访问
306	未使用	已经被废弃的 HTTP 状态码
307	临时重定向	与 302 类似。使用 GET 请求重定向
400	错误请求	服务器无法解析该请求
401	未授权	请求要求用户的身份认证
402	保留	在未来可能使用的响应状态码
403	禁止访问	服务器理解客户端的请求，但是拒绝执行此请求
404	未找到	服务器找不到请求的资源
405	方法禁用	服务器禁用了请求中指定的方法
406	不接收	无法使用请求的内容响应请求的资源
407	需要代理授权	请求要求代理的身份认证，与 401 类似，但请求者应当使用代理进行授权
408	请求超时	服务器请求超时
409	冲突	服务器完成客户端的 PUT 请求是可能返回此代码，服务器处理请求时发生了冲突

续表

响应状态码	说　明	详　情
410	已删除	请求的资源已永久删除
411	需要有效长度	服务器不接受不含有效长度字段的请求
412	未满足前提条件	客户端请求信息的先决条件错误
413	请求实体过大	请求实体过大，超出服务器的处理能力
414	请求 URL 过长	请求网址过长，服务器无法处理
415	不支持类型	请求格式不被请求页面支持
416	请求范围不符	客户端请求的范围无效
417	未满足期望值	服务器无法满足 Expect 的请求头信息
500	服务器内部错误	服务器内部错误，无法完成请求
501	未实现	服务器不支持请求的功能，无法完成请求
502	错误网关	服务器作为网关或者代理工作的服务器尝试执行请求时，从远程服务器接收到一个无效的响应
503	服务不可用	由于超载或系统维护，服务器暂时无法处理客户端的请求
504	网关超时	充当网关或代理的服务器，未及时从远端服务器获取请求
505	HTTP 版本不支持	服务器不支持请求的 HTTP 协议的版本，无法完成处理

2．响应头

响应头包含了服务器对请求的应答信息，如 Content-Type、Date、Server 等，下面是一些常用的响应头信息。

（1）Content-Type：表示响应体中的数据属于什么类型。如 text/plain 表示纯文本类型、text/html 表示 HTML 文档类型、image/png 表示 png 格式图像类型。

（2）Date：表示产生响应的时间。

（3）Content-Encoding：指定响应内容的编码，如 gzip 表示响应体中的数据是 gzip 压缩格式。

（4）Server：包含服务器的信息，如服务器名、版本号等。通过这个字段可以知道服务端使用的是什么服务器，如 Tengine、nginx 等。

（5）Set-Cookie：设置 Cookie。Set-Cookie 响应头将要保存到客户端的 Cookie 发送给浏览器。当浏览器下次再访问该页面时就会携带这些 Cookie。

（6）Expires：指定缓存的过期时间。如果过了 Expires 字段指定的时间，浏览器将不会缓存该页面，这时通过浏览器再次访问该页面，会重新下载该页面。

3．响应体

响应体是服务器对客户端具体的响应数据，可以包含任何格式的内容。如果客户端请求的是 Web 页面，那么响应体会包含 HTML 格式的数据；如果请求的是图像，响应体就会包含图像的二进制数据；如果客户端发出的是 AJAX 请求，那么响应体通常会包含 JSON 或 XML 格式的数据。因为 AJAX 请求通常是用来访问 Web API 的，Web API 一般会用 JSON 或 XML 格式的数据与客户端交互。在 Chrome 浏览器的开发者工具中，单击某个请求，然后在右侧切换到 Response 面板，就会看到响应体的内容，例如，图 2-14 是京东商城首页中响应体的数据。

图 2-14 京东商城首页响应体的数据

对于爬虫来说，主要关注的就是响应体中的内容，而在响应体中，主要关注的是 HTML 格式的数据和 JSON 格式的数据，因为前者是几乎所有的页面返回的内容，后者是大多数 Web API 返回的数据格式。对于 HTML 内容，需要通过多种技术对 HTML 格式的数据进行分析，提取感兴趣的数据，然后再对数据进行清理和存储，这就完成了整个的抓取任务。而对于 JSON 格式的数据就要简单得多，Python 本身支持对 JSON 格式数据的解析，只需要从解析后的结果中提取感兴趣的数据即可。处理 JSON 格式的数据的关键是要找到对应的 Web API URL，以及相关参数的规律，这些内容会在本书后面的章节中介绍。

2.2 网页基础

整个互联网拥有数以亿计的网页，这些网页的样式千差万别，但不管是什么样的网页，都离不开 Web 三剑客对其做的贡献，它们是 HTML、CSS 和 JavaScript。这三种技术是 Web 的核心，它们分工不同。HTML 决定了 Web 页面上有什么样的组件（如按钮、表格、复选框等），CSS 决定了 Web 页面上的这些组件如何摆放（布局），以及它们的样式，而 JavaScript 是一种编程语言，可以运行在浏览器中，可以让 Web 页面中的组件动起来，例如，动态显示数据、动态设置组件的样式以及动态从服务端获取数据。对于一个 Web 页面，JavaScript 并不是必须的，但 HTML 和 CSS 必须使用，这样的页面就是纯的静态页面。如果爬虫遇到这样的页面，直接下载后分析即可。但是绝大多数页面还有 JavaScript 的参与，而且很多数据都是动态设置的。所以对于一个功能强大的爬虫来说，不仅要应对 HTML 和 CSS 这样的静态内容，还要应对像 JavaScript 这样的编程语言。了解 Web 三剑客的基础知识，对于分析处理这类复杂情况会有很大帮助，因此，本节会介绍 Web 三剑客，以及 CSS 选择器的一些基础知识。

2.2.1 HTML

HTML 是用来描述网页的一种语言，全称是 Hyper Text Markup Language，中文名称是超文本标记语言。HTML 用不同的标记表示各种节点，这些节点可以组成任意复杂的网页，例如，文字、按钮、图片、表格、视频、段落标记、容纳其他节点的 div 等。各种节点通过不同的排列和嵌套形成了网页的框架。

　　在 Chrome 浏览器中打开京东商城首页，在右键菜单中单击"检查"命令，打开开发者工具，这时在 Elements 选项卡中就可以看到京东商城首页的源代码，如图 2-15 所示。

图 2-15　京东商城首页的源代码

　　这些代码就是 HTML，整个网页就是由各种节点嵌套组合而成的。这些节点相互嵌套和组合形成了复杂的层次关系，这些层次关系就形成了网页的架构。

2.2.2　CSS

　　HTML 定义了页面有哪些节点，但如果只有这些节点，会让 Web 页面看起来杂乱无章，为了让 Web 页面看起来更美观，需要借助 CSS。

　　CSS 的全称是 Cascading Style Sheets，中文名称是层叠样式表。CSS 的主要作用有 2 个。

　　（1）将由 HTML 定义的页面节点安排到合适的位置，这种操作称为布局。

　　（2）设置页面节点的样式，如背景颜色、文字颜色、字体大小等。

　　CSS 是目前唯一的 Web 页面布局样式标准，有了 CSS 的帮助，Web 页面才会更加美观。图 2-15 右侧 Styles 选项卡中显示的就是京东商城首页使用的 CSS 代码，下面是这些代码中的一个片段。

```
body {
    -webkit-font-smoothing: antialiased;
    background-color: #fff;
    font: 12px/1.5 Microsoft YaHei,tahoma,arial,Hiragino Sans GB,\\5b8b\4f53,sans-serif;
    color: #666;
}
```

CSS 的核心是选择器。选择器的作用就是让 CSS 知道需要设置哪些 HTML 节点。通过选择器，CSS 可以对 HTML 节点进行任何复杂规则的过滤，例如，设置所有按钮的背景色为蓝色，或范围更小一点，设置所有 class 属性值为"mybutton"的按钮的文字颜色为红色。上面的代码使用了 element 选择器，选择了页面中所有的 <body> 节点。由于一个页面只有一个 <body> 节点，所以这段代码设置了这个唯一的 <body> 节点的样式，包括背景色、文字颜色等。在编写爬虫时，经常会通过样式名来过滤符合某一特征的节点，如要提取 class 属性值为"title"的 <a> 节点中的 URL，还有更复杂的爬虫，需要直接分析 CSS 代码，例如，要提取页面中所有背景色为蓝色的按钮中的文本。所以作为一名爬虫程序员，要对 CSS 选择器有一定的了解，下一节会介绍一些常用的 CSS 选择器。

2.2.3 CSS 选择器

CSS 选择器的作用很简单，就是过滤 HTML 代码中符合条件的节点，然后针对这些节点设置相应的样式，以及安排合适的位置。所以 CSS 选择器也可以看作过滤器。CSS 选择器非常多，尤其是最新的 CSS3。没有必要记住所有的 CSS 选择器以及其用法，但有一些常用的 CSS 选择器还是需要牢记于心的。最常用的过滤节点的方式就是根据节点名称、id 属性和 class 属性。每一个选择器后面需要跟一对大括号（{...}），用于设置具体的样式。像上一节的 CSS 代码，直接使用了 body，这就是根据节点名设置样式。如果要根据 id 属性设置样式，需要以"#"开头，代码如下：

```
#button1 {
background-color: #f00;
}
```

上面的 CSS 代码会将 Web 页面中所有 id 属性值为 button1 的节点的背景色设置为红色。

如果要根据 class 属性设置样式，需要以"."开头，代码如下：

```
.title {
    color: #f00;
}
```

上面的 CSS 代码将 Web 页面中所有 class 属性值为 title 的节点的文字颜色设为红色。

除了这些常用的 CSS 选择器外，还有很多其他的常用 CSS 选择器，这些 CSS 选择器如表 2-5 所示。

表 2-5 常用的 CSS 选择器

选 择 器	例 子	描 述
.class	.title	选择 class="title"的所有节点
#id	#button1	选择 id="button1"的所有节点
*	*	选择所有节点
element	a	选择所有 <a> 节点
element,element	div,a	选择所有 <div> 节点和所有 <a> 节点
element>element	div>a	选择父节点为 <div> 节点的所有 <a> 节点
element+element	div+a	选择紧接在 <div> 节点之后的所有 <a> 节点
[attribute]	[target]	选择带有 target 属性的所有节点
[attribute=value]	[target=_blank]	选择 target="_blank"的所有节点

续表

选 择 器	例 子	描 述
[attribute~=value]	[title~=flower]	选择 title 属性包含单词"flower"的所有节点
[attribute|=value]	[lang|=en]	选择 lang 属性值以"en"开头的所有节点
:link	a:link	选择所有未被访问的链接
:visited	a:visited	选择所有已被访问的链接
:active	a:active	选择活动链接
:hover	a:hover	选择鼠标指针位于其上的链接
:focus	input:focus	选择获得焦点的 input 节点
:first-letter	p:first-letter	选择每个 <p> 节点的首字母
:first-line	p:first-line	选择每个 <p> 节点的首行
:first-child	p:first-child	选择属于父节点的第一个子节点的每个 <p> 节点
:before	p:before	在每个 <p> 节点的内容之前插入内容
:after	p:after	在每个 <p> 节点的内容之后插入内容
:lang(language)	p:lang(it)	选择带有以"it"开头的 lang 属性值的每个 <p> 节点
element1~element2	p~ul	选择前面有 <p> 节点的每个 <ul> 节点
[attribute^=value]	a[src^="https"]	选择其 src 属性值以"https"开头的每个 <a> 节点
[attribute$=value]	a[src$=".pdf"]	选择其 src 属性以".pdf"结尾的所有 <a> 节点
[attribute*=value]	a[src*="abc"]	选择其 src 属性中包含"abc"子串的每个 <a> 节点
:first-of-type	p:first-of-type	选择属于其父节点的首个 <p> 节点的每个 <p> 节点
:last-of-type	p:last-of-type	选择属于其父节点的最后 <p> 节点的每个 <p> 节点
:only-of-type	p:only-of-type	选择属于其父节点唯一的 <p> 节点的每个 <p> 节点
:only-child	p:only-child	选择属于其父节点的唯一子节点的每个 <p> 节点
:nth-child(n)	p:nth-child(2)	选择属于其父节点的第二个子节点的每个 <p> 节点
:nth-last-child(n)	p:nth-last-child(2)	同上，从最后一个子节点开始计数
:nth-of-type(n)	p:nth-of-type(2)	选择属于其父节点第二个 <p> 节点的每个 <p> 节点
:nth-last-of-type(n)	p:nth-last-of-type(2)	同上，但是从最后一个子节点开始计数
:last-child	p:last-child	选择属于其父节点最后一个子节点每个 <p> 节点
:root	:root	选择文档的根节点
:empty	p:empty	选择没有子节点的每个 <p> 节点（包括文本节点）
:target	#news:target	选择当前活动的 #news 节点
:enabled	input:enabled	选择每个启用的 <input> 节点
:disabled	input:disabled	选择每个禁用的 <input> 节点
:checked	input:checked	选择每个被选中的 <input> 节点
:not(selector)	:not(p)	选择非 <p> 节点的每个节点
::selection	::selection	选择被用户选取的节点部分

除了 CSS 选择器外，还可以用 XPath 过滤节点，XPath 会在后面的内容中讲解。

2.2.4 JavaScript

JavaScript，简称 JS，是一种脚本语言。HTML 与 CSS 配合，只能让 Web 页面变得更美观，但无法提供动态的效果，例如，实现页面特效，或从服务端使用 AJAX 获取数据并动态显示在 Web 页面中。因此，要实现一个拥有动态效果的 Web 页面，JavaScript 是必不可少的。

对于爬虫来说，通常不需要直接分析 JavaScript 代码，但有一些 Web API 返回的并不只是 JSON 或 XML 代码，而是一段 JavaScript 代码，所以需要解析这段代码，将必要的信息提取出来，或模拟浏览器执行这段代码，直接获取某些变量的信息。例如，下面的代码将 json 数据保存在一个名为 data 的变量中。

```
var data = '{"name":" 李宁 ","country":"China"}';
```

要想获得 json 文档内容，可以直接解析上面这行代码，得到 data 变量的值。

如果 JavaScript 代码比较多，并不建议直接写在 HTML 页面中，而是单独创建一个或多个扩展名为 js 的文件，然后使用 <script> 节点引用脚本文件。例如，下面的代码引用了 jQuery 脚本文件。引用脚本文件后，就可以在引用脚本文件的 HTML 页面中使用该脚本文件中的 JavaScript 代码了。

```
<script src="jquery-3.3.1.min.js"></script>
```

2.3 爬虫的基本原理

为什么将从互联网上下载资源的程序称为"爬虫"呢？其实这是一个很形象的比喻。整个互联网相当于一张用各种数据资源织成的大网，而从这张网上下载资源的程序相当于蜘蛛，为了获取资源，蜘蛛需要不断在这张数据网上爬行，所以形象地将这种程序称为"爬虫"。由于这张数据网的每个节点都包含了相应的资源（网页、图像或其他类型的文件），而且这些节点之间都有着千丝万缕的联系，从一个节点可以通过这些联系（蛛丝）到达另外一个节点，因此，从理论上，只要爬虫沿着这些蛛丝不断爬取数据，就可以将整个互联网的数据都抓取下来。不过很多爬虫的任务并不是抓取整个互联网的数据（这种爬虫通常只用于搜索引擎），那么目前的爬虫有哪些分类呢？

2.3.1 爬虫的分类

爬虫，也叫网络爬虫或网络蜘蛛，主要的功能是下载 Internet 或局域网中的各种资源。如 html 静态页面、图像文件、js 代码等。网络爬虫的主要目的是为其他系统提供数据源，如搜索引擎（Google、Baidu 等）、深度学习、数据分析、大数据、API 服务等。这些系统都属于不同的领域，而且都是异构的，所以肯定不能通过一种网络爬虫来为所有的这些系统提供服务，因此，在学习网络爬虫之前，先要了解网络爬虫的分类。

如果按抓取数据的范围进行分类，网络爬虫可以分为如下几类。

（1）全网爬虫：用于抓取整个互联网的数据，主要用于搜索引擎（如 Google、Baidu 等）的数据源。

（2）站内爬虫：与全网爬虫类似，只是用于抓取站内的网络资源。主要用于企业内部搜索引擎的数据源。

（3）定向爬虫：这种爬虫的应用相当广泛，我们讨论的大多都是这种爬虫。这种爬虫只关心特定的数据，如网页中的 PM2.5 实时监测数据，天猫胸罩的销售记录、美团网的用户评论等。抓取这些数据的目的也五花八门，有的是为了加工整理，供自己的程序使用，有的是为了统计分析，得到一些有价值的结果，例如，哪种颜色的胸罩卖的最好。

如果按抓取的内容和方式进行分类，网络爬虫可以分为如下几类。

（1）网页文本爬虫。

（2）图像爬虫。

（3）js 爬虫。

（4）异步数据爬虫（json、xml），主要抓取基于 AJAX 的系统的数据。

（5）抓取其他数据的爬虫（如 word、excel、pdf 等）。

2.3.2   爬虫抓取数据的方式和手段

需要爬虫抓取的网络资源类型非常多，但需要分析的数据大多都是文本信息，其他的二进制文件（如图像、视频、音频等）都是作为最终抓取的节点而存在的，并不会继续往里面跟踪。而抓取下来的文本数据，通常需要分析文本中的内容，如抓取的是 HTML 代码，需要对这些代码进行分析，找到感兴趣的内容，如果 HTML 代码中包含 <a> 节点，通常还需要将 <a> 节点的 href 属性值提取出来，这个属性值指定了另外一个 URL，然后继续抓取这个 URL 指定的资源。

在 Python 语言中有很多库可以实现从网络上下载资源的功能，如 urllib、request 等。可以利用这些库非常容易地向服务端发送 HTTP 请求，并接收服务端的响应。得到响应后，解析其中的响应体即可。

通常从网络上抓取的数据并不是按期望的格式组织的，因此，将这些数据下载后，就需要对其进行分析和提纯。

对 HTML 数据进行分析，Python 语言提供了多种选择。最直接的方式就是使用正则表达式，不过正则表达式对于分析复杂结构的 HTML 代码比较费劲，因此并不推荐使用这种方式对 HTML 代码进行分析。通常采用的方式是通过 CSS 选择器或 XPath 对 HTML 代码进行分析。目前有很多库支持 CSS 选择器和 XPath，例如，Beautiful Soup、pyquery、lxml 等，通过这些库，可以高效快速地从 HTML 代码中提取相关的信息，如节点属性、文本值、URL 等。

分析完抓取到的数据后，最后一步就是将分析完的数据保存到本地，保存的方式多种多样，最简单的方式是保存为纯文本文件、XML 或 JSON 格式的文件，也可以保存到各种类型的数据库中，如 SQLite、MySQL、MongoDB 等。

2.4   Session 与 Cookie

在浏览很多网站时会遇到这样的情况，第一次访问网站，会要求输入用户名和密码（有的网站也可以通过微信、QQ 扫描二维码登录）登录，成功登录后再登录该网站，会直接进入已登录状态，通常在网站的右上角显示登录用户的昵称或账号。如果出于某些原因，有一个多星期没有访问该网站，等再次访问该网站时，又会要求输入用户名和密码进行登录，这又是怎么一种情况呢？其实这涉及了会话（Session）与 Cookie 的相关知识，之所以过几天登录状态就会失效，是因为 Cookie 过期了，那么具体情况是怎样的呢？请继续看下面的内容。

2.4.1 静态页面和动态页面

网页的形式千万种，但从产生页面的方式来看，只有两种页面：静态页面和动态页面。下面的代码就是一个典型的静态页面。

```
<!DOCTYPE html>
<head>
<meta charset="UTF-8">
<title>这是一个静态页面</title>
</head>
<body>
<h1>静态页面的标题</h1>
<p class="text">静态页面的内容</p>
</body>
</html>
```

这是最基本的 HTML 代码，可以将其保存在一个扩展名为 html 的文件中（html 文件称为静态页面），html 文件可以通过直接双击的方式在浏览器中打开，也可以将其放在 Web 服务器（如 Apache、Nginx 等）的虚拟目录中，然后通过 IP 或域名访问这个页面，这就搭建了一个静态网站（由静态页面组成的网站）。

静态页面的内容是使用 HTML 代码编写的，文件中的任何内容都是固定的，除非直接修改文件，否则是不可改变的。静态页面的优点是加载速度快，编写简单，缺点是维护性差，不能根据条件动态产生页面的内容。例如，对于网站的首页，当用户第一次访问该网站时，会显示用户名和密码输入框，要求用户登录，一旦用户成功登录，在一定时间内再次访问该网站，会直接显示网站的内容。如果需要服务端根据用户的登录状态调整发送的客户端的页面内容，通过静态页面是无法做到的。

这种根据不同的条件显示不同内容的页面称为动态页面，这里的条件千差万别，有 URL 参数、POST 请求参数、Cookie，还有时间和地域等。例如，支持国际化的页面，会根据浏览器或操作系统语言的不同，显示不同语言版本的页面。

动态页面的实现方式非常多，但不管是用什么方式实现的，都是由服务端根据不同的条件动态向客户端发送内容。服务端可以使用任何编程语言实现，包括 Java（JSP、Servlet 等）、PHP、Python、Ruby（ROR）、Go、Node.js 等。

另外，在前面讲过页面的用户登录功能，当用户第一次登录后，会保存登录状态，而以后在一定时间内登录该网站，会直接进入登录状态。那么这是怎么做到的呢？HTTP 本身是无状态的协议，所以不可能通过协议本身保存登录状态。其实这是通过 Session 和 Cookie 配合实现的，读者一定要了解这种实现方式，因为理解 Session 和 Cookie 的工作原理不仅有助于编写高质量的网站代码，而且对于编写爬虫应用非常有用。因为有很多网站，如果不登录，是无法获得网站数据的，因此，在抓取网站内容之前，先要模拟网站登录。模拟登录的方式很多，其中最常用的方式就是 Cookie 劫持。该方式就是将该网站保存在浏览器的 Cookie 原封不动发送给服务端，这样服务端就会认为发送请求的客户端已经登录，接下来就会发送正常的网站内容了。介绍了这么多，Session 和 Cookie 具体的实现原理是什么呢？请继续看后面的内容。

2.4.2 无状态 HTTP 与 Cookie

在正式介绍 Session 和 Cookie 之前，先来了解一下无状态 HTTP。

HTTP 的无状态是指 HTTP 协议在客户端与服务端交互的过程中不保留状态。尽管 HTTP 是基于 TCP 的，而 TCP 是有状态的协议。使用 HTTP 在客户端与服务端建立连接并传递完数据后，HTTP 连接就会关闭，不会留下任何痕迹。而 TCP 在建立客户端与服务端的连接后，不管是否传输数据，连接都会一直保留，所以 TCP 的状态可以不断通过网络连接进行更新。

由于 Web 页面的访问量通常非常巨大，所以 HTTP 被设计成数据传输完成就立刻关闭网络连接，以便节省服务端的资源。但这就会带来一个问题，如果服务端需要跟踪客户端，就会需要传输额外的信息。这些信息需要在客户端第一次访问服务端时将其保存在客户端，然后当客户端再次访问服务端时，会将这些信息再次提交给服务端。这些保存在客户端的信息称为 Cookie。Cookie 相当于一个凭证，类似于超市的会员卡，服务端只认卡不认人。客户端将 Cookie 再次发送给服务端的过程就相当于给超市收银员出示会员卡。当然，如果非办卡人出示会员卡也是可以的（因为只认卡不认人），这就相当于前面提到的 Cookie 劫持。

现在已经了解了无状态 HTTP 是通过什么方式将自己当前的状态发送给服务端的，但服务端是如何知道 Cookie 对应的是哪一个客户端的呢？请继续往下看。

2.4.3 利用 Session 和 Cookie 保持状态

光有 Cookie 是无法让 HTTP 保持状态的，还必须依赖另一种技术，这就是会话，英文是 Session。Session 其实是保存在服务端的数据，所以也可以将 Session 称为服务端的 Cookie。

前面已经了解到，Cookie 就是保存在客户端的一些 key-value 格式的数据，那么 Session 是什么呢？其实 Session 与 Cookie 类似，只是将数据保存到服务端。可以直接保存到服务器的内存中，也可以保存在文件或数据库。如果保存在服务器的内存中，那么一旦 Web 服务器关闭，所有的 Session 数据就会丢失，但由于是在内存中操作，所以 Session 的读写速度更快。但要想永久保存 Session 数据，通常是将 Session 数据保存在文件或数据库中，但对这种 Session 数据的读写速度较慢。为了折中，可以将 Session 数据保存在像 Redis 这样的内存数据库中，在读写 Session 数据时仍然是在内存中操作，而内存数据库会隔一定时间将内存中的数据持久化（将数据保存在硬盘中），这样既保证了 Session 数据的读写速度，又可以让 Session 数据永久保存。不过在服务器突然中止后，可能会造成没有持久化的 Session 数据的丢失。

保存到服务端的 Session 数据的形式并没有严格的限制，不过通常是一个类似于 Map 的数据结构，其保存着 key 和 value 两组数据，key 就是用来确定特定客户端的标识，value 是特定客户端的 Session 数据。也就是说，服务端的 Session 是根据每一个客户端存储的。不同的客户端会往 Session 中保存不同的数据。而每一个客户端的 Session 数据可以是任意形式，如 Map、数组、字符串、二进制数据等。

现在还有一个问题没解决，HTTP 是如何利用 Session 和 Cookie 保存状态的呢？当客户端第一次请求服务器时，服务器会通过 Set-Cookie 响应头字段向客户端写一个标识，这个标识的名字根据 Web 服务器的不同会有所差异，标识的值一般是一个随机产生的字符串。这些数据被客户端接收后，作为 Cookie 保存到客户端。然后当浏览器再次访问服务器时，发送给服务器的请求头的 Cookie 字段就会包含这个标识以及相应的值。由于这个标识是服务器产生的，所以服务器肯定知道这个标识的名称，例如，标识为“_identifier”，当在服务端使用特定 API（如 getSession 方法）获取当前客户端的 Session 数据时，就会利用这个标识在保存 Session 的 Map 中搜索，如果找到了与该客户端对应的 Session，就证明当前发出请求的客户端曾经访问过服务器，所以就可以根据 Session 中保存的数据决定向客户端响应什么样的内容。

仍然以网站登录为例。服务端根据客户端的标识找到了对应的 Session，然后返回登录后的页面内容，并通过 Set-Cookie 响应头字段将标识再次发送给客户端，这时客户端重新将标识保存到本地。那么为什么要再次传输标识呢？因为保存到客户端的 Cookie 是有时间限制的，如果超过了有效期，浏览器就会自动删除过期的 Cookie，那么尽管服务端的 Session 还在，但客户端已经没有与这个 Session 对应的标识了，所以当客户端再次访问服务器时，仍然相当于第一次访问服务器，这时服务端会返回登录页面的内容，要求用户输入用户名和密码，成功登录后，服务端又会发送同样的标识给客户端，这时又恢复了登录状态。通常来讲，登录状态的过期时间是从最近一次访问服务器开始算起的，例如，过期时间设为 7 天。用户在第 3 天再次访问服务器，这个时间应该从第 3 天重新开始往后加 7 天，所以需要在每次访问服务器时，都重新更新一下客户端的 Cookie，主要是为了更新 Cookie 的过期时间。

2.4.4 查看网站的 Cookie

查看 Cookie 有多种方式，最简单的就是通过 Chrome 浏览器开发者工具的 Application 选项卡，在这里以淘宝网（https://www.taobao.com）为例，在 Chrome 中打开淘宝网首页，然后在页面的右键菜单上单击“检查”菜单项进入开发者工具，并切换到 Application 选项卡。然后在左侧的树中找到 Cookies 节点，并选中 https://www.taobao.com 节点，在右侧就会显示当前淘宝网保存的 Cookie，如图 2-16 所示，可以在上方的 Filter 文本框中输入 Cookie 的名字进行过滤。

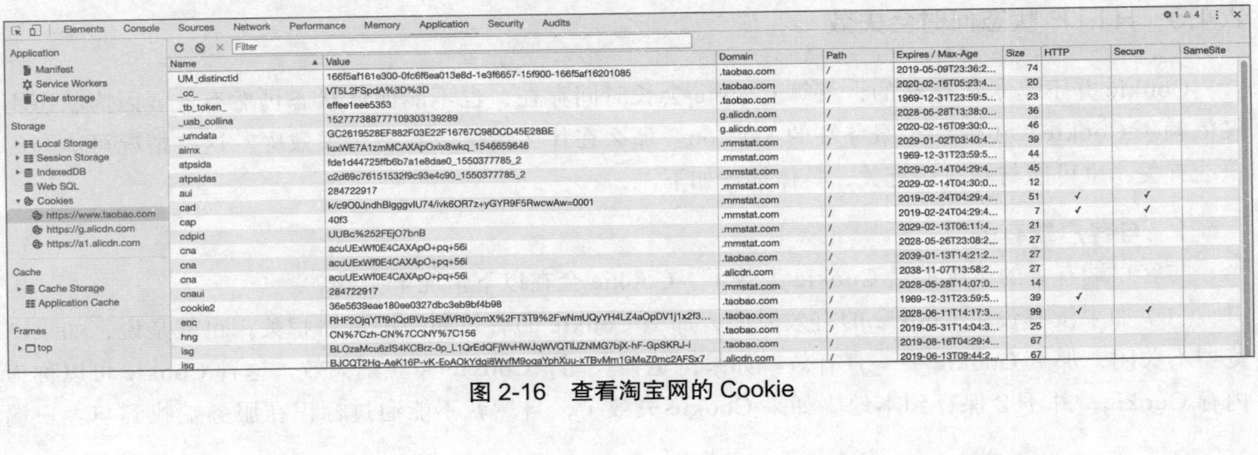

图 2-16　查看淘宝网的 Cookie

可以看到，Cookie 列表有很多列，这些列是 Cookie 的属性，它们的含义如下。

（1）Name：Cookie 的名称。

（2）Value：Cookie 的值。该值是纯文本类型。如果要保存二进制类型的值，需要对这些值进行 Base64 编码。如果使用同一个 Cookie 名称重新设置 Value 属性的值，那么原来的 Value 属性值将被覆盖。

（3）Domain：可以访问该 Cookie 的域名。例如，如果设置为 .taobao.com，那么所有以 .taobao.com 结尾的域名都可以访问该 Cookie，否则该 Cookie 是不可见的。

（4）Path：该 Cookie 的使用路径。如果设置为 /path/，那么只有路径为 /path/ 的页面可以访问该 Cookie。如果设置为 /，那么本域名下所有的页面都可以访问该 Cookie。

（5）Expires/Max-Age：该 Cookie 的失效时间，单位是秒（s）。不过 Chrome 显示的是最后的到期时间，但在服务端设置该属性时通常使用以秒为单位的时间增量，如在未来 60 分钟失效，会设置为 60 * 60。

（6）Size：Cookie 的大小。

（7）HTTP：Cookie 的 httponly 属性。如果该属性值为 true，则只在 HTTP 头中会带有此 Cookie 的信息，而不能通过 document.cookie 来访问此 Cookie。

（8）Secure：该 Cookie 是否仅被使用于安全协议传输。安全协议包括 HTTPS 和 SSL 等，在网络上传输数据之前先对数据进行加密。默认值是 false。

（9）SameSite：尝试阻止 CSRF（Cross-site request forgery，跨站请求伪造）以及 XSSI（Cross Site Script Inclusion，跨站脚本包含）攻击。可以设置的值包括 Strict 和 Lax。Strict 是最严格的防护，有能力阻止所有 CSRF 攻击。然而，它不太友好，因为它可能会将所有 GET 请求进行 CSRF 防护处理。Lax 属性只会在使用危险 HTTP 方法发送跨域 cookie 的时候进行阻止，如 POST 方式。例如，一个用户在 geekori.com 上单击了一个链接（GET 请求），这个链接是到 www.jd.com 的，假如 www.jd.com 使用了 SameSite 属性，并且将属性值设置为 Lax，那么用户可以正常登录 www.jd.com，因为浏览器允许将 Cookie 从 A 域发送到 B 域。但如果一个用户在 geekori.com 上提交了一个表单（POST 请求），这个表单是提交到 www.jd.com 的，那么用户将不能正常登录 www.jd.com，因为浏览器不允许使用 POST 方式将 Cookie 从 A 域发送到 B 域。

2.4.5 HTTP 状态何时会失效

Cookie 并不是永久存在的，就算 Cookie 会长时间存在，也不能保证状态仍然有效。因为状态不仅依赖于 Cookie，还依赖于服务端的 Session。那么在什么情况下状态会失效呢？这些情况可能与客户端有关，也可能与服务端有关，具体描述如下。

1. 与客户端有关

与客户端有关的情况就是 Cookie 失效了。Cookie 会在以下情况下失效。

（1）如果没有设置 Cookie 的有效时间，那么 Cookie 的有效期与浏览器相关，也就是说，如果浏览器不关闭，那么 Cookie 会一直有效。如果浏览器关闭，Cookie 会立刻失效，这种 Cookie 可以称为内存 Cookie，并不会保存到本地。如果 Cookie 失效了，自然就不能通过标识在服务端找到与客户端对应的 Session 了。

（2）如果设置了 Cookie 的有效时间，过期后，浏览器会自动删除所有过期的 Cookie，这种情况与上一种情况类似，没有了 Cookie，也就没有了标识，HTTP 状态自然失效。

（3）如果保存在客户端的 Cookie 的标识被覆盖、被窜改或手工被删除，那么也等同于失去了标识。由于这个标识只有服务端和客户端知道，一旦客户端失去了标识，服务端是不可能告诉客户端的，所以就等于客户端失去了接头的暗号，HTTP 状态自然也就消失了。

2. 与服务端有关

即使客户端的标识不丢失，HTTP 状态也可能失效。这是由于服务端的 Session 出了问题，具体情况如下：

（1）Session 与 Cookie 类似，同样可以设置有效期。如果过了有效期，那么服务器就会删除 Session，这样即使客户端将正确的标识发送给服务器，也无法找到对应的 Session。就像钥匙还在，但房子没了一样。

（2）即使可以顺利找到对应的 Session，但不满足某些条件，服务端仍然会认为 HTTP 状态失效。这种情况与具体业务逻辑有关。例如，服务端要求客户端每次发送请求时不仅要发送标识，还要发送另外一个校验字符串，但某一次客户端只发送了标识，没有发送这个校验字符串，那么服务端虽然可以找到对应的 Session，但仍然会认为 HTTP 状态失效。

2.5 实战案例：抓取所有的网络资源

到现在为止，我们已经对爬虫涉及的基本知识有了一个初步的了解。本节会编写一个简单的爬虫应用，以便让读者对爬虫有一个基本的认识。本节要编写的爬虫属于全网爬虫类别，但肯定不会抓取整个互联网的资源。所以本节使用 7 个 HTML 文件来模拟互联网资源，并将这 7 个 HTML 文件放在本地的 nginx 服务器的虚拟目录，以便抓取这 7 个 HTML 文件。

全网爬虫要至少有一个入口点（一般是门户网站的首页），然后用爬虫抓取这个入口点指向的页面，接下来将该页面中所有链接节点（a 节点）中 href 属性的值提取出来。这样会得到更多的 URL，然后再用同样的方式抓取这些 URL 指向的 HTML 页面，再提取这些 HTML 页面中 a 节点的 href 属性的值，然后再继续，直到所有的 HTML 页面都被分析完为止。只要任何一个 HTML 页面都是通过入口点可达的，就可以使用这种方式抓取所有的 HTML 页面。很明显这是一个递归过程，下面就用伪代码来描述这一递归过程。

从前面的描述可知，要实现一个全网爬虫，需要下面两个核心技术。

（1）下载 Web 资源（html、css、js、json）。

（2）分析 Web 资源。

假设下载资源通过 download(url) 函数完成，url 是要下载的资源链接。download 函数返回网络资源的文本内容。analyse(html) 函数用于分析 Web 资源，html 是 download 函数的返回值，也就是下载的 HTML 代码。analyse 函数返回一个列表类型的值，该返回值包含 HTML 页面中所有的 URL（a 节点 href 属性值）。如果 HTML 代码中没有 a 节点，那么 analyse 函数返回空列表（长度为 0 的列表）。

下面的 Drawler 函数就是下载和分析 HTML 页面文件的函数，外部程序第 1 次调用 crawler 函数时传入的 URL 就是入口点 HTML 页面的链接。

```
def crawler(url)
{
    # 下载 url 指向的 HTML 页面
    html = download(url)
    # 分析 HTML 页面代码，并返回该代码中所有的 URL
    urls = analyse(html)
    # 对 URL 列表进行迭代，对所有的 URL 递归调用 crawler 函数
    for url in urls
    {
        crawler(url)
    }
}
# 外部程序第一次调用 crawler 函数，http://localhost/files/index.html 就是入口点的 URL
crawler('http://localhost/files/index.html')
```

本节的例子需要使用到 nginx 服务器，下面是 nginx 服务器的安装方法。

nginx 是免费开源的，下载地址是 https://nginx.org/en/download.html。如果读者使用的是 Windows 平台，直接下载 nginx 压缩包（一个 zip 压缩文件）并解压即可。如果读者使用的是 macOS 或 Linux 平台，需要使用下面的方式编译 nginx 源代码，并安装。

进入 nginx 源代码目录，然后执行下面的命令配置 nginx。

```
./configure \
--prefix=/usr/local/nginx
```

上面的配置指定了 nginx 的安装目录是 /usr/local/nginx。

接下来执行下面的命令编译和安装 nginx。

```
make && make install
```

如果安装成功，会在 /usr/local 目录下看到 nginx 目录。

【例 2.1】 本例使用递归的方式编写了一个全网爬虫，该爬虫会从本地的 nginx 服务器（其他 Web 服务器也可以）抓取所有的 HTML 页面，并通过正则表达式分析 HTML 页面，提取 a 节点的 href 属性值，最后将获得的所有 URL 输出到 Console。

在编写代码之前，先要准备一个 Web 服务器（Nginx、Apache、IIS 都可以），并建立一个虚拟目录。Nginx 默认的虚拟目录路径是 <Nginx 根目录 >/html。然后准备 7 个 HTML 文件，这些 HTML 文件的名称和关系如图 2-17 所示。

很明显，index.html 文件是入口点，从 index.html 文件可以导向 a.html、b.html 和 c.html。从 a.html 可以导向 aa.html 和 bb.html，从 c.html 可以导向 cc.html。也就是说，只要从 index.html 文件开始抓取，就可以成功抓取所有的 HTML 文件。

现在将这 7 个 HTML 文件都放在 <Nginx 根目录 >/html/files 目录下，然后按下面的代码编写爬虫程序。

7 个 HTML 文件所在的目录位置是 src/firstspider/files

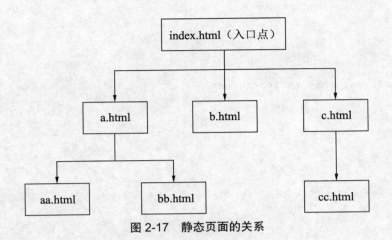

图 2-17 静态页面的关系

下面是本例的 7 个 HTML 文件的代码，爬虫会抓取和分析这 7 个 HTML 文件的代码。

```html
<!-- index.html 入口点 -->
<html>
    <head><title>index.html</title></head>
    <body>
        <a href='a.html'>first page</a>
        <p>
        <a href='b.html'>second page</a>
        <p>
        <a href='c.html'>third page</a>
        <p>
    </body>
</html>
<!-- a.html -->
<html>
    <head><title>a.html</title></head>
    <body>
        <a href='aa.html'>aa page</a>
        <p>
        <a href='bb.html'>bb page</a>
    </body>
</html>
<!-- b.html -->
<html>
    <head><title>b.html</title></head>
    <body>
    b.html
    </body>
</html>
<!-- c.html -->
<html>
    <head><title>c.html</title></head>
    <body>
        <a href='cc.html'>cc page</a>
```

```
        </body>
    </html>
    <!--  aa.html  -->
    <html>
        <head><title>aa.html</title></head>
        <body>
        aa.html
        </body>
    </html>
    <!--  bb.html  -->
    <html>
        <head><title>bb.html</title></head>
        <body>
        bb.html
        </body>
    </html>
    <!--  cc.html  -->
    <html>
        <head><title>cc.html</title></head>
        <body>
        cc.html
        </body>
    </html>
```

从上面的代码可以看到，b.html、aa.html、bb.html 和 cc.html 文件中并没有 a 节点，所以这 4 个 HTML 文件是递归的终止条件。

下面是基于递归算法的爬虫的代码。

实例位置： src/firstspider/MySpider.py

```python
from urllib3 import *
from re import *
http = PoolManager()
disable_warnings()
# 下载 HTML 文件
def download(url):
    result = http.request('GET', url)
    # 将下载的 HTML 文件代码用 utf-8 格式解码成字符串
    htmlStr = result.data.decode('utf-8')
    # 输出当前抓取的 HTML 代码
    print(htmlStr)
    return htmlStr
# 分析 HTML 代码
def analyse(htmlStr):
    # 利用正则表达式获取所有的 a 节点，如 <a href='a.html'>a</a>
    aList = findall('<a[^>]*>',htmlStr)
    result = []
    # 对 a 节点列表进行迭代
    for a in aList:
        # 利用正则表达式从 a 节点中提取 href 属性的值，如 <a href='a.html'> 中的 a.html
        g = search('href[\s]*=[\s]*[\'"]([^>\'""]*)[\'"]',a)
```

```
        if g != None:
            # 获取 a 节点 href 属性的值，href 属性值就是第 1 个分组的值
            url = g.group(1)
            # 将 Url 变成绝对链接
            url = 'http://localhost/files/' + url
            # 将提取出的 URL 追加到 result 列表中
            result.append(url)
    return result
# 用于从入口点抓取 HTML 文件的函数
def crawler(url):
    # 输出正在抓取的 URL
    print(url)
    # 下载 HTML 文件
    html = download(url)
    # 分析 HTML 代码
    urls = analyse(html)
    # 对每一个 URL 递归调用 crawler 函数
    for url in urls:
        crawler(url)
# 从入口点 URL 开始抓取所有的 HTML 文件
crawler('http://localhost/files')
```

在运行程序之前，要先启动 nginx 服务，启动方式如下：

（1）Windows：双击 nginx.exe 文件。

（2）macOS 和 Linux：在终端进入 nginx 根目录，执行 sudo sbin/nginx 命令。

程序运行结果如图 2-18 所示所示。

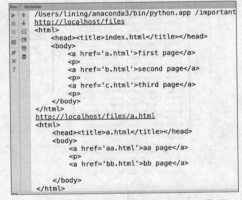

图 2-18　抓取到的 URL 和 HTML 代码

2.6　实战案例：抓取博客文章列表

例 2.1 给出的爬虫案例属于全网爬虫，从理论上说，如果给定的入口点包含足够多 URL，并且大多数 URL 都可以导航到其他网站的页面，这个爬虫是可以将整个互联网的页面都抓取下来的。除了这种爬虫外，还有另外一种爬虫，这就是定向爬虫，这种爬虫并不是用来抓取整个互联网的页面的，而是用于抓取特定网站的资源。例如，抓取某个网站的博客列表数据。

定向爬虫的基本实现原理与全网爬虫类似，都需要分析 HTML 代码，只是定向爬虫可能并不会对每一个获取的 URL 对应的页面进行分析，即使分析，可能也不会继续从该页面提取更多的 URL，或者会判断域名，例如，只抓取包含特定域名的 URL 对应的页面。本节给出了一个定向爬虫的案例，以便让读者对定向爬虫有更深入的理解。

【例 2.2】 本例抓取博客园（https://www.cnblogs.com）首页的博客标题和 URL，并将博客标题和 URL 输出到 Console。

编写定向爬虫的第一步就是分析相关页面的代码。现在进入博客园页面，在页面上右击，在弹出菜单中单击"检查"菜单项打开开发者工具，然后单击开发者工具左上角黑色箭头，并单击博客园首页任意一个博客标题，在开发者工具的 Elements 面板会立刻定位到该博客标题对应的 HTML 代码，

图 2-19 中黑框内就是包含博客园首页所有博客标题以及相关信息的 HTML 代码。

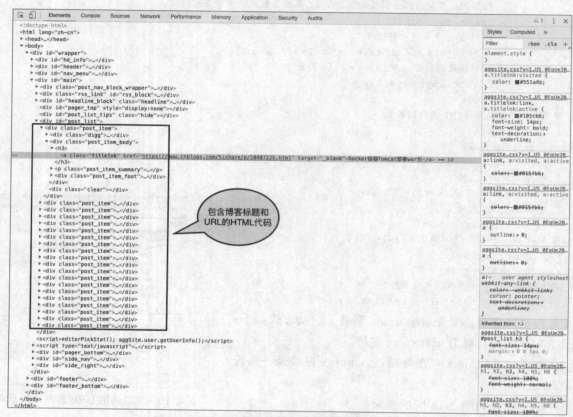

图 2-19 博客标题以及相关信息对应的 HTML 代码

接下来分析相关的 HTML 代码。为了更容易识别相关的代码，将第一条博客相关的 HTML 代码提出如下：

```
<div class="post_item">
 ......
  <div class="post_item_body">
    <a class="titlelnk" href="https://www.cnblogs.com/5ishare/p/10407226.html"
    target="_blank">Docker 容器 Tomcat 部署 war 包 </a>
    ... ...
  </div>
  ... ...
</div>
```

从这段代码中可以找到很多规律，例如，每条博客的所有信息都包含在一个 <div> 节点中，这个 <div> 节点的 class 属性值都是 post_item，每一条博客的标题和 URL 都包含在一个 <a> 节点中，这个 <a> 节点的 classs 属性值是 titlelnk。根据这些规律，很容易过滤出想要的信息。由于本例只需要得到博客的标题和 URL，所以只关注 <a> 节点即可。

本例的基本原理就是通过正则表达式过滤出所有 class 属性值为 titlelnk 的 <a> 节点，然后从 <a> 节点中提炼出博客标题和 URL。

实例位置： src/firstspider/BlogSpider.py

```python
from urllib3 import *
from re import *
http = PoolManager()
# 禁止显示警告信息
disable_warnings()
# 下载 url 对应的 Web 页面
def download(url):
    result = http.request('GET', url)
    # 获取 Web 页面对应的 HTML 代码
    htmlStr = result.data.decode('utf-8')
    return htmlStr
# 分析 HTML 代码
def analyse(htmlStr):
    # 通过正则表达式获取所有 class 属性值为 titlelnk 的 <a> 节点
    aList = findall('<a[^>]*titlelnk[^>]*>[^<]*</a>',htmlStr)
    result = []
    # 提取每一个 <a> 节点中的 URL
    for a in aList:
        # 利用正则表达式提取 <a> 节点中的 URL
        g = search('href[\s]*=[\s]*[\'"]([^>\'""]*)[\'"]', a)
        if g != None:
            url = g.group(1)                                      # 得到 URL
        # 通过查找的方式提取 <a> 节点中博客的标题
        index1 = a.find(">")
        index2 = a.rfind("<")
        # 获取博客标题
        title = a[index1 + 1:index2]
        d = {}
        d['url'] = url
        d['title'] = title
        result.append(d)
    # 返回一个包含博客标题和 URL 的对象
    return result
# 抓取博客列表
def crawler(url):
    html = download(url)
    blogList = analyse(html)
    # 输出博客园首页的所有博客的标题和 URL
    for blog in blogList:
        print("title:",blog["title"])
        print("url:",blog["url"])
# 开始抓取博客列表
crawler('https://www.cnblogs.com')
```

程序运行结果如图 2-20 所示。

本例在提取 <a> 节点以及 URL 时使用了正则表达式，而提取博客标题时直接通过 Python 语言的字符串搜索功能实现。其实过滤 HTML 代码的方式非常多，包括普通的字符串搜索 API、正则表达式，以及后面要学习的 XPath、Beautiful Soup、pyquery。读者可以根据实际情况来选择过滤方式。例如，过滤规则比较简单，就可以直接用 Python 语言的字符串搜索 API 进行过滤，如果过滤规则非常复杂，可以利用 Beautiful Soup 和 XPath 来完成任务。

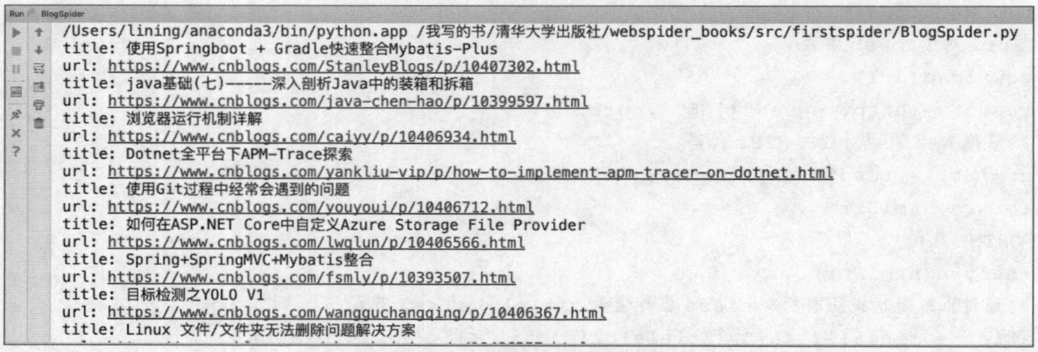

图 2-20　抓取博客列表的效果

2.7　小结

　　本章对爬虫涉及的基础知识做了一个简要的介绍。由于爬虫关注的主要是 HTTP（HTTPS）和 HTML，所以读者应该对 HTTP 和 HTML 有一个较深入的了解。在后面的章节中如果涉及 HTTP 和 HTML 以及其他技术更深的知识，会着重介绍。本章的主要目的是让读者对这些基础知识有一个初步的了解，为以后更深入地学习爬虫技术打下良好的基础。

第2篇
网络库

第 3 章

网络库 urllib

编写爬虫的第一步就是选择一个好用的网络库，通过网络库的 API 可以发送请求并接收服务端的响应。Python 语言中的网络库有很多，有内置的，有第三方的。本章要介绍的 urllib 就是 Python 内置的网络库。

本章主要介绍以下内容：

（1）urllib 的主要功能；

（2）发送 HTTP 请求和接收响应；

（3）请求超时；

（4）设置 HTTP 请求头；

（5）请求验证页面；

（6）使用代理；

（7）读取和设置 Cookie；

（8）异常处理；

（9）解析链接；

（10）编码和解码；

（11）Robots 协议。

3.1　urllib 简介

urllib 是 Python3 中内置的 HTTP 请求库，不需要单独安装，官方文档链接如下：

https://docs.python.org/3/library/urllib.html

从官方文档可以看出，urllib 包含 4 个模块，如图 3-1 所示。

这 4 个模块的功能描述如下。

（1）request：最基本的 HTTP 请求模块，可以用来发送 HTTP 请求，并接收服务端的响应数据。这个过程就像在浏览器地址栏输入 URL，然后按 Enter 键一样。

（2）error：异常处理模块，如果出现请求错误，可以捕获这些异常，然后根据实际情况，进行重试或者直接忽略，或进行其他操作。

（3）parse：工具模块，提供了很多处理 URL 的 API，如拆分、解析、合并等。

（4）robotparser：主要用来识别网站的 robots.txt 文件，然后判断哪些网站可以抓取，哪些网站不可以抓取。

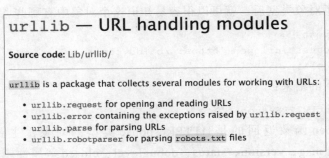

图 3-1 urllib 官方文档目录

本章会详细介绍这 4 个模块的核心用法。

3.2 发送请求与获得响应

本节深入讲解 urllib 中与发送请求和获得响应、Cookie、代理等相关的 API。

3.2.1 用 urlopen 函数发送 HTTP GET 请求

urllib 最基本的一个应用就是向服务端发送 HTTP 请求，然后接收服务端返回的响应数据。这个功能通过 urlopen 函数就可以搞定。例如，下面的代码向百度发送 HTTP GET 请求，然后输出服务端的响应结果。

```
import urllib.request
response=urllib.request.urlopen('https://baidu.com')
# 将服务端的响应数据用 utf-8 解码
print(response.read().decode('utf-8'))
```

运行结果如图 3-2 所示。

```
<html>
<head>
    <meta http-equiv="content-type" content="text/html;charset=utf-8">
    <meta http-equiv="X-UA-Compatible" content="IE=Edge">
    <meta content="always" name="referrer">
    <meta name="theme-color" content="#2932e1">
    <link rel="shortcut icon" href="/favicon.ico" type="image/x-icon" />
    <link rel="search" type="application/opensearchdescription+xml" href="/content-search.xml" title="百度搜索" />
    <link rel="icon" sizes="any" mask href="//www.baidu.com/img/baidu_85beaf5496f291521eb75ba38eacbd87.svg">

    <link rel="dns-prefetch" href="//s1.bdstatic.com"/>
    <link rel="dns-prefetch" href="//t1.baidu.com"/>
    <link rel="dns-prefetch" href="//t2.baidu.com"/>
    <link rel="dns-prefetch" href="//t3.baidu.com"/>
```

图 3-2 百度首页的 HTML 代码

可以看到，使用 urllib 与服务端交互是非常容易的，除了 import 语句外，真正与业务有关的代码只有 2 行，就完成了整个与服务端交互的过程。其实这个过程已经完成了爬虫的第一步，就是从服务端获取 HTML 代码，然后就可以利用各种分析库对 HTML 代码进行解析，提取感兴趣的 URL、文本、图像等。

其实 urlopen 函数返回的是一个对象，而 read 是这个对象的一个方法，可以利用 type 方法输出这个对象的类型，当知道了对象类型后，就可以很容易知道这个对象中有哪些 API，然后调用它们。

```
import urllib.request
response=urllib.request.urlopen('https://baidu.com')
print(type(response))
```

这段代码会输出如下的结果：

```
<class 'http.client.HTTPResponse'>
```

现在了解到，urlopen 函数返回的是 HTTPResponse 类型的对象，主要包含 read、getheader、getheaders 等方法，以及 msg、version、status、debuglevel、closed 等属性。

【例 3.1】　本例演示了 HTTPResponse 对象中主要的方法和属性的用法。

实例位置：src/urllib/SendRequest.py

```
import urllib.request
# 向京东商城发送 HTTP GET 请求，urlopen 函数既可以使用 http，也可以使用 https
response=urllib.request.urlopen('https://www.jd.com')
# 输出 urlopen 函数返回值的数据类型
print('response 的类型：',type(response))
# 输出响应状态码、响应消息和 HTTP 版本
print('status:',response.status,' msg:',response.msg,' version:', response.version)
# 输出所有的响应头信息
print('headers:',response.getheaders())
# 输出名为 Content-Type 的响应头信息
print('headers.Content-Type',response.getheader('Content-Type'))
# 输出京东商城首页所有的 HTML 代码（经过 utf-8 解码）
print(response.read().decode('utf-8'))
```

运行结果如图 3-3 所示。

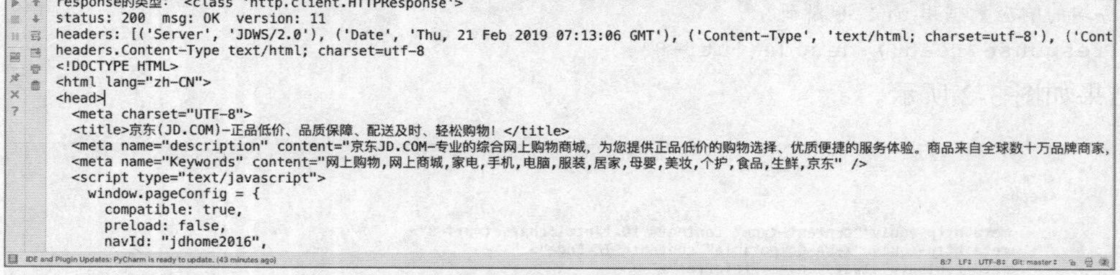

图 3-3　HTTPResponse 对象的 API 演示

3.2.2　用 urlopen 函数发送 HTTP POST 请求

urlopen 函数默认情况下发送的是 HTTP GET 请求，如果要发送 HTTP POST 请求，需要使用 data

命名参数，该参数是 bytes 类型，需要用 bytes 类将字符串形式的数据转换为 bytes 类型。

【例 3.2】 本例向 http://httpbin.org/post 发送 HTTP POST 请求，并输出返回结果。

实例位置：src/urllib/PostRequest.py

```
import urllib.request
# 将表单数据转换为 bytes 类型，用 utf-8 编码
data=bytes(urllib.parse.urlencode({'name':'Bill','age':30}),encoding='utf-8')
# 提交 HTTP  POST 请求
response=urllib.request.urlopen('http://httpbin.org/post',data=data)
# 输出响应数据
print(response.read().decode('utf-8'))
```

这段代码一开始提供了一个字典形式的表单数据，然后使用 urlencode 方法将字典类型的表单转换为字符串形式的表单，接下来将字符串形式的表单按 utf-8 编码转换为 bytes 类型，这就是要传给 urlopen 函数的 data 命名参数的值，要注意，一旦指定了 data 命名参数，urlopen 函数就会向服务端提交 HTTP POST 请求，这里并不需要显式指定要提交的是 POST 请求。

本例将 HTTP POST 请求提交给了 http://httpbin.org/post，这是一个用于测试 HTTP POST 请求的网址，如果请求成功，服务端会将 HTTP POST 请求信息原封不动地返回给客户端。

运行结果如图 3-4 所示。

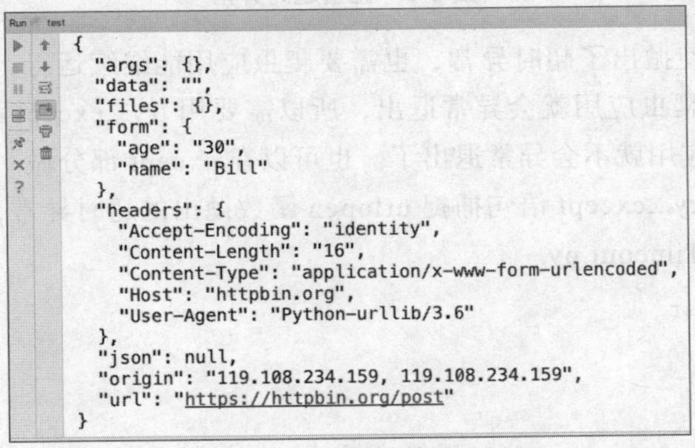

```
{
    "args": {},
    "data": "",
    "files": {},
    "form": {
        "age": "30",
        "name": "Bill"
    },
    "headers": {
        "Accept-Encoding": "identity",
        "Content-Length": "16",
        "Content-Type": "application/x-www-form-urlencoded",
        "Host": "httpbin.org",
        "User-Agent": "Python-urllib/3.6"
    },
    "json": null,
    "origin": "119.108.234.159, 119.108.234.159",
    "url": "https://httpbin.org/post"
}
```

图 3-4　HTTP POST 请求信息

3.2.3　请求超时

当向服务端发送 HTTP 请求时，通常很快就会得到响应，但由于某些原因，服务端可能迟迟没有响应（很大程度上是服务端吞吐量不够，请求正在排队），这样 HTTP 链接就会一直等待，直到超过预设的等待时间，这个等待时间就是请求超时。通常请求超时都比较大，这样一来，如果服务端半天没有响应，那么客户端就会一直在等待。这对于爬虫来说是非常不妥的。因为爬虫通常会启动一个或多个线程抓取 Web 资源。如果这时有一个线程由于服务端没有响应而一直在那里等待，那么就相当于浪费了一个人力。所以需要将这个请求超时设置的比较小，即使服务端没有响应，客户端也不必长时间等待。在过了请求超时后，客户端就会抛出异常，然后可以根据业务需求做进一步的处理，例如，将这个 URL 进行标记，以后不再抓取，或重新抓取这个 URL 对应的 Web 资源。

请求超时需要通过 urlopen 函数的 timeout 命名参数进行设置，单位为秒。

下面看一个例子：

```
import urllib.request
# 将请求超时设为 0.1 秒
response=urllib.request.urlopen('http://httpbin.org/get',timeout=0.1)
```

由于绝大多数网站不太可能在 0.1 秒内响应客户端的请求，所以上面的代码基本上可以肯定会抛出超时异常（timeout exception）。

运行结果如图 3-5 所示。

```
Traceback (most recent call last):
  File "/Users/lining/anaconda3/lib/python3.6/urllib/request.py", line 1318, in do_open
    encode_chunked=req.has_header('Transfer-encoding'))
  File "/Users/lining/anaconda3/lib/python3.6/http/client.py", line 1239, in request
    self._send_request(method, url, body, headers, encode_chunked)
  File "/Users/lining/anaconda3/lib/python3.6/http/client.py", line 1285, in _send_request
    self.endheaders(body, encode_chunked=encode_chunked)
  File "/Users/lining/anaconda3/lib/python3.6/http/client.py", line 1234, in endheaders
    self._send_output(message_body, encode_chunked=encode_chunked)
  File "/Users/lining/anaconda3/lib/python3.6/http/client.py", line 1026, in _send_output
    self.send(msg)
  File "/Users/lining/anaconda3/lib/python3.6/http/client.py", line 964, in send
    self.connect()
  File "/Users/lining/anaconda3/lib/python3.6/http/client.py", line 936, in connect
    (self.host,self.port), self.timeout, self.source_address)
  File "/Users/lining/anaconda3/lib/python3.6/socket.py", line 724, in create_connection
    raise err
  File "/Users/lining/anaconda3/lib/python3.6/socket.py", line 713, in create_connection
    sock.connect(sa)
socket.timeout: timed out
```

图 3-5 抛出超时异常

在大多数情况下，即使抛出了超时异常，也需要爬虫应用能继续运行，如果只是用 urlopen 函数，一旦抛出超时异常，整个爬虫应用就会异常退出，所以需要用 try...except 语句来捕捉 urlopen 函数抛出的超时异常，这样爬虫应用就不会异常退出了。也可以在 except 部分做一些善后工作。

【例 3.3】 本例使用 try...except 语句捕捉 urlopen 函数抛出的超时异常，并进行异常处理。

实例位置： src/urllib/Timeout.py

```
import urllib.request
import socket
import urllib.error
try:
    response=urllib.request.urlopen('http://httpbin.org/get',timeout=0.1)
except urllib.error.URLError as e:
    # 判断抛出的异常是否为超时异常
    if isinstance(e.reason,socket.timeout):
        # 进行异常处理，这里只是简单地输出了 "超时"，在真实情况可以进行更复杂的处理
        print(' 超时 ')
# 在这里可以继续爬虫的工作
print(" 继续爬虫其他的工作 ")
```

运行结果如下：

```
超时
继续爬虫其他的工作
```

3.2.4 设置 HTTP 请求头

如果用爬虫向服务端发送 HTTP 请求，通常需要模拟浏览器的 HTTP 请求，也就是让服务端误

认为客户端是浏览器，而不是爬虫，这样就会让服务器的某些反爬虫技术失效。但模拟浏览器发送 HTTP 请求需要设置名为 User-Agent 的 HTTP 请求头，除了这个请求头外，还可以设置其他的请求头，而我们以前使用 urlopen 函数发送 HTTP 请求，请求头都使用默认值。

urlopen 函数本身并没有设置 HTTP 请求头的命名参数，要想设置 HTTP 请求头，需要为 urlopen 函数传入 Request 对象，可以通过 Request 类构造方法的 headers 命名参数设置 HTTP 请求头。

【例 3.4】　本例修改了 User-Agent 和 Host 请求头，并添加了自定义请求头 who，然后将修改了请求头的 HTTP 请求提交给 http://httpbin.org/post，最后输出返回结果。

实例位置：src/urllib/SetRequestHeaders.py

```python
from urllib import request,parse
# 定义要提交 HTTP 请求的 URL
url = 'http://httpbin.org/post'
# 定义 HTTP 请求头，其中 who 是自定义的请求字段
headers = {
    'User-Agent':'Mozilla/5.0 (Macintosh; Intel Mac OS X 10_14_3) AppleWebKit/537.36
(KHTML, like Gecko) Chrome/72.0.3626.109 Safari/537.36',
    'Host':'httpbin.org',
    'who':'Python Scrapy'
}
# 定义表单数据
dict = {
    'name':'Bill',
    'age':30
}
# 将表单数据转换为 bytes 形式
data = bytes(parse.urlencode(dict),encoding='utf-8')
# 创建 Request 对象，通过 Request 类的构造方法指定了表单数据和 HTTP 请求头
req = request.Request(url = url,data=data,headers=headers)
# urlopen 函数通过 Request 对象向服务端发送 HTTP POST 请求
response=request.urlopen(req)
# 输出返回结果
print(response.read().decode('utf-8'))
```

运行结果如图 3-6 所示。

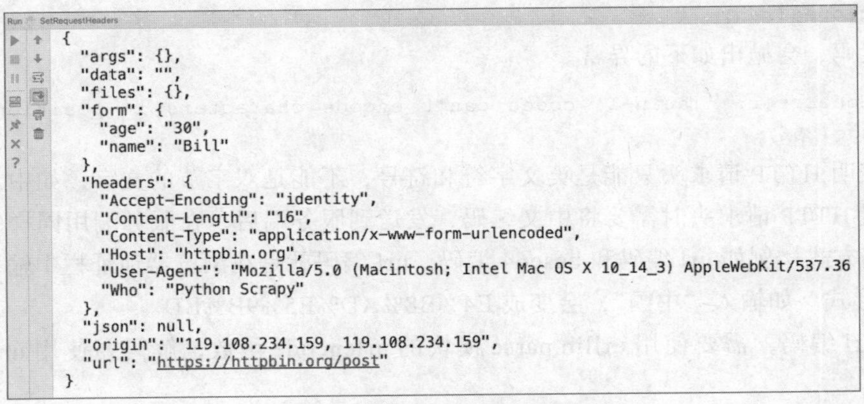

图 3-6　HTTP POST 请求返回结果

Request 类的构造方法不仅能指定请求头，还可以指定很多其他信息，下面是 Request 类构造方法参数的作用。

（1）url：用于发送请求的 URL，必选参数，其他参数都是可选参数。

（2）data：要提交的数据，该参数类型必须是 bytes 形式。如果要传输的数据类型是字典，需要用urllib.parse.urlencode 函数进行编码。

（3）headers：请求头，是一个字典类型的数据，我们可以在构造请求时通过 headers 命名参数直接构造，也可以通过 Request 对象的 add_header 方法后期添加。

（4）origin_req_host：请求方的 host 名称或 IP 地址。

（5）unverifiable：表示这个请求是否是无法验证的，默认是 False，意思就是说用户没有足够的权限来选择接收这个请求的结果。例如，请求一个 HTML 文档中的图像，但是没有自动抓取图像的权限，这时 unverifiable 的值就是 True。

（6）method：用来指定请求的方法，如 GET、POST、PUT 等。

如果指定了 data 参数，urlopen 函数就会发送 POST 请求，所以通常不需要指定 method 参数，不过为了让程序更容易理解，也可以指定 method 参数。但当设置了 data 参数，而将 method 参数值设为GET，那么 data 指定的表单数据并不提交给服务端。

3.2.5 设置中文 HTTP 请求头

有时需要将 HTTP 请求头的值设为中文，但直接设成中文，会抛出异常，例如，下面的代码为Chinese 请求头设置了中文。

```
from urllib import request
url = 'http://httpbin.org/post'
headers = {
    'User-Agent':'Mozilla/5.0 (Macintosh; Intel Mac OS X 10_14_3) AppleWebKit/537.36
(KHTML, like Gecko) Chrome/72.0.3626.109 Safari/537.36',
    'Host':'httpbin.org',
    'Chinese':'李宁 ',
}
req = request.Request(url = url,headers=headers,method="POST")
request.urlopen(req)
```

执行这段代码，会抛出如下的异常。

```
UnicodeEncodeError: 'latin-1' codec can't encode characters in position 0-1: ordinal
not in range(256)
```

这个异常表明 HTTP 请求头只能是英文字符和符号，不能是双字节的文字，如中文。为了解决这个问题，在设置 HTTP 请求头时需要将中文编码，发送到服务端后，在服务端用同样的规则解码。可以采用多种编码方式，例如 url 编码和 base64 编码，url 编码就是在浏览器地址栏中输入中文，会将其转换为 %xx 的形式。如输入"中国"，会变成 E4%B8%AD%E5%9B%BD。

对字符串 url 编码，需要使用 urllib.parse 模块的 urlencode 函数，解码要使用 unquote 函数，代码如下：

```
from urllib.parse import unquote,urlencode
# 对中文进行编码
value = urlencode({'name':'李宁'})
print(value)
# 对中文进行解码
print(unquote(value))
```

执行这段代码，会输出如下结果：

```
name=%E6%9D%8E%E5%AE%81
name=李宁
```

使用 urlencode 函数进行编码时，需要指定字典类型，不能直接对字符串进行编码。因为 urlencode 函数只能对 url 参数进行编码。

base64 编码需要使用 base64 模块中的 b64encode 函数，解码使用 b64decode 函数，代码如下：

```
import base64
# 对中文进行编码
base64Value = base64.b64encode(bytes('Python 从菜鸟到高手',encoding='utf-8'))
print(str(base64Value,'utf-8'))
# 对中文进行解码，并按 utf-8 编码格式将解码后的结果转换为字符串
print(str(base64.b64decode(base64Value),'utf-8'))
```

b64encode 函数编码后返回的是 bytes 类型，需要使用 str 函数将其转换为字符串类型。b64decode 函数解码时需要指定 bytes 类型的值，b64decode 函数的返回值也是 bytes 类型，所以也需要 str 函数将该函数的返回值转换为字符串。

【例 3.5】 本例演示了设置中文 HTTP 请求头，并对其解码的完整过程。

实例位置：src/urllib/SetChineseRequestHeaders.py

```
from urllib import request
from urllib.parse import unquote,urlencode
import base64
url = 'http://httpbin.org/post'
headers = {
    'User-Agent':'Mozilla/5.0 (Macintosh; Intel Mac OS X 10_14_3) AppleWebKit/537.36
(KHTML, like Gecko) Chrome/72.0.3626.109 Safari/537.36',
    'Host':'httpbin.org',
    'Chinese1':urlencode({'name':'李宁'}),    # 设置中文 HTTP 请求头，用 url 编码格式
    # 设置中文 HTTP 请求头，用 base64 编码格式
    'MyChinese':base64.b64encode(bytes('这是中文 HTTP 请求头',encoding='utf-8')),
    'who':'Python Scrapy'
}
dict = {
    'name':'Bill',
    'age':30
}
data = bytes(urlencode(dict),encoding='utf-8')
req = request.Request(url = url,data=data,headers=headers,method="POST")
# 通过 add_header 方法添加中文 HTTP 请求头，url 编码格式
req.add_header('Chinese2',urlencode({"国籍":"中国"}))
response=request.urlopen(req)
```

```
# 获取服务端的响应信息
value = response.read().decode('utf-8')
print(value)
import json
# 将返回值转换为 json 对象
responseObj = json.loads(value)
# 解码 url 编码格式的 HTTP 请求头
print(unquote(responseObj['headers']['Chinese1']))
# 解码 url 编码格式的 HTTP 请求头
print(unquote(responseObj['headers']['Chinese2']))
# 解码 base64 编码格式的 HTTP 请求头
print(str(base64.b64decode(responseObj['headers']['Mychinese']),'utf-8'))
```

运行结果如图 3-7 所示。

```
{
    "args": {},
    "data": "",
    "files": {},
    "form": {
        "age": "30",
        "name": "Bill"
    },
    "headers": {
        "Accept-Encoding": "identity",
        "Chinese1": "name=%E6%9D%8E%E5%AE%81",
        "Chinese2": "%E5%9B%BD%E7%B1%8D=%E4%B8%AD%E5%9B%BD",
        "Content-Length": "16",
        "Content-Type": "application/x-www-form-urlencoded",
        "Host": "httpbin.org",
        "Mychinese": "6L+Z5piv5Lit5paHSFRUUOivt+axguWktA==",
        "User-Agent": "Mozilla/5.0 (Macintosh; Intel Mac OS X 10_14_3)",
        "Who": "Python Scrapy"
    },
    "json": null,
    "origin": "119.119.30.63, 119.119.30.63",
    "url": "https://httpbin.org/post"
}

name=李宁
国籍=中国
这是中文HTTP请求头
```

图 3-7　设置中文 HTTP 请求头

　　这里需要注意 HTTP 请求头的大小写问题，尽管设置的请求头是 MyChinese，但 urllib 自动将 HTTP 请求头除了第一个字母外都变成了小写，所以实际的请求头是 Mychinese，如果写成了 MyChinese，就无法找到这个 HTTP 请求头。

3.2.6　请求基础验证页面

　　有一些页面并不是想访问就能访问的，这些页面都有各种验证，例如，在第一次访问网页之前，会先弹出如图 3-8 所示的登录对话框，只有正确输入用户名和密码才能访问页面，否则会直接跳到错误页面。

　　这种验证被称为基础验证，是 HTTP 验证的一种。输入的用户名和密码会通过 Authorization 请求头字段发送给服务端，在访问该页面时，如果服务端检测到 HTTP 请求头中没有 Authorization 字段，会设置名为 WWW-Authenticate 的 HTTP 响

图 3-8　登录对话框

应头字段，同时返回 401 响应码。WWW-Authenticate 字段值的格式如下：

```
'Basic realm=" 需要验证的范围 "'
```

其中 Basic 表示基础验证，也就是需要输入用户名和密码。realm 表示需要验证的范围，是一个字符串，详细的用法在本节后面的部分介绍。

当浏览器遇到 401 状态码，并检测到是基础验证时就会弹出如图 3-8 所示的登录对话框，正确输入用户名和密码后，浏览器会向服务端发送 Authorization 请求头字段，该字段的值是 Basic encode，其中 encode 是用户名和密码的 Base64 编码。由于基础验证的用户名和密码都是以明文发送（尽管进行了 Base64 编码，但 Base64 编码是可逆的）的，所以建议该页面使用 HTTPS，这样传输的数据就会使用 SSL 加密，以保证数据传输过程的安全。

【例 3.6】 本例使用 Flask 编写了一个 Web 服务器，用于模拟基础验证页面。并使用普通设置 HTTP 请求头的方式和 Handler 方式请求这个基础验证页面。

Flask 是基于 Python 的 Web 框架，可以用于编写 Web 应用程序，在使用之前需要使用如下命令安装。

```
pip install flask
```

如果希望对 Flask 有深入的了解，可以阅读《 Python 从菜鸟到高手》一书第 21 章的内容，本书假设读者已经对 Flask 有一定的了解。

本例编写的第一个程序是一个支持基础验证的 Web 服务器，代码如下：

实例位置： src/urllib/AuthServer.py

```python
from flask import Flask
from flask import request
import base64
app = Flask(__name__)
# 判断客户端是否提交了用户名和密码，如果未提交，设置状态码为 401，并设置 WWW-Authenticate 响应头
# auth: Authorization 请求头字段的值，response: 响应对象
def hasAuth(auth, response):
    if auth == None or auth.strip() == "":
        # 设置响应状态码为 401
        response.status_code = 401
        # 设置响应头的 WWW-Authenticate 字段，其中 localhost 是需要验证的范围
        response.headers["WWW-Authenticate"] = 'Basic realm="localhost"'
        # 返回 False，表示客户端未提交用户名和密码
        return False
    return True
# 根路由
@app.route("/")
def index():
    # 创建响应对象，并指定未输入用户名和密码（单击 " 取消 " 按钮）或输入错误后的返回内容
    response = app.make_response('username or password error')
    # 输出所有的 HTTP 请求头
    print(request.headers)
    # 得到 Authorization 请求头的值
    auth = request.headers.get('Authorization')
    # 输出 Authorization 请求头的值
```

```
        print('Authorization:',auth)
        # 如果客户端提交了用户名和密码，进行验证
        if hasAuth(auth, response):
            # 将用户名和密码按 Base64 编码格式解码，这里按空格拆分成两个值，第一个是 Basic，第二个是
            # Base64 编码后的用户名和密码
            auth = str(base64.b64decode(auth.split(' ')[1]),'utf-8')
            # 用户名和密码之间用冒号（:）分隔，所以需要将它们拆开
            values = auth.split(':')
            # 获取用户名
            username = values[0]
            # 获取密码
            password = values[1]
            print('username:',username)
            print('password:',password)
            # 判断用户名和密码是否正确，如果正确，返回 success
            if username == 'bill' and password == '1234':
                return "success"
        return response

if __name__ == '__main__':
    app.run()
```

为了方便，本例将用户名和密码分别固定为 bill 和 1234，现在运行 AuthServer.py，然后在浏览器中输入 http://127.0.0.1:5000，就会弹出如图 3-8 所示的登录对话框，正确输入用户名和密码后，浏览器会输出 success。当再次访问 http://127.0.0.1:5000 时，浏览器会使用刚才输入的用户名和密码通过 Authorization 请求头字段发送给服务端，所以不管用户名和密码输入的是否正确，只要单击了"登录"按钮，下次再访问该页面时都不会再弹出如图 3-8 所示的登录对话框。由于用户名和密码都是通过临时 Cookie 保存的，所以一旦浏览器关闭，再次打开后，访问 http://127.0.0.1:5000 仍然会弹出如图 3-8 所示的登录对话框。

由于用户名和密码是通过 HTTP 请求头的 Authorization 字段发送给服务端的，所以在访问该页面时可以直接设置 Authorization 字段。

实例位置： src/urllib/Authorization.py

```
from urllib import request
import base64
url = 'http://localhost:5000'
headers = {
    'User-Agent':'Mozilla/5.0 (Macintosh; Intel Mac OS X 10_14_3) AppleWebKit/537.36
(KHTML, like Gecko) Chrome/72.0.3626.109 Safari/537.36',
    'Host':'localhost:5000',
    # 设置 Authorization 请求字段头，并指定 Base64 编码的用户名和密码
    'Authorization': 'Basic ' +
                    str(base64.b64encode(bytes('bill:1234','utf-8')),'utf-8')

}
req = request.Request(url = url,headers=headers,method="GET")
response=request.urlopen(req)
print(response.read().decode('utf-8'))
```

执行这段代码后，会在 Console 中输出 success。AuthServer 在 Console 中也会输出如图 3-9 所示的信息。

urllib 中提供了一些 Handler 类，这些类可以用来处理各种类型的页面请求，这些类通常都是 BaseHandler 的子类，例如，HTTPBasicAuthHandler 用于处理管理认证，HTTPCookieProcessor 用于处理 Cookie。本例会使用 HTTPBasicAuthHandler 处理页面的基础验证。

使用 HTTPBasicAuthHandler 的关键是 build_opener 函数，该函数与 urlopen 类似，只是可以完成更复杂的工作。实际上，urlopen 函数相当于类库为用户封装好了其常用的请求方法，利用它们可以完成基本的请求，但如果要完成更复杂的请求，就需要使用 build_opener 函数。除此之外，还需要使用 HTTPPasswordMgrWithDefaultRealm 对象封装请求字段数据，也就是用户名、密码和 realm。

实例位置： src/urllib/BasicAuth.py

```
from urllib.request import
 HTTPPasswordMgrWithDefaultRealm,HTTPBasicAuthHandler,build_opener
from urllib.error import URLError
username = 'bill'
password = '1234'
url = 'http://localhost:5000'

p = HTTPPasswordMgrWithDefaultRealm()
# 封装 realm，url、用户名和密码
p.add_password('localhost',url,username,password)
auth_handler = HTTPBasicAuthHandler(p)
# 发送 HTTP 请求
opener = build_opener(auth_handler)

result = opener.open(url)
# 获取服务端响应数据
html = result.read().decode('utf-8')
print(html)
```

运行程序，在 Console 中会输出 success。在 AuthServer 的 Console 中会输出如图 3-10 所示的信息。

图 3-9　AuthServer 输出的信息　　　　图 3-10　AuthServer 在 Console 中的输出

从图 3-10 的输出内容可以看出，客户端发送了两次 HTTP 请求，第 1 次没有 Authorization 字段，这时服务端会返回 401 错误，如果客户端是浏览器，那么就会弹出如图 3-8 所示的登录对话框，但现

在客户端是爬虫，所以干脆直接提供现成的用户名和密码，这就是第 2 次 HTTP 请求的目的。

add_password 函数的第 1 个参数是 realm，如果指定这个参数，那么必须与服务端设置 WWW-Authenticate 字段时指定的 realm 相同，本例是 localhost。如果 add_password 函数的第 1 个参数是 None，那么服务端会忽略 realm。如果指定的 realm 不一致，就会抛出如图 3-11 所示的异常。

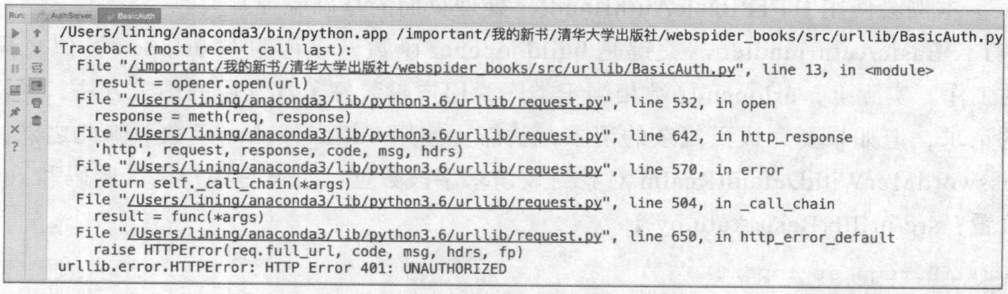

图 3-11　realm 不一致抛出的异常

所以为了安全起见，在发送 HTTP 请求时可以用 try...except 语句，以避免程序崩溃。

```
try:
    result = opener.open(url)
    html = result.read().decode('utf-8')
    print(html)
except URLError as e:
    print(e.reason)
```

3.2.7　搭建代理与使用代理

最常见的反爬技术之一就是通过客户端的 IP 鉴别是否为爬虫。如果同一个 IP 在短时间内大量访问服务器的不同页面，那么极有可能是爬虫，如果服务端认为客户端是爬虫，很有可能将客户端所使用的 IP 临时或永久禁用，这样爬虫就再也无法访问服务器的任何资源了，当然，如果使用的是 ADSL 或光纤宽带，重新拨一下号或重启一下，一般会更换 IP。但爬虫的任务是从服务器抓取成千上万的资源，光换几个 IP 是没用的，这就要求爬虫在抓取服务器资源时，需要不断更换 IP，而且是大量的，数以万计的 IP。更换 IP 的方式有很多，最常用，最简单的方式就是使用代理服务器。尽管一个代理服务器一般只有一个固定的 IP，但我们可以不断更换代理服务器，这样就会使用大量的 IP 访问服务器，对于服务器而言，就会认为是成千上万不同客户端发送的请求。这样就可以成功欺骗服务器。

使用 ProxyHandler 类可以设置 HTTP 和 HTTPS 代理，但在设置代理之前，首先要有代理服务器。代理服务器可以自己搭建，也可以使用第三方的服务器。本节分别介绍如何自己搭建服务器以及如何从第三方获得代理服务器。

可以使用 nginx 服务器搭建 HTTP 服务器，打开 <nginx 根目录 >/conf/nginx.conf 文件，在 http{...} 中加入如下的代码：

```
server {
    resolver 192.168.31.1;
    listen 8888;
    location / {
```

```
        proxy_pass http://$http_host$request_uri;
    }
}
```

其中 resolver 是 DNS 服务器，如果是将本机作为代理服务器，并且使用的是家庭 ADSL 或光纤宽带，那么 DNS 服务器的 IP 通常是访问路由器后台管理页面的地址，如 192.168.31.1。listen 8888 表示代理服务器的端口号是 8888，"location /"表示访问任何的 URL 都通过这个代理（因为指定的路径为根路径"/"）。proxy_pass 后面的地址表示代理服务器根据客户端的请求向资源服务器发送的 URL，http://$http_host$request_uri 相当于将客户端发过来的 URL 原封不动发送给资源服务器。$http_host 和 $request_uri 是 nginx 的内部变量，分别表示客户端发过来的 IP（域名）以及请求路径。

在 nginx.conf 文件中输入上面的代码后，保存 nginx.conf 文件，启动 nginx 服务器，然后使用 Firefox 浏览器测试一下代理服务器。

打开 Firefox 浏览器，单击右上角的菜单按钮，在弹出菜单中单击"首选项"菜单项，在显示的页面中找到"网络设置"部分（一般在页面的最后），然后单击"设置"按钮，会弹出如图 3-12 所示的对话框。单击"手动代理设置"选项按钮，并在"HTTP 代理"文本框中输入代理服务器的 IP，如果用本机作代理服务器，可以输入 127.0.0.1，也可以输入本机的真实 IP（本例是 192.168.31.124），然后在"端口"文本框输入 8888。最后单击"确定"按钮保存设置。

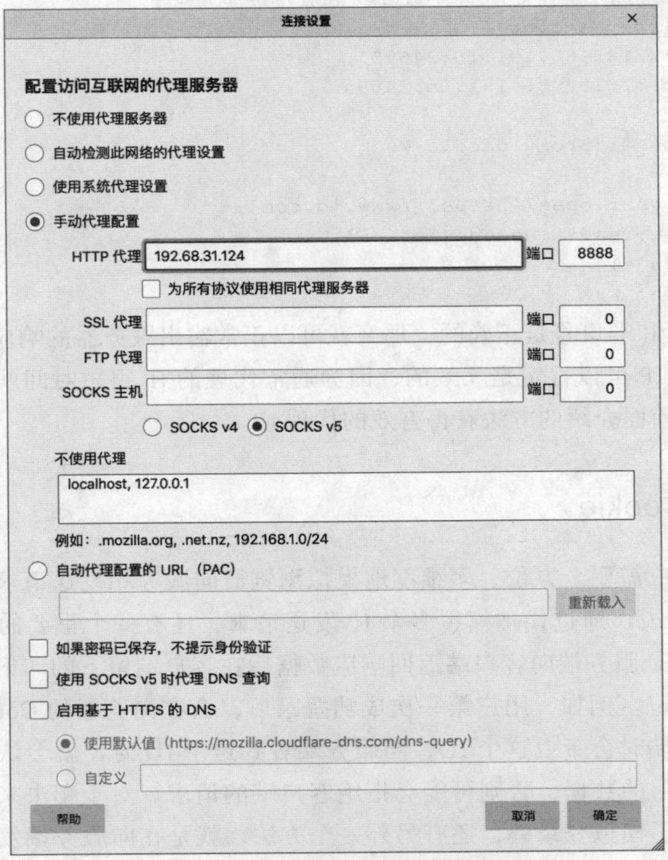

图 3-12 为 Firefox 浏览器设置代理服务器

在 Firefox 浏览器的地址栏中输入一个 http 网站，如 http://blogjava.net，如果正常显示页面，说明设置成功了。这时 http://blogjava.net 实际上会先通过代理服务器，然后代理服务器去访问 http://blogjava.net，并将返回结果传给 Firefox 浏览器。要注意的是，nginx 目前并不支持 https 代理，如果读者要测试 https 代理，可以寻找免费或收费的代理服务器。

如果想找免费的代理服务器，可以在百度或谷歌搜索"免费代理服务器"，会出现一堆，不过免费的代理服务器有些不太稳定，而且大多只支持 HTTP。所以读者可以考虑使用收费的代理服务器。例如，蜻蜓代理（https://proxy.horocn.com），尽管蜻蜓代理是收费的，但如果只是测试，蜻蜓代理提供了一些用于免费测试的代理 IP，只需要注册蜻蜓代理，在后台就可以申请。要注意的是，通常这些代理会在 1 到 3 分钟之内失效（收费和免费的代理都是这样），所以在使用代理时应不断更换代理服务器。

【例 3.7】 本例通过 ProxyHandler 设置 HTTP 和 HTTPS 代理，然后访问相关的页面，并输出服务器的响应结果。

实例位置：src/urllib/ProxyHandlerDemo.py

```python
from urllib.error import URLError
from urllib.request import ProxyHandler,build_opener

# 创建 ProxyHandler 对象，并指定 HTTP 和 HTTPS 代理的 IP 和端口号
proxy_handler = ProxyHandler({
    'http':'http://182.86.191.16:24695',
    'https':'https://182.86.191.16:24695'
})
opener = build_opener(proxy_handler)
try:
    response = opener.open('https://www.jd.com')
    print(response.read().decode('utf-8'))
except URLError as e:
    print(e.reason)
```

如果指定的代理 IP 和端口号是正确的，那么就可以正常输出服务器的响应结果。要注意的是，本例使用的代理服务器的 IP 可以肯定是无效的，因为通常代理的 IP 很短时间就失效了，读者在运行本例之前，应该自行通过前面介绍的方法获得有效的代理 IP。

3.2.8 读取和设置 Cookie

一个功能强大的爬虫需要全方位、多维度地模拟浏览器向服务端发送请求，除了我们之前讲到的模拟 User-Agent 请求字段、通过代理模拟多个 IP 发送请求，还有一个重要的模拟维度，那就是模拟 Cookie。Cookie 本质上是服务端向客户端返回响应数据后在客户端留下的印记，而当客户端再次访问服务端时会带上这个印记。例如，用户第一次成功登录后，会在浏览器的 Cookie 中保存一个 ID，当浏览器再次访问该服务端时会带上这个 ID，当服务端看到这个 ID 时，就会认为这个用户已经是登录用户了，就会返回登录后的数据，否则可能会拒绝客户端的请求。对于爬虫来说，如果要获取登录后服务端返回的数据，除了模拟登录外，还有另外一个方法，就是在向服务端发送请求的同时带上包含 ID 的 Cookie，这样爬虫在无法得知用户名和密码的情况下，仍然能以登录用户的身份获取数据。

　　在客户端访问服务端时，服务端会通过响应头的 Set-Cookie 字段向客户端发送一些 Cookie，当客户端接收到这些 Cookie 后，通常会将这些 Cookie 保存到 Cookie 文件中，以便客户端再次访问服务端时读取这些 Cookie，并发送给服务端。当爬虫向这些服务端发送请求时也需要执行同样的操作。操作的第一步就是读取服务端通过 Set-Cookie 字段发送过来的 Cookie。读取 Cookie 需要创建 http. cookiejar.CookieJar 类的实例，然后再创建 urllib.request.HTTPCookieProcessor 类的实例，并将 http. cookiejar.CookieJar 类的实例传入 urllib.request.HTTPCookieProcessor 类的构造方法中。而 build_opener 函数的参数就是 urllib.request.HTTPCookieProcessor 类的实例。这样当 build_opener 函数从服务端获取响应数据时就会读取服务端发送过来的 Cookie。

　　【例 3.8】　本例会读取 http://www.baidu.com 发送到客户端的 Cookie，以及读取自己编写的 Web 服务器发送的 Cookie。

　　为了演示 Cookie 的读写过程，本例首先用 Flask 编写一个 Web 服务器，该 Web 服务器读取客户端发送过来的 Cookie，以及将 Cookie 写到客户端。

　　实例位置：src/urllib/CookieServer.py

```python
from flask import Flask
from flask import request
app = Flask(__name__)
# 输出客户端发送过来的所有的 Cookie，以及名为 MyCookie 的 Cookie 的值
@app.route("/readCookie")
def readCookie():
    print(request.cookies)
    print(request.cookies.get('MyCookie'))
    return "hello world"
# 向客户端写入名为 id 的 Cookie（设置 Set-Cookie 字段）
@app.route("/writeCookie")
def writeCookie():
    response = app.make_response('write cookie')
    # 写入 Cookie
    response.set_cookie("id", value="12345678")
    return response
if __name__ == '__main__':
    app.run()
```

现在运行 CookieServer，等待后面的客户端连接。

接下来实现用于获取 Cookie 的程序。

　　实例位置：src/urllib/CookieBasic.py

```python
import http.cookiejar,urllib.request
# 创建 CookieJar 对象
cookie = http.cookiejar.CookieJar()
# 创建 HTTPCookieProcessor 对象
handler = urllib.request.HTTPCookieProcessor(cookie)
opener = urllib.request.build_opener(handler)
# 给 http://www.baidu.com 发送请求，并获得响应数据
response = opener.open('http://www.baidu.com')
print('------http://www.baidu.com--------')
```

```
# 输出服务端发送的所有 Cookie
for item in cookie:
    print(item.name + '=' + item.value)
print('------http://127.0.0.1:5000/writeCookie--------')
# 下面的代码用同样的方式访问 CookieServer，并输出返回的 Cookie
cookie = http.cookiejar.CookieJar()
handler = urllib.request.HTTPCookieProcessor(cookie)
opener = urllib.request.build_opener(handler)
response = opener.open('http://127.0.0.1:5000/writeCookie')
for item in cookie:
    print(item.name + '=' + item.value)
```

运行结果如图 3-13 所示。

图 3-13　输出服务端返回的 Cookie

与浏览器一样，有时爬虫也需要将获得的 Cookie 保存起来，当然，可以通过循环一条一条地保存 Cookie，不过比较麻烦。可以用 MozillaCookieJar 类与 LWPCookieJar 类在获得 Cookie 的同时将 Cookie 分别保存成 Mozilla 浏览器格式和 libwww-perl(LWP)格式。在创建 MozillaCookieJar 类与 LWPCookieJar 类的实例时需要传入 Cookie 文件名。其他的使用方法与 CookieJar 类基本一样。

【例 3.9】　本例会读取 http://www.baidu.com 发送到客户端的 Cookie，并分别将 Cookie 保存成 Mozilla 格式和 LWP 格式的 Cookie 文件。

实例位置：src/urllib/CookieFile.py

```
import http.cookiejar,urllib.request
filename1 = 'cookies1.txt'
filename2 = 'cookies2.txt'
# 创建 MozillaCookieJar 对象
cookie1 = http.cookiejar.MozillaCookieJar(filename1)
# 创建 LWPCookieJar 对象
cookie2 = http.cookiejar.LWPCookieJar(filename2)
handler1 = urllib.request.HTTPCookieProcessor(cookie1)
handler2 = urllib.request.HTTPCookieProcessor(cookie2)
opener1 = urllib.request.build_opener(handler1)
opener2 = urllib.request.build_opener(handler2)
opener1.open('http://www.baidu.com')
opener2.open('http://www.baidu.com')
# 将 Cookie 保存成 Moziila 格式
cookie1.save(ignore_discard=True,ignore_expires=True)
# 将 Cookie 保存成 LWP 格式
cookie2.save(ignore_discard=True,ignore_expires=True)
```

运行程序，会发现当前目录多了两个文件：cookies1.txt 和 cookies2.txt。cookies1.txt 文件的内容如图 3-14 所示。

```
1    # Netscape HTTP Cookie File
2    # http://curl.haxx.se/rfc/cookie_spec.html
3    # This is a generated file!  Do not edit.
4    .baidu.com  TRUE   /   FALSE   3698453695  BAIDUID 0504DC7483F143EEDA9FD5792F442E83:FG=1
5    .baidu.com  TRUE   /   FALSE   3698453695  BIDUPSID    0504DC7483F143EEDA9FD5792F442E83
6    .baidu.com  TRUE   /   FALSE           H_PS_PSSID  1444_21103_28557_28415_22159
7    .baidu.com  TRUE   /   FALSE   3698453695  PSTM    1550970048
8    .baidu.com  TRUE   /   FALSE       delPer  0
9    www.baidu.com   FALSE   /   FALSE       BDSVRTM 0
10   www.baidu.com   FALSE   /   FALSE       BD_HOME 0
```

图 3-14　Mozilla 格式的 Cookie 文件

cookies2.txt 文件的内容如图 3-15 所示。

```
1    #LWP-Cookies-2.0
2    Set-Cookie3: BAIDUID="0504DC7483F143EE5547BE303B909731:FG=1"; path="/"; domain=".baidu.com";
3    Set-Cookie3: BIDUPSID=0504DC7483F143EE5547BE303B909731; path="/"; domain=".baidu.com"; path_s
4    Set-Cookie3: H_PS_PSSID=1421_21118_26350_28415; path="/"; domain=".baidu.com"; path_spec; dom
5    Set-Cookie3: PSTM=1550970048; path="/"; domain=".baidu.com"; path_spec; domain_dot; expires="
6    Set-Cookie3: delPer=0; path="/"; domain=".baidu.com"; path_spec; domain_dot; discard; version
7    Set-Cookie3: BDSVRTM=0; path="/"; domain="www.baidu.com"; path_spec; discard; version=0
8    Set-Cookie3: BD_HOME=0; path="/"; domain="www.baidu.com"; path_spec; discard; version=0
```

图 3-15　LWP 格式的 Cookie 文件

在获得服务端发送过来的 Cookie 后，当爬虫再次访问服务端时，一般需要将这些 Cookie 原封不动再发送给服务端，所以就需要从 Cookie 文件中读取 Cookie，然后将这些 Cookie 发送到服务端。读取 Cookie 需要使用 load 方法。

【例 3.10】　本例创建一个名为 cookies.txt 的文件，并自定义 2 个 Cookie，然后通过 load 方法装载 cookies.txt 文件中的 Cookie，并发送给例 3.8 实现的 CookieServer。

实例位置：src/urllib/cookies.txt

```
#LWP-Cookies-2.0
Set-Cookie3: MyCookie=helloworld; path="/"; domain="127.0.0.1"; path_spec; discard;
version=0
Set-Cookie3: name=Lining; path="/"; domain="127.0.0.1"; path_spec; discard;
version=0
```

注意　　　cookies.txt 开头的 #LWP-Cookies-2.0 必须输入，以表明是 LWP 格式的 Cookie 文件。

读取 cookies.txt 文件，并向服务端发送 Cookie 的代码如下：
实例位置：src/urllib/LoadCookie.py

```
import http.cookiejar,urllib.request
filename = 'cookies.txt'
cookie = http.cookiejar.LWPCookieJar()
# 装载 cookies.txt 文件，由于使用了 LWPCookieJar 读取 Cookie，所以 Cookie 文件必须是 LWP 格式
cookie.load(filename,ignore_discard=True,ignore_expires=True)
handler = urllib.request.HTTPCookieProcessor(cookie)
```

```
opener = urllib.request.build_opener(handler)
response = opener.open('http://127.0.0.1:5000/readCookie')
print(response.read().decode('utf-8'))
```

运行结果如下：

```
{'MyCookie': 'helloworld', 'name': 'Lining'}
helloworld
```

3.3 异常处理

在上一节详细讲解了发送请求的过程，但这是在正常情况下的使用。如果非正常使用，例如，提供的 URL 根本就是错的，那么在发送请求时就会抛出异常。如果不使用 try...except 语句，程序就会崩溃（俗称异常退出）。在使用 try...except 语句捕捉异常时，except 子句通常会加上错误类型，以便清楚地了解发生了什么错误。这些异常类都在 urllib 的 error 模块中定义，主要有两个异常类：URLError 和 HTTPError。

3.3.1 URLError

URLError 类属于 urllib 库的 error 模块，该类从 OSError 类继承，是 error 模块中的异常基类，由 request 模块产生的异常都可以通过 URLError 来捕捉。

URLError 类有一个 reason 属性，可以通过这个属性获得错误的原因。

【例 3.11】 本例向不同服务器发送多个请求，并用 URLError 类捕捉发生的异常。

实例位置：src/urllib/UrlErrorDemo.py

```
from urllib import request,error
try:
    response = request.urlopen('http://www.jd123.com/test.html')
except error.URLError as e:
    # Bad Request
    print(e.reason)
try:
    response = request.urlopen('https://geekori.com/abc.html')
except error.URLError as e:
    # Not Found
    print(e.reason)
try:
    response = request.urlopen('https://geekori123.com/abc.html')
except error.URLError as e:
    # [Errno 8] nodename nor servname provided, or not known
    print(e.reason)
try:
    response = request.urlopen('https://bbbccc.com',timeout=2)
except error.URLError as e:
    # timed out
    print(e.reason)
```

程序运行结果如图 3-16 所示。

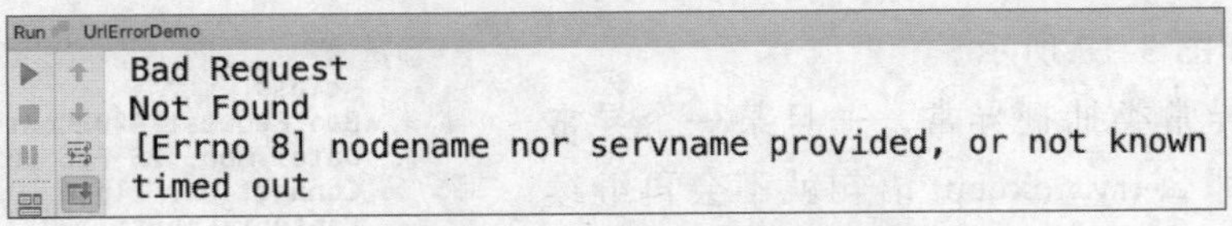

图 3-16 用 URLError 捕捉异常

从输出的异常原因可以看出，前两个异常分别是 Bad Request 和 Not Found，响应状态码分别是 400 和 404。其实这两个异常都是因为 URL 的域名而存在的，只是指定的资源不存在，服务端遇到这种情况有可能返回 400 或 404。第 3 个错误是因为域名 geekori123.com 不存在，DNS 解析错误。最后一个错误是因为域名和资源都存在，只是服务器在超时时间内没有响应客户端，所以抛出了 timeout 异常。

3.3.2 HTTPError

HTTPError 是 URLError 的子类，专门用于处理 HTTP 请求错误，比如 400、404 错误。该类有 3 个属性。

（1）code：返回 HTTP 状态码，如 404、400 等表示服务端资源不存在，500 表示服务器内部错误。

（2）reason：用于返回错误原因。

（3）headers：返回请求头。

HTTPError 也并不是什么错误都能捕捉，例如 time out 异常无法用 HTTPError 捕捉，必须使用 URLError 捕捉。由于 HTTPError 是 URLError 的子类，所以通常的做法是在 try...except 语句中先捕捉 HTTPError 异常，如果抛出的不是 HTTPError 异常，再用 URLError 进行捕捉。所以 URLError 起到了兜底的作用。

【例 3.12】 本例分别使用 HTTPError 和 URLError 捕捉不同类型的异常。

实例位置：src/urllib/HTTPErrorDemo.py

```python
from urllib import request,error
import socket
try:
    response = request.urlopen('http://www.jd123.com/test.html')
except error.HTTPError as e:                # 成功捕捉 Bad Request 异常
    print(type(e.reason))
    print(e.reason,e.code,e.headers)
try:
    response = request.urlopen('https://bbbccc.com',timeout=2)
except error.HTTPError as e:
    print('error.HTTPError: ', e.reason)
except error.URLError as e:                 # 成功捕捉 time out 异常
    print(type(e.reason))                   # 这里 r.reason 的类型是 socket.timeout 类
    print('error.URLError: ', e.reason)
    # 判断 r.reason 的类型是否为 socket.timeout 类
    if isinstance(e.reason,socket.timeout):
        print(' 超时错误 ')
```

```
else:
    print('成功发送请求')
```

程序运行结果如图 3-17 所示。

如果使用多个异常类捕捉异常，一旦某一个异常类捕捉到了异常，那么 try...except 语句就不会再继续扫描其他的异常类了。

另外要注意的是 reason 属性并不是每次都返回字符串类型的值，如 time out 异常会返回 socket.timeout 类的实例，所以在使用 reason 属性中的成员时要注意这一点。

```
Run    HTTPErrorDemo
<class 'str'>
Bad Request 400 Content-Type: text/html
Date: Mon, 25 Feb 2019 08:03:32 GMT
Connection: close
Content-Length: 39

<class 'socket.timeout'>
error.URLError: timed out
超时错误
```

图 3-17 使用 HTTPError 和 URLError 捕捉异常

3.4 解析链接

urllib 库里的 parse 模块可以用来解析 URL，例如，将 URL 的各个部分抽取出来，或将不同部分合并为一个完整的 URL，以及链接转换。parse 模块支持如下协议的 URL 处理：file, ftp, gopher, hdl, http, https, imap, mailto, mms, news, nntp, prospero, rsync, rtsp, rtspu, sftp, shttp, sip, sips, snews, svn, svn+ssh, telnet, wais, ws, wss。本节将介绍 parse 模块中常用 API 使用方法。

3.4.1 拆分与合并 URL（urlparse 与 urlunparse）

urlparse 函数用于拆分 URL，也就是将 URL 分解成不同的部分，下面先看一个例子。

```
result = urlparse('https://search.jd.com/Searchprint;hello?keyword=Python从菜鸟到高手
&enc=utf-8#comment')
print(type(result),result)
```

在上面的代码中使用 urlparse 函数解析了一个 URL，并将解析结果类型以及解析结果输出，运行结果如下：

```
<class 'urllib.parse.ParseResult'>
ParseResult(scheme='https', netloc='search.jd.com', path='/Searchprint',
params='hello', query='keyword=Python从菜鸟到高手&enc=utf-8', fragment='comment')
```

可以看到，返回结果是一个 ParseResult 类型的对象，包含 6 部分，分别是 scheme、netloc、path、params、query 和 fragment。根据拆分结果，可以得出一个完整的 URL 的通用格式：

```
scheme://netloc/path;params?query#fragment
```

只要符合这个规则的 URL，都可以被 urlparse 函数解析，urlparse 函数除了可以传递 url 参数外，还可以传递另外两个参数。urlparse 函数的定义如下：

```
urlparse(url, scheme='', allow_fragment=True)
```

我们可以看到，urlparse 函数有 3 个参数，它们的含义如下。

（1）url：必填参数，待解析的 URL。

（2）scheme：可选参数，如果 url 没有带协议（https、http、ftp 等），那么 scheme 参数的值就会作为默认协议。该参数默认值为空字符串。

（3）allow_fragments：可选参数，表示是否忽略 fragment 部分。该参数值如果为 False，表示忽略 fragment 部分，默认参数值是 True。

既然有用于拆分 URL 的 urlparse 函数，那么就有将各个部分合并成一个完整 URL 的 urlunparse 函数。该函数接收一个可迭代的对象，对象中的元素个数必须是 6，否则会抛出参数数量不足或过多的错误。

【例 3.13】 本例使用 urlparse 函数拆分了一个 URL，并输出拆分后的各个部分，以及使用 urlunparse 函数合并不同的部分，组成一个完整的 URL。

实例位置：src/urllib/urlparsedemo.py

```python
from urllib.parse import urlparse,urlunparse
# 拆分 URL
result = urlparse('https://search.jd.com/Searchprint;hello?keyword=Python 从菜鸟到高手
&enc=utf-8#comment')
print('scheme: ',result.scheme)
print('netloc: ',result.netloc)
print('path: ',result.path)
print('params: ',result.params)
print('query: ',result.query)
print('fragment: ',result.fragment)
print('-----------------')
# 拆分 URL，指定默认的 scheme，并且忽略 fragment 部分
result = urlparse('search.jd.com/Searchprint;hello?keyword=Python 从菜鸟到高手 &enc=utf-
8#comment',scheme='ftp',allow_fragments=False)
print('scheme: ',result.scheme)
print('fragment: ',result.fragment)
print('-----------------')
# 合并不同部分，组成一个完整的 URL
data = ['https','search.jd.com','Searchprint','world','keyword=Python 从菜鸟到高手
&enc=utf-8','comment']
print(urlunparse(data))
```

程序运行结果如图 3-18 所示。

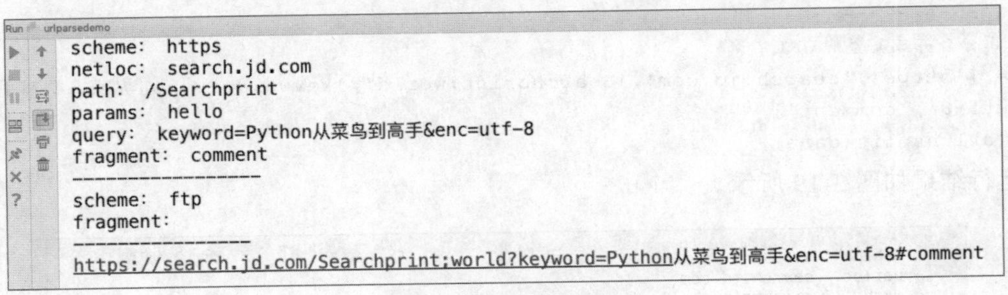

图 3-18 拆分和合并 URL

3.4.2 另一种拆分与合并 URL 的方式（urlsplit 与 urlunsplit）

urlsplit 函数与 urlparse 函数类似，只是将 path 与 params 看作一个整体，也就是 urlsplit 函数会

将 URL 拆分成 5 部分，下面先看一个例子。

```
from urllib.parse import urlsplit,urlunsplit
result = urlsplit('https://search.jd.com/Searchprint;hello?keyword=Python 从菜鸟到高手
&enc=utf-8#comment')
print(type(result),result)
```

执行这段代码，会输出如下内容。

```
<class 'urllib.parse.SplitResult'>
SplitResult(scheme='https', netloc='search.jd.com', path='/Searchprint;hello',
query='keyword=Python 从菜鸟到高手 &enc=utf-8', fragment='comment')
```

从输出结果可以看出，path 部分同时包含路径（path）和参数（params）。

urlunsplit 函数与 urlunparse 函数类似，只不过需要指定一个包含 5 个元素的可迭代对象，而 urlunparse 函数需要包含 6 个元素的可迭代对象。

【例 3.14】 本例使用 urlsplit 函数拆分了一个 URL，并输出拆分后的各个部分，以及使用 urlunsplit 函数合并不同的部分，组成一个完整的 URL。

实例位置：src/urllib/urlsplitdemo.py

```
from urllib.parse import urlsplit,urlunsplit
# 将 URL 拆分成 5 部分
result = urlsplit('https://search.jd.com/Searchprint;hello?keyword=Python 从菜鸟到高手
&enc=utf-8#comment')
print('scheme: ',result.scheme)
print('netloc: ',result.netloc)
print('path: ',result.path)
print('query: ',result.query)
print('fragment: ',result.fragment)
print('------------------')
# 将 URL 拆分成 5 部分，并指定默认的 scheme，以及不考虑 fragment 部分
result = urlsplit('search.jd.com/Searchprint;hello?keyword=Python 从菜鸟到高手 &enc=utf-
8#comment',scheme='ftp',allow_fragments=False)
print('scheme: ',result.scheme)
print('fragment: ',result.fragment)
print('------------------')
# 将 5 部分合并成完整的 URL
data = ['https','search.jd.com','Searchprint;world','keyword=Python 从菜鸟到高手
&enc=utf-8','comment']
print(urlunsplit(data))
```

程序运行结果如图 3-19 所示。

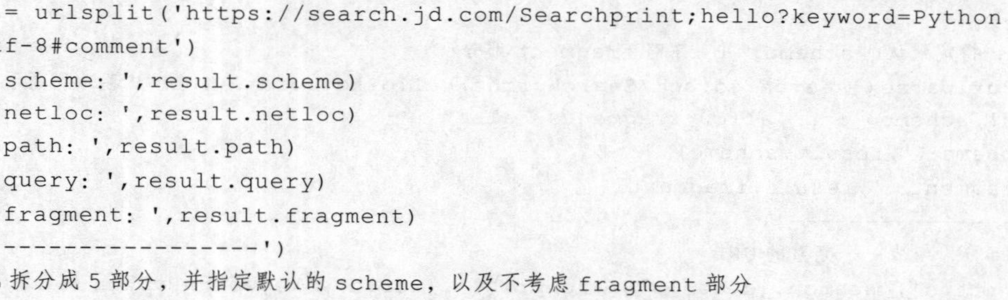

图 3-19 用 urlsplit 函数和 urlunsplit 函数拆分与合并 URL

3.4.3 连接 URL（urljoin）

在很多场景中，需要将不同部分连接成一个完整的 URL，但遗憾的是，这些部分并没有像 urlunparse 函数和 urlunsplit 函数要求的那样，清晰地将 URL 分成了 6 部分或 5 部分，而是很多部分合起来的一种形态，在这种情况下，就需要使用 urljoin 函数连接来组成完整的 URL。

【例 3.15】 本例使用 urljoin 函数合并不同的部分，组成一个完整的 URL。

实例位置： src/urllib/urljoindemo.py

```
from urllib.parse import urljoin
# 输出 https://www.jd.com/index.html
print(urljoin('https://www.jd.com','index.html'))
# 输出 https://www.taobao.com
print(urljoin('https://www.jd.com','https://www.taobao.com'))
# 输出 https://www.taobao.com/index.html
print(urljoin('https://www.jd.com/index.html','https://www.taobao.com/index.html'))
# 输出 https://www.jd.com/index.php?name=Bill&age=30
print(urljoin('https://www.jd.com/index.php','?name=Bill&age=30'))
# 输出 https://www.jd.com/index.php?name=Bill
print(urljoin('https://www.jd.com/index.php?value=123','?name=Bill'))
```

运行结果如图 3-20 所示。

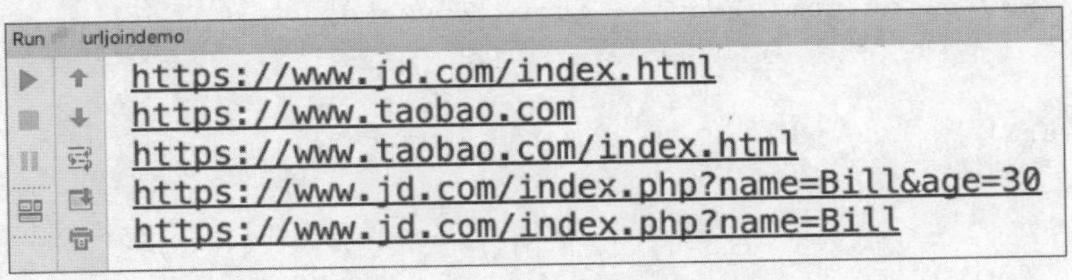

图 3-20 用 urljoin 函数连接 URL

urljoin 函数的第 1 个参数是 base_url，是一个基 URL，只能设置 scheme、netloc 和 path，第 2 个参数是 url。如果第 2 个参数不是一个完整的 URL，会将第 2 个参数的值加到第 1 个参数后面，自动添加斜杠（/）。如果第 2 个参数是一个完整的 URL，那么直接返回第 2 个参数的值。

3.4.4 URL 编码（urlencode）

urlencode 函数用于对 URL 进行编码，尤其对包含中文的 URL 非常有用，中文转码后的格式是 %××，其中 ×× 是 2 位十六进制数。urlencode 函数接受一个字典类型的值，用于定义 URL 的参数。

【例 3.16】 本例使用 urlencode 函数对包含中文参数的 URL 进行编码。

实例位置： src/urllib/urlencodedemo.py

```
from urllib.parse import urlencode,urljoin
params = {
    'name':'王军',
    'country':'China',
    'age':30
}
```

```
base_url = 'https://www.google.com?'
#url = base_url + urlencode(params)
url = urljoin(base_url,'?' + urlencode(params))
print(url)
```

运行结果如下：

```
https://www.google.com?name=%E7%8E%8B%E5%86%9B&country=China&age=30
```

3.4.5 编码与解码（quote 与 unquote）

quote 函数与 urlencode 函数的功能类似，都是进行 URL 编码，只是 urlencode 函数是对参数进行编码的，也就是说，需要传给 urlencode 函数一个字典，同时包含 key 和 value。而 quote 函数只需要指定一个字符串，就可以对其进行编码。unquote 函数是 quote 函数的逆过程，可以将编码后的字符串解码。

【例 3.17】 本例 quote 函数对 URL 中的参数编码，然后使用 unquote 函数进行解码。

实例位置：src/urllib/quotedemo.py

```
from urllib.parse import quote,unquote
keyword = '李宁'
# 对参数进行编码
url = 'https://www.baidu.com/s?wd=' + quote(keyword)
print(url)
# 解码
url = unquote(url)
print(url)
```

程序运行如下：

```
https://www.baidu.com/s?wd=%E6%9D%8E%E5%AE%81
https://www.baidu.com/s?wd=李宁
```

3.4.6 参数转换（parse_qs 与 parse_qsl）

对于查询参数来说，如果想使用其中的某一个参数，就需要对整个参数字符串进行分析，例如，name= 王军 &age=35 是包含两个参数的字符串，如果想单独引用 age 参数，就需要对这个字符串进行分析，不过这个工作并不需要我们做，parse_qs 函数和 parse_qsl 函数可以很好地完成这个工作。这两个函数的功能完全相同，只是返回的结果不同。

parse_qs 函数将多个参数拆成字典的形式，key 是参数名，value 是参数值，而 parse_qsl 函数会返回一个列表，每一个元素是一个包含 2 个元素值的元组，第 1 个元素值表示 key，第 2 个元素值表示 value。

【例 3.18】 本例分别使用 parse_qs 函数和 parse_qsl 函数拆分多个参数组成的字符串。

实例位置：src/urllib/parse_qs_demo.py

```
from urllib.parse import parse_qs,parse_qsl
query = 'name= 王军 &age=35'
# 输出 {'name': [' 王军 '], 'age': ['35']}
```

```
print(parse_qs(query))
# 输出[('name', '王军'), ('age', '35')]
print(parse_qsl(query))
query = 'name=王军&age=35&name=Bill&age=30'
# 输出{'name': ['王军', 'Bill'], 'age': ['35', '30']}
print(parse_qs(query))
# 输出[('name', '王军'), ('age', '35'), ('name', 'Bill'), ('age', '30')]
print(parse_qsl(query))
```

运行结果如图 3-21 所示。

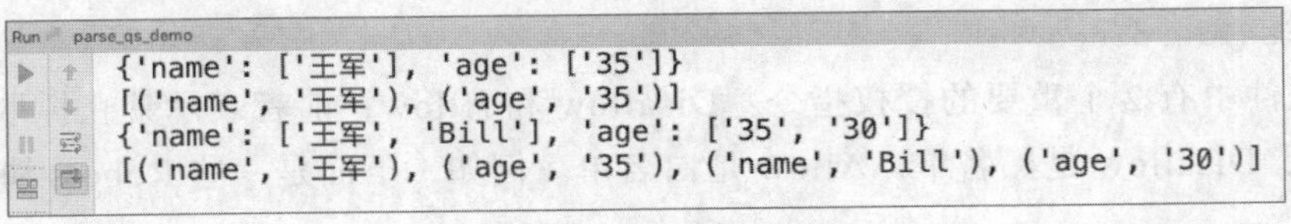

```
Run    parse_qs_demo
    {'name': ['王军'], 'age': ['35']}
    [('name', '王军'), ('age', '35')]
    {'name': ['王军', 'Bill'], 'age': ['35', '30']}
    [('name', '王军'), ('age', '35'), ('name', 'Bill'), ('age', '30')]
```

图 3-21　拆分多个参数

从拆分结果可以看出，parse_qs 函数返回一个字典，key 是参数名，value 是一个列表，而不是一个字符串。这是因为有可能存在多个参数名相同的参数，如果有这样的参数，那么 value 就会包含所有同名参数的值，如本例的 [' 王军 ','Bill']。

parse_qsl 函数返回一个列表，不管是否有重名的参数，每一个参数都会作为列表中的一个元素返回。

另外，这两个函数不管是对什么类型的参数值，转换结果都是字符串类型。

3.5　Robots 协议

本节介绍什么是 Robots 协议，以及如何用 Robots 协议规范爬虫的行为。

3.5.1　Robots 协议简介

Robots 协议也称作爬虫协议、机器人协议，它的全名是网络爬虫排除标准（Robots Exclusing Protocol），用来告诉爬虫和搜索引擎哪些页面可以抓取，哪些不可以抓取。该协议的内容通常放在一个名为 robots.txt 的文本文件中，该文件一般位于网站的根目录下。

> robots.txt 文件中的内容只是告诉爬虫应该抓取什么，不应该抓取什么，但并不是通过技术手段阻止爬虫抓取那些被禁止的资源，而只是通知爬虫而已。尽管编写爬虫可以不遵循 robots.txt 文件的描述，但作为一只有道德、有文化、有纪律的爬虫，应该尽量遵循 robots.txt 文件描述的规则。

当爬虫访问一个网站时，首先会检查这个网址根目录下是否存在 robots.txt 文件，如果存在，爬虫就会根据该文件中定义的抓取范围来抓取 Web 资源。如果这个文件并不存在，爬虫就会抓取这个网站所有可直接访问的页面。

下面来看一个 robots.txt 文件的例子：

```
User-agent:*
Disallow:/
Allow:/test/
```

这个抓取规则首先告诉爬虫对所有的爬虫有效，而且除了 test 目录外的任何资源都不允许抓取。如果将这个 robots.txt 文件放在某个网站的根目录，那么搜索引擎的爬虫就会只抓取 test 目录下的资源，我们会发现搜索引擎中再也查不到其他目录下的资源了。

上面的 User-agent 描述了爬虫的名字，这里将其设置为 *，表示对所有的爬虫有效，还可以特指某些爬虫，如下面的设置明确指定百度爬虫。

```
User-agent:BaiduSpider
```

robots.txt 文件中有 2 个重要的授权指令：Disallow 和 Allow，前者表示禁止抓取，后者表示允许抓取。也就是说，Disallow 是黑名单，Allow 是白名单。例如，下面是一些 Robots 协议的例子。

1．禁止所有爬虫抓取网站所有的资源

```
User-agent:*
Disallow:/
```

2．禁止所有爬虫抓取网站 /private 和 /person 目录中的资源

```
User-agent: *
Disallow: /private/
Disallow:/person/
```

3．只禁止百度爬虫抓取网站资源

```
User-agent:BaiduSpider
Disallow:/
```

很多搜索引擎的爬虫都有特定的名称，表 3-1 列出了一些常用的爬虫名称。

表 3-1　常用的爬虫名称

爬 虫 名 称	搜 索 引 擎	网　　站
Googlebot	谷歌	www.google.com
BaiduSpider	百度	www.baidu.com
360Spider	360 搜索	www.so.com
Bingbot	必应	www.bing.com

3.5.2　分析 Robots 协议

Robots 协议并不需要自己去分析，urllib 库的 robotparser 模块提供了相应的 API 来解析 robots.txt 文件，这就是 RobotFileParser 类。可以通过多种方式使用 RobotFileParser 类。例如，可以通过 set_url 方法设置 robots.txt 文件的 URL，然后进行分析，代码如下：

```
from urllib.robotparser import RobotFileParser
robot = RobotFileParser()
robot.set_url('https://www.jd.com/robots.txt')
```

```
robot.read()
print(robot.can_fetch('*','https://www.jd.com/test.js'))
```

其中 can_fetch 方法用来获得该网站某一个 URL 根据 Robots 协议是否有权抓取，如果可以抓取，返回 True，否则返回 False。

RobotFileParser 类的构造方法也可以接收一个 URL，然后使用 can_fetch 方法判断是否可以抓取某一个页面。

```
robot = RobotFileParser('https://www.jd.com/robots.txt')
print(robot.can_fetch('*','https://www.jd.com/test.js'))
```

【例 3.19】　本例使用了 parse 方法指定 robots.txt 文件的数据，并输出不同的 URL 是否允许抓取，这是另外一种使用 RobotFileParser 类的方式。

实例位置：src/urllib/robotsdemo.py

```
from urllib.robotparser import RobotFileParser
from urllib import request
robot = RobotFileParser()
url = 'https://www.jianshu.com/robots.txt'
headers = {
    'User-Agent': 'Mozilla/5.0 (Macintosh; Intel Mac OS X 10_14_3) AppleWebKit/537.36
(KHTML, like Gecko) Chrome/72.0.3626.109 Safari/537.36',
    'Host': 'www.jianshu.com',
}
req = request.Request(url=url, headers=headers)

# 抓取 robots.txt 文件的内容，并提交给 parse 方法进行分析
robot.parse( request.urlopen(req).read().decode('utf-8').split('\n'))
# 输出 True
print(robot.can_fetch('*','https://www.jd.com'))
# 输出 True
print(robot.can_fetch('*','https://www.jianshu.com/p/92f6ac2c350f'))
# 输出 False
print(robot.can_fetch('*','https://www.jianshu.com/search?q=Python&page=1&type=note'))
```

运行结果如下：

```
True
True
False
```

3.6　小结

urllib 是最常用，也是最容易使用的 Python 网络库。由于是内置的库，所以不需要单独安装。除了 urllib 外，Python 还支持很多其他网络库。从理论上说，urllib 能做到的，其他网络库通常也能做到，只是使用方法和性能不同而已。至于编写爬虫使用什么样的网络库，读者可以根据自己的实际情况和业务来决定。在后面的几章会继续介绍几种常用的 Python 网络库。

第 4 章

网络库 urllib3

urllib3 是另一个 Python 网络库，功能要比 urllib 更强大，本章讲解 urllib3 的常用功能。

本章主要介绍以下内容：

（1）urllib3 的安装；

（2）发送请求；

（3）设置 HTTP 请求头；

（4）获取 HTTP 响应头；

（5）上传文件；

（6）超时异常捕捉。

4.1　urllib3 简介

在 Python 程序中，使用频率最高的网络模块莫过于 urllib，因为 urllib 是 Python 内置的网络模块，不需要单独安装，使用起来非常方便。但随着互联网的不断发展，urllib 里的功能明显已经不够用了，所以有了后来的 urllib2 和 urllib3。

从上一章的内容来看，urllib 中的 API 大多与 URL 相关，所以可以得出这样一个结论，urllib 主要侧重于 URL 的请求构造。而 urllib2 侧重于 HTTP 请求的处理，urllib3 则是服务于升级的 HTTP 1.1 标准，且拥有高效 HTTP 连接池管理及 HTTP 代理服务的功能库，从 urllib 到 urllib2 和 urllib3 是顺应互联应用升级浪潮的，这股浪潮从通用的网络连接服务到互联网网络的头部应用再到支持长连接的 HTTP 访问，网络访问越来越便捷化。

4.2　urllib3 模块

urllib3 是一个功能强大，条理清晰，用于编写 HTTP 客户端的 Python 库，许多 Python 的原生系统已经开始使用 urllib3。urllib3 提供了很多 python 标准库里所没有的重要特性，这些特性包括：

（1）线程安全；

（2）连接池；

（3）客户端 SSL/TLS 验证；

（4）使用 multipart 编码上传文件；

（5）协助处理重复请求和 HTTP 重定位；

（6）支持压缩编码；

（7）支持 HTTP 和 SOCKS 代理；

（8）100% 测试覆盖率。

urllib3 并不是 Python 语言的标准模块，因此，使用 urllib3 之前需要使用 pip 命令或 conda 命令安装 urllib3。

```
pip install urllib3
```

或

```
conda install urllib3
```

4.3　发送 HTTP GET 请求

使用 urllib3 中的 API 向服务端发送 HTTP 请求，首先需要引用 urllib3 模块，然后创建 PoolManager 类的实例，该类用于管理连接池。最后就可以通过 request 方法发送 GET 请求了，request 方法的返回值就是服务端的响应结果，通过 data 属性直接可以获得服务端的响应数据。

当向服务端发送 HTTP GET 请求时，如果请求字段值包含中文、空格等字符，需要对其进行编码。在 urllib.parse 模块中有一个 urlencode 函数，可以将一个字典形式的请求值作为参数传入 urlencode 函数，该函数返回编码结果。

```
# 使用 urlencode 函数将 " 极客起源 " 转换为 URL 编码形式
print(urlencode({'wd':' 极客起源 '}))
```

执行上面的代码，会输出如下的内容。

```
wd=%E6%9E%81%E5%AE%A2%E8%B5%B7%E6%BA%90
```

使用 request 方法发送 HTTP GET 请求时，可以使用 urlencode 函数对 GET 字段进行编码，也可以直接使用 fields 关键字参数指定字典形式的 GET 请求字段。使用这种方式，request 方法会自动对 fields 关键字参数指定的 GET 请求字段进行编码。

```
# http 是 PoolManager 类的实例变量
http.request('GET', url,fields={'wd':' 极客起源 '})
```

【例 4.1】　本例通过 urllib3 中的 API 向百度（http://www.baidu.com）发送查询请求，然后获取并输出百度的搜索结果。

实例位置：src/urllib3/sendrequest.py

```
from urllib3 import *
# urlencode 函数在 urllib.parse 模块中
from urllib.parse import urlencode
# 调用 disable_warnings 函数可以阻止显示警告消息
```

```
disable_warnings()
# 创建 PoolManager 类的实例
http = PoolManager()
'''
# 下面的代码通过组合 URL 的方式向百度发送请求
url = 'http://www.baidu.com/s?' + urlencode({'wd':' 极客起源 '})
print(url)
response = http.request('GET', url)
'''
url = 'http://www.baidu.com/s'
# 直接使用 fields 关键字参数指定 GET 请求字段
response = http.request('GET', url,fields={'wd':' 极客起源 '})
# 获取百度服务端的返回值（字节形式），并使用 UTF-8 格式对其进行解码
data = response.data.decode('UTF-8')
# 输出百度服务端返回的内容
print(data)
```

运行结果如图 4-1 所示。由于百度服务端返回的内容很多，这里只显示了一部分返回内容。

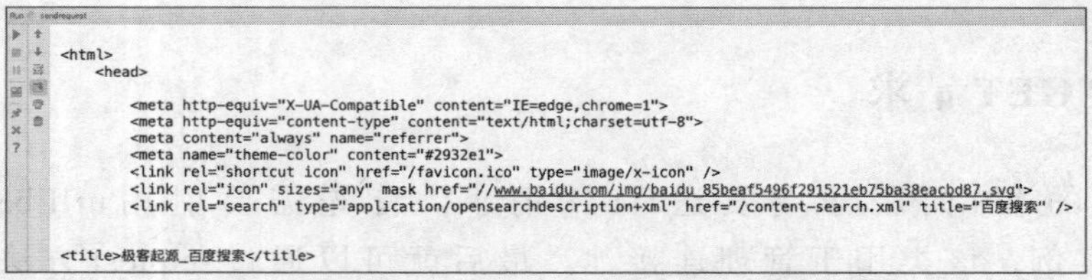

图 4-1   通过 HTTP GET 请求访问百度服务端

4.4   发送 HTTP POST 请求

如果向服务端发送比较复杂的数据，通过 HTTP GET 请求就不太合适，因为 HTTP GET 请求将要发送的数据都放到了 URL 中。因此，当向服务端发送复杂数据时建议使用 HTTP POST 请求。

HTTP POST 请求与 HTTP GET 请求的使用方法类似，只是在向服务端发送数据时，传递数据会跟在 HTTP 请求头后面，因此，可以使用 HTTP POST 请求发送任何类型的数据，包括二进制形式的文件（一般会将这样的文件使用 Base64 或其他编码格式进行编码）。为了能更好地理解 HTTP POST 请求，本节首先使用 Flask 编写一个专门接收 HTTP POST 请求的服务端。

Flask 属于 Python 语言的第三方模块，需要单独安装，如果读者使用的是 Anaconda Python 开发环境，就不需要安装 flask 模块了，因为 Anaconda 已将 flask 模块集成到里面了。如果读者使用的是标准的 Python 开发环境，可以使用 pip install flask 命令安装 flask 模块。本节利用 flask 模块编写了一个简单的可以处理 HTTP POST 请求的服务端程序。

【例 4.2】   本例通过 flask 模块编写一个可以处理 HTTP POST 请求的服务端程序，然后使用 urllib3 模块中相应的 API 向这个服务端程序发送 HTTP POST 请求，然后输出服务端的返回结果。

实例位置：src/urllib3/server.py

```
# 支持 HTTP POST 请求的服务端程序
from flask import Flask, request
```

```
# 创建 Flask 对象，任何基于 flask 模块的服务端应用都必须创建 Flask 对象
app = Flask(__name__)
# 设置 /register 路由，该路由可以处理 HTTP POST 请求
@app.route('/register', methods=['POST'])
def register():
    # 输出名为 name 的请求字字段的值
    print(request.form.get('name'))
    # 输出名为 age 的请求字段的值
    print(request.form.get('age'))
    # 向客户端返回 " 注册成功 " 消息
    return ' 注册成功 '


if __name__ == '__main__':
    # 开始运行服务端程序，默认端口号是 5000
    app.run()
```

在上面的程序中涉及一个路由的概念，其实路由就是在浏览器地址栏中输入的一个 Path（跟在域名或 IP 后面），flask 模块会将路由对应的 Path 映射到服务端的一个函数，也就是说，如果在浏览器地址栏中输入特定的路由，flask 模块的相应 API 接收到这个请求，就会自动调用该路由对应的函数。如果不指定 methods，默认可以处理 HTTP GET 请求，如果要处理 HTTP POST 请求，需要设置 methods 的值为 ['POST']。Flask 在处理 HTTP POST 的请求字段时，会将这些请求保存到字典中，form 属性就是这个字典变量。

现在运行上面的程序，会发现程序在 Console 中输出一行如下的信息。

```
* Running on http://127.0.0.1:5000/ (Press CTRL+C to quit)
```

这表明使用 flask 模块建立的服务端程序的默认端口号是 5000。

实例位置：src/urllib3/sendpost.py

```
from urllib3 import *
disable_warnings()
http = PoolManager()
# 指定要提交 HTTP POST 请求的 URL，/register 是路由
url = 'http://localhost:5000/register'
# 向服务端发送 HTTP POST 请求，用 fields 关键字参数指定 HTTP POST 请求字段名和值
response = http.request('POST', url,fields={'name':' 李宁 ','age':18})
# 获取服务端返回的数据
data = response.data.decode('UTF-8')
# 输出服务端返回的数据
print(data)
```

在运行上面的程序之前，首先应运行 server.py，程序会在 Console 中输出 "注册成功" 消息，而服务端的 Console 中输出如图 4-2 所示的信息。

```
Run:    server    sendpost
        * Serving Flask app "server" (lazy loading)
        * Environment: production
          WARNING: Do not use the development server in a production environment.
          Use a production WSGI server instead.
        * Debug mode: off
        * Running on http://127.0.0.1:5000/ (Press CTRL+C to quit)
        李宁
        18
```

图 4-2 服务端程序获取客户端提交的 HTTP POST 请求字段的值

4.5　HTTP 请求头

大多数服务端应用都会检测某些 HTTP 请求头，例如，为了阻止网络爬虫或其他的目的，通常会检测 HTTP 请求头的 User-Agent 字段，该字段指定了用户代理，也就是用什么应用访问的服务端程序，如果是浏览器，如 Chrome，会包含 Mozilla/5.0 或其他类似的内容，如果 HTTP 请求头不包含这个字段，或该字段的值不符合要求，那么服务端程序就会拒绝访问。还有一些服务端应用要求只有处于登录状态才可以访问某些数据，所以需要检测 HTTP 请求头的 cookie 字段，该字段会包含标识用户登录的信息。当然，服务端应用也可能会检测 HTTP 请求头的其他字段，不管服务端应用检测哪个HTTP 请求头字段，都需要在访问 URL 时向服务端传递 HTTP 请求头。

通过 PoolManager 对象的 request 方法的 headers 关键字参数可以指定字典形式的 HTTP 请求头。

```
http.request('GET', url,headers = {'header1':'value1', 'header2':'value2'})
```

【**例 4.3**】　本例通过 request 方法访问了天猫商城的搜索功能，该搜索功能的服务端必须依赖于HTTP 请求头的 cookie 字段。

在编写代码之前，首先要了解的是如何获得要传递的 cookie 字段的值。其实很容易，利用Chrome 浏览器的开发者工具很容易获取所有的 HTTP 请求头。

现在进入天猫首页（建议使用 Chrome 浏览器），输入要搜索的关键字。然后在右键菜单中单击"检查"命令（通常是最后一个），然后单击 Network 选项卡（一般是第 4 个选项卡），最后在右下方的一组选项卡中选择第一个 Headers 选项卡，并在左下方的列表中找到 search_product.htm 为前缀的URL，在 Headers 选项卡中就会列出访问该 URL 时发送的 HTTP 请求头，以及接收到的 HTTP 响应头。如图 4-3 所示。

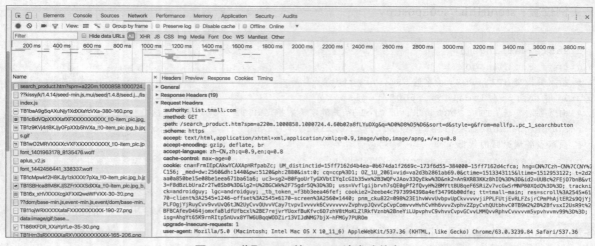

图 4-3　获取 URL 的 HTTP 请求头信息

只需将要传递的 HTTP 请求头复制下来，再通过程序传递这些 HTTP 请求头即可。为了方便，本例将所有要传递的 HTTP 请求头都放在一个名为 headers.txt 的文件中。经过测试，天猫的搜索页面只检测 cookie 字段，并未检测 User-Agent 以及其他字段，所以读者可以复制所有的字段，也可以只复制 cookie 字段。

实例位置：src/urllib3/request_header.py

```
from urllib3 import *
import re
disable_warnings()
http = PoolManager()
# 定义天猫的搜索页面 URL
url = 'https://list.tmall.com/search_product.htm?spm=a220m.1000858.1000724.4.53ec3e72
bTyQhM&q=%D0%D8%D5%D6&sort=d&style=g&from=mallfp..pc_1_searchbutton#J_Filter'
# 从 headers.txt 文件读取 HTTP 请求头，并将其转换为字典形式
def str2Headers(file):
    headerDict = {}
    f = open(file,'r')
    # 读取 headers.txt 文件中的所有内容
    headersText = f.read()
    #
    headers = re.split('\n',headersText)
    for header in headers:
        result = re.split(':',header,maxsplit = 1)
        headerDict[result[0]] = result[1]
    f.close()
    return headerDict
headers = str2Headers('headers.txt')
# 请求天猫的搜索页面，并传递 HTTP 请求头
response = http.request('GET', url,headers=headers)
# 将服务端返回的数据按 GB18030 格式解码
data = response.data.decode('GB18030')
print(data)
```

在运行程序之前，需要在当前目录建立一个 headers.txt 文件，并输入相应的 HTTP 请求头信息，每一个字段一行，字段与字段值之间用冒号分隔，不要有空行。

现在运行程序，会输出如图 4-4 所示的信息。

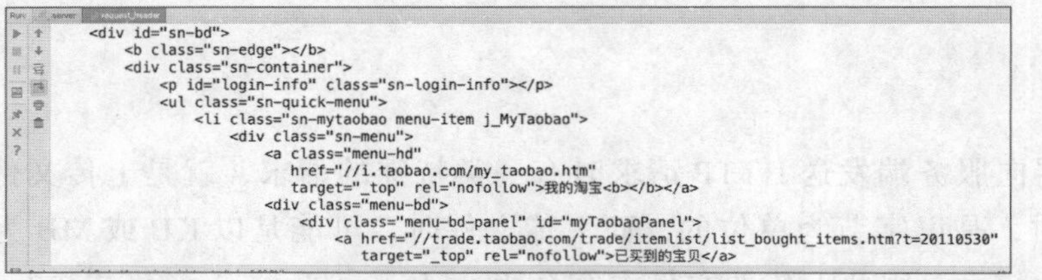

图 4-4　向服务端发送 HTTP 请求头

如果不在 request 方法中使用 headers 关键字参数传递 HTTP 请求头，会在 Console 中输出如图 4-5 所示的错误消息。很明显，这是由于服务端校验 HTTP 请求头失败而返回的错误消息。

图 4-5　由于为传递 HTTP 请求头，服务端拒绝服务

4.6　HTTP 响应头

使用 HTTPResponse.info 方法可以非常容易地获取 HTTP 响应头的信息。其中 HTTPResponse 对象是 request 方法的返回值。

【例 4.4】　本例通过 info 方法获取请求百度官网返回的 HTTP 响应头信息，并输出所有的请求头字段和值。

实例位置：src/urllib3/headers.py

```python
from urllib3 import *
disable_warnings()
http = PoolManager()
url = 'https://www.baidu.com'
response = http.request('GET', url)
# 输出所有响应头字段和值
for key in response.info().keys():
    print(key,':', response.info()[key])
```

程序运行结果如图 4-6 所示。

```
Accept-Ranges : bytes
Cache-Control : no-cache
Connection : Keep-Alive
Content-Length : 14722
Content-Type : text/html
Date : Tue, 26 Feb 2019 11:31:46 GMT
Etag : "5c653bc8-3982"
Last-Modified : Thu, 14 Feb 2019 09:58:32 GMT
P3p : CP=" OTI DSP COR IVA OUR IND COM "
Pragma : no-cache
Server : BWS/1.1
Set-Cookie : BAIDUID=7BB2FA46BA323BD7DB64C63D72A276F8:FG=1; expires=Thu,
Vary : Accept-Encoding
X-Ua-Compatible : IE=Edge,chrome=1
```

图 4-6　HTTP 响应头

4.7　上传文件

客户端浏览器向服务端发送 HTTP 请求时有一类特殊的请求，就是上传文件，为什么特殊呢？因为发送其他值时，是以字节为单位的，而上传文件时，可能是以 KB 或 MB 为单位的，所以发送的文件尺寸通常比较大，因此上传的文件内容会用 multipart/form-data 格式进行编码，然后再上传。urllib3 对文件上传有很好的支持。只需设置普通的 HTTP 请求头一样在 request 方法中使用 fields 关键字参数指定一个描述上传文件的 HTTP 请求头字段，然后再通过元组指定相关属性即可，例如，上传文件名，文件类型等。

```python
# http 是 PoolManager 类的实例
# 上传任意类型的文件（未指定上传文件的类型）
http.request('POST',url,fields={'file':(filename,fileData)})
# 上传文本格式的文件
http.request('POST',url,fields={'file':(filename,fileData,'text/plain')})
# 上传 jpeg 格式的文件
http.request('POST',url,fields={'file':(filename,fileData,'image/jpeg')})
```

【例 4.5】　本例实现了一个可以将文件上传到服务端的 Python 程序，可以通过输入本地文件名来上传任何类型的文件。

为了完整地演示文件上传功能，需要先用 Flask 实现一个接收上传文件的服务端程序，该程序从客户端获取上传文件的内容，并将上传文件名保存到当前目录的 uploads 子目录中。

实例位置： src/urllib3/upload_server.py

```python
import os
from flask import Flask, request
# 定义服务端保存上传文件的位置
UPLOAD_FOLDER = 'uploads'
app = Flask(__name__)
# 用于接收上传文件的路由需要使用 POST 方法
@app.route('/', methods=['POST'])
def upload_file():
    # 获取上传文件的内容
    file = request.files['file']
    if file:
        # 将上传的文件保存到 uploads 子目录中
        file.save(os.path.join(UPLOAD_FOLDER, os.path.basename(file.filename)))
        return "文件上传成功"


if __name__ == '__main__':
    app.run()
```

接下来编写上传文件的客户端程序。

实例位置： src/urllib3/upload_file.py

```python
from urllib3 import *
disable_warnings()
http = PoolManager()
# 定义上传文件的服务端 URL
url = 'http://localhost:5000'
while True:
    # 输入上传文件的名字
    filename = input('请输入要上传的文件名字(必须在当前目录下): ')
    # 如果什么也未输入，退出循环
    if not filename:
        break
    # 用二进制的方式打开要上传的文件名，然后读取文件的所有内容，使用 with 语句会自动关闭打开的文件
    with open(filename,'rb') as fp:
        fileData = fp.read()
    # 上传文件
    response = http.request('POST',url,fields={'file':(filename,fileData)})
    # 输出服务端的返回结果，本例是 "文件上传成功"
    print(response.data.decode('utf-8'))
```

首先运行 upload_server.py，然后运行 upload_file.py，输入几个当前目录下的文件，如 headers.txt、upload_server.py、upload_file.py。每次输入完文件名按 Enter 键，就会在 Console 中输出"文件上传成功"，如图 4-7 所示。

这时在 MyCharm 中刷新 uploads 目录，会看到刚上传的 3 个文件，如图 4-8 所示。

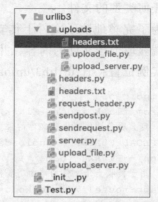

```
Run:    upload_file    upload_server
请输入要上传的文件名字（必须在当前目录下）: headers.txt
文件上传成功
请输入要上传的文件名字（必须在当前目录下）: upload_server.py
文件上传成功
请输入要上传的文件名字（必须在当前目录下）: upload_file.py
文件上传成功
请输入要上传的文件名字（必须在当前目录下）:
```

图 4-7　上传文件　　　　　　　　　　　　图 4-8　uploads 目录中的文件

4.8　超时

由于 HTTP 底层是基于 Socket 实现的，所以连接的过程中也可能超时。Socket 超时分为连接超时和读超时。连接超时是指在连接的过程中由于服务端的问题或域名（IP 地址）弄错了而导致的无法连接服务器的情况，当客户端 Socket 尝试连接服务器超过给定时间后，还没有成功连接服务器，就会自动中断连接，通常会抛出超时异常。读超时是指在从服务器读取数据时由于服务器的问题，导致长时间无法正常读取数据而导致的异常。

使用 urllib3 模块中的 API 设置超时时间非常方便，只需通过 request 方法的 timeout 关键字参数指定超时时间即可（单位是秒）。如果连接超时与读超时相同，可以直接将 timeout 关键字参数值设为一个浮点数，表示超时时间。如果连接超时与读超时不相同，需要使用 Timeout 对象分别设置。

```
# http 是 PoolManager 类的实例
# 总超时时间是 5 秒
http.request('GET', url1,timeout=5.0)
# 连接超时是 2 秒，读超时是 4 秒
http.request('GET', url1,timeout=Timeout(connect=2.0,read=4.0))
```

如果让所有网络操作的超时都相同，可以通过 PoolManager 类构造方法的 timeout 关键字参数设置连接超时和读超时。

```
http = PoolManager(timeout=Timeout(connect=2.0,read=2.0))
```

如果在 request 方法中也设置了 timeout 关键字参数，那么将覆盖通过 PoolManager 类构造方法设置的超时。

【例 4.6】　本例通过访问错误的域名测试连接超时，通过访问 http://httpbin.org 测试读超时。

本例使用了一个特殊的网址用于测试读超时，通过为该网址指定读时间路径，可以控制在指定时间（单位是秒）后再返回要读取的数据。例如，要让服务器延迟 5 秒再返回数据，可以使用下面的 URL。

http://httpbin.org/delay/5

读者可以在浏览器地址栏输入这个 URL，然后等 5 秒，浏览器才会显示服务器的返回内容。

实例位置：src/urllib3/timeout.py

```python
from urllib3 import *
disable_warnings()
# 通过 PoolManager 类的构造方法指定默认的连接超时和读超时
http = PoolManager(timeout=Timeout(connect=2.0,read=2.0))
url1 = 'https://www.baidu1122.com'
url2 = 'http://httpbin.org/delay/3'
try:
    # 此处代码需要放在 try…except 中，否则一旦抛出异常，后面的代码将无法执行
    # 下面的代码会抛出异常，因为域名 www.baidu1122.com 并不存在
    # 由于连接超时设为 2 秒，所以会在 2 秒后抛出连接超时异常
    http.request('GET', url1,timeout=Timeout(connect=2.0,read=4.0))
except Exception as e:
    print(e)
print('------------')
# 由于读超时为 4 秒，而 url2 指定的 URL 在 3 秒后就返回数据，所以不会抛出异常，
# 会正常输出服务器的返回结果
response = http.request('GET', url2,timeout=Timeout(connect=2.0,read=4.0))
print(response.info())
print('------------')
print(response.info()['Content-Length'])
# 由于读超时为 2 秒，所以会在 2 秒后抛出读超时异常
http.request('GET', url2,timeout=Timeout(connect=2.0,read=2.0))
```

程序运行结果如图 4-9 所示。

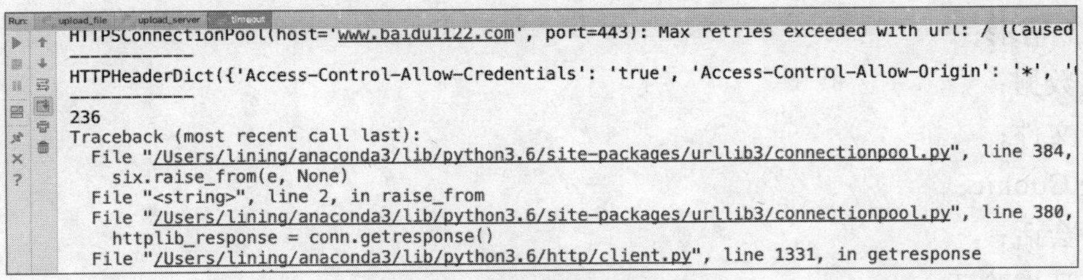

图 4-9　连接超时与读超时

4.9　小结

urllib3 的功能远不止本章介绍的这些，不过对于大多数应用来说，本章介绍的知识已经足够了。如果读者还想尝试其他的 Python 网络库，请继续阅读后面的章节。

第 5 章

网络库 requests

到现在为止，我们已经接触过两个 Python 网络库：urllib 和 urllib3。尽管功能比较强大，但实现某些功能还是比较麻烦的，例如，处理页面验证和 Cookies 时，urllib 需要使用 Opener 和 Handler 来处理。为了更加方便地实现这些操作，本章介绍另外一个功能强大，且使用方便的 Python 网络库：requests。

本章主要介绍以下内容：

（1）发送 HTTP 请求；

（2）设置 HTTP 请求头；

（3）抓取二进制数据；

（4）POST 请求；

（5）响应数据；

（6）上传文件；

（7）处理 Cookie；

（8）维持会话；

（9）SSL 证书验证；

（10）使用代理；

（11）超时处理；

（12）身份验证；

（13）打包请求。

5.1 基本用法

本节介绍 requests 中的一些基本用法，包括发送 HTTP 请求、抓取二进制数据、发送 HTTP 请求头等。

5.1.1 requests 的 HelloWorld

学习任何一种技术，都会用一个超级简单的案例起步，这个案例统称为 HelloWorld。学习 requests 我们也沿用这个习惯。

在开始使用 requests 之前，需要使用下面的命令安装 requests。

```
pip install requests
```

urllib 库中的 urlopen 方法实际上是以 GET 方式请求网页，而 requests 中对应的方法是 get，该方法可以接收一个 URL，然后会返回一个对象，通过 get 方法的返回值，可以获取 HTTP 响应数据。

【例 5.1】 本例使用 get 方法访问淘宝首页（https://www.taobao.com），并获取 get 方法返回值类型、状态码、响应体、Cookie 等信息。

实例位置：src/requests/helloworld.py

```python
import requests
# 访问淘宝首页
r = requests.get('https://www.taobao.com')
# 输出 get 方法返回值类型
print(type(r))
# 输出状态码
print(r.status_code)
# 输出响应体类型
print(type(r.text))
# 输出 Cookie
print(r.cookies)
# 输出响应体
print(r.text)
```

程序运行结果如图 5-1 所示。

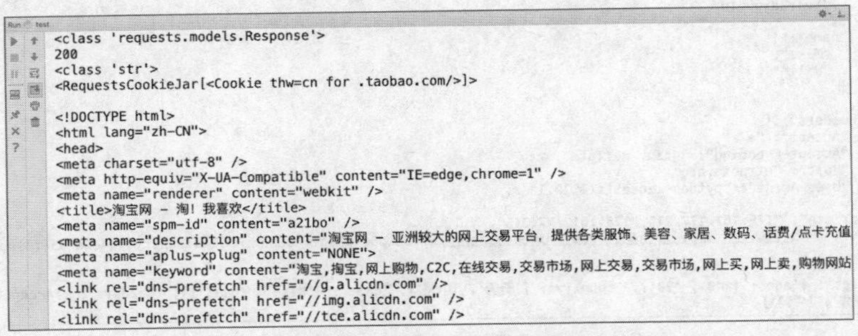

图 5-1 get 方法请求淘宝首页返回的结果

从返回结果可以看出，get 方法返回一个 requests.models.Response 类型的对象。

5.1.2 GET 请求

向服务端发送 HTTP GET 请求是最常见的操作之一，如果只是简单地发送 GET 请求，只需将 URL 传入 get 方法即可。要想为 GET 请求指定参数，可以直接将参数加在 URL 后面，用问号（?）分隔，不过还有另外一种更好的方式，就是使用 get 方法的 params 参数，该参数需要是一个字典类型的值，在字典中每一对 key-value，就是一对参数值。如果同时在 URL 中和 params 参数指定 GET 请求的参数，那么 get 方法会将参数合并。如果出现同名的参数，会用列表存储。也就是同名参数的值会按出现的先后顺序保存在列表中。

【例 5.2】 本例使用 get 方法访问 http://httpbin.org/get，并且同时使用 URL 和 params 参数的方式设置 GET 请求参数，并输出返回结果。

实例位置：src/requests/get.py

```python
import requests
# 用字典定义 GET 请求参数
data = {
    'name':'Bill',
    'country':' 中国 ',
    'age':20
}
# 发送 HTTP GET 请求
r = requests.get('http://httpbin.org/get?name=Mike&country= 美国 &age=40',params=data)
# 输出响应体
print(r.text)
# 将返回对象转换为 json 对象
print(r.json())
# 输出 json 对象中的 country 属性值，会输出一个列表，因为有 2 个 GET 请求参数的名字都是 country
print(r.json()['args']['country'])
```

程序运行结果如图 5-2 所示。

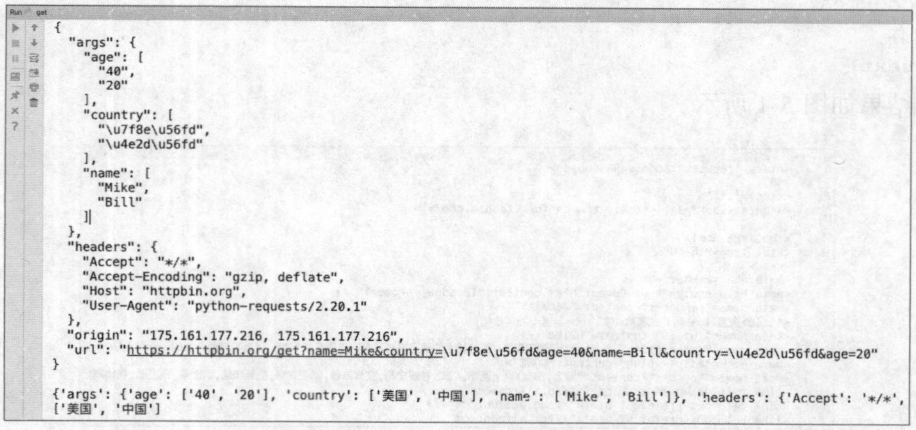

图 5-2　输出响应结果

虽然 http://httpbin.org/get 返回了 JSON 格式的值，但原本是字符串类型的值，这里为了方便获取某个属性的值，使用 json 方法将其转换为 JSON 对象。

5.1.3　添加 HTTP 请求头

有很多网站，在访问其 Web 资源时，必须设置一些 HTTP 请求头，如 User-Agent、Host、Cookie 等，否则网站服务端会限制访问这些 Web 资源。使用 get 方法为 HTTP 添加请求头相当容易，只需设置 get 方法的 headers 参数即可。该参数同样是一个字典类型的值，每一对 key-value 就是一个 Cookie。如果要设置中文的 Cookie，仍然需要使用相关的函数进行编码和解码，如 quote 和 unquote，前者负责编码，后者负责解码。

【例 5.3】 本例使用 get 方法发送 http://httpbin.org/get 请求，并设置了一些请求头，包括 User-Agent 和一个自定义请求头 name，其中 name 请求头的值是中文。

实例位置： src/requests/headers.py

```python
import requests
from urllib.parse import quote,unquote

headers = {
    'User-Agent':'Mozilla/5.0 (Macintosh; Intel Mac OS X 10_14_3) AppleWebKit/537.36
(KHTML, like Gecko) Chrome/72.0.3626.119 Safari/537.36',
    # 将中文编码
    'name':quote('李宁')
}
# 发送 HTTP GET 请求
r = requests.get('http://httpbin.org/get',headers=headers)
# 输出响应体
print(r.text)
# 输出 name 请求头的值（需要解码）
print('Name:',unquote(r.json()['headers']['Name']))
```

程序运行结果如图 5-3 所示。

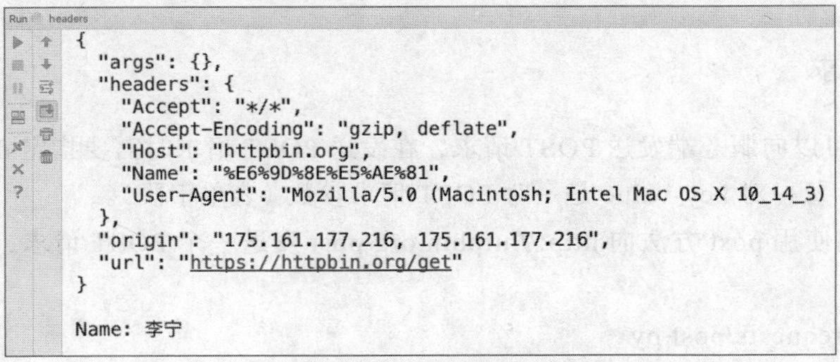

图 5-3　输出 HTTP 请求头

5.1.4　抓取二进制数据

get 方法指定的 URL 不仅可以是网页，还可以是任何二进制文件，如 png 图像、pdf 文档等，不过对于二进制文件，尽管可以直接使用 Response.text 属性获取其内容，但显示的都是乱码。一般获取二进制数据，需要将数据保存到本地文件中。所以需要调用 Response.content 属性获得 bytes 形式的数据，然后再使用相应的 API 将其保存在文件中。

【例 5.4】 本例使用 get 方法抓取一个 png 格式的图像文件，并将其保存为本地文件。

实例位置： src/requests/binary.py

```
import requests
# 抓取图像文件，其中 http://t.cn/EfgN7gz 是图像文件的短链接
r = requests.get('http://t.cn/EfgN7gz')
# 输出文件的内容，不过是乱码
print(r.text)
# 将图像保存为本地文件（Python 从菜鸟到高手 .png）
with open('Python 从菜鸟到高手 .png','wb') as f:
    f.write(r.content)
```

程序运行结果如图 5-4 所示。

执行完程序后，会看到当前目录下多了一个"Python 从菜鸟到高手 .png"文件，如图 5-5 所示。

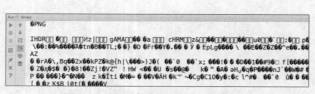

图 5-4　显示为乱码形式的图像文件

图 5-5　下载的 png 格式图像

5.1.5　POST 请求

通过 post 方法可以向服务端发送 POST 请求，在发送 POST 请求时需要指定 data 参数，该参数是一个字典类型的值，每一对 key-value 是一对 POST 请求参数（表单字段）。

【例 5.5】　本例使用 post 方法向 http://httpbin.org/post 发送一个 POST 请求，并输出返回的响应数据。

实例位置：src/requests/post.py

```
import requests
data = {
    'name':'Bill',
    'country':' 中国 ',
    'age':20
}
# 向服务端发送 POST 请求
r = requests.post('http://httpbin.org/post',data=data)
# 输出响应体内容
print(r.text)
# 将返回对象转换为 JSON 对象
print(r.json())
# 输出表单中的 country 字段值
print(r.json()['form']['country'])
```

程序运行结果如图 5-6 所示。

```
{
    "args": {},
    "data": "",
    "files": {},
    "form": {
        "age": "20",
        "country": "\u4e2d\u56fd",
        "name": "Bill"
    },
    "headers": {
        "Accept": "*/*",
        "Accept-Encoding": "gzip, deflate",
        "Content-Length": "43",
        "Content-Type": "application/x-www-form-urlencoded",
        "Host": "httpbin.org",
        "User-Agent": "python-requests/2.20.1"
    },
    "json": null,
    "origin": "175.161.177.216, 175.161.177.216",
    "url": "https://httpbin.org/post"
}

{'args': {}, 'data': '', 'files': {}, 'form': {'age': '20', 'country': '中国',
中国
```

图 5-6　输出响应数据

5.1.6　响应数据

发送 HTTP 请求后，get 方法或 post 方法会返回响应（Response 对象），在前面的例子中已经使用了 text 属性和 content 属性获得了响应内容，除此之外，Response 对象还有很多属性和方法可以用来获取更多响应信息，如状态码、响应头、Cookie 等。

在得到响应结果后，通常需要判断状态码，如果状态码是 200，说明服务端成功响应了客户端，如果不是 200，可能会有错误，然后需要进一步判断错误类型，以便做出合适的处理。判断状态码可以直接使用数值进行判断，如 200、404、500 等，不过 requests 提供了一个 codes 对象，可以直接查询状态码对应的标识（一个字符串），这样会让程序更易读。

【例 5.6】　本例使用 get 方法向简书（http://www.jianshu.com）发送一个请求，然后得到并输出相应的响应结果。

实例位置：src/requests/response.py

```
import requests

headers = {
    'User-Agent':'Mozilla/5.0 (Macintosh; Intel Mac OS X 10_14_3) AppleWebKit/537.36
(KHTML, like Gecko) Chrome/72.0.3626.119 Safari/537.36',
}
# 向简书发送 GET 请求
r = requests.get('http://www.jianshu.com',headers=headers)
# 输出状态码
print(type(r.status_code),r.status_code)
# 输出响应头
print(type(r.headers),r.headers)
# 输出 Cookie
print(type(r.cookies),r.cookies)
# 输出请求的 URL
print(type(r.url),r.url)
```

```
# 输出请求历史
print(type(r.history),r.history)
# 根据codes中的值判断状态码
if not r.status_code == requests.codes.ok:
    print("failed")
else:
    print("ok")
```

codes 为每一个状态码都定义了对应的标识，代码如下：

代码位置： <requests 根目录目录 >/requests/status_codes.py

```
_codes = {
    # 信息状态码
    100: ('continue',),
    101: ('switching_protocols',),
    102: ('processing',),
    103: ('checkpoint',),
    122: ('uri_too_long', 'request_uri_too_long'),
    # 成功状态码
    200: ('ok', 'okay', 'all_ok', 'all_okay', 'all_good', '\\o/', '✔'),
    201: ('created',),
    202: ('accepted',),
    203: ('non_authoritative_info', 'non_authoritative_information'),
    204: ('no_content',),
    205: ('reset_content', 'reset'),
    206: ('partial_content', 'partial'),
    207: ('multi_status', 'multiple_status', 'multi_stati', 'multiple_stati'),
    208: ('already_reported',),
    226: ('im_used',),

    # 重定向状态码
    300: ('multiple_choices',),
    301: ('moved_permanently', 'moved', '\\o-'),
    302: ('found',),
    303: ('see_other', 'other'),
    304: ('not_modified',),
    305: ('use_proxy',),
    306: ('switch_proxy',),
    307: ('temporary_redirect', 'temporary_moved', 'temporary'),
    308: ('permanent_redirect',
          'resume_incomplete', 'resume',),  # These 2 to be removed in 3.0

    # 客户端错误状态码
    400: ('bad_request', 'bad'),
    401: ('unauthorized',),
    402: ('payment_required', 'payment'),
    403: ('forbidden',),
    404: ('not_found', '-o-'),
    405: ('method_not_allowed', 'not_allowed'),
    406: ('not_acceptable',),
    407: ('proxy_authentication_required', 'proxy_auth', 'proxy_authentication'),
```

```
    408: ('request_timeout', 'timeout'),
    409: ('conflict',),
    410: ('gone',),
    411: ('length_required',),
    412: ('precondition_failed', 'precondition'),
    413: ('request_entity_too_large',),
    414: ('request_uri_too_large',),
    415: ('unsupported_media_type', 'unsupported_media', 'media_type'),
    416: ('requested_range_not_satisfiable', 'requested_range', 'range_not_satisfiable'),
    417: ('expectation_failed',),
    418: ('im_a_teapot', 'teapot', 'i_am_a_teapot'),
    421: ('misdirected_request',),
    422: ('unprocessable_entity', 'unprocessable'),
    423: ('locked',),
    424: ('failed_dependency', 'dependency'),
    425: ('unordered_collection', 'unordered'),
    426: ('upgrade_required', 'upgrade'),
    428: ('precondition_required', 'precondition'),
    429: ('too_many_requests', 'too_many'),
    431: ('header_fields_too_large', 'fields_too_large'),
    444: ('no_response', 'none'),
    449: ('retry_with', 'retry'),
    450: ('blocked_by_windows_parental_controls', 'parental_controls'),
    451: ('unavailable_for_legal_reasons', 'legal_reasons'),
    499: ('client_closed_request',),

    # 服务端错误状态码
    500: ('internal_server_error', 'server_error', '/o\\', '✗'),
    501: ('not_implemented',),
    502: ('bad_gateway',),
    503: ('service_unavailable', 'unavailable'),
    504: ('gateway_timeout',),
    505: ('http_version_not_supported', 'http_version'),
    506: ('variant_also_negotiates',),
    507: ('insufficient_storage',),
    509: ('bandwidth_limit_exceeded', 'bandwidth'),
    510: ('not_extended',),
    511: ('network_authentication_required', 'network_auth', 'network_authentication'),
}
```

注意

requests.codes 中每一个状态码定义了多个标识，使用哪一个都可以，例如状态码 200 可以使用 ok，也可以使用 okay。不过建议使用前者。

5.2 高级用法

这一节介绍 requests 的一些高级用法，例如，上传文件、处理 Cookie、设置代理等。

5.2.1　上传文件

用 requests 上传文件也是相当简单的，只需指定 post 方法的 files 参数即可。files 参数的值可以是 BufferedReader 对象，该对象可以用 Python 语言的内置函数 open 返回。

【例 5.7】　本例使用 post 方法分别向 http://httpbin.org/post 和 upload_server.py 上传一个本地图像文件，并输出响应结果。

由于本例使用了第 4.7 节实现的 upload_server.py，这是一个可以接收客户端上传文件的一个服务端程序，所以在运行本例之前，应先运行 upload_server.py 文件。

实例位置：src/requests/uploadfile.py

```python
import requests
print(type(open('Python 从菜鸟到高手 .png','rb')))
# 定义要上传的文件，字典中必须有一个 key 为 file 的值，值类型是 BufferedReader，可以用 open 函数返回
files1 = {'file':open('Python 从菜鸟到高手 .png','rb')}
# 将本地图像文件上传到 upload_server.py
r1 = requests.post('http://127.0.0.1:5000', files=files1)
# 输出响应结果
print(r1.text)
files2 = {'file':open('Python 从菜鸟到高手 .png','rb')}
r2 = requests.post('http://httpbin.org/post',files=files2)
print(r2.text)
```

由于本例上传了当前目录下的"Python 从菜鸟到高手 .png"文件，如果读者运行了 5.1.4 节中的例子，在当前目录下就会存在这个文件。读者也可以将其换成其他的图像文件或任何类型的二进制文件。

程序运行结果如图 5-7 所示。

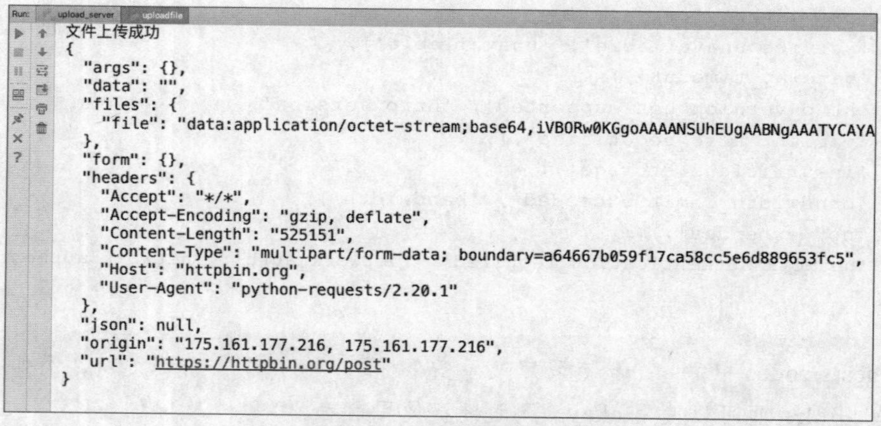

图 5-7　输出上传文件后的响应数据

从输出的响应结果可以看出，提交的文件二进制数据被放到了 files 中，通过 file 属性描述可知，post 方法已经将上传的文件转成 Base64 编码形式。在 Web 页面中上传文件一般也是这样做的。读者可以看一下 src/urllib3/uploads 目录，在该目录中会多一个"Python 从菜鸟到高手 .png"文件，这就是刚才上传的图像文件。

5.2.2 处理 Cookie

在前面使用 urllib 处理过 Cookie，不过比较麻烦，而使用 requests 就简单得多，只需要使用 cookies 属性就可以得到服务端发送过来的 Cookie。设置 Cookie 也相当简单。有如下 2 种方法设置 Cookie。

（1）headers 参数。

（2）cookies 参数。

get 和 post 方法都有这两个参数，如果使用 cookies 参数，需要创建 RequestsCookieJar 对象，并使用 set 方法设置每一个 Cookie。

在访问某些网站时，只有登录用户才能获得正常显示的内容，所以一般的做法是先在网页上登录，通过 Chrome 浏览器的开发者工具得到登录后的 Cookie（如图 5-8 所示），然后将这些 Cookie 复制，放到文件或直接写到程序中，当客户端请求这些网站时，再将这些 Cookie 发送给服务端，这样一来，尽管我们并不知道用户名和密码，但由于登录标识保存在 Cookie 中，所以给服务端发送了 Cookie，就相当于登录了。

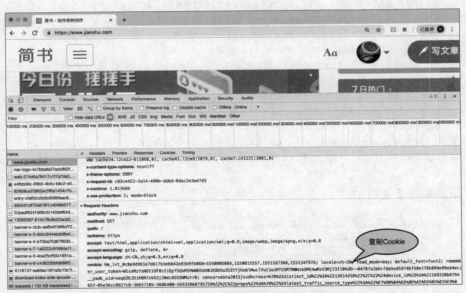

图 5-8 获取简书的 Cookie

【例 5.8】 本例使用 cookies 属性获取服务端发送过来的 Cookie，并通过上述两种方式向简书服务端发送 Cookie。

实例位置：src/requests/Cookie.py

```
import requests
r1 = requests.get('http://www.baidu.com')
# 输出所有的 Cookie
print(r1.cookies)
# 获取每一个 Cookie
for key,value in r1.cookies.items():
    print(key,'=',value)
```

```
# 获取简书首页内容，定义了Host、User-Agent和Cookie请求头字段
headers = {
    'Host':'www.jianshu.com',
    'User-Agent':'Mozilla/5.0 (Macintosh; Intel Mac OS X 10_14_3) AppleWebKit/537.36
(KHTML, like Gecko) Chrome/72.0.3626.119 Safari/537.36',
    'Cookie':'Hm_lvt_0c0e9d9b1e7d617b3e6842e85b9fb068=1550805089,1550815557,... ... '
}
# 请求简书首页，并通过headers参数发送Cookie
r2 = requests.get('https://www.jianshu.com',headers=headers)
print(r2.text)

# 另外一种设置Cookie的方式
headers = {
    'Host':'www.jianshu.com',
    'User-Agent':'Mozilla/5.0 (Macintosh; Intel Mac OS X 10_14_3) AppleWebKit/537.36
(KHTML, like Gecko) Chrome/72.0.3626.119 Safari/537.36',
}
cookies = 'Hm_lvt_0c0e9d9b1e7d617b3e6842e85b9fb068=1550805089,1550815557, ... ...;
Hm_lpvt_0c0e9d9b1e7d617b3e6842e85b9fb068=1551429715'
jar = requests.cookies.RequestsCookieJar()
# 将多个Cookie拆开，多个Cookie之间用分号（;）分隔
for cookie in cookies.split(';'):
    # 得到Cookie的key和value，每一个Cookie的key和value之间用等号（=）分隔
    key, value = cookie.split('=',1)
    # 将Cookie添加到RequestsCookieJar对象中
    jar.set(key,value)
# 请求简书首页，并通过cookies参数发送Cookie
r3 = requests.get('http://www.jianshu.com',cookies = jar,headers=headers)
print(r3.text)
```

程序运行结果如图 5-9 所示。

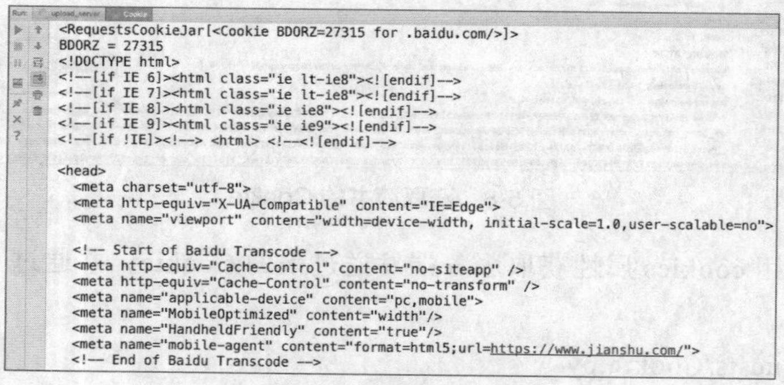

```
<RequestsCookieJar[<Cookie BDORZ=27315 for .baidu.com/>]>
BDORZ = 27315
<!DOCTYPE html>
<!--[if IE 6]><html class="ie lt-ie8"><![endif]-->
<!--[if IE 7]><html class="ie lt-ie8"><![endif]-->
<!--[if IE 8]><html class="ie ie8"><![endif]-->
<!--[if IE 9]><html class="ie ie9"><![endif]-->
<!--[if !IE]><!--> <html> <!--<![endif]-->

<head>
  <meta charset="utf-8">
  <meta http-equiv="X-UA-Compatible" content="IE=Edge">
  <meta name="viewport" content="width=device-width, initial-scale=1.0,user-scalable=no">

  <!-- Start of Baidu Transcode -->
  <meta http-equiv="Cache-Control" content="no-siteapp" />
  <meta http-equiv="Cache-Control" content="no-transform" />
  <meta name="applicable-device" content="pc,mobile">
  <meta name="MobileOptimized" content="width"/>
  <meta name="HandheldFriendly" content="true"/>
  <meta name="mobile-agent" content="format=html5;url=https://www.jianshu.com/">
  <!-- End of Baidu Transcode -->
```

图 5-9 输出请求响应数据

5.2.3 使用同一个会话（Session）

Session 在前面的章节已经介绍过，是服务端的一个对象，一个 Session 通常代表一个特定的客户端。那么如何在特定的客户端与服务端的 Session 对象之间建立联系呢？就是通过不断在客户端和服

务端来回传递的一个 ID，通过这个 ID，客户端就可以在服务端找到对应的 Session 对象。根据业务逻辑需要，一些爬虫需要作为同一个客户端来多次抓取页面，也就是这些抓取动作需要在同一个 Session 中完成。最直接的方法就是不断向服务端发送同一个 ID，但这需要自己来操作 Cookie，比较麻烦。在 requests 中为我们提供了 Session 对象，可以在无须用户干预 Cookie 的情况下维持 Session。通过 Session 对象的 get、post 等方法可以在同一个 Session 中向服务端发送请求。

【例 5.9】 本例分别使用传统的方式和 Session 对象向服务端发送请求，并通过 URL 设置 Cookie。如果使用 Session 对象，多次发出的请求是在同一个 Session 中。

实例位置：src/requests/session.py

```python
import requests
# 不使用 Session 对象发送请求，其中 set/name/Bill 相当于向服务端写入一个名为 name 的 Cookie
# 值为 Bill
requests.get('http://httpbin.org/cookies/set/name/Bill')
# 第 2 次发送请求，这 2 次请求不在同一个 Session 中，第 1 次请求发送的 Cookie 在第 2 次请求中是无法获得的
r1 = requests.get('http://httpbin.org/cookies')
print(r1.text)


# 使用 Session
# 创建 Session 对象
session = requests.Session()
# 第 1 次发送请求
session.get('http://httpbin.org/cookies/set/name/Bill')
# 第 2 次发送请求
r2 = session.get('http://httpbin.org/cookies')
print(r2.text)
```

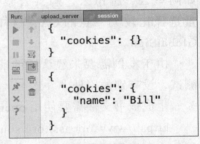

图 5-10 输出 Cookie

程序运行结果如图 5-10 所示。从输出结果可以看出，不使用 Session 对象，第 2 次请求无法获得第 1 次请求的 Cookie。使用 Session 对象，则第 2 次请求可以获得第 1 次请求的 Cookie。

5.2.4 SSL 证书验证

在用 requests 请求 HTTPS URL 时，如果证书验证错误，默认会抛出如图 5-11 所示的异常。也就是说，requests 在默认情况下会对证书进行验证。不过可以使用 verify 参数将验证功能关掉。verify 参数的默认值是 True，表示验证证书，如果将 verify 参数设为 False，则会关掉 requests 的验证功能，但会显示一个警告，可以使用 urllib3 的 disable_warnings 函数禁止显示警告信息。

```
Traceback (most recent call last):
  File "/Users/lining/anaconda3/lib/python3.6/site-packages/urllib3/contrib/pyopenssl.py", line 444, in wrap_socket
    cnx.do_handshake()
  File "/Users/lining/anaconda3/lib/python3.6/site-packages/OpenSSL/SSL.py", line 1907, in do_handshake
    self._raise_ssl_error(self._ssl, result)
  File "/Users/lining/anaconda3/lib/python3.6/site-packages/OpenSSL/SSL.py", line 1639, in _raise_ssl_error
    _raise_current_error()
  File "/Users/lining/anaconda3/lib/python3.6/site-packages/OpenSSL/_util.py", line 54, in exception_from_error_queue
    raise exception_type(errors)
OpenSSL.SSL.Error: [('SSL routines', 'ssl3_get_server_certificate', 'certificate verify failed')]

During handling of the above exception, another exception occurred:

Traceback (most recent call last):
  File "/Users/lining/anaconda3/lib/python3.6/site-packages/urllib3/connectionpool.py", line 600, in urlopen
    chunked=chunked)
```

图 5-11 证书验证失败抛出的异常

【例 5.10】 本例会利用 nginx 搭建一个 HTTPS 服务器，然后通过 requests 发送请求，并捕捉证书验证异常。

由于本例需要使用 nginx 搭建 HTTPS 服务器，所以需要自己生成签名证书，由于是自己生成的，并未经过权威机构认证，所以 requests 自然会验证失败，从而抛出异常。

签名证书通常会使用 x509 证书链，x509 证书一般会用到如下 3 类文件。

（1）key：私用秘钥（私钥），openssl 格式，通常使用的是 RSA 算法。

（2）csr：证书请求文件，用于申请证书。在制作 csr 文件时，必须使用私钥来签署申请，还需要设置一个秘钥。

（3）crt：是 CA 认证后的证书文件，这里的 CA 是指证书颁发机构（Certificate Authority）也就是颁发数字证书的机构。CA 会用自己的私钥给证书申请者签署凭证。

证书的基本原理是访问网站用户通过 CA 的公钥确认该证书是被信任的 CA 颁发的，而 CA 通过证书申请者提交的材料（如营业执照、域名归属证明等）证明了该申请者是值得信任的。也就是说，最终用户并不是直接信任证书拥有者（如京东商城），而是信任 CA，而 CA 信任证书拥有者，所以最终用户间接信任了证书拥有者。CA 的作用有点类似于支付宝，起到一个信任担保的作用。

在申请证书之前，首先要选择一家 CA，这些 CA 绝大多数都是国外的，但国内一般都有代理，如阿里云、腾讯云，购买云服务器后，都可以直接申请免费或收费的证书。建议选择 CA 时，尽量选择比较大一点的 CA，这样信任该 CA 的客户端浏览器比较多，例如，京东商城使用的 CA 是 GlobalSign。

由于本例需要未经认证的证书，所以可以自己通过 openssl 生成，不过这些证书除了数据加密和测试，没有别的用处。

生成证书文件需要使用 openssl 工具，可以到如下的页面下载：

https://www.openssl.org/source

也可以到下面的网站下载编译好的 Windows 版本的 openssl，或者在非 Windows 平台编译好后，拿到 Windows 上使用。

http://gnuwin32.sourceforge.net/packages/openssl.html

使用 openssl 生成证书的步骤如下。

1. 生成私钥文件

在控制台执行下面的命令，会生成一个名为 ssl.key 的私钥文件。

```
openssl genrsa -out ssl.key 2048
```

2. 生成 csr 文件

在控制台执行下面的命令，会要求输入一些与证书相关的信息，由于我们是在测试，所以连续按 Enter 键，使用默认值即可，最后会生成 ssl.csr 文件。

```
openssl req -new -key ssl.key -out ssl.csr
```

3. 生成证书文件（crt 文件）

在控制台执行下面的命令，会生成自签名的证书文件（ssl.crt），其中 365 是证书有效期，单位是天。也就是说，该证书在 365 天后失效。执行这条命令后，会在当前目录生成一个名为 ssl.srt 的文件

```
openssl x509 -req -days 365 -in ssl.csr -signkey ssl.key -out ssl.crt
```

　　在完成上面 3 步后，会在当前目录生成 3 个文件：ssl.key、ssl.csr 和 ssl.crt。为了方便读者，在随书源代码中已经包含了这 3 个文件（位于 src/ssl 目录中），读者可以直接使用（不限操作系统平台）。本例需要用到的只有 ssl.key 和 ssl.crt 文件，将这两个文件放到 nginx 的根目录，或者放在任何目录都可以。然后打开 <nginx 根目录 >/conf/nginx.conf 文件，修改包含 "443 ssl" 的 server 部分，将其改成如下形式。其中 ssl_certificate 和 ssl_certificate_key 分别用于指定 ssl.crt 和 ssl.key 文件的位置。

```
server {
    listen          443 ssl;
    server_name  localhost;
    ssl_certificate          /usr/local/nginx/ssl.crt;
    ssl_certificate_key  /usr/local/nginx/ssl.key;
    ssl_protocols SSLv2 SSLv3 TLSv1;
    location / {
        root    html;
        index   index.html index.htm;
    }
}
```

　　保存 nginx.conf 文件后，启动 nginx，然后在浏览器中输入 https://localhost，会显示如图 5-12 所示的信息。

图 5-12　隐私设置错误

　　单击 "高级" 按钮，然后继续单击 "继续前往 localhost（不安全）" 链接，可以继续访问该页面。下面编写代码来访问 HTTPS URL。

实例位置：src/requests/ssl.py

```
from requests import exceptions,get
import urllib3
try:
    # 访问 HTTPS URL，并且验证证书
    response = get('https://localhost')
    print(response.status_code)
except exceptions.SSLError as e:
    # 会抛出异常，并输出异常原因
```

```
        print(e.args[0])

    try:
        # 访问 HTTPS URL, 不验证证书, 所以不会抛出异常, 但会输出警告信息
        response = get('https://localhost',verify=False)
        # 继续执行这条语句, 输出状态码
        print(response.status_code)
    except exceptions.SSLError as e:
        print(e.args[0])

    try:
        # 禁止显示警告信息
        urllib3.disable_warnings()
        # 访问 HTTPS URL, 不验证证书, 所以不会抛出异常, 也不会输出警告信息
        response = get('https://localhost',verify=False)
        print(response.status_code)
    except exceptions.SSLError as e:
        print(e.args[0])
```

程序运行结果如图 5-13 所示。

```
HTTPSConnectionPool(host='localhost', port=443): Max retries exceeded with url: / (Caused by SSLError(SSLError
200
/Users/lining/anaconda3/lib/python3.6/site-packages/urllib3/connectionpool.py:857: InsecureRequestWarning: Unv
  InsecureRequestWarning)
200
```

图 5-13　访问 HTTPS URL 后的错误和警告

由于第 3 次请求 HTTPS URL 时，使用 urllib3 库的 disable_warnings 函数禁止了显示警告信息，所以这次请求后，只会输出状态码，并不会输出警告信息。

5.2.5　使用代理

使用代理的必要性已经在 3.2.7 节详细阐述了，requests 使用代理发送请求非常容易，只需指定 proxies 参数即可，该参数是一个字典类型的值，每一对 key-value 表示一个代理的协议，如 http、https 等。

【例 5.11】　本例设置了 HTTP 和 HTTPS 代理，并通过代理访问天猫首页，最后输出响应内容。
实例位置： src/requests/proxy.py

```
import requests
proxies = {
    'http':'http://144.123.68.152:25653',
    'https':'http://144.123.68.152:25653'
}
# 通过代理请求天猫首页
r = requests.get('https://www.tmall.com/',proxies=proxies)
print(r.text)
```

本例提供的代理 IP 和端口号可能会失效，所以在运行程序之前，需要按 3.2.7 节的方式获取代理 IP 和端口号，然后用新获得的代理 IP 和端口号替换本例的代理 IP 和端口号。

如果代理需要使用 HTTP Basic Auth，可以使用类似 http://user:password@host:port 这样的语法来设置代理，代码如下：

```
import requests
proxies = {
    'http':'http://user:password@144.123.68.152:25653'
}
# 通过代理请求天猫首页
r = requests.get('https://www.tmall.com/',proxies=proxies)
print(r.text)
```

除了基本的 HTTP 代理，Request 还支持 SOCKS 协议的代理。这是一个可选功能，若要使用，需要使用下面的命令安装第三方库。

pip install requests[socks]

安装好以后，使用 SOCKS 代理和使用 HTTP 代理的方式一样。

```
proxies = {
    'http': 'socks5://user:pass@host:port',
    'https': 'socks5://user:pass@host:port'
}
```

5.2.6 超时

向服务端发送请求后，如果服务端的响应时间超过了超时时间，那么就会抛出如图 5-14 所示的异常。

```
Traceback (most recent call last):
  File "/Users/lining/anaconda3/lib/python3.6/site-packages/urllib3/connection.py", line 171, in _new_conn
    (self._dns_host, self.port), self.timeout, **extra_kw)
  File "/Users/lining/anaconda3/lib/python3.6/site-packages/urllib3/util/connection.py", line 79, in create_connection
    raise err
  File "/Users/lining/anaconda3/lib/python3.6/site-packages/urllib3/util/connection.py", line 69, in create_connection
    sock.connect(sa)
socket.timeout: timed out

During handling of the above exception, another exception occurred:

Traceback (most recent call last):
  File "/Users/lining/anaconda3/lib/python3.6/site-packages/urllib3/connectionpool.py", line 600, in urlopen
    chunked=chunked)
```

图 5-14　超时抛出的异常

为了避免抛出异常而导致的程序崩溃，通常的做法是使用 try...except 语句来捕捉超时异常。

网络请求的过程分为两部分：连接和读取。这两部分都存在超时的可能。如果使用 timeout 参数指定的是一个数值（单位是秒），如 5，表示连接和读取超时的总和是 5 秒。也就是说，连接和读取数据两个阶段完成的总时间必须在 5 秒之内，否则会抛出异常。如果想分别设置连接超时和读取超时，可以将 timeout 参数设为一个包含两个元素的元组，分别表示连接超时和读取超时，如 timeout = (2,4)，表示连接超时是 2 秒，读取超时是 4 秒。如果想让连接永久等待（不会抛出超时错误，如果服务端不响应，会一直等待下去），可以将 timeout 参数设为 None。

【例 5.12】　本例设置了超时总时间，并分别设置了连接超时和读取超时，用于演示抛出的不同异常。

实例位置： src/requests/timeout.py

```
import requests,requests.exceptions
try:
    # 会抛出超时异常
```

```
    r = requests.get('https://www.jd.com',timeout = 0.01)
    print(r.text)
except requests.exceptions.Timeout as e:
    print(e)

# 抛出连接超时异常
requests.get('https://www.jd.com', timeout=(0.001, 0.01))

# 永久等待，不会抛出超时异常
requests.get('https://www.jd.com', timeout=None)
```

程序运行结果如图 5-15 所示。

```
HTTPSConnectionPool(host='www.jd.com', port=443): Read timed out. (read timeout=0.01)
Traceback (most recent call last):
    File "/Users/lining/anaconda3/lib/python3.6/site-packages/urllib3/connection.py", line 171, in _new_conn
        (self._dns_host, self.port), self.timeout, **extra_kw)
    File "/Users/lining/anaconda3/lib/python3.6/site-packages/urllib3/util/connection.py", line 79, in create_connection
        raise err
    File "/Users/lining/anaconda3/lib/python3.6/site-packages/urllib3/util/connection.py", line 69, in create_connection
        sock.connect(sa)
socket.timeout: timed out

During handling of the above exception, another exception occurred:
```

图 5-15 连接超时异常

第 1 次发送 HTTP 请求使用了 try...except 语句捕捉了异常，所以在 except 子句部分输出了异常原因信息。显示结果是 Read timed out。表明这是由于读取超时而抛出的异常。也说明在 0.01 秒内，连接动作服务端是及时响应的，但 0.01 秒还不够读取数据的，所以在读取环节超时了，因此会抛出读取异常。

如果将 0.01 改成 0.001，那么就意味着连接和读取需要在 1 毫秒内完成，这显然是不可能的，就算单是连接动作，也不可能在 1 毫秒内完成，所以仍然会抛出异常，只是会输出如下的异常原因。

HTTPSConnectionPool(host='www.jd.com', port=443): Max retries exceeded with url: / (Caused by ConnectTimeoutError(<urllib3.connection.VerifiedHTTPSConnection object at 0x1135f04a8>, 'Connection to www.jd.com timed out. (connect timeout=0.001)'))

从最后的 connect timeout 可以断定，这个异常是由于连接超时而抛出的。

第 2 次发送 HTTP 请求并未使用 try...except 语句捕捉异常，所以程序会直接由于抛出异常而崩溃。而且这次单独设置了连接超时和读取超时，也就是 timeout = (0.001,0.01)，其中 0.001 是连接超时，0.01 是读取超时。要求连接在 1 毫秒内完成，否则就会抛出异常，这显然是无法完成的任务，所以肯定会抛出连接异常，也就是如图 5-15 所示的 socket.timeout:timed out，这就表示抛出的是连接异常。如果将连接超时改成 0.01 或更大的值，将读取超时改成 0.001，那么连接动作肯定能在规定时间内完成，但读取动作不可能在 1 毫秒内完成，所以会抛出读取超时，如图 5-16 所示。从抛出的异常信息可以看出，输出的异常原因是 OpenSSL.SSL.WantReadError，这表示抛出的是读取异常。

```
HTTPSConnectionPool(host='www.jd.com', port=443): Max retries exceeded with url: / (Caused by ConnectTimeoutError(<urllib3.
Traceback (most recent call last):
    File "/Users/lining/anaconda3/lib/python3.6/site-packages/urllib3/contrib/pyopenssl.py", line 444, in wrap_socket
        cnx.do_handshake()
    File "/Users/lining/anaconda3/lib/python3.6/site-packages/OpenSSL/SSL.py", line 1907, in do_handshake
        self._raise_ssl_error(self._ssl, result)
    File "/Users/lining/anaconda3/lib/python3.6/site-packages/OpenSSL/SSL.py", line 1614, in _raise_ssl_error
        raise WantReadError()
OpenSSL.SSL.WantReadError

During handling of the above exception, another exception occurred:
```

图 5-16 读取超时异常

5.2.7 身份验证

使用 urllib 库进行身份验证时，需要使用一大堆类，如 HTTPPasswordMgrWithDefaultRealm、HTTPBasicAuthHandler 等，非常麻烦。使用 requests 进行身份验证就简单得多，只需设置 auth 参数即可。auth 参数的值是一个 HTTPBasicAuth 对象，封装了用户名和密码。

【例 5.13】 本例向服务端发送支持 Basic 验证的请求，如果验证成功，服务端会返回 success。

实例位置：src/requests/basicauth.py

```
import requests
from requests.auth import HTTPBasicAuth
# 进行基础验证
r = requests.get('http://localhost:5000',auth=HTTPBasicAuth('bill','1234'))
print(r.status_code)
print(r.text)
```

本例使用了 3.2.6 节实现的 AuthServer.py，这是一个支持 Basic 验证的服务器，在运行本例之前，先要运行这个文件，运行本例后，会在 Console 中输出如下的结果。

```
200
success
```

5.2.8 将请求打包

在使用 urllib 时，可以将请求打包，也就是将所有要发送给服务端的请求信息都放到 Request 对象中，然后直接发送这个对象即可。requests 也可以完成同样的工作。在 requests 中也有一个 Request 类，用于封装请求信息，然后调用 Session 的 prepare_request 方法处理 Request 对象，并返回一个 requests.models.Response 对象，最后通过 Session.send 方法发送 Response 对象。

【例 5.14】 本例使用 Request 对象封装请求，通过 Session.send 方法发送请求，然后输出响应结果。

实例位置：src/requests/RequestDemo.py

```
from requests import Request,Session
url = 'http://httpbin.org/post'
data = {
    'name':'Bill',
    'age':30
}
headers = {
    'country':'China'
}

session = Session()
# 封装请求数据
req = Request('post',url,data=data,headers=headers)
# 返回 requests.models.Response 对象
prepared = session.prepare_request(req)
# 发送请求
```

```
r = session.send(prepared)
print(type(r))
print(r.text)
```

程序运行结果如图 5-17 所示。

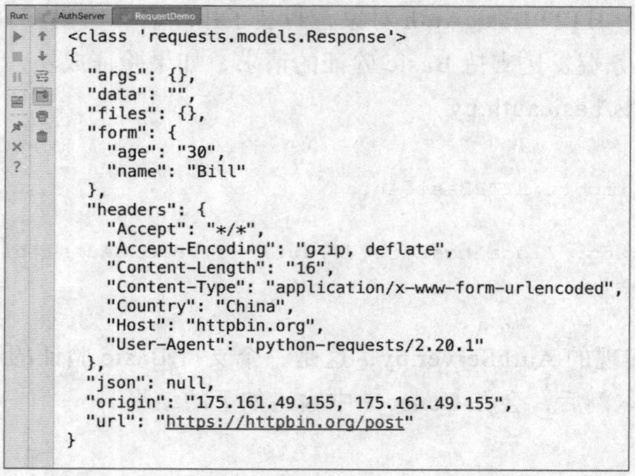

```
Run:  AuthServer    RequestDemo
  <class 'requests.models.Response'>
  {
    "args": {},
    "data": "",
    "files": {},
    "form": {
      "age": "30",
      "name": "Bill"
    },
    "headers": {
      "Accept": "*/*",
      "Accept-Encoding": "gzip, deflate",
      "Content-Length": "16",
      "Content-Type": "application/x-www-form-urlencoded",
      "Country": "China",
      "Host": "httpbin.org",
      "User-Agent": "python-requests/2.20.1"
    },
    "json": null,
    "origin": "175.161.49.155, 175.161.49.155",
    "url": "https://httpbin.org/post"
  }
```

图 5-17 输出响应结果

5.3 小结

从本章每个案例的代码中可以体会到，requests 使用起来真是太方便了，很多案例都完成了复杂的功能，但代码量却很少。代码量少，不仅仅意味着开发效率高，也意味着出错概率大大降低。如果读者是一个极简主义者，不妨在自己的爬虫项目中尝试使用 requests。

第6章

Twisted 网络框架

Twisted 是一个完整的事件驱动的网络框架，利用这个框架可以开发出完整的异步网络应用程序。有很多著名的 Python 模块是基于 Twisted 框架的，例如，后面的章节要讲的网络爬虫框架 Scrapy 就是使用 Twisted 框架编写的。

Twisted 并不是 Python 的标准模块，所以在使用之前需要使用 pip install twisted 安装 twisted 模块，如果使用的是 Anaconda Python 开发环境，也可以使用 conda install -c anaconda twisted 安装 twisted 模块。

本章主要介绍以下内容：

（1）异步编程模型；

（2）反应堆模式；

（3）Twisted 框架的基本使用方法；

（4）使用 Twisted 框架实现时间戳客户端和服务器。

6.1 异步编程模型

学习 Twisted 框架之前，先要了解一下异步编程模型。可能很多读者会认为，异步编程就是多线程编程，其实这两种编程模型有着本质的区别。目前常用的编程模型有 3 种：同步编程模型、线程编程模型和异步编程模型。

下面就来看看这 3 种编程模型有什么区别。

1. 同步编程模型

如果所有的任务都在一个线程中完成，那么这种编程模型称为同步编程模型。线程中的任务都是顺序执行的，也就是说，只有当第 1 个任务执行完后，才会执行第 2 个任务，多个任务的执行时间顺序如图 6-1 所示。

很显然，同步编程模型尽管很简单，但执行效率比较低。我们可以想象，如果 Task2 由于某种原因被阻塞（可以是用户录入数据或其他原因），那么就意味着只要 Task2 不完成，Task3 将无限期等待下去。

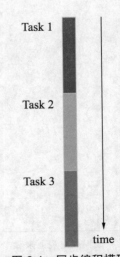

图 6-1 同步编程模型

2．线程编程模型

如果要完成多个任务，比较有效的方式是将这些任务分解，然后启动多个线程①，每个线程处理一部分任务，最后再将处理结果合并。这样做的好处是当一个任务被阻塞后，并不影响其他任务的执行。图 6-2 是多线程编程模型中任务的执行示意图，很明显，从表面上看，Task1、Task2 和 Task3 是同时执行的。

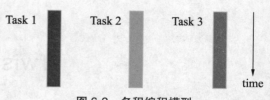

图 6-2　多程编程模型

如果是单 CPU 单核的计算机，那么多线程也是同步执行的，只是任何一个线程都无法长时间独占 CPU 的计算时间，所以多个线程会不断交替在 CPU 上执行，也就是说，每个线程都可能被分成若干个小的执行块，并根据某种调度算法获取 CPU 计算资源。但哪个线程应该执行，什么时间执行都不是由用户决定的，这通常是操作系统的底层机制决定的，所以对于应用层的程序是无法干预的。当然，对于多 CPU 多核这样的高性能计算机，线程是有可能同时运行的。因此，多线程执行效率的高低在某种程度上取决于计算机是否有多颗 CPU，以及每颗 CPU 有多少个核。不管怎样，线程编程模型在运行效率上肯定会远远高于同步编程模型。

3．异步编程模型

下面先看看异步编程模型的任务执行示意图，如图 6-3 所示。

我们只考虑在单 CPU 上的异步编程模型，至于在多 CPU 上的异步编程模型，有一些类似于多线程编程模型，但更复杂，这里先不做考虑，其实基本的原理是相同的。

在单 CPU 上，如果采用同步编程模型，任务肯定会顺序执行的，如果其中一个任务被阻塞，那么该任务后面的所有任务都无法执行。不过要是采用异步编程模型，当一个任务被阻塞后，就会立刻执行另外一个任务，如图 6-4 所示。在异步编程模型中，从一个任务切换到另一个任务，要么是这个任务被阻塞，要么是这个任务执行完毕。而且，在异步编程模型中调度任务是由程序员控制的。

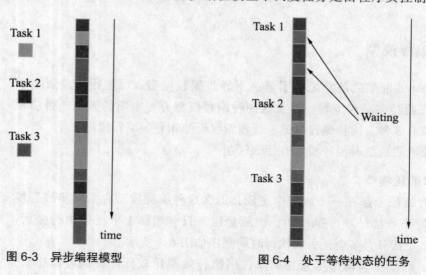

图 6-3　异步编程模型　　　　　　　　　图 6-4　处于等待状态的任务

---

① 线程从宏观上来看，有些类似于并行计算，但从单个 CPU 执行指令的角度来看，仍然是同步的，只是不同的线程在 CPU 上不断切换，所以从表面上看是同时运行的。关于线程的详细内容，会在下一章深入介绍。

从前面的描述可知，单就运行效率来看，同步编程模型是最低的，而线程编程模型是最高的，尤其是在多 CPU 的计算机上。异步编程模型也可以进行任务切换，但要等到任务被阻塞或执行结束才能切换到其他任务，因此，异步编程模型的运行效率介于同步编程模型和线程编程模型之间。

可能有很多读者会问，既然线程编程模型的运行效率最高，那么为什么还要用异步编程模型呢？主要原因有如下 3 个。

（1）线程编程模型使用起来有些复杂，而且由于线程调度不可控，所以在使用线程模型时要认为这些线程是同时执行的（尽管实际情况并非如此），因此要在代码中加上一些与线程有关的机制，例如同步、加锁、解锁等。

（2）如果有一两个任务需要与用户交互，使用异步编程模型可以立刻切换到其他的任务，这一切都是可控的。

（3）任务之间相互独立，以至于任务内部的交互很少。这种机制让异步编程模型比线程编程模型更简单，更容易操作。

6.2　Reactor（反应堆）模式

异步编程模型之所以能监视所有的任务的完成和阻塞情况，是因为通过循环用非阻塞模式执行完了所有的任务。例如，对于使用 Socket 访问多个服务器的任务。如果使用同步编程模型，会一个任务一个任务地顺序执行，而使用异步编程模型，执行的所有 Socket 方法都是处于非阻塞的（使用 setblocking(0) 设置），也就是说，使用异步编程模型需要在循环中执行所有的非阻塞 Socket 任务，并利用 select 模块中的 select 方法监视所有的 Socket 是否有数据需要接收。

这种利用循环体来等待事件发生，然后处理发生的事件的模型被设计成了一个模式：Reactor（反应堆）模式。Twisted 就是使用了 Reactor 模式的异步网络框架。Reactor 模式图形化表示如图 6-5 所示：

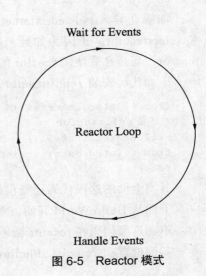

图 6-5　Reactor 模式

6.3　HelloWorld，Twisted 框架

学习 Twisted 框架的最终目的是为了使用 Twisted 框架，那么首先来看一下到底如何使用 Twisted 框架。

由于 Twisted 框架是基于 Reactor 模式的，所以需要一个循环来处理所有的任务，不过这个循环并不需要我们写，Twisted 框架已经为我们封装好了，只需调用 reactor 模块中的 run 函数就可以通过 Reactor 模式以非阻塞方式运行所有的任务。

```
from twisted.internet import reactor
reactor.run()
```

运行上面的两行代码会发生什么呢？答案是除了程序被阻塞没有退出外，什么也不会发生，因为我们什么都没有做。这里调用了 run 函数，实质上是开始启动事件循环，也就是 Reactor 模式中的循环。

在继续编写复杂的 Twisted 代码之前，需要先了解如下几点：

（1）Twisted 的 Reactor 模式必须通过 run 函数启动；

（2）Reactor 循环是在开始的进程中运行的，也就是运行在主进程中；

（3）一旦启动 Reactor，就会一直运行下去。Reactor 会在程序的控制之下；

（4）Reactor 循环并不会消耗任何 CPU 资源；

（5）并不需要显式创建 Reactor 循环，只要导入 reactor 模块就可以了。也就是是说，Reactor 是 Singleton（单件）模式，即在一个程序中只能有一个 Reactor。

Twisted 可以使用不同的 Reactor，但需要在导入 twisted.internet.reactor 之前安装它。例如，引用 pollreactor 的代码如下：

```
from twisted.internet import pollreactor
pollreactor.install()
```

如果在导入 twisted.internet.reactor 之前没有安装任何特殊的 reactor，那么 Twisted 会为用户安装 selectreactor。正因为如此，习惯性做法是不要在最顶层的模块内引入 reactor 以避免安装默认的 reactor，而是在要使用 reactor 的区域内安装。

下面代码安装了 pollreactor，然后导入和运行 reactor。

```
from twisted.internet import pollreactor
# 安装 pollreactor
pollreactor.install()
from twisted.internet import reactor
reactor.run()
```

其实上面的这段代码还是没做任何事情，只是使用了 pollreactor 作为当前的 reactor。

下面从 Hello World 开始，学习 Twisted。

下面这段代码在 reactor 循环开始后向终端打印一条消息。

实例位置： src/twisted/helloworld.py

```
def hello():
    print('Hello,How are you?')
from twisted.internet import reactor
# 执行回调函数
reactor.callWhenRunning(hello)
print('Starting the reactor.')
reactor.run()
```

运行程序会输出如下的内容：

```
Starting the reactor.
Hello,How are you?
```

在上面的代码中，hello 函数是在 reactor 启动后被调用的，这就意味着 Twisted 调用了 hello 函数。通过调用 reactor 的 callWhenRunning 函数，让 reactor 启动后回调 callWhenRunning 函数指定的回调函数。

关于函数回调需要了解以下几点：

（1）reactor 模式是单线程的；

（2）像 Twisted 这种交互式模型已经实现了 reactor 循环，这就意味着无须亲自去实现它；

（3）仍然需要框架来调用自己的代码来完成业务逻辑；

（4）因为在单线程中运行，要想运行自己的代码，必须在 reactor 循环中调用它们；

（5）reactor 事先并不知道调用代码中的哪个函数。

回调并不仅仅是一个可选项，而是游戏规则的一部分。图 6-6 说明了回调过程中发生的一切。

很明显，用于回调的代码是我们传递给 Twisted 的。

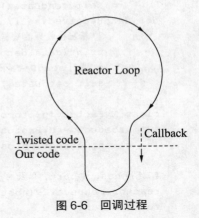

图 6-6　回调过程

6.4　用 Twisted 实现时间戳客户端

Twisted 框架的异步机制是整个框架的基础，可以在这个基础上实现很多基于异步编程模型的应用，在这一节利用 Twisted 框架的相关 API 实现一个时间戳客户端，该程序与 15.1.6 节实现的案例在功能上完全相同。

连接服务端 Socket，需要调用 connectTCP 函数，并且通过 giant 函数的参数指定 host 和 port，以及一个工厂对象，该工厂对象对应的类必须是 ClientFactory 的子类，并且设置了 protocol 等属性。protocol 属性的类型是 Protocol 对象，Protocol 相当于一个回调类，Protocol 类的子类实现的很多父类的方法都会被回调。

【例 6.1】　本例利用 Twisted 框架实现一个时间戳客户端程序，在 Console 中输入字符串，然后按回车键将字符串发送给时间戳服务端，最后时间戳服务端会返回服务器的时间和发送给服务器的字符串。

实例位置：src/twisted/timeclient.py

```python
# 导入protocol模块和reactor模块
from twisted.internet import protocol,reactor
host = 'localhost'
port = 9876
# 定义回调类
class MyProtocol(protocol.Protocol):
    # 从Console中采集要发送给服务器的数据，按回车键后，会将数据发送给服务器
    def sendData(self):
        data = input('>')
        if data:
            print('...正在发送 %s' % data)
            # 将数据发送给服务器
            self.transport.write(data.encode(encoding='utf_8'))
        else:
            # 发生异常后，关闭连接
            self.transport.loseConnection()
    # 发送数据
```

```
        def connectionMade(self):
            self.sendData()
    def dataReceived(self,data):
            # 输出接收到的数据
            print(data.decode('utf-8'))
            # 调用 sendData 函数，从 Console 采集要发送的数据
            self.sendData()
# 工厂类
class MyFactory(protocol.ClientFactory):
    protocol = MyProtocol
    clientConnectionLost = clientConnectionFailed = lambda
                            self,connector,reason:reactor.stop()
# 连接 host 和 port，以及 MyFactory 类的实例
reactor.connectTCP(host,port,MyFactory())
reactor.run()
```

　　首先运行下一节的时间戳服务器，然后运行上面的程序，在 Console 中输入任意字符串，然后按回车键，会看到在 Console 中输出了服务器的时间，以及按原样返回的字符串，如图 6-7 所示。最后直接按回车键退出时间戳客户端（关闭 Socket 连接）。

图 6-7　用 Twisted 实现的时间戳客户端

6.5　用 Twisted 实现时间戳服务端

　　用 Twisted 编写服务端 Socket 程序与编写客户端 Socket 程序的步骤差不多，只是需要调用 listenTCP 监听端口。编写服务端 Socket 程序同样需要一个 Factory 对象，以及一个从 Protocol 继承的类。

　　【**例 6.2**】　本例利用 Twisted 框架实现一个时间戳服务端程序，启动后可以等待时间戳客户端程序连接。

　　实例位置： src/twisted/timeserver.py

```
from twisted.internet import protocol,reactor
from time import ctime
port = 9876
class MyProtocol(protocol.Protocol):
    # 当客户端连接到服务端后，调用该方法
    def connectionMade(self):
```

```
        # 获取客户端的 IP
        client = self.transport.getPeer().host
        print('客户端 ',client,' 已经连接 ')
    def dataReceived(self,data):
        # 接收到客户端发送过来的数据后，向客户端返回服务器的数据
        self.transport.write(ctime().encode(encoding='utf-8') + b' ' + data)
# 创建 Factory 对象
factory = protocol.Factory()
factory.protocol = MyProtocol
print(' 正在等待客户端连接 ')
# 监听端口号，等待客户端的请求
reactor.listenTCP(port,factory)
reactor.run()
```

运行程序后，会一直处于等待状态。我们可以用上一节实现的时间戳客户端测试本例，也可以使用 telnet 或其他客户端测试本例。这里选用了 telnet 进行测试。在终端执行 telnet localhost 9876，运行 telnet，并连接服务端，然后输入字符串，并按回车键，重复这一操作，会看到终端中会输出如图 6-8 所示的信息。

```
↑ lining — telnet localhost 9876 — 51×12
Last login: Sun Dec 31 16:04:49 on ttys000
liningdeiMac:~ lining$ telnet localhost 9876
Trying 127.0.0.1...
Connected to localhost.
Escape character is '^]'.
hello
Sun Dec 31 16:06:16 2017 hello
world
Sun Dec 31 16:06:18 2017 world
new
Sun Dec 31 16:06:19 2017 new
```

图 6-8　用 telnet 测试时间戳服务器

6.6　小结

Twisted 网络框架的功能非常强大，著名的 Scrapy 爬虫框架的核心就是使用 Twisted 实现的，不过对于大型爬虫而言，通常会使用现有的爬虫框架，这样很多功能就不需要自己实现了。

第3篇

解析库

第 7 章

正则表达式

编写爬虫的第 1 步就是抓取 Web 资源，抓取 Web 资源后，通常需要对抓取的 Web 资源进行分析，这就是编写爬虫的第 2 步。这里的 Web 资源主要指的 HTML 代码。分析 HTML 代码的方式非常多，但 Python 语言内置的功能主要是正则表达式，通过正则表达式，可以对任意字符串进行搜索、分组等复杂操作，本章会详细介绍如何使用 Python 语言中的正则表达式处理字符串，这也是分析 HTML 代码的基础。

本章主要介绍以下内容：

（1）什么是正则表达式；

（2）用 match 方法匹配字符串；

（3）用 search 方法搜索满足条件的字符串；

（4）用 findall 方法和 finditor 方法查找字符串；

（5）用 sub 方法和 subn 方法搜索和替换；

（6）用 split 方法分隔字符串；

（7）常用的正则表达式表示法；

（8）实战案例，分别使用 urllib、urllib3 和 requests 抓取不同的 Web 资源。

7.1　使用正则表达式

Python 语言通过标准库中的 re 模块支持正则表达式。本节会介绍 re 模块支持的正则表达式的常用操作，通过对本节的学习，读者完全可以掌握正则表达式的正确使用方法。

7.1.1　使用 match 方法匹配字符串

匹配字符串是正则表达式中最常用的一类应用。也就是设定一个文本模式，然后判断另外一个字符串是否符合这个文本模式。本节从最简单的文本模式开始。

如果文本模式只是一个普通的字符串，那么待匹配的字符串和文本模式字符串在完全相等的情况下，match 方法会认为匹配成功。

现在来讲一下 match 方法，该方法用于指定文本模式和待匹配的字符串。该方法的前两个参数必须指定，第 1 个参数表示文本模式，第 2 个参数表示待匹配的字符串。如果匹配成功，match 方法返回 SRE_Match 对象，然后可以调用该对象中的 group 方法获取匹配成功的字符串，如果文本模式就是一个普通的字符串，那么 group 方法返回的就是文本模式字符串本身。

```
m = re.match('bird', 'bird')      # 第1个bird是文本模式字符串，第2个bird是待匹配的字符串
print(m.group())                  # 运行结果：bird
```

【例 7.1】 本例完整地演示如何利用 match 方法和 group 方法完成字符串的模式匹配，并输出匹配结果。

实例位置： src/regex/match_group.py

```
import re                              # 导入 re 模块
m = re.match('hello', 'hello')         # 进行文本模式匹配，匹配成功
if m is not None:
    print(m.group())                   # 运行结果：hello
print(m.__class__.__name__)            # 输出 m 的类名，运行结果：SRE_Match

m = re.match('hello', 'world')         # 进行文本模式匹配，匹配失败，m 为 None
if m is not None:
    print(m.group())
print(m)                               # 运行结果：None
m = re.match('hello', 'hello world')   # 只要模式从字符串起始位置开始，也可以匹配成功
if m is not None:
    print(m.group())                   # 运行结果：hello
# 运行结果：<_sre.SRE_Match object; span=(0, 5), match='hello'>
print(m)
```

程序运行结果如图 7-1 所示。

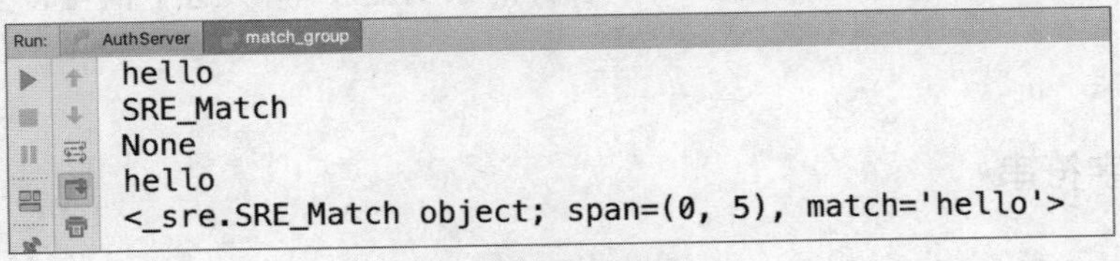

图 7-1 文本模式匹配

从上面的代码可以看出，进行文本模式匹配时，只要待匹配的字符串开始部分可以匹配文本模式，就算匹配成功。对于本例来说，文本模式字符串是待匹配字符串的前缀（hello 是 hello world 的前缀），所以可以匹配成功。

7.1.2 使用 search 方法在一个字符串中查找模式

搜索是正则表达式的另一类常用的应用场景。也就是从一段文本中找到一个或多个与文本模式相匹配的字符串。本节先从搜索一个匹配字符串开始。

在一个字符串中搜索满足文本模式的字符串需要使用 search 方法，该方法的参数与 match 方法类似。

```
m = re.search('abc','xabcy')              # abc 是文本模式字符串、xabcy 是待搜索的字符串
print(m.group())                          # 搜索成功, 运行结果: abc
```

【例 7.2】 本例通过使用 match 方法和 search 方法对文本模式进行匹配和搜索，并对这两个方法做一个对比。

实例位置： src/regex/match_search.py

```
import re
# 进行文本模式匹配, 匹配失败, match 方法返回 None
m = re.match('python','I love python.')
if m is not None:
    print(m.group())
# 运行结果: None
print(m)
# 进行文本模式搜索, 搜索成功
m = re.search('python','I love python.')
if m is not None:
    # 运行结果: python
    print(m.group())
# 运行结果: <_sre.SRE_Match object; span=(7, 13), match='python'>
print(m)
```

程序运行结果如图 7-2 所示。

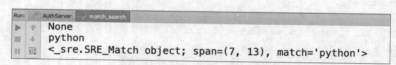

图 7-2   在字符串中搜索满足文本模式的字符串

从 SRE_Match 对象（m 变量）的输出信息可以看出，span 的值是（7,13），表明满足文本模式的字符串的起始位置索引是 7，结束位置的下一个字符的索引是 13。从这个值可以直接截取满足条件的字符串。

7.1.3   匹配多个字符串

在前面的例子中，只是通过 search 方法搜索一个字符串，那么如果要搜索多个字符串呢？例如，搜索 bike、car 和 truck。最简单的方法是在文本模式字符串中使用择一匹配符号 (|)，那么什么是择一匹配符号呢？其实就和逻辑或类似，只要满足任何一个，就算匹配成功。

```
s = 'bike|car|truck'                      # 定义使用择一匹配符号的文本模式字符串
m = re.match(s, 'bike')                   # bike 满足要求, 匹配成功
print(m.group())                          # 运行结果: bike
m = re.match(s, 'truck')                  # truck 满足要求, 匹配成功
print(m.group())                          # 运行结果: truck
```

从上面的代码可以看出，待匹配的字符串只要是 bike、car 或 truck 中的任何一个，就会匹配成功。

【例 7.3】 本例使用带择一匹配符号的文本模式字符串，并通过 match 方法和 search 方法分别匹配和搜索指定的字符串。

实例位置： src/regex/SelectOne.py

```
import re
s = 'Bill|Mike|John'                      # 指定使用择一匹配符号的文本模式字符串
m = re.match(s, 'Bill')                    # 匹配成功
if m is not None:
    print(m.group())                       # 运行结果：Bill
m = re.match(s, "Bill:my friend")          # 匹配成功
if m is not None:
    print(m.group())                       # 运行结果：Bill

m = re.search(s,'Where is Mike?')          # 搜索成功
if m is not None:
    print(m.group())                       # 运行结果：Mike
# 运行结果：<_sre.SRE_Match object; span=(9, 13), match='Mike'>
print(m)
```

程序运行结果如图 7-3 所示。

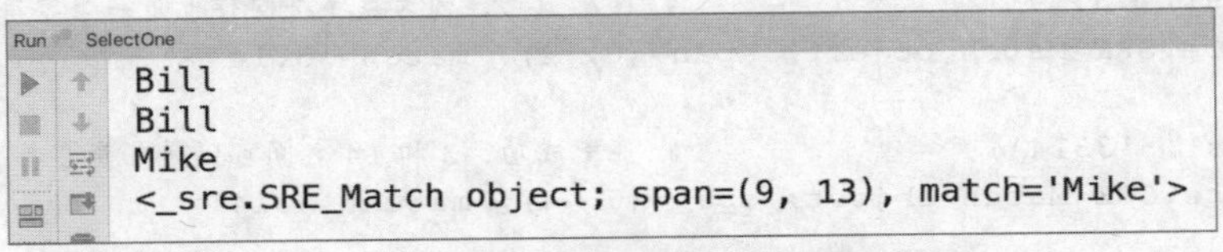

图 7-3　用择一匹配符号匹配和搜索字符串

7.1.4　匹配任何单个字符

在前面给出的文本模式字符串都是精确匹配，不过这种精确匹配的作用不大，在正则表达式中，最常用的是匹配一类字符串，而不是一个。所以就需要使用一些特殊符号表示一类字符串。本节将介绍第 1 个可以匹配一类字符串的特殊符号：点（.）。这个符号可以匹配任意一个单个字符。

```
m = re.match('.ind', 'bind')          # 匹配成功
```

在上面的代码中，文本模式字符串是“.ind”，第 1 个字符是点（.），表示可以匹配任意一个字符串，也就是说，待匹配的字符串，只要以“.ind”开头，都会匹配成功，其中“.”可以表示任意一个字符，例如，“bind”“xind”“5ind”都可以和文本模式字符串“.ind”成功匹配。

使用点（.）符号会带来一个问题，如果要匹配真正的点（.）字符，应该如何做呢？要解决这个问题，需要使用转义符（\）。

```
m = re.match('\.ind', 'bind')          # 匹配失败
```

在上面的代码中，由于使用了转义符修饰点（.）符号，所以这个点就变成了真正的字符点（.），所以匹配“bind”很显然就失败了，应该匹配“.ind”才会成功。

【**例 7.4**】本例使用点（.）符号匹配任意一个字符，并使用转义符将点符号变成真正的点字符，通过这个例子可以更彻底地理解点符号的用法。

实例位置： src/regex/MatchAny.py

```
import re

s = '.ind'                             # 使用了点（.）符号的文本模式字符串
```

```
m = re.match(s, 'bind')                    # 匹配成功
if m is not None:
    print(m.group())                       # 运行结果: bind
m = re.match(s,'binding')
# 运行结果: <<_sre.SRE_Match object; span=(0, 4), match='bind'>
print("<" + str(m))
m = re.match(s,'bin')                      # 匹配失败
print(m)                                   # 运行结果: None

m = re.search(s,'<bind>')                  # 搜索成功
print(m.group())                           # 运行结果: bind
# 运行结果: <_sre.SRE_Match object; span=(1, 5), match='bind'>
print(m)

s1 = '3.14'                                # 使用点 (.) 符号的文本模式字符串
s2 = '3\.14'                               # 使用转义符将点 (.) 变成真正的点字符
m = re.match(s1, '3.14')                   # 匹配成功, 因为点字符同样也是一个字符
# 运行结果: <_sre.SRE_Match object; span=(0, 4), match='3.14'>
print(m)
m = re.match(s1, '3314')                   # 匹配成功, 3 和 14 之间可以是任意字符
# 运行结果: <_sre.SRE_Match object; span=(0, 4), match='3314'>
print(m)

m = re.match(s2, '3.14')                   # 匹配成功
# 运行结果: <_sre.SRE_Match object; span=(0, 4), match='3.14'>
print(m)
m = re.match(s2, '3314')                   # 匹配失败, 因为中间的 3 并不是点 (.) 字符
print(m)                                   # 运行结果: None
```

程序运行结果如图 7-4 所示。

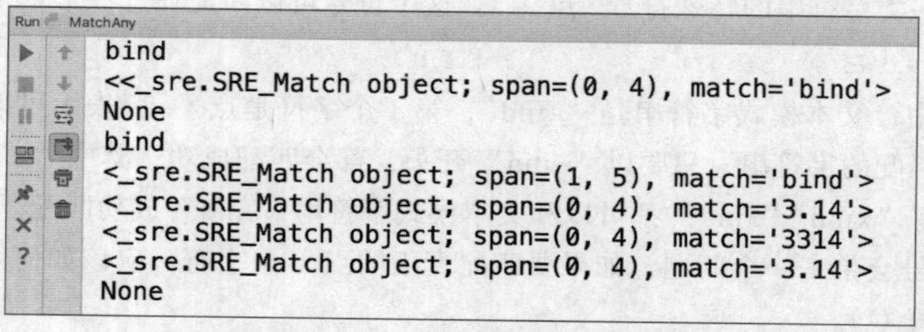

图 7-4   使用点 (.) 符号匹配任意字符

7.1.5   使用字符集

如果待匹配的字符串中，某些字符可以有多个选择，就需要使用字符集（[ ]），也就是一对中括号括起来的字符串。例如，[abc] 表示 a、b、c 三个字符可以取其中任何一个，相当于" a|b|c"，所以对单个字符使用或关系时，字符集和择一匹配符的效果是一样的。

```
m = re.match('[abcd]', 'a')                # 使用字符集, 匹配成功
print(m.group())                           # 运行结果: a
```

```
m = re.match('a|b|c|d', 'a')          # 使用择一匹配符，匹配成功
print(m.group())                       # 运行结果: a
```

如果对长度大于 1 的字符串使用或关系时，字符集就无能为力了，这时只能使用择一匹配符。因为字符集会将中括号括起来的字符串拆成单个的字符，然后再使用 "或" 关系。

```
# 使用字符集，匹配成功
m = re.match('[abcd]', 'ab')
# 运行结果: <_sre.SRE_Match object; span=(0, 1), match='a'>
print(m)
# 使用择一匹配符，匹配成功
m = re.match('ab|cd', 'ab')
# 运行结果: <_sre.SRE_Match object; span=(0, 2), match='ab'>
print(m)
```

如果将多个字符集写在一起，相当于字符串的连接。

```
# 相当于匹配以第 1 个字母是 a 或 b，第 2 个字母是 c 或 d 开头的字符串，如 ac、acx 等
m = re.match('[ab][cd]', 'ac')
# 运行结果: <_sre.SRE_Match object; span=(0, 2), match='ac'>
print(m)
```

【例 7.5】 本例演示字符集和择一匹配符的用法，以及它们的差别。

实例位置：src/regex/CharSet.py

```
import re
# 使用字符集，匹配成功
m = re.match('[ab][cd][ef][gh]', 'adfh')
# 运行结果: adfh
print(m.group())
# 使用字符集，匹配成功
m = re.match('[ab][cd][ef][gh]', 'bceg')
# 运行结果: bceg
print(m.group())
# 使用字符集，匹配不成功，因为 a 和 b 是或的关系
m = re.match('[ab][cd][ef][gh]', 'abceh')
# 运行结果: None
print(m)
# 字符集和普通文本模式字符串混合使用，匹配成功，ab 相当于前缀
m = re.match('ab[cd][ef][gh]', 'abceh')          # 匹配
# 运行结果: abceh
print(m.group())
# 运行结果: <_sre.SRE_Match object; span=(0, 5), match='abceh'>
print(m)
# 使用择一匹配符，匹配成功，abcd 和 efgh 是或的关系，只要满足一个即可
m = re.match('abcd|efgh', 'efgh')                # 匹配
#  运行结果: efgh
print(m.group())
#  运行结果: <_sre.SRE_Match object; span=(0, 4), match='efgh'>
print(m)
```

程序运行结果如图 7-5 所示。

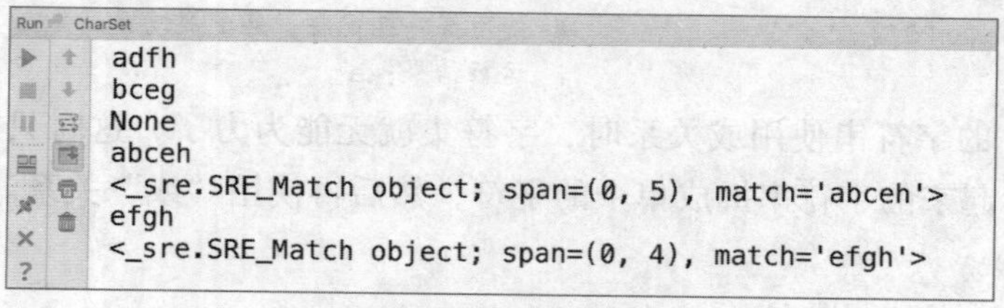

```
Run  CharSet
▶  ↑   adfh
■  ↓   bceg
⏸  ⇥   None
           abceh
        <_sre.SRE_Match object; span=(0, 5), match='abceh'>
✕  ⧉   efgh
?      <_sre.SRE_Match object; span=(0, 4), match='efgh'>
```

图 7-5 使用字符集

7.1.6 重复、可选和特殊字符

正则表达式中最常见的就是匹配一些重复的字符串,例如,匹配 3 个连续出现的 a(aaa 符合要求),或匹配至少出现一个 0 的字符串(0、00、000 都符合要求)。要对这种重复模式进行匹配,就需要使用两个符号:"*"和"+"。其中"*"表示字符串出现 0 到 n 次,"+"表示字符串出现 1 到 n 次。

```python
import re
s = 'a*'                                           # 使用 "*" 修饰 a
strList = ['','a','aa','baa']
for value in strList:
    m = re.match(s,value)
    print(m)
```

执行上面的代码,会输出如图 7-6 所示的结果。

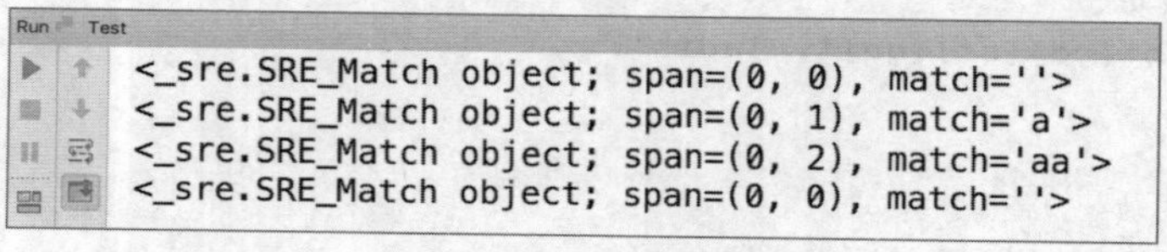

```
Run  Test
▶  ↑   <_sre.SRE_Match object; span=(0, 0), match=''>
■  ↓   <_sre.SRE_Match object; span=(0, 1), match='a'>
⏸  ⇥   <_sre.SRE_Match object; span=(0, 2), match='aa'>
           <_sre.SRE_Match object; span=(0, 0), match=''>
```

图 7-6 使用 "*" 符号

在上面的代码中,a 后面使用 "*" 进行修饰,这就意味着该模式会匹配 0 到 n 个 a,也就是说 ' ' 'a' 'aa'、'aaa' 都可以匹配成功。所以 strList 列表中前 3 个元素很容易理解为什么可以匹配成功,那么 'baa' 为什么也可以匹配成功呢?这是因为 "a*" 可以匹配空串,而任何字符串都可以认为是以空串作为前缀的,所以 'baa' 只是空串的后缀,因此 "a*" 可以成功匹配 'baa'。

```python
import re
s = 'a+'
strList = ['','a','aa','baa']
for value in strList:
    m = re.match(s,value)
    print(m)
```

执行上面的代码,会输出如图 7-7 所示的结果。

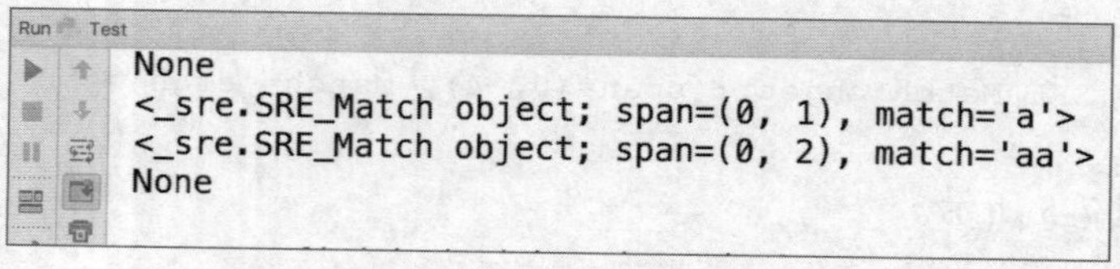

```
Run  Test
▶  ↑   None
■  ↓   <_sre.SRE_Match object; span=(0, 1), match='a'>
⏸  ⇥   <_sre.SRE_Match object; span=(0, 2), match='aa'>
           None
```

图 7-7 使用 "+" 符号

　　如果对"a"使用"+"符号,就意味着"a"至少要出现 1 次,所以空串自然就无法匹配成功了,这就是为什么' '和 'baa' 都无法匹配成功的原因。

　　前面的例子都是重复一个字符,如果将多个字符作为一组重复,需要用一对圆括号将这个字符串括起来。

```
s = '(abc)+'                          # 匹配 abc 至少出现 1 次的字符串
print(re.match(s,'abcabcabc'))        # 匹配成功
```

　　除了"*"和"+"外,还有另外一个常用的符号"?",表示可选符号。例如"a?"表示或者有 a,或者没有 a。也就是 a 可有可无。下面的代码利用了"?"符号指定了匹配字符串的前缀和后缀,前缀可以是 1 个任意的字母或数字,而后缀可以是至少一个数字,也可以不是数字,中间必须是"wow"。在这里要引入两个特殊符号:"\w"和"\d",其中"\w"表示任意一个字母或数字,"\d"表示任意一个数字。

```
import re
s = '\w?wow(\d?)+'                    # 使用 "?" ""+" 和 "\w""\d" 的模式字符串
m = re.search(s, 'awow')             # 匹配成功
print(m)
m = re.search(s, 'awow12')           # 匹配成功
print(m)
m = re.search(s, 'wow12')            # 匹配成功
print(m)
m = re.search(s, 'ow12')             # 匹配失败,因为中间不是 "wow"
print(m)
```

执行上面的代码,会输出如图 7-8 所示的内容。

```
Run  Test
 ▶    ↑   <_sre.SRE_Match object; span=(0, 4), match='awow'>
 ■    ↓   <_sre.SRE_Match object; span=(0, 6), match='awow12'>
 ▌▌   ⊟   <_sre.SRE_Match object; span=(0, 5), match='wow12'>
 ▦    ▦   None
```

图 7-8　使用"?"符号

　　【例 7.6】　本例通过在模式字符串中使用"*""+""?"符号以及特殊字符"\w"和"\d",演示了它们的不同用法。

　　实例位置: src/regex/SpecificSymbol.py

```
import re
# 匹配 'a''b''c' 三个字母按顺序从左到右排列,而且这 3 个字母都必须至少有 1 个。
# abc aabc    abbbccc 都可以匹配成功
s = 'a+b+c+'
strList = ['abc','aabc','bbabc','aabbbcccxyz']
# 只有 'bbabc' 无法匹配成功,因为开头没有 'a'
for value in strList:
    m = re.match(s, value)
    if m is not None:
        print(m.group())
    else:
        print('{} 不匹配 {}'.format(value,s))
```

```python
print('--------------')

# 匹配任意 3 个数字 - 任意 3 个小写字母
# 123-abc    433-xyz 都可以成功
# 下面采用了两种设置模式字符串的方式
# [a-z] 是设置字母之间或关系的简化形式，表示 a 到 z 的 26 个字母可以选择任意一个，相当于 "a|b|c|…|z"
#s = '\d\d\d-[a-z][a-z][a-z]'
# {3} 表示让前面修饰的特殊字符 "\d" 重复 3 次，相当于 "\d\d\d"
s = '\d{3}-[a-z]{3}'
strList = ['123-abc','432-xyz','1234-xyz','1-xyzabc','543-xyz^%ab']
# '1234-xyz' 和 '1-xyzabc' 匹配失败
for value in strList:
    m = re.match(s, value)
    if m is not None:
        print(m.group())
    else:
        print('{} 不匹配 {}'.format(value,s))
print('-------------')
# 匹配以 a 到 z 的 26 个字母中的任意一个作为前缀（也可以没有这个前缀），后面是至少 1 个数字
s = '[a-z]?\d+'
strList = ['1234','a123','ab432','b234abc']
# 'ab432' 匹配失败，因为前缀是两个字母
for value in strList:
    m = re.match(s, value)
    if m is not None:
        print(m.group())
    else:
        print('{} 不匹配 {}'.format(value,s))

print('-------------')
# 匹配一个 email
email = '\w+@(\w+\.)*\w+\.com'
emailList =
['abc@126.com','test@mail.geekori.com','test-abc@geekori.com','abc@geekori.com.cn']
# 'test-abc@geekori.com' 匹配失败，因为 "test" 和 "abc" 之间有连字符 (-)
for value in emailList:
    m = re.match(email,value)
    if m is not None:
        print(m.group())
    else:
        print('{} 不匹配 {}'.format(value,email))
strValue = ' 我的 email 是 lining@geekori.com，请发邮件到这个邮箱'
# 搜索文本中的 email，由于 "\w" 对中文也匹配，所以下面对 email 模式字符串进行改进
m = re.search(email, strValue)
print(m)
# 规定 "@" 前面的部分必须是至少 1 个字母（大写或小写）和数字，不能是其他字符
email = '[a-zA-Z0-9]+@(\w+\.)*\w+\.com'
m = re.search(email, strValue)
print(m)
```

程序运行结果如图 7-9 所示。

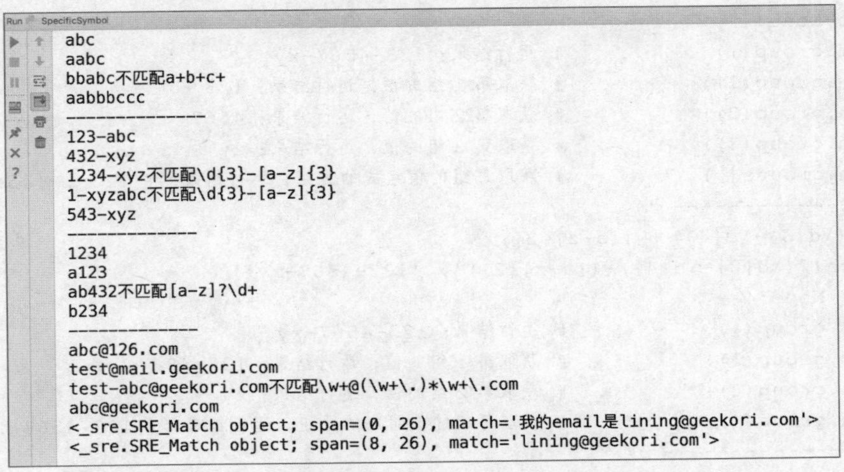

```
Run    SpecificSymbol
▶   ↑   abc
■   ↓   aabc
Ⅱ   ⇄   bbabc不匹配a+b+c+
        aabbbccc
▦   ▦   ─────────────
⚲       123-abc
✕   ↗   432-xyz
?       1234-xyz不匹配\d{3}-[a-z]{3}
        1-xyzabc不匹配\d{3}-[a-z]{3}
        543-xyz
        ─────────────
        1234
        a123
        ab432不匹配[a-z]?\d+
        b234
        ─────────────
        abc@126.com
        test@mail.geekori.com
        test-abc@geekori.com不匹配\w+@(\w+\.)*\w+\.com
        abc@geekori.com
        <_sre.SRE_Match object; span=(0, 26), match='我的email是lining@geekori.com'>
        <_sre.SRE_Match object; span=(8, 26), match='lining@geekori.com'>
```

图 7-9　综合应用 "*" "+" "?" 和 "\w" "\d"

在本例中还用了一些特殊标识符，例如，[a-z]、[A-Z]、[0-9] 是字母或关系的简写形式，分别表示 26 个小写字母（a ~ z）中的任何一个，26 个大写字母（A ~ Z）中的任何一个，10 个数字（0 ~ 9）中的任何一个。还有 {N} 形式，表示前面修饰的部分重复 N 次，例如 "(abc){3}" 表示字符串 "abc" 重复 3 次，相当于 "abcabcabc"。如果要修饰多于一个字母的字符串，要用圆括号将字符串括起来，否则只会修饰前面的一个字符，例如，"abc{3}" 表示字母 "c" 重复 3 次，而不是 "abc" 重复 3 次，相当于 "abccc"。

7.1.7　分组

如果一个模式字符串中有用一对圆括号括起来的部分，那么这部分就会作为一组，可以通过 group 方法的参数获取指定的组匹配的字符串，当然，如果模式字符串中没有任何用圆括号括起来的部分，那么就不会对待匹配的字符串进行分组。

```
m = re.match('(\d\d\d)-(\d\d)', '123-45')
```

在上面的代码中，模式字符串可以匹配以 3 个数字开头，后面跟着一个连字符 (-)，最后跟着两个数字的字符串。由于 "\d\d\d" 和 "\d\d" 都在圆括号内，所以这个模式字符串会将匹配成功字符串分成两组，第 1 组的值是 "123"，第 2 组的值是 "45"，m.group(1) 会获取第 1 个分组值，m.group(2) 会获取第 2 个分组值。如果模式字符串改成下面的形式，虽然可以匹配 "123-45"，但 "123-45" 并没有被分组。

```
m = re.match('\d\d\d-\d\d', '123-45')
```

【例 7.7】 本例演示正则表达式中分组的各种情况。

实例位置：src/regex/group.py

```
import re
# 分成 3 组：(\d{3})、(\d{4}) 和 ([a-z]{2})
```

```
m = re.match('(\d{3})-(\d{4})-([a-z]{2})', '123-4567-xy')

if m is not None:
    print(m.group())                 # 运行结果: 123-4567-xy
    print(m.group(1))                # 获取第1组的值, 运行结果: 123
    print(m.group(2))                # 获取第2组的值, 运行结果: 4567
    print(m.group(3))                # 获取第3组的值, 运行结果: xy
    print(m.groups())                # 获取每组的值组成的元组, 运行结果: ('123', '4567', 'xy')
print('------------------')
# 分成2组: (\d{3}-\d{4}) 和 ([a-z]{2})
m = re.match('(\d{3}-\d{4})-([a-z]{2})', '123-4567-xy')
if m is not None:
    print(m.group())                 # 运行结果: 123-4567-xy
    print(m.group(1))                # 获取第1组的值, 运行结果: 123-4567
    print(m.group(2))                # 获取第2组的值, 运行结果: xy
    print(m.groups())                # 获取每组的值组成的元组, 运行结果: ('123-4567', 'xy')
print('------------------')
# 分了1组: ([a-z]{2})
m = re.match('\d{3}-\d{4}-([a-z]{2})', '123-4567-xy')
if m is not None:
    print(m.group())                 # 运行结果: 123-4567-xy
    print(m.group(1))                # 获取第1组的值, 运行结果: xy
print(m.groups())                    # 获取每组的值组成的元组, 运行结果: ('xy',)
print('------------------')
# 未分组, 因为模式字符串中没有圆括号括起来的部分
m = re.match('\d{3}-\d{4}-[a-z]{2}', '123-4567-xy')
if m is not None:
    print(m.group())                 # 运行结果: 123-4567-xy
    print(m.groups())                # 获取每组的值组成的元组, 运行结果: ()
```

程序运行结果如图 7-10 所示。

使用分组要了解如下几点：

（1）只有圆括号括起来的部分才算一组，如果模式字符串中既有圆括号括起来的部分，也有没有被圆括号括起来的部分，如 "\d{3}-\d{4}-([a-z]{2})"，那么只会将被圆括号括起来的部分算作一组，其他的部分忽略；

（2）用 group 方法获取指定组的值时，组从 1 开始。也就是说 group(1) 获取第 1 组的值，group(2) 获取第 2 组的值，以此类推；

（3）groups 方法用于获取所有组的值，以元组形式返回。所以除了使用 group(1) 获取第 1 组的值外，还可以使用 groups()[0] 获取第 1 组的值。获取第 2 组以及其他组的值的方式类似。

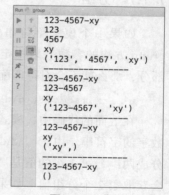

图 7-10　分组

7.1.8　匹配字符串的起始和结尾以及单词边界

"^" 符号用于表示匹配字符串的开始，"$" 符号用于表示匹配字符串的结束，"\b" 符号用于表示单词的边界。这里的边界是指单词两侧是空格或标点符号。例如 "abc?" 可以认为 abc 两侧都有边界，左侧是空格，右侧是问号（?），但 "abcx" 就不能认为 abc 右侧有边界，因为 "x" 和 "abc" 都

可以认为是单词。

【例 7.8】 本例演示如何匹配字符串的起始和结束，以及单词边界的匹配。

实例位置： src/regex/start_end.py

```python
import re
# 匹配成功
m = re.search('^The', 'The end.')
print(m)
if m is not None:
    print(m.group())                    # 运行结果：The
# The 在匹配字符串的最后，不匹配
m = re.search('^The', 'end. The')
print(m)
if m is not None:
    print(m.group())
# 匹配成功
m = re.search('The$', 'end. The')
print(m)
if m is not None:
    print(m.group())                    # 运行结果：The
m = re.search('The$', 'The end.')
print(m)
if m is not None:
    print(m.group())
# this 的左侧必须有边界，成功匹配，this 左侧是空格
m = re.search(r'\bthis', "What's this?")
print(m)
if m is not None:
    print(m.group())                    # 运行结果：this
# 不匹配，因为 this 左侧是 "s"，没有边界
# 字符串前面的 r 表示该字符串中的特殊字符（如 "\b"）不进行转义
m = re.search(r'\bthis', "What'sthis?")
print(m)
if m is not None:
    print(m.group())
# this 的左右要求都有边界，成功匹配，因为 this 左侧是空格，右侧是问号（?）
m = re.search(r'\bthis\b', "What's this?")
print(m)
if m is not None:
    print(m.group())                    # 运行结果：this
# 不匹配，因为 this 右侧是 a，a 也是单词，不是边界
m = re.search(r'\bthis\b', "What's thisa")
print(m)
if m is not None:
    print(m.group())
```

程序运行结果如图 7-11 所示。

对于单词边界问题，读者要认清什么是边界。例如，"\bthis\b" 要求 this 两侧都有边界，如果匹配 "What's this?"，是可以匹配成功的，因为空格和 "?" 都可以认为是 this 的边界，这里可以将 "?"

换成其他字符，如"*"。但不能换成字母或数字，如"What's thisa""What's this4"都无法匹配成功。

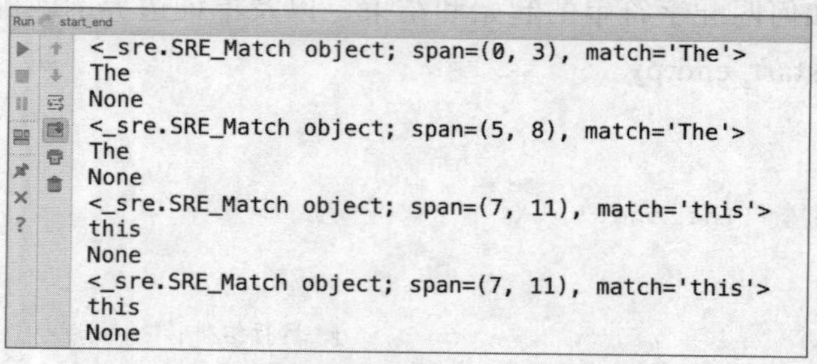

图 7-11 匹配字符串的起始、结尾以及单词边界

7.1.9 使用 findall 和 finditer 查找每一次出现的位置

findall 函数用于查询字符串中某个正则表达式模式全部的非重复出现情况，这一点与 search 函数在执行字符串搜索时类似，但与 match 函数和 search 函数不同之处在于，findall 函数总是返回一个包含搜索结果的列表。如果 findall 函数没有找到匹配的部分，就会返回一个空列表；如果匹配成功，列表将包含所有成功的匹配部分（从左向右按匹配顺序排列）。

```
result = re.findall('bike', 'bike')
# 运行结果: ['bike']
print(result)
result = re.findall('bike', 'My bike')
# 运行结果: ['bike']
print(result)
# 运行结果: ['bike', 'bike']
result = re.findall('bike', 'This is a bike. This is my bike.')
print(result)
```

finditer 函数在功能上与 findall 函数类似，只是更节省内存。这两个函数的区别是 findall 函数会将所有匹配的结果一起通过列表返回，而 finditer 函数会返回一个迭代器，只有对 finditer 函数返回结果进行迭代，才会对字符串中某个正则表达式模式进行匹配。findall 函数与 finditer 函数相当于读取 XML 文档的两种技术：DOM 和 SAX。前者更灵活，但也更耗内存资源；后者顺序读取 XML 文档的内容，不能随机读取 XML 文档中的内容，但更节省内存资源。

【例 7.9】 本例演示 findall 函数和 finditer 函数的用法，读者可通过本例的代码对这两个函数进行对比。

实例位置：src/regex/findall.py

```
import re
# 待匹配的字符串
s = '12-a-abc54-a-xyz---78-A-ytr'
# 匹配以 2 个数字开头，结尾是 3 个小写字母，中间用 "-a" 分隔的字符串，对大小写敏感
# 下面的代码都使用了同样的模式字符串
result = re.findall(r'\d\d-a-[a-z]{3}',s)
# 运行结果: ['12-a-abc', '54-a-xyz']
print(result)
```

```
# 将模式字符串加了两个分组（用圆括号括起来的部分），findall 方法也会以分组形式返回
result = re.findall(r'(\d\d)-a-([a-z]{3})',s)
# 运行结果：[('12', 'abc'), ('54', 'xyz')]
print(result)
# 忽略大小写（最后一个参数值：re.I）
result = re.findall(r'\d\d-a-[a-z]{3}',s,re.I)
# 运行结果：['12-a-abc', '54-a-xyz', '78-A-ytr']
print(result)
# 忽略大小写，并且为模式字符串加了 2 个分组
result = re.findall(r'(\d\d)-a-([a-z]{3})',s,re.I)
# 运行结果：[('12', 'abc'), ('54', 'xyz'), ('78', 'ytr')]
print(result)
# 使用 finditer 函数匹配模式字符串，并返回匹配迭代器
it = re.finditer(r'(\d\d)-a-([a-z]{3})',s,re.I)
# 对迭代器进行迭代
for result in it:
print(result.group(),end=' < ')
# 获取每一个迭代结果中组的所有的值
groups = result.groups()
# 对分组进行迭代
    for i in groups:
        print(i,end = ' ')
    print('>')
```

程序运行结果如图 7-12 所示。

```
Run  findall
  ▶  ↑   ['12-a-abc', '54-a-xyz']
  ↓      [('12', 'abc'), ('54', 'xyz')]
  ‖  ⇥   ['12-a-abc', '54-a-xyz', '78-A-ytr']
  ▣  ▫   [('12', 'abc'), ('54', 'xyz'), ('78', 'ytr')]
  ✖  ▯   12-a-abc < 12 abc >
         54-a-xyz < 54 xyz >
         78-A-ytr < 78 ytr >
```

图 7-12 findall 函数和 finditer 函数

不管是 findall 函数，还是 finditer 函数，都可以通过第 3 个参数指定 re.I，将匹配方式设为大小写不敏感。如果为模式字符串加上分组，那么 findall 函数就会返回元组形式的结果（列表的每一个元素是一个分组）。

7.1.10 用 sub 和 subn 搜索与替换

sub 函数与 subn 函数用于实现搜索和替换功能。这两个函数的功能几乎完全相同，都是将某个字符串中所有匹配正则表达式的部分替换成其他字符串。用来替换的部分可能是一个字符串，也可以是一个函数，该函数返回一个用来替换的字符串。sub 函数返回替换后的结果，subn 函数返回一个元组，元组的第 1 个元素是替换后的结果，第 2 个元素是替换的总数。

替换的字符串可以是普通的字符串，也可以通过"\N"形式取出替换字符串中的分组信息，其中 N 是分组编号，从 1 开始。sub 函数和 subn 函数的详细用法详见例 7.10 中的代码。

【例 7.10】 本例演示 sub 函数和 subn 函数的用法，读者可通过本例的代码对这两个函数进行对比。

实例位置：src/regex/sub.py

```
import re
# sub 函数第 1 个参数是模式字符串，第 2 个参数是要替换的字符串，第 3 个参数是被替换的字符串
# 匹配 'Bill is my son' 中的 'Bill'，并用 'Mike' 替换 'Bill'
result = re.sub('Bill', 'Mike', 'Bill is my son')
# 运行结果: Mike is my son
print(result)
# 返回替换结果和替换总数
result = re.subn('Bill', 'Mike', 'Bill is my son, I like Bill')
# 运行结果: ('Mike is my son, I like Mike', 2)
print(result)
# 运行结果: Mike is my son, I like Mike
print(result[0])
# 运行结果: 替换总数 = 2
print(' 替换总数 ','=',result[1])
# 使用 "\N" 形式引用匹配字符串中的分组
result = re.sub('([0-9])([a-z]+)', r' 产品编码 (\1-\2)','01-1abc,02-2xyz,03-9hgf')
# 运行结果: 01- 产品编码 (1-abc),02- 产品编码 (2-xyz),03- 产品编码 (9-hgf)
print(result)
# 该函数返回要替换的字符串
def fun():
    return r' 产品编码 (\1-\2)'
result = re.subn('([0-9])([a-z]+)', fun(),'01-1abc,02-2xyz,03-9hgf')
# 运行结果: ('01- 产品编码 (1-abc),02- 产品编码 (2-xyz),03- 产品编码 (9-hgf)', 3)
print(result)
# 运行结果: 01- 产品编码 (1-abc),02- 产品编码 (2-xyz),03- 产品编码 (9-hgf)
print(result[0])
# 运行结果: 替换总数 = 3
print(' 替换总数 ','=',result[1])
```

程序运行结果如图 7-13 所示。

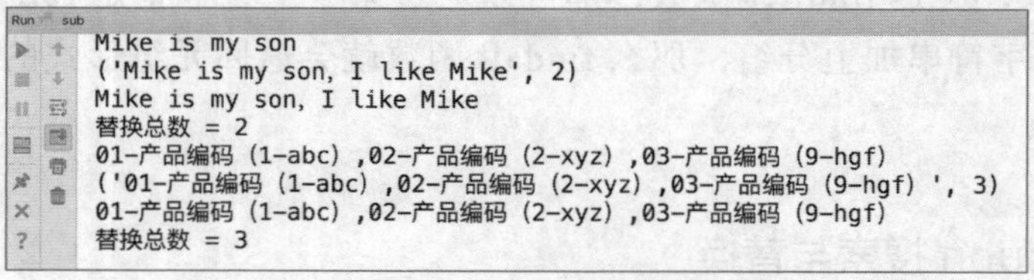

图 7-13　sub 函数和 subn 函数

7.1.11　使用 split 分隔字符串

split 函数用于根据正则表达式分隔字符串，也就是说，将字符串中与模式匹配的子字符串都作为分隔符来分隔这个字符串。split 函数返回一个列表形式的分隔结果，每一个列表元素都是分隔的子字符串。split 函数的第 1 个参数是模式字符串，第 2 个参数是待分隔的字符串，如果待分隔的字符串非

常大，可能并不希望对这个字符串永远使用模式字符串分隔下去，那么可以使用 maxsplit 关键字参数指定最大分隔次数。可以将 split 想象成用菜刀来切香肠，maxsplit 的值就是最多切几刀。

【例 7.11】　本例演示 split 函数的使用方法，包括 maxsplit 参数的使用。

实例位置：PythonSamples/src/chapter7/demo7.11.py

```python
import re
result = re.split(';','Bill;Mike;John')
# 运行结果: ['Bill', 'Mike', 'John']
print(result)
# 用至少 1 个逗号 (,)，分号 (;)，点 (.) 和空白符 (\s) 分隔字符串
result = re.split('[,;.\s]+','a,b,,d,d;x      c;d.  e')
# 运行结果: ['a', 'b', 'd', 'd', 'x', 'c', 'd', 'e']
print(result)
# 用以 3 个小写字母开头，紧接着一个连字符 (-)，并以 2 个数字结尾的字符串作为分隔符对字符串进行分隔
result = re.split('[a-z]{3}-[0-9]{2}','testabc-4312productxyz-43abill')
# 运行结果: ['test', '12product', 'abill']
print(result)
# 使用 maxsplit 参数限定分隔的次数，这里限定为 1，也就是只分隔一次
result = re.split('[a-z]{3}-[0-9]{2}','testabc-4312productxyz-43abill',maxsplit=1)
# 运行结果: ['test', '12productxyz-43abill']
print(result)
```

程序执行结果如图 7-14 所示。

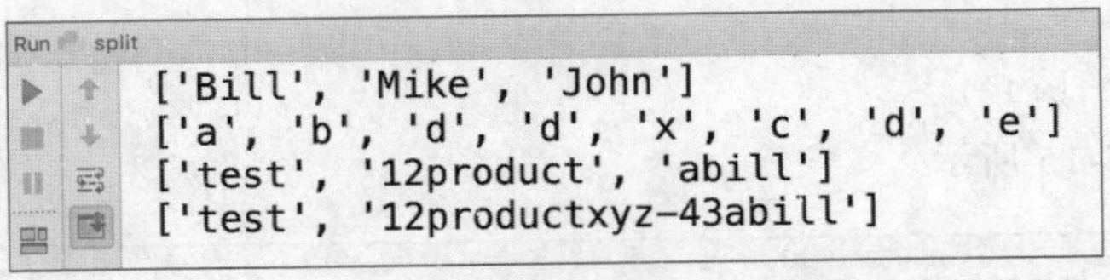

图 7-14　使用 split 函数分隔字符串

7.2　一些常用的正则表达式

本节给出几个常用的正则表达式，这些正则表达式如下：

（1）Email：'[0-9a-zA-Z]+@[0-9a-zA-Z]+\.[a-zA-Z]{2,3}';

（2）IP 地址（IPV4）：'\d{1,3}\.\d{1,3}\.\d{1,3}\.\d{1,3}';

（3）Web 地址：'https?:/{2}\w.+'。

需要说明的是，根据具体要求不同，相应的正则表达式也可能不同。例如，匹配 Email 的正则表达式就有很多种，这要看具体的要求是什么，例如，本节给出的匹配 Email 的正则表达式就相对简单，只要保证字符串含有"@"字符，并且"@"字符前面至少有一个数字或字母组成的字符串，以及"@"后面是域名的形式即可（geekori.com，geekori.org 等）。

【例 7.12】　本例测试 Email、IP 地址和 Web 地址 3 个正则表达式的匹配情况。

实例位置：src/regex/email.py

```python
import re
# 匹配 Email 的正则表达式
```

```
email = '[0-9a-zA-Z]+@[0-9a-zA-Z]+\.[a-zA-Z]{2,3}'
result = re.findall(email, 'lining@geekori.com')
# 运行结果: ['lining@geekori.com']
print(result)
result = re.findall(email, 'abcdefg@aa')
# "@" 后面不是域名形式，匹配失败。运行结果: []
print(result)
result = re.findall(email, ' 我 的 email 是 lining@geekori.com, 不是 bill@geekori.cn, 请确认输
入的 Email 是否正确 ')
# 运行结果: ['lining@geekori.com', 'bill@geekori.cn']
print(result)


# 匹配 IPV4 的正则表达式
ipv4 = '\d{1,3}\.\d{1,3}\.\d{1,3}\.\d{1,3}'
result = re.findall(ipv4, ' 这是我的 IP 地址: 33.12.54.34, 你的 IP 地址是 100.32.53.13 吗 ')
# 运行结果: ['33.12.54.34', '100.32.53.13']
print(result)
# 匹配 URL 的正则表达式
url = 'https?:/{2}\w.+'
url1 = 'https://geekori.com'
url2 = 'ftp://geekori.com'
# 运行结果: <_sre.SRE_Match object; span=(0, 19), match='https://geekori.com'>
print(re.match(url,url1))
# 运行结果: None
print(re.match(url,url2))
```

程序运行结果如图 7-15 所示。

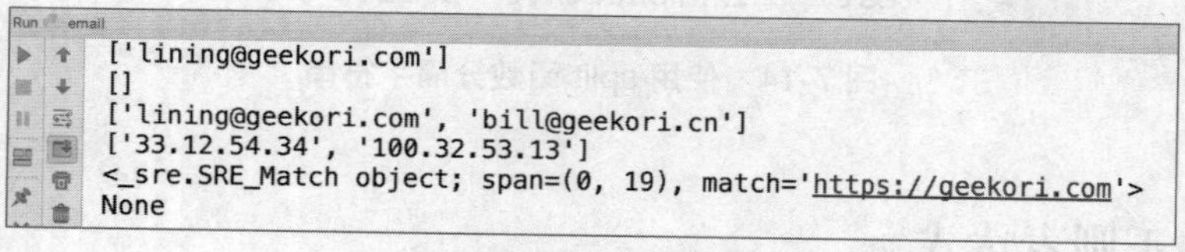

图 7-15 常用的正则表达式

7.3 项目实战：抓取小说目录和全文

到现在为止已经学习了 3 个 Python 网络库（urllib、urllib3 和 requests），以及通过正则表达式过滤字符串。本节以及后面两节会给出 3 个案例，分别使用 urllib、urllib3 以及 requests，并通过正则表达式抓取 Web 数据，这些数据会显示在 Console 中，或者保存到文本文件中。

本节要实现的案例是通过 urllib 库抓取斗破小说网（http://www.doupoxs.com）上指定的小说的目录和每一节的完整内容（只保留纯文本内容）。当抓取包含目录和小说内容的页面后，会通过正则表达式分析 HTML 代码，并提取出目录标题、对应的 URL 以及文本形式的小说内容。

现在进入斗破小说网，选择一篇小说，本节选择了 http://www.doupoxs.com/nalanwudi，目录页面如图 7-16 所示。

图 7-16　小说目录

这部小说的目录很多，图 7-16 只显示了一部分。爬虫第一个要完成的任务就是下载这个目录页面的代码，并从中提取出小说的目录以及对应的 URL。

在开发者工具中查看小说目录对应的 HTML 代码，会看到图 7-17 所示的代码结构。

图 7-17　小说目录对应的 HTML 代码

每一个章节都有一个 <li>...</li> 节点，代码如下：

```
<li><a href="/nalanwudi/2752.html" title="第一章身死上">第一章身死上</a></li>
```

所以只需要过滤出所有的 <li> 节点，就可以将章节过滤出来。那么为什么不直接过滤 <a> 节点呢？这是因为在 HTML 代码中还有非目录的 <a> 节点，如果过滤 <a> 节点，就会将这些节点页过滤出来。观察整个页面得知，任何一个包含章节的 <a> 节点都包含在 <li> 节点中，所以只需过滤出所有的 <li> 节点即可。

如果只是过滤出所有的 <li> 节点，可以使用正则表达式 '<li>.*</li>'，代码如下：

```
aList = re.findall('<li>.*</li>',html)
```

执行这行代码后，会以列表形式返回所有的 <li> 节点。然后就可以针对每个 <li> 节点进行二次过滤，代码如下：

```
for a in aList:
    # 过滤出 URL 和标题
    g = re.search('href="([^>"]*)"[\s]*title="([^>"]*)"', a)
    if g != None:
        # 得到 URL，并组成完整的 URL
        url = 'http://www.doupoxs.com' + g.group(1)
        # 得到章节标题
        title = g.group(2)
        print(title,url)
```

由于 <a> 节点中 href 属性的值是相对路径，所以在提取 URL 后，相对路径的开头需要加上 http://www.doupoxs.com，以便组成一个完整的 URL。这段代码通过正则表达式的分组直接过滤出了 URL 和标题。下一步就是将标题作为文件名，然后抓取 URL 对应的页面内容，并提取出文本形式的小说正文，然后将小说正文保存在以标题作为文件名的文件中。

随便单击一个章节，进入小说正文，在开发者工具中查看正文对应的 HTML 代码，如图 7-18 所示。

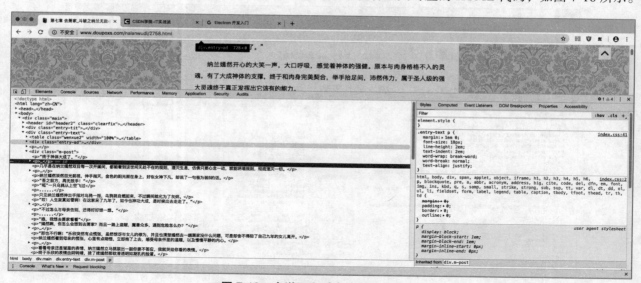

图 7-18　小说正文对应的 HTML 代码

从 HTML 代码可以看出，小说正文就夹在多个 <p>...</p> 之间，所以只需使用下面的代码过滤出 <p>...</p> 之间的文字即可。

```
contents = re.findall('<p>(.*?)</p>', response.read().decode('utf-8'))
```

过滤小说正文的正则表达式也使用了一个分组，用来得到 <p> 中间的文本。当获得每一篇小说正文后，就可以将正文内容保存到文本文件中，从而完成本例对一部完整小说的下载。

【例 7.13】 本例根据前面的项目描述和实现方式，编写一个用于抓取指定小说的爬虫，并将每一篇小说正文保存在以章节命令的文本文件中。

实例位置： src/projects/fullnovel/novel_spider.py

```python
from urllib import request
import re
headers = {
    'User-Agent':'Mozilla/5.0 (Macintosh; Intel Mac OS X 10_14_2) AppleWebKit/537.36
(KHTML, like Gecko) Chrome/72.0.3626.119 Safari/537.36'
}
# 根据小说链接得到小说目录和对应的 URK，该函数返回 catelogs 列表
def getCatelogs(url):
    # 请求小说目录页面
    req = request.Request(url=url, headers=headers, method="GET")
    # 发送请求
    response = request.urlopen(req)
    # 返回数据
    result = []
    if response.status == 200:
        # 读取页面内容
        html = response.read().decode('utf-8')
        # 得到 <li> 节点列表
        aList = re.findall('<li>.*</li>',html)
        # 开始获取每一个 <li> 节点中的 href 和 title 属性值，分别得到 URL 和标题
        for a in aList:
            # 过滤出 URL 和标题
            g = re.search('href="([^>"]*)"[\s]*title="([^>"]*)"', a)

            if g != None:
                # 组成一个完整的 URL，每一个 URL 对应一篇小说正文
                url = 'http://www.doupoxs.com' + g.group(1)
                # 得到章节的标题
                title = g.group(2)
                # 创建一个对象，用于保存标题和 URL
                chapter = {'title':title,'url':url}
                # 将该对象添加到方法返回列表中
                result.append(chapter)
    return result


# 根据章节目录，抓取目录对应的 URL 指定的小说正文页面
def getChapterContent(chapters):
    for chapter in chapters:
        # 定义 Request 对象，用于指定请求头
        req = request.Request(url=chapter['url'], headers=headers, method="GET")
        # 发送请求
        response = request.urlopen(req)
        # 如果状态码是 200，则继续往下执行
        if response.status == 200:
            # 打开 novel 目录下的本地文件，以标题命名，扩展名是 txt
            f = open('novel/' + chapter['title'] + '.txt', 'a+')
            # 将夹在 <p> 节点中的文本提出来
            contents = re.findall('<p>(.*?)</p>', response.read().decode('utf-8'))
            for content in contents:
                # <p> 节点中的内容一行一行地添加到文本文件中
```

```
            f.write(content + '\n')
        # 关闭文件句柄
        f.close()
        print(chapter['title'],chapter['url'])
# 开始抓取小说目录和正文
getChapterContent(getCatelogs('http://www.doupoxs.com/nalanwudi'))
```

运行程序，一会儿在 Console 中就会输出如图 7-19 所示的信息。

在 novel 目录中会出现很多以标题命名的文本文件，如图 7-20。

图 7-19　输出到 Console 中的日志

图 7-20　下载的小说正文目录

随便打开一个文本文件，会看到类似于 7-21 所示的小说正文内容。

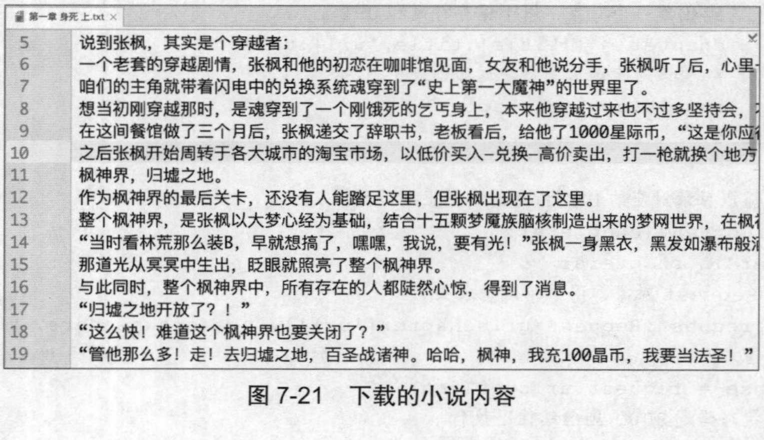

图 7-21　下载的小说内容

7.4　项目实战：抓取猫眼电影 Top100 榜单

本节使用 urllib3 抓取猫眼电影 Top100 榜单，读者使用下面的 URL 进入 Top100 榜单页面。

https://maoyan.com/board/4

Top100 榜单页面如图 7-22 所示。

图 7-22　猫眼电影 Top100 榜单

　　从 Top100 榜单页面可以看出，每一页有 10 部电影，共 10 页，一共 100 部电影。页面下方是导航，用于切换 1～10 个页面。这个爬虫的目的就是抓取这 100 部电影的信息（如电影封面图像的 URL、电影名称、演员列表、评分、上映时间等），然后将这些数据以 JSON 格式保存到名为 board.txt 的文本文件中。

　　由于 100 部电影分成 10 页显示，所以在抓取数据时，首先要可以切换不同的页面。读者可以单击页面下方的数字导航条上的链接，切换到第 1 页、第 2 页、第 3 页，观察 URL 的规律，会发现，第 1 页、第 2 页、第 3 页的 URL 如下：

　　（1）第 1 页：https://maoyan.com/board/4?offset=0；

　　（2）第 2 页：https://maoyan.com/board/4?offset=10；

　　（3）第 3 页：https://maoyan.com/board/4?offset=20。

　　每一页的 URL 都有一个 offset 参数进行控制，从这个规律可以看出，offset 参数的值就是电影的起始索引，从 0 开始，第 1 页显示索引从 0～9 的 10 部电影，第 2 页显示索引从 10～19 的 10 部电影，以此类推，最后一页（第 10 页）会显示索引从 90～99 的 10 部电影。

　　找到规律后，可以用下面的 for 循环一次性产生 10 页的 URL。

```
for i in range(10):
url = 'http://maoyan.com/board/4?offset=' + str(i * 10)
print(url)
```

接下来的任务就是分析每一页的 HTML 代码，本例从 HTML 代码中提取出 6 个信息。

（1）电影索引。

（2）封面图像 URL。

（3）电影标题。

（4）演员列表。

（5）上映时间。

（6）评分。

读者可以在 Chrome 浏览器的开发者工具中查看与每一部电影相关的 HTML 代码，如图 7-23 所示。

图 7-23　与电影相关的 HTML 代码

可以发现，与每一部电影相关的 HTML 代码都被夹在 <dd>...</dd> 节点中。也就是说，与每一部电影相关的信息都在 <dd> 节点中。但对于本例来说，不要在 Element 选项卡中查看 HTML 代码，这是因为猫眼电影在加载页面时使用 JavaScript 修改了部分节点的属性。例如，<img> 节点的 src 属性变成了 data-src 属性，为了获得最终的 HTML 代码，需要在 Network 选项卡中的 Response 页面查看完整的 HTML 源代码，如图 7-24 所示。

图 7-24　在 Network 选项卡中查看 HTML 代码

<dd> 节点完成的 HTML 代码如下：

```html
<dd>
    <i class="board-index board-index-21">21</i>
    <a href="/films/5880" title="加勒比海盗" class="image-link" data-act="boarditem-click"
    data-val="{movieId:5880}">
        <img src="//s0.meituan.net/bs/?f=myfe/mywww:/image/loading_2.e3d934bf.png" alt=
        "" class="poster-default"/>
        <img data-src="https://p0.meituan.net/movie/b05b94b28eca53f325ae8d807fcd4
        ce01798036.jpg@160w_220h_1e_1c"
            alt="加勒比海盗" class="board-img"/>
    </a>
    <div class="board-item-main">
        <div class="board-item-content">
            <div class="movie-item-info">
            <p class="name"><a href="/films/5880" title="加勒比海盗"data-act="boarditem-
            click"
                            data-val="{movieId:5880}">加勒比海盗</a></p>
                <p class="star">
                        主演：约翰尼·德普,凯拉·奈特莉,奥兰多·布鲁姆
                </p>
                <p class="releasetime">上映时间：2003-11-21</p></div>
            <div class="movie-item-number score-num">
                <p class="score"><i class="integer">8.</i><i class="fraction">9</i></p>
            </div>

        </div>
    </div>
</dd>
```

目标是从这段代码中提取出上述 6 个信息。这些信息可以直接用如下的正则表达式提取出来。

```
'<dd>.*?board-index.*?>(\d+)</i>.*?data-src="(.*?)".*?name"><a'
                    + '.*?>(.*?)</a>.*?star">(.*?)</p>.*?releasetime">(.*?)</p>'
                    + '.*?integer">(.*?)</i>.*?fraction">(.*?)</i>.*?</dd>'
```

在这个正则表达式中使用了 7 个圆括号，表示有 7 个分组，最后 2 个分组其实都是获取评分，只是这里将评分分别按整数和小数部分存储，所以第 6 个分组（'.*?integer">(.*?)</i>）获得的是评分的整数部分，第 7 个分组（*?fraction">(.*?)</i>）获得的是评分的小数部分。其他分组都可以在 <dd> 节点中找到匹配项，例如电影索引，在开头的 <i> 节点中的 board-index-21，表示索引为 21 的电影。data-src="(.*?)" 会得到 data-src 属性指定的电影封面图像的 URL。

【例 7.14】 本例根据前面的项目描述和实现方式，编写一个用于抓取猫眼电影 Top100 榜单的爬虫，并将抓取结果以 JSON 格式保存在名为 board.txt 的文本文件中。

实例位置： src/projects/cinema/cinema_spider.py

```python
import json
from urllib3 import *
import re
import time
```

```python
    disable_warnings()
    http = PoolManager()
    # 得到单个页面的 HTML 代码
    def getOnePage(url):
        try:
            headers = {
                'User-Agent': 'Mozilla/5.0 (Macintosh; Intel Mac OS X 10_14_2) AppleWebKit/
                537.36 (KHTML, like Gecko) Chrome/72.0.3626.119 Safari/537.36'
            }
            # 发送请求（包含请求头）
            response = http.request('GET', url, headers=headers)
            # 获得 HTML 代码
            data = response.data.decode('utf-8')
            # 如果成功响应，返回 HTML 代码
            if response.status == 200:
                return data
            return None
        except Exception:
            return None


# 分析页面，这是一个生成器（Generator）函数，可以对返回值迭代
def parseOnePage(html):
    # 使用正则表达式分析 HTML 代码
    # re.S是指 "." 的作用扩展到整个字符串，包括 \n, "." 默认只针对一行有效
    pattern =
 re.compile('<dd>.*?board-index.*?>(\d+)</i>.*?data-src="(.*?)".*?name"><a'
                            + '.*?>(.*?)</a>.*?star">(.*?)</p>.*?releasetime">(.*?)</p>'
                            + '.*?integer">(.*?)</i>.*?fraction">(.*?)</i>.*?</dd>', re.S)
    # 得到页面中所有匹配的项
    items = re.findall(pattern, html)
    for item in items:
        # 将函数变成一个 Generator，可以进行迭代
        yield {
            'index': item[0],                         # 得到电影索引
            'image': item[1],                         # 得到图像 URL
            'title': item[2],                         # 得到电影标题
            'actor': item[3].strip()[3:],             # 得到演员列表
            'time': item[4].strip()[5:],              # 得到上映时间
            'score': item[5] + item[6]                # 得到评分
        }


# 保存抓取的数据
def save(content):
    with open('board.txt', 'a', encoding='utf-8') as f:
        # 将 JSON 对象转换为字符串，ensure_ascii 为 False，表示返回的值可以包含非 ASCII 字符
        f.write(json.dumps(content, ensure_ascii=False) + '\n')
# 根据偏移量，抓取并保存每一页的电影数据
def getBoard(offset):
    url = 'http://maoyan.com/board/4?offset=' + str(offset)
    html = getOnePage(url)
```

```
# 使用产生器函数进行迭代，处理每一页的每一部电影的数据
for item in parseOnePage(html):
    print(item)
    save(item)
# 处理 10 页电影榜单
for i in range(10):
    getBoard(offset=i * 10)
    time.sleep(1)
```

运行程序，会在 Console 中输出如图 7-25 所示的内容。

图 7-25　Console 中输出的日志

在当前目录下，会多一个 board.txt 文件，文件的内容与图 7-25 所示的内容相同。

7.5　项目实战：抓取糗事百科网的段子

本节的项目会使用 requests 库抓取糗事百科网的段子，读者可以用下面的 URL 访问糗事百科段子页面。

https://www.qiushibaike.com/text

页面如图 7-26 所示。

图 7-26　糗事百科段子页面

在页面的下方是带有数字链接的导航条，可以切换到不同的页面，每一页会显示一定数量的段子。

所以要实现抓取多页段子的爬虫，不仅要分析当前页面的 HTML 代码，还要可以抓取多页的 HTML 代码。

现在切换到其他页面，看一下 URL 的规律。第 1、2、3 页对应的 URL 如下：

（1）https://www.qiushibaike.com/text/page/1；

（2）https://www.qiushibaike.com/text/page/2；

（3）https://www.qiushibaike.com/text/page/3。

从 URL 的规律可以看出，页面索引是通过 URL 最后的数字指定的。第 1 页，数字就是 1，第 10 页，数字就是 10，很容易根据这个规律得到任意页面的 URL。

现在的主要任务是分析每一个页面的 HTML 代码，读者可以在开发者工具中跟踪相关部分的 HTML 代码，如图 7-27 所示。

图 7-27 定位相关部分的 HTML 代码

糗事百科的 HTML 代码相对比较规范，特定 HTML 的位置也比较好找。例如，要想定位鉴别性别的 HTML 代码，可以定位到下面的 HTML 代码。

```
<div class="articleGender manIcon">31</div>
```

通过 manIcon 可以识别发这条段子的用户是男性，女性是 womenIcon。

【例 7.15】 本例根据前面的项目描述和实现方式，编写一个用于抓取 30 页糗事百科段子的爬虫，并将抓取结果保存在名为 jokes.txt 的文件中。

实例位置： src/projects/qiushibaike_jokes/jokes_spider.py

```
import requests
import re
```

```
headers = {
    'User-Agent':'Mozilla/5.0 (Macintosh; Intel Mac OS X 10_14_2) AppleWebKit/537.36
(KHTML, like Gecko) Chrome/72.0.3626.119 Safari/537.36'
}


jokeLists = []
# 判断性别
def verifySex(class_name):
  if class_name == 'womenIcon':
      return '女'
  else:
      return  '男'


def getJoke(url):
    # 获取页面的 HTML 代码
    res = requests.get(url)
    # 获取用户 ID
    ids = re.findall('<h2>(.*?)</h2>',res.text,re.S)
    # 获取用户级别
    levels = re.findall('<div class="articleGender \D+Icon">(.*?)</div>',res.text,re.S)
    # 获取性别
    sexs = re.findall('<div class="articleGender (.*?)">',res.text,re.S)
    # 获取段子内容
    contents = re.findall('<div class="content">.*?<span>(.*?)</span>',res.text,re.S)
    # 获取好笑数
    laughs = re.findall('<span class="stats-vote"><i class="number">(\d+)</i>',
res.text,re.S)
    # 获取评论数
    comments = re.findall('<i class="number">(\d+)</i> 评论 ',res.text,re.S)
    # 使用 zip 函数将上述获得的数据的对应索引的元素放到一起，
    # 如将 [1,2]、['a','b'] 变成 [(1,'a'),(2,'b')] 形式，以便对每一个元素进行迭代
    for id,level,sex,content,laugh,comment in
zip(ids,levels,sexs,contents,laughs,comments):
        # 获得每个段子相关的数据
        info = {
            'id':id,
            'level':level,
            'sex':verifySex(sex),
            'content':content,
            'laugh':laugh,
            'comment':comment
        }
        jokeLists.append(info)


# 产生 1 ~ 30 页的 URL
urls = ['http://www.qiushibaike.com/text/page/{}/'.format(str(i)) for i in range(1,31)]
# 对着 30 个 URL 进行迭代，获取这 30 页的段子
for url in urls:
    getJoke(url)
# 将抓取结果保存在当前目录的 jokes.txt 文件中
```

```
for joke in jokeLists:
    f = open('./jokes.txt','a+')
    try:
        f.write(joke['id']+'\n')
        f.write(joke['level'] + '\n')
        f.write(joke['sex'] + '\n')
        f.write(joke['content'] + '\n')
        f.write(joke['laugh'] + '\n')
        f.write(joke['comment'] + '\n\n')
        f.close()
    except UnicodeEncodeError:
        pass
```

运行程序，会看到当前目录多了一个 jokes.txt 文件，内容如图 7-28 所示。

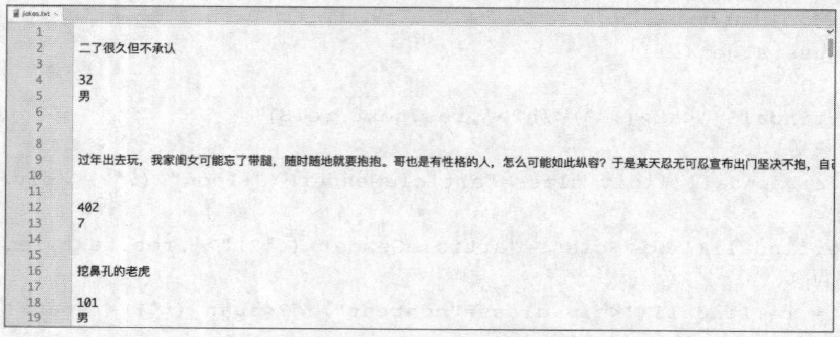

图 7-28　jokes.txt 文件的内容

7.6　小结

　　本章花了很多篇幅，讲解了正则表达式的主要用法。当然，正则表达式的用法还远不止这些。其实正则表达式并不是解决搜索和匹配问题的唯一方式，有很多现成的库提供了大量的 API 可以对复杂数据进行搜索和定位，例如，Beautiful Soul 程序库经常被用于网络爬虫中处理海量的 HTML 代码，这些内容会在后面的章节详细介绍。本章除了讲解正则表示的核心知识外，还给出了 3 个实战案例，这 3 个案例分别使用了 urllib、urllib3 和 requests 抓取不同的 Web 资源，并使用正则表达式对抓取的 HTML 代码进行分析，以便得到感兴趣的内容。这 3 个案例也是对前面章节学习的 3 个网络库以及本章学习的正则表达式的一个总结。不过使用正则表达式过滤 HTML 代码非常烦琐，而且复杂的正则表达式并不容易理解，所以在编写爬虫时，往往使用其他方式过滤 HTML 代码，如 XPath，这些内容会在后面的章节中详细介绍。

第 8 章

lxml 与 XPath

尽管正则表达式处理字符串的能力非常强，但编写功能强大的正则表达式并不容易，而且难以维护，复杂的正则表达式也并不容易理解。幸好还有其他的方式处理字符串，这就是 XPath。XPath 以非常容易理解的路径方式选择 XML 和 HTML 中的节点，容易编写和维护。目前支持 XPath 的库非常多，lxml 就是其中一个。本章介绍 lxml 库的基本用法和 XPath 的核心知识。

本章主要介绍以下内容：

（1）安装 lxml；

（2）用 lxml 操作 XML 和 HTML 文档；

（3）XPath 的基本概念；

（4）用 XPath 选取节点（所有节点、子节点、父节点等）；

（5）用 XPath 匹配和选取属性；

（6）按序选择节点；

（7）节点轴；

（8）实战案例，演示如何用 requests 和 XPath 抓取和分析 HTML 代码。

8.1 lxml 基础

lxml 是 Python 的一个解析库，用于解析 HTML 和 XML，支持 XPath 解析方式。由于 lxml 底层是使用 C 语言编写的，所以解析效率非常高。本节介绍 lxml 在 Windows、Linux 和 macOS 下的安装方式，以及 lxml 的基本使用方法。

8.1.1 安装 lxml

1．相关链接

（1）lxml 官网：https://lxml.de。

（2）lxml 在 Github 的地址：https://github.com/lxml/lxml。

2. Windows 下的安装

在 Windows 下可以使用 pip 安装，命令如下：

```
pip install lxml
```

如果安装出错，表明缺少依赖库，如 libxml2。可以采用 wheel 方式安装。这种安装方式需要一个 whl 格式的文件（一般文件扩展名是 whl）。whl 格式本质上是一个压缩包，里面包含了 py 文件，以及经过编译的 pdy 文件，使得可以在不具备编译环境的情况下安装 Python 模块。

建议读者到下面的页面搜索 lxml 的 whl 文件。

https://www.lfd.uci.edu/~gohlke/pythonlibs

从给定页面搜索到的 lxml 的 whl 文件可能类似如图 8-1 所示的样子。读者需要根据自己的 Python 版本选择合适的 whl 文件下载。例如，如果本机的 Python 版本是 Python 3.7，而且 Windows 操作系统是 64 位的，就应该下载 lxml-4.3.2-cp37-cp37m-win_amd64.whl 文件。

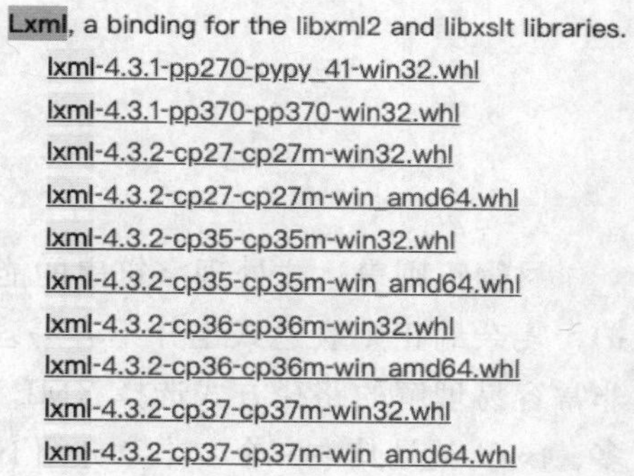

下载完后，直接使用下面的命令安装 whl 文件即可。

```
pip install lxml-4.3.2-cp37-cp37m-win_amd64.whl
```

Lxml, a binding for the libxml2 and libxslt libraries.
lxml-4.3.1-pp270-pypy_41-win32.whl
lxml-4.3.1-pp370-pp370-win32.whl
lxml-4.3.2-cp27-cp27m-win32.whl
lxml-4.3.2-cp27-cp27m-win_amd64.whl
lxml-4.3.2-cp35-cp35m-win32.whl
lxml-4.3.2-cp35-cp35m-win_amd64.whl
lxml-4.3.2-cp36-cp36m-win32.whl
lxml-4.3.2-cp36-cp36m-win_amd64.whl
lxml-4.3.2-cp37-cp37m-win32.whl
lxml-4.3.2-cp37-cp37m-win_amd64.whl

图 8-1　下载 lxml whl 文件

3. Linux 下的安装

首先尝试使用 pip install lxml 进行安装，如果出错，一般是因为缺少依赖库。不同的 Linux 发行版本安装依赖库的方式不同。对于 CentOS、RedHat 来说，需要使用 yum 命令安装依赖库，对于 Ubuntu、Debian 来说，需要使用 apt-get 命令安装依赖库。这两个命令安装 libxml2 库的方法如下：

```
sudo yum install -y libxml2-devel
sudo apt-get install -y libxml2-dev
```

读者可以根据提示缺少的依赖库进行安装。

4. macOS 下的安装

首先尝试 pip install lxml 是否可以安装成功，如果安装失败，可能是由于 C/C++ 类库和相关工具没有安装，执行下面的命令安装这些工具。

```
xcode-select --install
```

成功安装这些工具后，重新执行 pip install lxml，一般就会安装成功。

5. 验证 lxml 是否安装成功

完成 lxml 安装后，在终端输入 python 命令进入 Python 命令行窗口，然后执行 import lxml 命令，如果不报错，说明 lxml 已经安装成功。

8.1.2　操作 XML

lxml 可以读取 XML 文件，也可以使用字符串形式的 XML 文档。如果要读取 XML 文件，需要使用 parse 函数，该函数需要传入一个 XML 文件名。如果要解析字符串形式的 XML 文档，需要使用 fromstring 函数，该函数的参数就是 XML 字符串。

　　parse 函数返回值是 lxml.etree._ElementTree 对象，首先应该使用该对象的 getroot 方法获得根节点（lxml.etree._Element 对象），如果要得到某个节点的所有子节点，需要使用 getchildren 方法，该方法返回的也是 lxml.etree._Element 对象。其实不管是根节点，还是其他节点，都是一个 lxml.etree._Element 对象。获得节点对象后，如果要获得节点名称，需要使用 tag 属性；获得节点内的文本，需要使用 text 属性；获得节点的属性值，需要获得 get 方法。如 get('id') 获得当前节点名为 id 的属性值。可以直接用索引形式获取节点的子节点，如 child 表示当前节点，child[0] 用于获得第 1 个子节点对象。

　　【例 8.1】　本例使用 lxml 库从 XML 文件读取 XML 文档，以及读取字符串形式的 XML 文档，并获取其中节点的文本和属性值。

　　首先准备一个 XML 文件。

　　实例位置：src/lxmldemo/products.xml

```
<products>
    <product id = "0001">
        <name> 手机 </name>
        <price>4500</price>
    </product>
    <product id = "0002">
        <name> 电脑 </name>
        <price>6000</price>
    </product>
</products>
```

读取 products.xml 文件以及字符串形式的 XML 文档的代码如下：

　　实例位置：src/lxmldemo/xml.py

```python
from lxml import etree
# 读取 products.xml 文件
tree   = etree.parse('products.xml')
print(type(tree))
# 将 tree 重新转换为字符串形式的 XML 文档，并输出
print(str(etree.tostring(tree,encoding = "utf-8"),'utf-8'))
# 获得根节点对象
root = tree.getroot()
print(type(root))
# 输出根节点的名称
print('root: ',root.tag)
# 获得根节点的所有子节点
children = root.getchildren()
print('-------------- 输出产品信息 --------------')
# 迭代这些子节点，并输出对应的属性和节点文本
for child in children:
    print('product id = ', child.get('id'))
    print('child[0].name = ',child[0].text)
    print('child[1].price = ', child[1].text)
```

```
# 分析字符串形式的 XML 文档
root   = etree.fromstring('''
<products>
    <product1 name="iPhone"/>
    <product2 name="iPad"/>
</products>
''')
print('------------ 新产品 ------------')
# 输出根节点的节点名
print('root =',root.tag)
children = root.getchildren()
# 迭代这些子节点，并输出节点的名称和 name 属性名
for child in children:
    print(child.tag,'name = ',child.get('name'))
```
程序运行结果如图 8-2 所示。

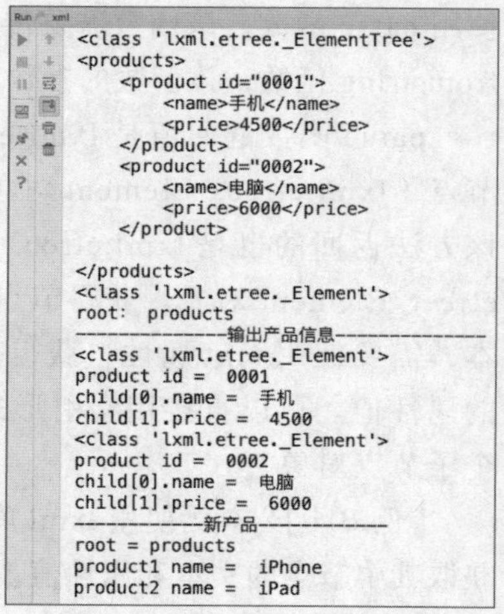

图 8-2 输出 XML 文档的相关内容

8.1.3 操作 HTML

使用 lxml 库也可以操作 HTML 文档。HTML 本质上与 XML 类似，都是由若干类似 \<tag\>...
\</tag\> 的节点组成的。它们所不同的是 XML 除了这些节点，不能有其他东西，而 HTML 的语法比较
自由，不仅可以有节点，还可以有其他任何文本。

用 lxml 库操作 HTML 的方式与操作 XML 非常类似，同样可以通过 getroot 方法获得根节点，通
过 get 方法获得节点属性值，通过 text 属性获取节点内容，通过索引的方式引用子节点。

【例 8.2】 本例使用 lxml 库读取一个名为 test.html 的 HTML 文件，并输出根节点以及其他节点
的属性值和文本。

首先准备一个 test.html 文件。

实例位置： src/lxmldemo/test.html

```
<!DOCTYPE html>
<html lang="en"><head><meta charset="UTF-8">
    <title> 这是一个网页 </title>
</head>
<body>
</body>
</html>
```

读取并分析 test.html 文件的代码如下：

实例位置： src/lxmldemo/html.py

```
from lxml import etree
# 创建 lxml.etree.HTMLParser 对象
parser = etree.HTMLParser()
print(type(parser))
# 读取并解析 test.html 文件
tree   = etree.parse('test.html', parser)
# 获取根节点
```

```
root = tree.getroot()
# 将 html 文档转换为可读格式
result = etree.tostring(root,encoding='utf-8',
                    pretty_print=True, method="html")
print(str(result,'utf-8'))
# 输出根节点的名称
print(root.tag)
# 输出根节点的 lang 属性的值
print('lang =',root.get('lang'))
# 输出 meta 节点的 charset 属性的值
print('charset =',root[0][0].get('charset'))
# 输出 title 节点的文本
print('charset =',root[0][1].text)
```

图 8-3　分析 HTML 代码

程序运行结果如图 8-3 所示。

其实定位 HTML 代码中的节点最好使用 XPath 语言，也可以称为 XML 路径语言，XPath 会在本章后面的部分详细讲解。

8.2　XPath

XPath 的英文全称是 XML Path Language，中文是 XML 路径语言，它是一种在 XML 文档中查找信息的语言，最初是用于在 XML 文档中搜索节点的，但同样可用于 HTML 文档的搜索，因为 XML 与 HTML 是同源的。

8.2.1　XPath 概述

XPath 的功能非常强大，它提供了非常简单的路径选择表达式。另外，它还提供了超过 100 个内建函数，用于字符串、数值、时间的匹配以及节点、序列的处理等。几乎所有想定位的节点，都可以用 XPath 来选择。

XPath 于 1999 年 11 月 16 日成为 W3C 标准，它被设计为可以在 XSLT、XPointer 以及其他 XML 解析软件中使用。XPath 最新版本的官方文档：https://www.w3.org/TR/xpath-31。

8.2.2　使用 XPath

绝大多数 HTML 分析库都支持 XPath，本节将使用 lxml 库来演示如何使用 XPath。在学习本节以及后面的内容之前，请读者按前面的步骤安装好 lxml。

本节将介绍如何在 lxml 库中使用 XPath 过滤 HTML 代码中的节点。lxml 装载 HTML 代码有如下两种方式。

（1）从文件装载，通过 parse 函数指定 HTML 文件名。

（2）从代码装载，通过 HTML 函数指定 HTML 代码。

XPath 语言的基本语法就是多级目录，表 8-1 是 XPath 的基本语法规则。

表 8-1　XPath 的基本语法规则

XPath 语法规则	描　　述
nodename	选取此节点的所有子节点
/	从当前节点选取直接子节点
//	从当前节点选取子孙节点
.	选取当前节点
..	选取当前节点的父节点
@	选取属性

　　在 lxml 中使用 XPath 需要通过 xpath 函数指定 XPath 代码，下面的例子完整地演示了如何在 lxml 中使用 XPath 过滤节点。

【例 8.3】　本例使用 lxml 库和 XPath 提取 test.html 文件中的标题，以及一段 HTML 代码中特定 <a> 节点中的 href 属性值和节点文本。

　　首先准备一个 test.html 文件。

实例位置： src/xpath/test.html

```
<html lang="en"><head><meta charset="UTF-8">
    <title> 通过 XPath 过滤的 HTML 文档 </title>
</head>
<body>
</body>
</html>
```

读取和分析 HTML 代码的程序如下：

实例位置： src/xpath/firstxpath.py

```
from lxml import etree
parser = etree.HTMLParser()
tree   = etree.parse('test.html', parser)
# 使用 XPath 定位 title 节点，返回一个节点集合
titles = tree.xpath('/html/head/title')
if len(titles) > 0:
    # 输出 title 节点的文本
    print(titles[0].text)
# 定义一段 HTML 代码
html = '''
<div>
    <ul>
        <li class="item1"><a href="https://geekori.com"> geekori.com</a></li>
        <li class="item2"><a href="https://www.jd.com"> 京东商城 </a></li>
        <li class="item3"><a href="https://www.taobao.com"> 淘宝 </a></li>
    </ul>
</div>
'''
# 分析 HTML 代码
tree = etree.HTML(html)
# 使用 XPath 定位 class 属性值为 item2 的 <li> 节点
```

```
aTags = tree.xpath("//li[@class='item2']")
if len(aTags) > 0:
    # 得到该 <li> 节点中 <a> 节点的 href 属性值和文本
    print(aTags[0][0].get('href'),aTags[0][0].text)
```

执行这段代码，会输出如下的结果。

通过 XPath 过滤的 HTML 文档
https://www.jd.com　京东商城

通过阅读这段代码，应该注意如下两点：

（1）通过 XPath 定位节点返回的是节点集合，即使只有一个节点，返回的也是一个节点集合。

（2）使用 XPath 分析的 HTML 文档并不一定是标准的，可以没有像 <html>、<head>、<body> 这些节点。任何一段符合 HTML 语法标准的代码都可以使用 XPath 进行定位。

8.2.3　选取所有节点

以 2 个斜杠（//）开头的 XPath 规则会选取所有符合要求的节点。如果使用 '//*'，那么会选取整个 HTML 文档中所有的节点，其中星号（*）表示所有的节点。当然，'//' 后面还可以跟更多的规则，例如，要选取所有的 <li> 节点，可以使用 '//li'。

【例 8.4】　本例使用 XPath 选取 demo.html 文件中所有的节点以及所有的 <a> 节点，并输出选取节点的名称。

首先准备一个 demo.html 文件，这个文件在本章后面的内容中会经常用到。

实例位置： src/xpath/demo.html

```html
<!DOCTYPE html>
<html>
<head>
<meta charset="UTF-8">
<title>XPath 演示 </title>
</head>
<body>
<div>
    <ul>
        <li class="item1"><a href="https://geekori.com"> geekori.com</a></li>
        <li class="item2"><a href="https://www.jd.com"> 京东商城 </a></li>
        <li class="item3"><a href="https://www.taobao.com"> 淘宝 </a></li>
        <li class="item4" value="1234"><a href="https://www.microsoft.com"> 微软 </a></li>
        <li class="item5"><a href="https://www.google.com"> 谷歌 </a></li>
    </ul>
</div>
</body>
</html>
```

选取所有节点的代码如下：

实例位置： src/xpath/allnode.py

```python
from lxml import etree
parser = etree.HTMLParser()
```

```
html    = etree.parse('demo.html', parser)
# 选取 demo.html 文件中所有的节点
nodes = html.xpath('//*')
print(' 共 ',len(nodes),' 个节点 ')
print(nodes)
# 输出所有节点的节点名
for i  in range(0,len(nodes)):
    print(nodes[i].tag,end=' ')
# 按层次输出节点, indent 是缩进
def printNodeTree(node, indent):
    print(indent + node.tag)
    indent += "  "
    children = node.getchildren()
    if len(children) > 0:
        for i in range(0,len(children)):
            # 递归调用
            printNodeTree(children[i],indent)

print()
# 按层次输出节点的节点, nodes[0] 是根节点 (html 节点)
printNodeTree(nodes[0],"")
# 选取 demo.html 文件中所有的 <a> 节点
nodes = html.xpath('//a')
print()
print(' 共 ',len(nodes),' 个 <a> 节点 ')
print(nodes)
# 输出所有 <a> 节点的文本
for i  in range(0,len(nodes)):
    print(nodes[i].text,end=' ')
```

程序运行结果如图 8-4 所示。

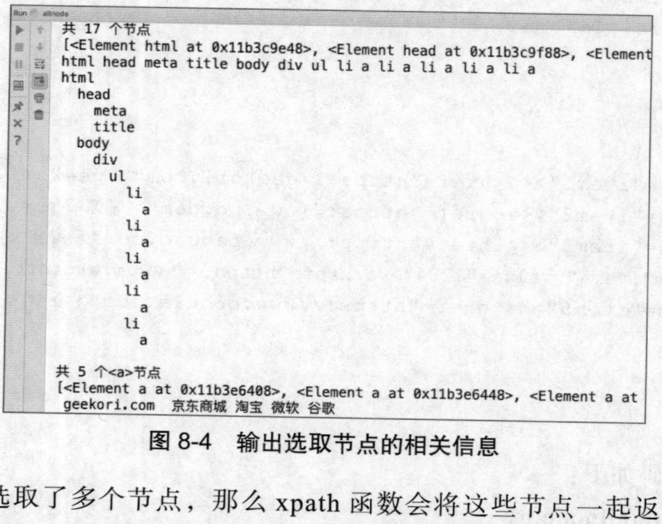

图 8-4 输出选取节点的相关信息

要注意的是，如果选取了多个节点，那么 xpath 函数会将这些节点一起返回，而不会按层次返回节点。不过可以使用递归的方式将节点按层次输出，并加上缩进。这个功能由 printNodeTree 函数完成。主要依靠每个节点对象都有一个 getchildren 方法，通过该方法，可以返回一个列表形式的子节点

对象列表。如果返回的这个列表的长度为 0，表明该节点没有子节点，这也是递归的终止条件。

8.2.4 选取子节点

在选取子节点时，通常会将 '//' 和 '/' 规则放在一起使用，只有一个斜杠（/）表示选取当前节点下的直接子节点。例如，选取 <li> 节点下的 <a> 节点，可以使用 '//li/a'，也可以使用 '//ul//a'，由于 <a> 节点并不是 <ul> 的直接子节点，所以必须使用两个斜杠（//）才可以找到子孙节点 <a>，而使用 '//ul/a' 是无法找到 <a> 节点的。

【例 8.5】 本例使用 XPath 根据不同的规则选取 demo.html 文件中所有的 <a> 节点，并输出 <a> 节点的文本。

实例位置： src/xpath/childnode.py

```
from lxml import etree
parser = etree.HTMLParser()
html   = etree.parse('demo.html', parser)
# 成功选取 <a> 节点
nodes = html.xpath('//li/a')
print(' 共 ',len(nodes),' 个节点 ')
print(nodes)
for i  in range(0,len(nodes)):
    print(nodes[i].text,end=' ')

print()
# 成功选取 <a> 节点
nodes = html.xpath('//ul//a')
print(' 共 ',len(nodes),' 个节点 ')
print(nodes)
for i  in range(0,len(nodes)):
    print(nodes[i].text,end=' ')

print()
# 无法选取 <a> 节点，因为 <a> 不是 <ul> 的直接子节点
nodes = html.xpath('//ul/a')
print(' 共 ',len(nodes),' 个节点 ')
print(nodes)
```

程序运行结果如图 8-5 所示。

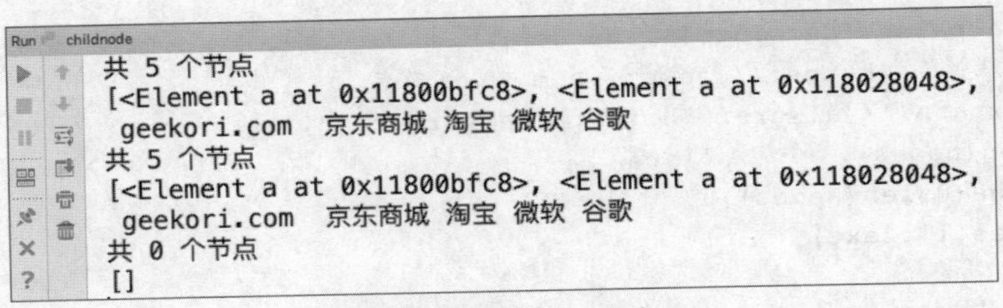

```
Run   childnode
     共 5 个节点
     [<Element a at 0x11800bfc8>, <Element a at 0x118028048>,
      geekori.com   京东商城 淘宝 微软 谷歌
     共 5 个节点
     [<Element a at 0x11800bfc8>, <Element a at 0x118028048>,
      geekori.com   京东商城 淘宝 微软 谷歌
     共 0 个节点
     []
```

图 8-5 选取 <a> 节点

8.2.5 选取父节点

如果知道子节点，想得到父节点，可以使用 '..'，例如 '//a[@class="class1"]/..' 可以得到 class 属性为 class1 的 \<a> 节点的父节点。得到父节点还可以使用 'parent::*'，如这个例子也可以使用 '//a[@class="class1"]/parent::*'。

【例 8.6】 本例使用 XPath 选取特定 \<a> 节点的父节点（\<li> 节点），并输出父节点的 class 属性值。

实例位置：src/xpath/parentnode.py

```
from lxml import etree
parser = etree.HTMLParser()
html   = etree.parse('demo.html', parser)
# 选取 href 属性值为 https://www.jd.com 的 <a> 节点的父节点，并输出父节点的 class 属性值
result = html.xpath('//a[@href="https://www.jd.com"]/../@class')
print('class 属性 =',result)
# 选取 href 属性值为 https://www.jd.com 的 <a> 节点的父节点，并输出父节点的 class 属性值
result = html.xpath('//a[@href="https://www.jd.com"]/parent::*/@class')
print('class 属性 =',result)
```

执行这段代码，会输出如下的内容：

```
class 属性 = ['item2']
class 属性 = ['item2']
```

8.2.6 属性匹配与获取

在前面的例子中只是根据节点名称进行匹配，其实 XPath 的匹配功能远不止如此，比较常用的匹配就是根据属性值来选取节点。引用属性值需要在属性名前面加 @，如 @class 表示 class 属性。XPath 的过滤条件需要放到一对中括号（[...]）中，如 '//a[@class="item1"]' 表示过滤所有 class 属性值为 item1 的 \<a> 节点。如果不将属性引用放在 [...] 中，就是获取属性值，如 '//a/@href' 表示获取所有 \<a> 节点的 href 属性值。

【例 8.7】 本例使用 XPath 根据 \<a> 节点的 href 属性过滤特定的 \<a> 节点，并输出 \<a> 节点的文本和 URL。

实例位置：src/xpath/property.py

```
from lxml import etree

parser = etree.HTMLParser()
html   = etree.parse('demo.html', parser)
# 选取所有 href 属性值为 https://geekori.com 的 <a> 节点
nodes = html.xpath('//a[@href="https://geekori.com"]')
print(' 共 ',len(nodes),' 个节点 ')
for i  in range(0,len(nodes)):
    print(nodes[i].text)


# 选取所有 href 属性值包含 www 的 <a> 节点
nodes = html.xpath('//a[contains(@href,"www")]')
print(' 共 ',len(nodes),' 个节点 ')
```

```
for i  in range(0,len(nodes)):
    print(nodes[i].text)
# 获取所有 href 属性值包含 www 的 <a> 节点的 href 属性
值，urls 是 href 属性值的列表
urls = html.xpath('//a[contains(@href,"www")]/
@href')
for i  in range(0,len(urls)):
    print(urls[i])
```

程序运行结果如图 8-6 所示。

本例使用了一个 contains 函数判断属性值中是否
包含 www。contains 函数的第 1 个参数值是待匹配的
值，如 @href 表示 href 属性，text() 函数表示节点的文
本。第 2 个参数表示被包含的字符串，如本例的 www。
要了解更多的 XPath 函数，读者可以参考 8.2.1 给出的
XPath 官方文档。

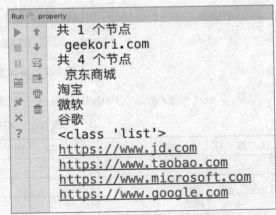

图 8-6　根据节点的属性过滤节点

8.2.7　多属性匹配

在之前的 XPath 代码中，不管是直接判断属性的值，还是使用 contains 等函数检测属性值，都只
是处理一个属性。但在很多情况下，需要同时通过多个属性过滤节点，这就需要用到 XPath 中的 and
和 or 关键字。and 表示逻辑与，or 表示逻辑或。如果使用 and，两侧的 XPath 表达式都必须是 true，
整个条件才会为 true，否则条件为 false。如果使用 or，两侧的 XPath 表达式只要有一个是 true，整个
条件就是 true，否则为 false。

在使用 and、or 等关键字以及 contains 等函数时要注意，XPath 是大小写敏感的，例如，不能将
and 写成 And 或 AND 的形式。

【例 8.8】　本例使用 XPath 根据两个条件分别用 and 和 or 选取特定的 <a> 节点，并输出 <a> 节点
的文本和标题。

实例位置：src/xpath/multiproperties.py

```
from lxml import etree
parser = etree.HTMLParser()
html    = etree.parse('demo.html', parser)
# 选取 href 属性值为 https://www.jd.com 或 https://geekori.com 的 <a> 节点
aList = html.xpath('//a[@href="https://www.jd.com" or @href="https://geekori.com"]')
for a in aList:
    print(a.text,a.get('href'))

# 匹配<li class="item4" value="1234"><a href="https://www.microsoft.com"> 微软 </a></li>
# 选取 href 属性值包含 www，并且父节点中 value 属性值等于 1234 的 <a> 节点
print('----------------')
aList = html.xpath('//a[contains(@href,"www") and ../@value="1234"]')
for a in aList:
    print(a.text,a.get('href'))
```

程序运行结果如图 8-7 所示

图 8-7 输出选取的 <a> 节点的链接和文本

除了 and 和 or 外，XPath 中还有很多运算符，表 8-2 是 XPath 中的运算符及其描述。

表 8-2 XPath 中的运算符及其描述

运 算 符	描 述	实 例	返 回 值
|	计算两个节点集	//book | //cd	返回所有拥有 book 和 cd 元素的节点集
+	加法	10+5	15
−	减法	10 − 5	5
*	乘法	10 * 5	50
div	除法	10 div 5	2
=	等于	value= 218	如果 value 是 218，返回 true，否则返回 false
!=	不等于	value!=218	如果 value 不是 218，返回 true，否则返回 false
<	小于	value < 218	如果 value 小于 218，返回 true，否则返回 false
<=	小于或等于	value <= 218	如果 value 小于或等于 218，返回 true，否则返回 false
>	大于	value > 218	如果 value 大于 218，返回 true，否则返回 false
>=	大于或等于	value >= 218	如果 value 大于或等于 218，返回 true，否则返回 false
or	或	value = 20 or value = 30	如果 value 等于 20 或 30，返回 true，否则返回 false
and	与	value = 20 and age = 30	如果 value 等于 20 并且 age 等于 30，返回 true，否则返回 false
mod	取余	10 mod 3	1

8.2.8 按序选择节点

在很多时候，在选中某些节点时，按一些属性进行匹配，可能同时有多个节点满足条件，而只想得到其中的一个或几个节点，这时就要使用索引的方式获取特定的节点。

在 XPath 中使用索引的方式与 Python 中引用列表中元素的方式类似，都是在中括号中使用索引，如 '//li[1]' 表示选择所有 <li> 节点中的第 1 个 <li> 节点。XPath 中的索引是从 1 开始的，这一点与 Python 中的列表不同，Python 中列表的索引是从 0 开始的，这一点在使用时要注意。

XPath 中的索引还可以使用 XPath 内置的函数，如 position() 表示当前位置，last() 表示最后的位置，例如，'\\li[position() = 3]' 表示选择所有 <li> 节点中的第 3 个 <li> 节点，与 '\\li[3]' 的效果相同。

【例 8.9】 本例使用 XPath 和索引得到特定的 <a> 节点，并输出 <a> 节点的文本。

实例位置：src/xpath/ordernode.py

```
from lxml import etree
parser = etree.HTMLParser()
```

```
text = '''
<div>
    <a href="https://geekori.com"> geekori.com</a>
    <a href="https://www.jd.com"> 京东商城 </a>
    <a href="https://www.taobao.com"> 淘宝 </a>
    <a href="https://www.microsoft.com"> 微软 </a>
    <a href="https://www.google.com"> 谷歌 </a>
</div>
'''
html   = etree.HTML(text)
# 选择第 1 个 <a> 节点
a1 = html.xpath('//a[1]/text()')
# 选择第 2 个 <a> 节点
a2 = html.xpath('//a[2]/text()')
print(a1,a2)
# 选择最后一个 <a> 节点
lasta = html.xpath('//a[last()]/text()')
print(lasta)
# 选择索引大于 3 的 <a> 节点
aList = html.xpath('//a[position() > 3]/text()')
print(aList)
# 选择第 2 个 <a> 节点和倒数第 2 个 <a> 节点
aList = html.xpath('//a[position() = 2 or position() = last() - 1]/text()')
print(aList)
```

程序运行结果如图 8-8 所示。

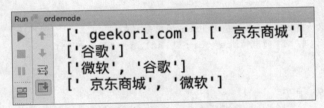

图 8-8   输出特定的 <a> 节点的文本

8.2.9   节点轴选择

XPath 提供了很多节点轴选择方法，包括获取祖先节点、兄弟节点、子孙节点等。本节将介绍 XPath 中一些常用的节点轴。

【例 8.10】   本例使用 XPath 和不同的节点轴选择方法得到特定的节点，并输出节点的文本。

实例位置：src/xpath/nodeaxis.py

```
from lxml import etree
parser = etree.HTMLParser()
text = '''
<html>
<head>
    <meta charset="UTF-8">
    <title>XPath 演示 </title>
```

```
    </head>
    <body class="item">
    <div>
        <ul class="item" >
            <li class="item1"><a href="https://geekori.com"> geekori.com</a></li>
            <li class="item2"><a href="https://www.jd.com"> 京东商城 </a>
                            <value url="https://geekori.com"/>
                            <value url="https://www.google.com"/>
            </li>
            <li class="item3"><a href="https://www.taobao.com"> 淘宝 </a>
                        <a href="https://www.tmall.com/"> 天猫 </a></li>
            <li class="item4" value="1234"><a href="https://www.microsoft.com"> 微软 </a></li>
            <li class="item5"><a href="https://www.google.com"> 谷歌 </a></li>
        </ul>
    </div>
    </body>
    </html>
    '''
html    = etree.HTML(text)
# 使用 ancestor 轴，用于获取所有的祖先节点。后面必须跟两个冒号（::），然后是节点选择器
# 这里的 * 表示匹配所有的节点
result = html.xpath('//li[1]/ancestor::*')
# 输出结果: html body div ul
for value in result:
    print(value.tag, end= ' ')


print()
# 使用 ancestor 轴匹配所有 class 属性值为 item 的祖先节点
result = html.xpath('//li[1]/ancestor::*[@class="item"]')
# 输出结果: body ul
for value in result:
    print(value.tag, end= ' ')
print()
# 使用 attribute 轴获取第 4 个 <li> 节点的所有属性值
result = html.xpath('//li[4]/attribute::*')
# 输出结果: ['item4', '1234']
print(result)



# 使用 child 轴获取第 3 个 <li> 节点的所有子节点
result = html.xpath('//li[3]/child::*')
# 输出结果: https://www.taobao.com 淘宝 https://www.tmall.com/ 天猫
for value in result:
    print(value.get('href'), value.text,end= ' ')
print()
# 使用 descendant 轴获取第 2 个 <li> 节点的所有名为 value 的子孙节点
result = html.xpath('//li[2]/descendant::value')
# 输出结果: https://geekori.com https://www.google.com
for value in result:
    print(value.get('url'),end= ' ')
```

```
print()
# 使用 following 轴获取第 1 个 <li> 节点后的所有子节点（包括子孙节点）
result = html.xpath('//li[1]/following::*')
# 输出结果: li a value value li a value a li a li a
for value in result:
    print(value.tag,end= ' ')
print()
# 使用 following 轴获取第 1 个 <li> 节点后位置大于 4 的所有子节点
result = html.xpath('//li[1]/following::*[position() > 4]')
# 输出结果: li a value a li a li a
for value in result:
    print(value.tag,end= ' ')
print()
# 使用 following-sibling 轴获取第 1 个 <li> 节点后所有同级的节点
result = html.xpath('//li[1]/following-sibling::*')
# 输出结果: li li li li
for value in result:
    print(value.tag,end= ' ')
print()
```

程序运行结果如图 8-9 所示。

```
Run   advanced
 ▶  ⬆   html body div ul
 ■  ⬇   body ul
 器  🗐   ['item4', '1234']
 ☰  🗐   https://www.taobao.com 淘宝 https://www.tmall.com/ 天猫
 ✂  🗑   https://geekori.com https://www.google.com
 ✖      li a value value li a value a li a li a
 ?      li a value a li a li a
        li li li li
```

图 8-9　使用轴过滤选择节点

8.2.10　在 Chrome 中自动获得 XPath 代码

尽管 XPath 代码写起来要比正则表达式简单得多，但遇到复杂的节点，写起来仍然比较费劲，幸好很多浏览器提供了自动获取 XPath 代码的能力。可以在自动获取的 XPath 代码的基础上修改，很多时候甚至不需要修改就可以直接使用。本节用 Chrome 浏览器来演示如何获取特定节点的 XPath 代码。

【例 8.11】　本例在 Chrome 浏览器中通过开发者工具获取京东商城首页与导航条对应的 XPath 代码，并稍加修改，然后利用 requests 库抓取导航条文本。

现在进入京东商城首页（https://www.jd.com），导航条如图 8-10 所示黑框中的内容。

图 8-10　京东商城首页导航条

在页面右键菜单单击"检查"命令显示开发者工具，然后定位到导航条的某一个链接（如"秒杀"），在 Elements 选项卡中定位到"秒杀"，选择对应的 HTML 代码，然后右击，在弹出菜单中单击

Copy → Copy XPath 命令，如图 8-11 所示。这样就将当前选中的 HTML 代码行对应的 XPath 代码复制到剪贴板上。

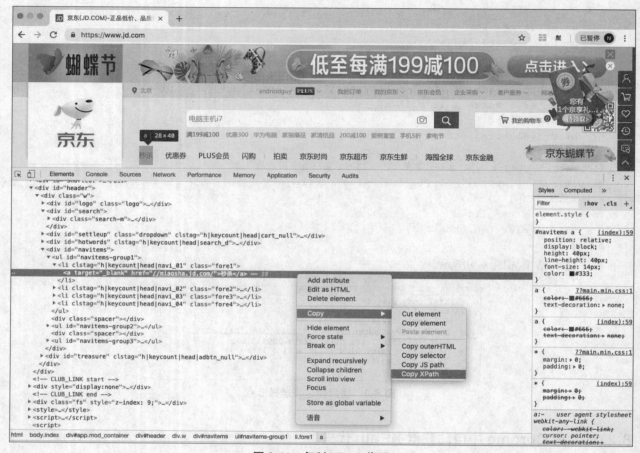

图 8-11 复制 XPath 代码

将剪贴板上的 XPath 代码复制到文本文件中，会看到类似下面的 XPath 代码。

```
//*[@id="navitems-group1"]/li[1]/a
```

这行 XPath 代码表示选中 id 属性值为 navitems-group1 的所有节点中的第 1 个 <li> 节点中的所有 <a> 节点。其实这行 XPath 代码已经将"秒杀"链接的基本特征体现出来了，基本特征描述如下：

（1）"秒杀"以及后面 3 个导航链接都在一个 id 属性值为 navitems-group1 的 <ul> 节点中。

（2）要选择的是包含导航链接的 <a> 节点，可以使用多种特征获取 <a>。通过 <ul> 节点是一种方法，通过观察 HTML 代码的特性，每一个 <a> 节点都包含在一个 <li> 节点中，而 <li> 节点的 class 属性分别是 fore1、fore2、fore3 和 fore4，根据这个特性，可以获得所有包含导航链接的 <li> 节点。不过本例仍然通过 <ul> 节点选择 <a> 节点。

（3）导航条链接分成 3 部分，中间用竖线分隔。而这 3 部分对应的 <ul> 节点的 id 属性值分别为 navitems-group1、navitems-group2 和 navitems-group3，所以根据这个特征可以选择所有符合条件的 <a> 节点。

本例需要抓取所有符合条件的 <a> 节点，而通过开发者工具获取的 XPath 代码只是选择了第 1 个 <li> 节点中的 <a> 节点，所以需要对这行 XPath 代码做一下修改，修改后的代码如下：

```
//*[@id="navitems-group1"]//a/
```

由于 <ul> 节点中所有的 <a> 节点都符合条件，所以直接选择了 <ul> 节点下的所有的 <a> 节点，然后将 navitems-group1 改成 navitems-group2 和 navitems-group3，就可以选择导航条中所有的链接。

抓取京东商城首页 HTML 代码，并提取导航条文本的代码如下：

实例位置：src/xpath/autoxpath.py

```python
import requests
from lxml import etree
# 抓取京东商城首页的 HTML 代码
r = requests.get('http://www.jd.com')
parser = etree.HTMLParser()
html = etree.HTML(r.text)
# 提取导航条第 1 部分链接文本
nodes = html.xpath('//*[@id="navitems-group1"]//a/text()')
print(nodes)
# 提取导航条第 2 部分链接文本
nodes = html.xpath('//*[@id="navitems-group2"]//a/text()')
print(nodes)
# 提取导航条第 3 部分链接文本
nodes = html.xpath('//*[@id="navitems-group3"]//a/text()')
print(nodes)
```

程序运行结果如图 8-12 所示。

```
Run    autoxpath
    ['秒杀', '优惠券', 'PLUS会员', '闪购']
    ['拍卖', '京东时尚', '京东超市', '京东生鲜']
    ['海囤全球', '京东金融']
```

图 8-12 输出京东商城首页导航条文本

8.2.11 使用 Chrome 验证 XPath

验证 XPath 代码是否正确，并不一定要使用 lxml 以及其他解析库，使用 Chrome 浏览器的开发者工具就可以实现。

仍然以京东商城为例，显示首页的开发者工具，然后定位到首页导航条的"秒杀"代码的位置，并按照上一节的方法复制该位置的 XPath 代码。然后在开发者工具中切换到 Console 选项卡，并输入如下的代码：

```
$x('//*[@id="navitems-group1"]/li[1]/a')
```

其中 $x 是用来运行 XPath 的函数，参数需要指定 XPath 代码。如果 XPath 代码中包含的是双引号，参数要用单引号括起来，如果 XPath 代码中包含的是单引号，参数要用双引号括起来。输入完成后，按 Enter 键，如果 XPath 可以至少选择一个节点，那么在下方就会显示这些节点，展开节点后，会看到节点中的各种属性的值，如图 8-13 所示。

图 8-13　在 Chrome 中验证 XPath

上面的 XPath 代码用于选择包含"秒杀"文本的 <a> 节点。从如图 8-13 所示的选择结果可以看出，"秒杀"文本在 <a> 节点的 innerHTML 属性和 innerText 属性中。读者在编写或得到一行 XPath 代码时，可以用这种方式验证 XPath 代码是否正确。

8.3　项目实战：抓取豆瓣 Top250 图书榜单

本节使用 requests 库、lxml 库以及 XPath 抓取豆瓣网 Top250 图书排行榜。读者可以通过 https://book.douban.com/top250 访问 Top250 图书榜单，如图 8-14 所示。

在开始编写爬虫之前，要分析 Top250 榜单代码和页面切换的规律。首先来分析一下页面切换的规则。在页面的最下方是分页导航条，分别切换到第 1 ～ 4 页，在地址栏会看到如下的 4 个 URL。

（1）https://book.douban.com/top250?start=0。

（2）https://book.douban.com/top250?start=25。

（3）https://book.douban.com/top250?start=50。

（4）https://book.douban.com/top250?start=50。

从这 4 个 URL 可以得到如下 3 个规则。

（1）Top250 榜单是通过 start 参数控制页面切换的。

（2）start 参数表示当前页面图书排行的起始索引（从 0 开始）。

（3）每一页显示 25 本图书，从而很容易推算 Top250 榜单一共 10 页，从页面下方的导航条也可以验证这一点。

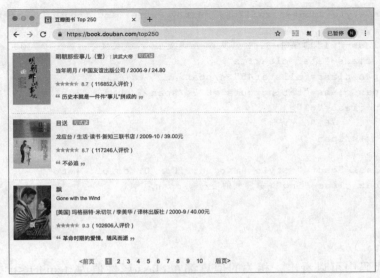

图 8-14   豆瓣 Top250 图书榜单

图 8-14   豆瓣 Top250 图书榜单

了解了这个规律，就可以使用不同的 URL 切换到 Top250 榜单的不同页面。

接下来分析每一页相关信息对应的 HTML 代码的规律。

在开发者工具中定位到 Top250 排行榜的任意一本书的标题，会看到标题被包含在一个 <a> 节点中，然后复制对应的 XPath 代码，会得到类似于下面的 XPath 代码。

`//*[@id="content"]/div/div[1]/div/table[1]/tbody/tr/td[2]/div[1]/a`

在开发者工具的 Console 上验证，也可以选择这个 <a> 节点，证明这行 XPath 没问题。不过这行 XPath 代码有点长，可以采用二次选择的方式，也就是先将某本书对应的 HTML 代码选出，然后在这段 HTML 代码中再使用 XPath 选择特定的节点，这样代码更容易理解。

通过观察 HTML 代码会发现，每一本书都对应一个 <table> 节点，与这本书相关的所有信息都在 <table> 节点中，为了方便，将一本书的 <table> 节点的代码提取出来，如下所示：

```html
<table width="100%">
    <tbody>
    <tr class="item">
        <td width="100" valign="top">
            <a class="nbg" href="https://book.douban.com/subject/1013129/" onclick="moreurl(this,{i:'0'})">
                <img src="https://img3.doubanio.com/view/subject/m/public/s1822013.jpg" width="90">
            </a>
        </td>
        <td valign="top">

            <div class="pl2">
                <a href="https://book.douban.com/subject/1013129/"
                   onclick="&quot;moreurl(this,{i:'0'})&quot;" title=" 哈利 · 波特与凤凰社 ">
                    哈利 · 波特与凤凰社
                </a>
                  <img src="https://img3.doubanio.com/pics/read.gif" alt=" 可试读 " title=" 可试读 ">
                <br>
```

```html
<span style="font-size:12px;">Harry Potter and the Order of the Phoenix</span>
</div>
<p class="pl">[ 英 ] J．K．罗琳 / 马爱农 / 人民文学出版社 / 2003-9 / 59.00 元 </p>
<div class="star clearfix">
  <span class="allstar45"></span>
  <span class="rating_nums">8.7</span>
<span class="pl">(
            76190 人评价
        )</span>
</div>
<p class="quote" style="margin: 10px 0; color: #666">
  <span class="inq">暴脾气的哈利 </span>
</p>
    </td>
  </tr>
</tbody></table>
```

从这段 HTML 代码中可以看出，相关的信息都在 class 属性值为 item 的 <tr> 节点中，所以可以用下面的 XPath 选择这个 <tr> 节点。

```
//tr[@class="item"]
```

接下来可以用如下两行 XPath 代码选择图书名称和图书主页链接。

（1）图书名称：td/div/a/@title。

（2）图书主页链接：td/div/a/@href。

至于其他信息，如作者、出版社、出版日期等信息都在 class 属性为 pl 的 <p> 节点中，可以用下面的 XPath 获取这个 <p> 节点中的文本，然后再从中截取相应的数据。

```
td/p/text()
```

现在一切准备就绪，接下来可以完成项目了。

【例 8.12】　本例会使用 requests 库抓取 Top250 排行榜的 HTML 代码，并使用 XPath 获取相应的数据，最后将抓取到的数据保存到名为 top250books.txt 的文本文件中。

实例位置：src/projects/doubanbook/BookSpider.py

```python
from lxml import *
from lxml import etree
import requests
import json
# 根据 URL 抓取 HTML 代码，并返回这些代码，如果抓取失败，返回 None
def getOnePage(url):
    try:
        res = requests.get(url)
        if res.status_code == 200:
            return res.text
        return None
    except Exception:
        return None
# 分析 HTML 代码，这是一个产生器函数
def parseOnePage(html):
    selector = etree.HTML(html)
```

```python
    # 选择 <tr> 节点
    items = selector.xpath('//tr[@class="item"]')
    # 在 <tr> 节点内部继续使用 XPath 选择对应的节点
    for item in items:
        # 获取 <p> 节点中的文本，其中包含出版社、作者、出版日期等信息
        book_infos = item.xpath('td/p/text()')[0]
        yield {
            # 获取图书名称
            'name' :item.xpath('td/div/a/@title')[0],
            # 获取图书主页链接
            'url' :item.xpath('td/div/a/@href')[0],
            # 获取图书作者
            'author':book_infos.split('/')[0],
            # 获取图书出版社
            'publisher':book_infos.split('/')[-3],
            # 获取出版日期
            'date': book_infos.split('/')[-2],
            # 获取图书价格
            'price': book_infos.split('/')[-1]

        }
# 将抓取到的数据（JSON 格式）保存到 top250books.txt 文件中
def save(content):
    with open('top250books.txt', 'at', encoding='utf-8') as f:
        f.write(json.dumps(content, ensure_ascii=False) + '\n')
# 抓取 url 对应的页面，并将页面内容保存到 top250books.txt 文件中
def getTop250(url):
    html = getOnePage(url)
    for item in parseOnePage(html):
        print(item)
        save(item)
# 产生 10 个 URL，分别对应 Top250 排行榜的 10 个页面的 URL
urls = ['https://book.douban.com/top250?start={}'.format(str(i)) for i in range(0,250,25)]
# 循环抓取 Top250 排行榜的 10 个页面的图书信息
for url in urls:
    getTop250(url)
```

程序运行结果如图 8-15 所示。由于每一行的信息太长，这里没有显示全，请读者自己运行程序观察输出结果。运行完程序后，在当前目录会出现一个名为 top250books.txt 的文件，内容与如图 8-15 所示的输出内容相同。

图 8-15　Top250 排行榜

8.4 项目实战：抓取起点中文网的小说信息

本节会利用 requests 库抓取起点中文网上的小说信息，并通过 XPath 提取相关的内容，最后将经过提取的内容保存到 Excel 文件中。本例需要使用第三方的 xlwt 库，该库用来通过 Python 操作 Excel 文件，需要使用下面的命令安装 xlwt 库。

pip install xlwt

使用 xlwt 库非常简单，首先需要创建一个 workbook，相当于一个 Excel 文件，然后在 workbook 中添加若干个 Sheet，接下来在每一个 Sheet 中的指定单元格（Cell）添加文本，最后使用 workbook 的 save 方法保存 Excel 文件。完整的实现代码如下：

实例位置：src/projects/qidian_novel/xlwtdemo.py

```
import xlwt
# 创建 Workbook 对象，并指定编码为 utf-8
book = xlwt.Workbook(encoding='utf-8')
# 添加第 1 个 Sheet，名称为 Sheet1
sheet1 = book.add_sheet('Sheet1')
# 添加第 2 个 Sheet，名称为 Sheet2
sheet2 = book.add_sheet('Sheet2')
# 向第 1 个 Sheet 的 Cell(1,1) 位置添加文本
sheet1.write(1,1,'世界, 你好 ')
# 向第 1 个 Sheet 的 Cell(2,2) 位置添加文本
sheet1.write(2,2,'用 Python 操作 Excel 文件 ')
# 向第 2 个 Sheet 的 Cell(2,2) 位置添加文本
sheet2.write(2,2,'Hello World')
# 保存 Excel 文件
book.save('demo.xls')
```

执行这段代码，会在当前目录下生成一个名为 demo.xls 的文件，用 Excel 打开，会看到如图 8-16 所示的效果。

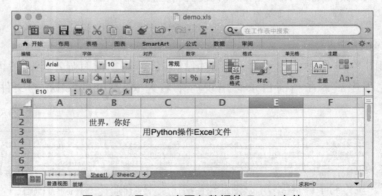

图 8-16　用 xlwt 库写入数据的 Excel 文件

下面分析起点中文网的页面切换规律和 HTML 代码。首先通过下面的链接进入起点中文网的所有小说页面，如图 8-17 所示。

https://www.qidian.com/all

图 8-17　起点中文网所有小说的页面

在页面的下方是导航链接，切换到第 2 页、第 3 页，会看到浏览器地址栏中显示了一个很长的 URL，不过在 URL 中有一个 page 参数，该参数用于控制切换页数，其他参数值都可以省略，所以第 1 页、第 2 页、第 3 页对应的 URL 如下：

（1）第 1 页：https://www.qidian.com/all?page=1；

（2）第 2 页：https://www.qidian.com/all?page=2；

（3）第 3 页：https://www.qidian.com/all?page=3。

根据这个规律，要显示某一页，只需要指定 page 参数的值即可。

接下来分析页面的 HTML 代码，本节的例子需要得到小说的如下 5 个信息：标题、作者、类型、完成度、介绍。

通过定位，很容易知道上述 5 个信息的位置，例如，标题在一个 <a> 节点中，代码如下：

```
<a href="//book.qidian.com/info/1010734492" target="_blank" data-eid="qd_B58" data-bid="1010734492">凡人修仙之仙界篇</a>
```

在页面中每一部小说是一个 <li> 节点，所有的 <li> 节点在 class 属性值为 all-img-list cf 的 <ul> 节点中。本例采取的方式是用 XPath 先选择 <ul> 节点中的所有 <li> 节点，然后再针对每一个 <li> 节点使用 XPath 提取相应的信息。

【例 8.13】 本例使用 requests 库抓取起点中文网前 10 页的小说数据，并从页面中提取相应的信息，最后将抓取到的信息保存到名为 novels.xls 的 Excel 文件中。

实例位置： src/projects/qidian_novel/NovelSpider.py

```
import xlwt
import requests
from lxml import etree
import time
# 根据指定页面的 URL 获取当前页面所有小说的相关信息，该函数是一个产生器函数
def getOnePage(url):
    # 抓取小说页面的代码
    html = requests.get(url)
    selector = etree.HTML(html.text)
    # 选择 <ul> 节点中所有的 <li> 节点
```

```python
        infos = selector.xpath('//ul[@class="all-img-list cf"]/li')
        for info in infos:
            style_1 = info.xpath('div[2]/p[1]/a[2]/text()')[0]
            style_2 = info.xpath('div[2]/p[1]/a[3]/text()')[0]
            yield {
                # 提取标题
                'title': info.xpath('div[2]/h4/a/text()')[0],
                # 提取作者
                'author': info.xpath('div[2]/p[1]/a[1]/text()')[0],
                # 提取风格
                'style': style_1+' · '+style_2,
                # 提取完成度
                'complete':info.xpath('div[2]/p[1]/span/text()')[0],
                # 提取介绍
                'introduce':info.xpath('div[2]/p[2]/text()')[0].strip(),
            }
# 定义表头
header = ['标题','作者','类型','完成度','介绍']
# 创建 Workbook 对象
book = xlwt.Workbook(encoding='utf-8')
# 添加一个名为 novels 的 Sheet
sheet = book.add_sheet('novels')
# 为 Excel 表单添加表头
for h in range(len(header)):
    sheet.write(0, h, header[h])
# 产生前 10 页的 URL
urls = ['https://www.qidian.com/all/?page={}'.format(str(i)) for i in range(1,11)]
i = 1
# 开始抓取页面中的小说数据，并将提取的数据保存到 Excel 的 Sheet 中
for url in urls:
    novels = getOnePage(url)
    for novel in novels:
        print(novel)
        time.sleep(0.1)
        sheet.write(i, 0, novel['title'])
        sheet.write(i, 1, novel['author'])
        sheet.write(i, 2, novel['style'])
        sheet.write(i, 3, novel['complete'])
        sheet.write(i, 4, novel['introduce'])
        i += 1
# 将内存中的 Excel 数据保存为 novels.xls 文件
book.save('novels.xls')
```

运行程序，会在 Console 中输出如图 8-18 所示的信息。

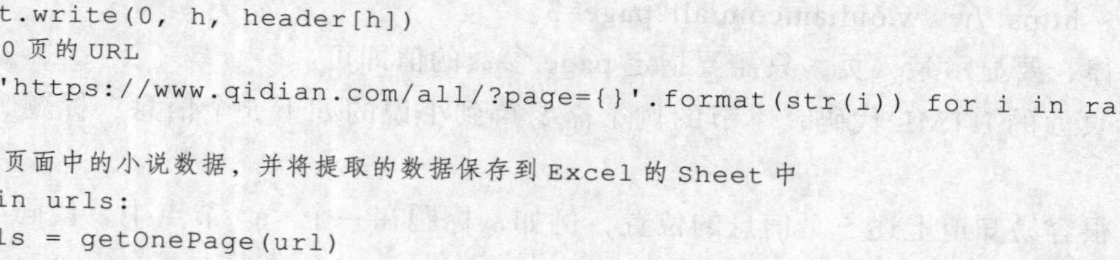

图 8-18 起点中文网的小说数据

程序运行完会在当前目录生成一个名为 novels.xls 的文件，用 Excel 打开，会看到如图 8-19 所示的效果。

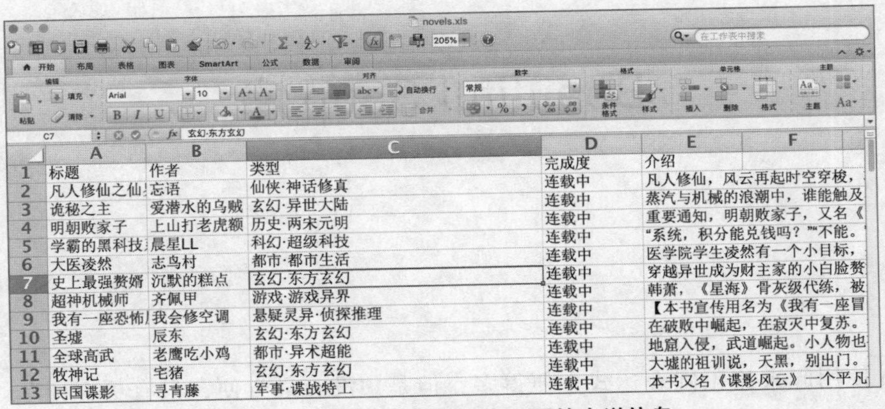

	A	B	C	D	E
1	标题	作者	类型	完成度	介绍
2	凡人修仙之仙	忘语	仙侠·神话修真	连载中	凡人修仙，风云再起时空穿梭，
3	诡秘之主	爱潜水的乌贼	玄幻·异世大陆	连载中	蒸汽与机械的浪潮中，谁能触及
4	明朝败家子	上山打老虎额	历史·两宋元明	连载中	重要通知，明朝败家子，又名《
5	学霸的黑科技	晨星LL	科幻·超级科技	连载中	"系统，积分能兑钱吗？""不能。
6	大医凌然	志鸟村	都市·都市生活	连载中	医学院学生凌然有一个小目标，
7	史上最强赘婿	沉默的糕点	玄幻·东方玄幻	连载中	穿越异世成为财主家的小白脸赘
8	超神机械师	齐佩甲	游戏·游戏异界	连载中	韩萧，《星海》骨灰级代练，被
9	我有一座恐怖	我会修空调	悬疑灵异·侦探推理	连载中	【本书宣传用名为《我有一座冒
10	圣墟	辰东	玄幻·东方玄幻	连载中	在破败中崛起，在寂灭中复苏。
11	全球高武	老鹰吃小鸡	都市·异术超能	连载中	地窟入侵，武道崛起。小人物也
12	牧神记	宅猪	玄幻·东方玄幻	连载中	大墟的祖训说，天黑，别出门。
13	民国谍影	寻青藤	军事·谍战特工	连载中	本书又名《谍影风云》一个平凡

图 8-19　Excel 中的起点中文网的小说信息

8.5　小结

XPath 是分析 HTML 代码的最佳工具之一，有了 XPath，可以轻松地从任意复杂的 HTML 代码中提取特定的信息。再加上各种支持 XPath 的库，简直是如虎添翼。通过 requests、urllib 等网络库的配合，可以开发出功能非常强大的爬虫应用。不过支持 XPath 的分析库并不只有 lxml，还有更为强大的库，如果读者对这些分析库感兴趣，请继续阅读后面章节。

第 9 章

Beautiful Soup 库

虽然 XPath 使用起来比正则表达式方便得多,但是"没有最方便,只有更方便"。欲望是无止境的,懒惰也是无止境的。本章介绍的 Beautiful Soup 库可以让读者更"懒惰"。由于 Beautiful Soup 提供了多种选择器,所以使用起来不仅比 XPath 方便,而且更灵活。

本章主要介绍以下内容:

(1)Beautiful Soup 的基本概念;

(2)安装 Beautiful Soup;

(3)Beautiful Soup 的基本使用方法;

(4)节点选择器;

(5)方法选择器;

(6)CSS 选择器;

(7)实战案例,演示如何用 requests 和各种选择器抓取和分析 HTML 代码。

9.1　Beautiful Soup 简介

Beautiful Soup 是一个强大的基于 Python 语言的 XML 和 HTML 解析库,可以用它来方便地从网页中提取数据,那么 Beautiful Soup 到底有什么功能呢?先看一段对 Beautiful Soup 的标准解释。

Beautiful Soup 提供了一些简单的函数来处理导航、搜索、修改分析树等功能。它是一个工具箱,通过解析文档为用户提供需要抓取的数据,由于 Beautiful Soup 非常简单,所以可以用非常少的代码写出一个完整的 HTML 分析程序,再加上 requests 库,可以写出非常简洁且强大的爬虫应用。

Beautiful Soup 自动将输入的文档转换为 Unicode 编码,输出文档转换为 UTF-8 编码,所以在使用 Beautiful Soup 的过程中并不需要考虑编码问题,除非文档没有指定编码方式,这时只需指定输入文档的编码方式即可。

9.2　Beautiful Soup 基础

本节讲解如何安装 Beautiful Soup,以及如何使用 Beautiful Soup 分析 HTML 代码。

9.2.1 安装 Beautiful Soup

Beautiful Soup 并不是 Python 的标准库，所以在使用之前需要安装 Beautiful Soup。

Beautiful Soup 相关链接如下：

（1）英文官方文档：https://www.crummy.com/software/BeautifulSoup/bs4/doc；

（2）中文官方文档：https://www.crummy.com/software/BeautifulSoup/bs4/doc/index.zh.html。

Beautiful Soup 的 HTML 和 XML 解析器依赖于 lxml 库，所以在安装 Beautiful Soup 库之前，请确保本机已经成功安装了 lxml 库。

在 Windows、Mac OS X 和 Linux 平台上都可以使用下面的命令安装 Beautiful Soup。

```
pip install beautifulsoup4
```

如果不喜欢安装依赖库，也可以用 wheel 方式安装 Beautiful Soup。读者可以到下面的地址下载相应的 whl 文件。

https://pypi.org/project/beautifulsoup4/#files

进入上述页面后，会显示如图 9-1 所示的下载链接，如果读者使用的是 Python3，需要下载第 2 个文件。

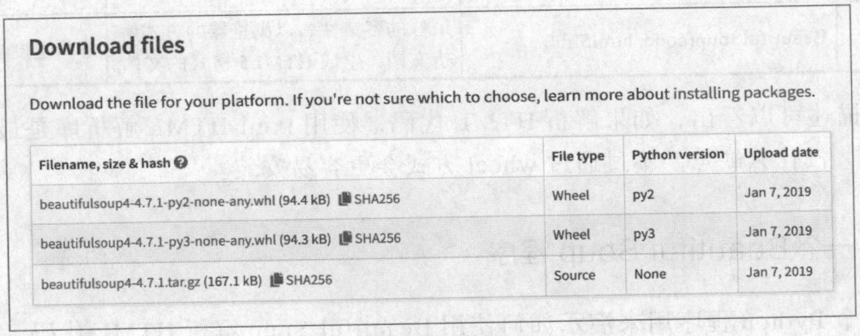

Download files

Download the file for your platform. If you're not sure which to choose, learn more about installing packages.

Filename, size & hash ❓	File type	Python version	Upload date
beautifulsoup4-4.7.1-py2-none-any.whl (94.4 kB) 📋 SHA256	Wheel	py2	Jan 7, 2019
beautifulsoup4-4.7.1-py3-none-any.whl (94.3 kB) 📋 SHA256	Wheel	py3	Jan 7, 2019
beautifulsoup4-4.7.1.tar.gz (167.1 kB) 📋 SHA256	Source	None	Jan 7, 2019

图 9-1 下载链接

当然，读者也可以从下面的地址下载 whl 文件。

https://www.lfd.uci.edu/~gohlke/pythonlibs

这个页面收集了大多数常用 Python 库的 whl 文件，读者可以搜索 Beautiful Soup，会找到如图 9-2 所示的结果。

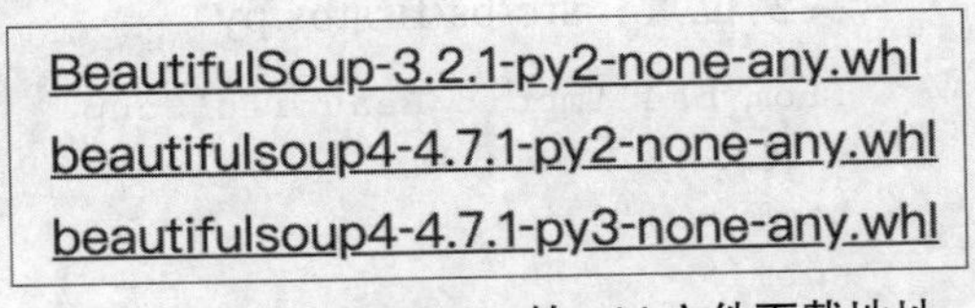

上述两个下载页面提供的 whl 文件完全一样，读者可以选择一个页面下载。下载完 whl 文件后，可以使用下面的命令安装 whl 文件。

BeautifulSoup-3.2.1-py2-none-any.whl
beautifulsoup4-4.7.1-py2-none-any.whl
beautifulsoup4-4.7.1-py3-none-any.whl

图 9-2 Beautiful Soup 的 whl 文件下载地址

```
pip install beautifulsoup4-4.7.1-py3-none-any.whl
```

安装完 Beautiful Soup，可以执行下面的 Python 代码验证 Beautiful Soup 是否安装成功。

```
from bs4 import BeautifulSoup
soup = BeautifulSoup('<h2>hello world</h2>','lxml')
print(soup.h2.string)
```

执行这段代码后，如果输出如下结果，说明 Beautiful Soup 已经安装成功。

```
hello world
```

要注意的是，安装的包是 beautifulsoup4，但引入的是 bs4。这是因为这个包源代码本身的库文件夹名称就是 bs4，所以在引用时不要弄错了。

9.2.2　选择解析器

由于 Beautiful Soup 底层需要依赖于解析器，所以在使用 Beautiful Soup 时需要为其指定解析器，Beautiful Soup 支持多种解析器，包括 Python 标准库中的 HTML 解析器，还包括一些第三方的解析器，如 lxml。表 9-1 列出了 Beautiful Soup 支持的解析器。

表 9-1　Beautiful Soup 支持的解析器

解 析 器	使 用 方 法	优 点	缺 点
Python 标准库	BeautifulSoup(code,'html.parser')	Python 的内置标准库，执行速度适中，容错能力强	Python2.7.3 以及 Python3.2.2 之前的版本容错能力差
lxml HTML 解析器	BeautifulSoup(code,'lxml')	解析速度快，容错能力强	需要安装 C 语言库
lxml XML 解析器	BeautifulSoup(code,'xml')	解析速度快，唯一支持 XML 的解析器	需要安装 C 语言库
html5lib	BeautifulSoup(code,'html5lib')	最好的容错性，以浏览器的方式解析文档，生成 HTML5 格式的文档	解析速度慢

从表 9-1 的描述可以看出，如果解析 HTML 代码，使用 lxml HTML 解析库是最佳选择，除了需要安装 C 语言库，没什么缺点。不过通过 wheel 方式会更容易安装。

9.2.3　编写第一个 Beautiful Soup 程序

本节编写一个 Python 程序用来演示如何使用 Beautiful Soup 解析 HTML 代码，并得到特定标签中的文本和属性。

【例 9.1】　本例使用 Beautiful Soup 分析一段 HTML 代码，并得到 <title> 标签的文本和第 1 个 <a> 标签的 href 属性值，最后，以格式化后的格式输出这段 HTML 代码。

实例位置：src/bs/firstbs.py

```python
from bs4 import BeautifulSoup
# 定义一段 HTML 代码
html = '''
<html>
    <head><title> 这是一个演示页面 </title></head>
    <body>
        <a href='a.html'> 第一页 </a>
        <p>
        <a href='b.html'> 第二页 </a>
    </body>
</html>
'''
# 创建 BeautifulSoup 对象，并通过 BeautifulSoup 类的第 2 个参数指定 lxml 解析器
```

```
soup = BeautifulSoup(html,'lxml')
# 获取 <title> 标签的文本
print('<' + soup.title.string + '>')
# 获取第 1 个 <a> 标签的 href 属性值
print('[' + soup.a["href"]+ ']')
# 以格式化后的格式输出这段 HTML 代码
print(soup.prettify())
```

程序执行结果如图 9-3 所示。

从前面的代码可以看出,使用 BeautifulSoup 是非常容易的。首先需要创建 BeautifulSoup 对象,BeautifulSoup 类的第 1 个参数需要指定待分析的 HTML 代码,第 2 个参数指定 lxml 解析器。在解析 HTML 的过程中,BeautifulSoup 对象会将 HTML 中的各个级别的标签映射成 BeautifulSoup 对象中同级别的属性,所以剩下的工作就变得简单了,可以直接通过 BeautifulSoup 对象的属性提取 HTML 代码中的内容,如 soup.title 用于提取 HTML 代码中的 title 节点,而 soup.title.string 可以提取 title 节点中的文本,soup.a["href"] 用于提取第 1 个 a 节点的 href 属性值。而 soup. prettify() 方法用于输出经过格式化的 HTML 代码。

图 9-3 提取 HTML 代码中特定的内容

9.3 节点选择器

节点选择器直接通过节点的名称选取节点,然后再用 string 属性就可以得到节点内的文本,这种选择方式非常快。如果要获取的节点的结构层次非常清晰,可以采用这种方式获取节点的相关信息。

9.3.1 选择节点

通过节点选择器可以获取节点的名称、属性以及内容。在例 9.1 已经使用了 soup.title.string 提取了 title 节点的内容。本节将以下面的 HTML 代码为例讲解如何获取节点的名称、属性和内容。

```
<html>
<head>
<meta charset="UTF-8">
<title>Beautiful Soup 演示 </title>
</head>
<body>
<div>
<ul>
<li class="item1" value1="1234" value2 = "hello world">
<a href="https://geekori.com"> geekori.com</a>
</li>
<li class="item2"><a href="https://www.jd.com">京东商城 </a></li>
<li class="item3"><a href="https://www.taobao.com"> 淘宝 </a></li>
<li class="item4" value="1234"><a href="https://www.microsoft.com"> 微软 </a></li>
```

```
<li class="item5"><a href="https://www.google.com"> 谷歌 </a></li>
</ul>
</div>
</body>
</html>
```

1. 获取节点的名称

可以使用 name 属性获取节点的名称。这里假设 soup 是 BeautifulSoup 类的实例，通过下面的代码可以获取 title 节点的名称。

```
print(soup.title.name)
```

代码执行结果如下：

title

2. 获取节点的属性

每一个节点都可以有 0 个到 n 个属性，在很多情况下，需要枚举所有的属性以及属性值，这时可以用 attrs 获取节点的所有名称和属性值。

```
print(soup.li.attrs)
print(soup.li.attrs['value2'])
```

运行结果如下：

```
{'class': ['item1'], 'value1': '1234', 'value2': 'hello world'}
hello world
```

如果只是获取节点的某一个属性值，可以使用更简单的方式，也就是省略 attrs，直接使用下面的代码获取节点的属性。

```
print(soup.li['value2'])
```

运行结果如下：

hello world

要注意的是，通过 soup.li.attrs['value2'] 或 soup.li['value2'] 方式获取的节点属性值类型是一个字符串，而不是一个列表，这一点与用 XPath 获取节点属性值有一定的差异。XPath 获取的节点属性值是一个列表，列表的第一个元素就是节点的属性值。

3. 获取节点的内容

可以使用 string 属性获取节点包含的文本内容，如要获取第 1 个 a 节点的文本内容，可以使用下面的代码。

```
print(soup.a.string)
```

运行结果如下：

geekori.com

要注意的是，直接使用节点作为属性，如这里的 a，选择的是第 1 个 a 节点，获取的文本内容也是第 1 个 a 节点中的文本内容。

【例 9.2】 本例使用 Beautiful Soup 的节点选择器获取特定节点的名称、属性和文本内容。

实例位置： src/bs/selectnode.py

```python
from bs4 import BeautifulSoup
html = '''
<html>
<head>
    <meta charset="UTF-8">
    <title>Beautiful Soup 演示 </title>
</head>
<body>
<div>
    <ul>
        <li class="item1" value1="1234" value2 = "hello world"><a href="https://
geekori.com"> geekori.com</a></li>
        <li class="item2"><a href="https://www.jd.com"> 京东商城 </a></li>
        <li class="item3"><a href="https://www.taobao.com"> 淘宝 </a></li>
        <li class="item4" ><a href="https://www.microsoft.com"> 微软 </a></li>
        <li class="item5"><a href="https://www.google.com"> 谷歌 </a></li>
    </ul>
</div>
</body>
</html>
'''
soup = BeautifulSoup(html,'lxml')
# 获取 title 节点的名称
print(soup.title.name)
# 获取第 1 个 li 节点的所有属性名和属性值
print(soup.li.attrs)
# 获取第 1 个 li 节点 value2 属性的值
print(soup.li.attrs["value2"])
# 获取第 1 个 li 节点 value1 属性的值
print(soup.li["value1"])
# 获取第 1 个 a 节点的 href 属性值
print(soup.a['href'])
# 获取第 1 个 a 标签的文本内容
print(soup.a.string)
```

运行结果如图 9-4 所示。

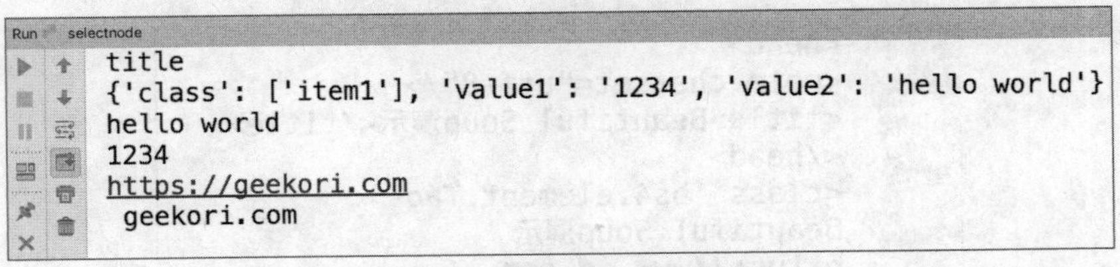

图 9-4　输出节点的相关信息

9.3.2　嵌套选择节点

通过 BeautifulSoup 对象的属性获得的每一个节点都是一个 bs4.element.Tag 对象。在该对象的基础上，同样可以使用节点选择器进行下一步的选择。也就是继续选择 Tag 对应的节点的子节点，这也可以称为嵌套选择。

【例 9.3】 本例使用 Beautiful Soup 的节点选择器嵌套选择 HTML 文档中的 title 节点和 a 节点，并输出节点的文本内容和属性值。

实例位置： src/bs/nest.py

```python
from bs4 import BeautifulSoup

html = '''
<html>
<head>
    <meta charset="UTF-8">
    <title>Beautiful Soup 演示 </title>
</head>
<body>
<div>
    <ul>
        <li class="item1"><a href="https://www.jd.com"> 京东商城 </a></li>
    </ul>
</div>
</body>
</html>
'''
soup = BeautifulSoup(html,'lxml')
# 选取 head 节点
print(soup.head)
# 输出 head 节点的内容
print(type(soup.head))
# 将 head 节点对应的 Tag 对象赋给 head 变量
head = soup.head
# 在 head 节点的基础上继续嵌套选择 title 节点，并输出 title 节点的文本内容
print(head.title.string)
# 嵌套选择 a 节点，并输出 a 节点的 href 属性的值
print(soup.body.div.ul.li.a['href'])
```

运行结果如图 9-5 所示。

图 9-5 嵌套选择节点

9.3.3 选择子节点

在选取节点时，并不是总能一次就将需要的节点都选取出来，有时可能需要分多步来完成，例如，

第一步先选取一个节点中的所有子节点,第二步再从选取的这些子节点中利用某些规则选取出特定的子节点。这就要求可以获取某个特定节点的所有子节点。在 Beautiful Soup 中获取子节点分下面两种情况。

1. 获取直接子节点

通过 contents 属性或 children 属性,可以获取当前节点的直接子节点。其中 contents 属性返回一个列表(list 类的实例),children 属性返回 list_iterator 类的实例,这是一个可迭代的对象。该对象可以使用 for 循环进行迭代。总之,它们都返回一个列表(contents 是列表对象,children 是可迭代的对象,本质上也是一个列表,只是不能直接输出)。每一个列表元素是一个字符串形式的子节点。

现以下面的 HTML 代码为例说明这两个属性的用法。

```
<html>
<head>
    <meta charset="UTF-8">
    <title>Beautiful Soup 演示 </title>
    <tag1><a><b></b></a></tag1>
</head>
<body>
</body>
</html>
```

下面的代码分别使用 contents 属性和 children 属性获取 head 节点的所有子节点。

```
print(soup.head.contents)
print(soup.head.children)
```

执行结果如下:

```
['\n', <meta charset="utf-8"/>, '\n', <title>Beautiful Soup 演示 </title>, '\n',
<tag1><a><b></b></a></tag1>, '\n']
<list_iterator object at 0x11e8d9908>
```

可以看到,children 属性输出了一个对象的地址,该对象需要使用 for 循环进行迭代,才能输出每一个元素的值。而 contents 属性输出了一个列表,head 的每一个子节点都会是列表的一个元素,列表元素还包括子节点之间的换行符(\n)。前面所说的 contents 属性只能获取直接子节点是指子孙节点(非直接子节点)并不会单独作为列表的元素存在,而只会被包含在其父节点的文本中。例如,tag1 节点是 head 的直接子节点。用 contents 属性只能让 tag1 作为独立的值作为列表的元素存在,而 tag1 的子节点 a 和 b,只会包含在 tag1 节点的文本中,并不会单独作为列表的元素存在。

2. 获取所有的子孙节点

如果要想获取所有的子孙节点,需要使用 descendants 属性,该属性返回一个产生器(generator),需要使用 for 循环进行迭代才可以输出产生器的值。

【例 9.4】 本例使用 Beautiful Soup 的节点选择器分别选取特定节点的所有直接子节点和子孙节点,并输出节点的相关内容。

实例位置:src/bs/allchildnode.py

```
from bs4 import BeautifulSoup
html = '''
```

```
<html>
<head>
    <meta charset="UTF-8">
    <title>Beautiful Soup 演示 </title>
<tag1><a><b></b></a></tag1>
</head>
<body>
<div>
    <ul>
        <li class="item1" value = "hello world">
            <a href="https://geekori.com">
                geekori.com
            </a>
        </li>
        <li class="item2"><a href="https://www.jd.com"> 京东商城 </a></li>

    </ul>
</div>
</body>
</html>
'''
soup = BeautifulSoup(html,'lxml')
# 输出 head 的所有直接子节点
print(soup.head.contents)
print(soup.head.children)
print(type(soup.head.contents))
print(type(soup.body.div.ul.children))
print(type(soup.head.descendants))
# 对 ul 中的所有子节点进行迭代，并以文本形式输出子节点的内容
for i, child in enumerate(soup.body.div.ul.contents):
    print(i,child)
print('----------')
# 由于对 children 迭代时没有使用 enumerate 函数，所以需要单独定义一个变量 i 来保存元素的索引
i = 1
# 对 ul 中的所有子节点进行迭代，并以文本形式输出子节点的内容
for child in soup.body.div.ul.children:
    print('<', i, '>',child, end=" ")
    i += 1
print('----------')
# 对 ul 中的所有子孙节点进行迭代，并以文本形式输出子节点的内容
for i, child in enumerate(soup.body.div.ul.descendants):
    print('[',i,']',child)
```

运行结果如图 9-6 所示。

contents 属性、children 属性和 descendants 属性的返回值本身就是可迭代的，本例之所以使用 enumerate 函数，就是为了添加一个当前迭代元素的索引，否则就要新定义一个变量来保存索引。

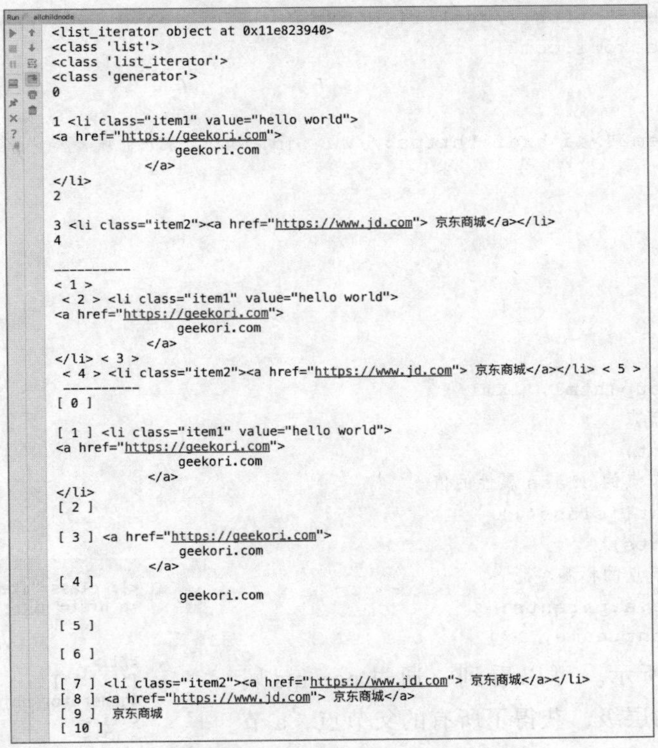

```
<list_iterator object at 0x11e823940>
<class 'list'>
<class 'list_iterator'>
<class 'generator'>
0

1 <li class="item1" value="hello world">
<a href="https://geekori.com">
                geekori.com
            </a>
</li>
2

3 <li class="item2"><a href="https://www.jd.com"> 京东商城</a></li>
4

----------
< 1 >
 < 2 > <li class="item1" value="hello world">
<a href="https://geekori.com">
                geekori.com
            </a>
</li> < 3 >
 < 4 > <li class="item2"><a href="https://www.jd.com"> 京东商城</a></li> < 5 >
 ----------
[ 0 ]

[ 1 ] <li class="item1" value="hello world">
<a href="https://geekori.com">
                geekori.com
            </a>
</li>
[ 2 ]

[ 3 ] <a href="https://geekori.com">
                geekori.com
            </a>
[ 4 ]
                geekori.com

[ 5 ]

[ 6 ]

[ 7 ] <li class="item2"><a href="https://www.jd.com"> 京东商城</a></li>
[ 8 ] <a href="https://www.jd.com"> 京东商城</a>
[ 9 ]  京东商城
[ 10 ]
```

图 9-6 选择子节点

9.3.4 选择父节点

如果要选取某个节点的直接父节点，需要使用 parent 属性，如果要选取某个节点的所有父节点，需要使用 parents 属性。parent 属性返回当前节点的父节点的 Tag 对象，而 parents 属性会返回一个可迭代对象，通过 for 循环可以对该对象进行迭代，并获得当前节点所有的父节点对应的 Tag 对象。

【例 9.5】 本例通过 parent 属性获得 a 节点的直接父节点，然后使用 parents 属性获得 a 节点所有的父节点，并通过迭代，输出 a 节点所有父节点的标签名。

实例位置：src/bs/parentnode.py

```
from bs4 import BeautifulSoup
html = '''
<html>
<head>
    <meta charset="UTF-8">
    <title>Beautiful Soup 演示</title>
<tag1><xyz><b></b></xyz></tag1>
</head>
<body>
<div>
    <ul>
        <li class="item1" value = "hello world">
```

```
            <a href="https://geekori.com">
                geekori.com
            </a>
        </li>
    <li class="item2"><a href="https://www.jd.com"> 京东商城 </a></li>

</ul>
</div>
</body>
</html>
'''

soup = BeautifulSoup(html,'lxml')
# 获取 a 节点的直接父节点
print(soup.a.parent)
# 获取 a 节点的直接父节点的 class 属性的值
print(soup.a.parent['class'])
print(soup.a.parents)
# 输出 a 节点所有的父节点的标签名
for parent in soup.a.parents:
    print('<',parent.name,'>')
```

运行结果如图 9-7 所示。可以看到，通过 parents 属性，按 a 节点的父节点的层级，获得了所有的父节点，a 节点的直接父节点是 li，然后是 ul、div、body 和 html，最后获得了文档对象，这个对象并不是节点，而代表整个 HTML 文档，也就是 BeautifulSoup 对象，节点是 Tag 对象。

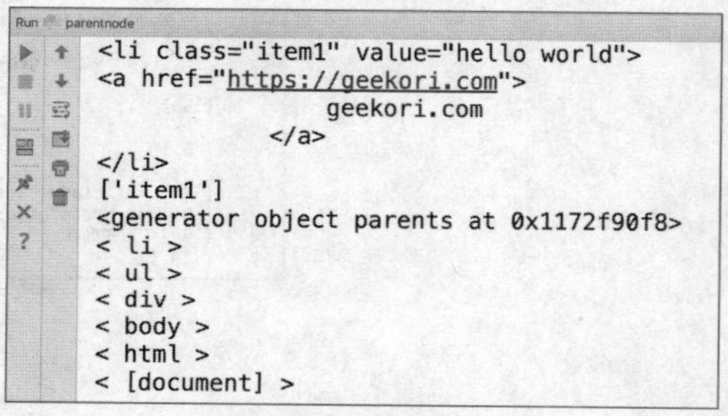

图 9-7 选择父节点

9.3.5 选择兄弟节点

除了子节点和父节点外，还有同级节点，也称为兄弟节点。可以通过 next_sibling 属性获得当前节点的下一个兄弟节点，通过 previous_sibling 属性获得当前节点的上一个兄弟节点。通过 next_siblings 属性获得当前节点后面所有的兄弟节点（返回一个可迭代对象），通过 previous_siblings 属性可以获得当前节点前面所有的兄弟节点（返回一个可迭代对象）。

这里要注意，如果两个节点之间有换行符或其他文本，那么这些属性也同样会返回这些文本节点，节点之间的文本将作为一个文本节点处理。文本节点是 bs4.element.NavigableString 类的实例，而普通节点是 bs4.element.Tag 类的实例。

现以下面的 HTML 代码为例，说明文本节点和普通节点的区别。

```
<ul>
        <li class="item1"><a href="https://www.jd.com"> 京东商城 </a></li>
        hello world
        <li class="item2"><a href="https://www.taobao.com"> 淘宝 </a></li>
        <li class="item3" ><a href="https://www.microsoft.com"> 微软 </a></li>
</ul>
```

　　假设当前节点是第 1 个 li 节点，使用 next_sibling 属性获得第 1 个 li 节点的下一个兄弟节点，实际上获得的是包含 hello world 和换行符（\n）的文本节点（NavigableString 对象），而再次在文本节点的基础上调用 next_sibling 属性才会获得第 2 个 li 节点。

　　【例 9.6】　本例获得了第 1 个 li 节点的下一个同级的 li 节点，以及获得第 2 个 li 节点的上一个同级的 li 节点，并输出第 2 个 li 节点后面所有的同级节点（包括 li 节点和文本节点）。

　　实例位置：src/bs/siblingnode.py

```python
from bs4 import BeautifulSoup

html = '''
<html>
<head>
    <meta charset="UTF-8">
    <title>Beautiful Soup 演示</title>
</head>
<body>
<div>
    <ul>
        <li class="item1" value1="1234" value2 = "hello world">
            <a href="https://geekori.com"> geekori.com</a>
        </li>
        <li class="item2"><a href="https://www.jd.com">京东商城</a></li>
        <li class="item3"><a href="https://www.taobao.com">淘宝</a></li>
        <li class="item4" ><a href="https://www.microsoft.com">微软</a></li>
        <li class="item5"><a href="https://www.google.com">谷歌</a></li>
    </ul>
</div>
</body>
</html>
'''

soup = BeautifulSoup(html,'lxml')
# 得到第 2 个 li 节点, soup.li.next_sibling 指的是文本节点(包含 \n 字符)
secondli = soup.li.next_sibling.next_sibling
# 输出第 2 个 li 节点的代码
print('第 1 个 li 节点的下一个 li 节点: ',secondli)
# 获得第 2 个 li 节点的上一个同级的 li 节点，并输出该 li 节点的 class 属性的值
print('第 2 个 li 节点的上一个 li 节点的 class 属性值: ',
        secondli.previous_sibling.previous_sibling['class'])
# 输出第 2 个 li 节点后的所有节点，包括带换行符的文本节点
for sibling in secondli.next_siblings:
    print(type(sibling))
    if str.strip(sibling.string) == "":
        print('换行')
    else:
        print(sibling)
```

　　运行结果如图 9-8 所示。

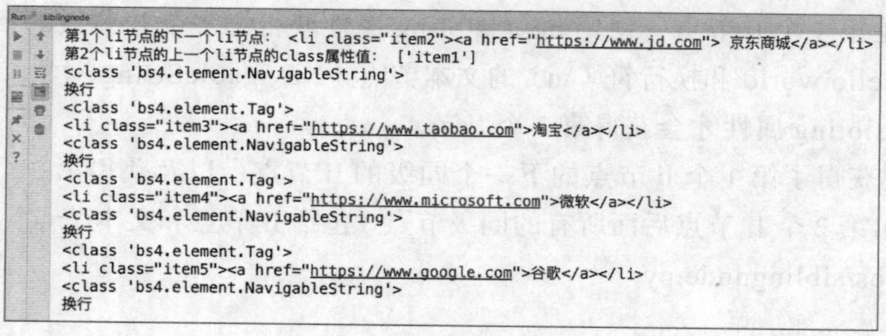

图9-8　选择兄弟节点

9.4　方法选择器

前面讲的选择方法都是通过属性来选择节点的，对于比较简单的选择，这种方法使用起来非常方便快捷，但对于比较复杂的选择，这种方法就显得比较笨拙，不够灵活。Beautiful Soup 还提供了一些查询方法，如 find_all、find 等。调用这些方法，然后传入相应的参数，就可以灵活选择节点了。

9.4.1　find_all 方法

find_all 方法用于根据节点名、属性、文本内容等选择所有符合要求的节点。find_all 方法的原型如下：

```
def find_all(self, name=None, attrs={}, recursive=True, text=None,limit=None, **kwargs):
```

常用的参数包括 name、attrs 和 text，下面分别介绍这几个参数的用法。

1．name 参数

name 参数用于指定节点名，find_all 方法会选取所有节点名与 name 参数值相同的节点。find_all 方法返回一个 bs4.element.ResultSet 对象，该对象是可迭代的，可以通过迭代获取每一个符合条件的节点（Tag 对象）。find_all 方法属于 Tag 对象，由于 BeautifulSoup 是 Tag 的子类，所以 find_all 方法在 BeautifulSoup 对象上也可以调用。因此，对 ResultSet 对象迭代获得的每一个 Tag 对象仍然可以继续使用 find_all 方法以当前 Tag 对象对应的节点作为根开始继续选取节点。这种查询方式称为嵌套查询。

【例 9.7】 本例通过 find_all 方法的 name 参数选择所有的 ul 节点，然后对每个 ul 节点继续使用 find_all 方法搜索当前 ul 节点下的所有 li 节点。

实例位置：src/bs/find_all_name.py

```
from bs4 import BeautifulSoup
html = '''
<html>
<head>
    <meta charset="UTF-8">
    <title>Beautiful Soup 演示</title>
</head>
<body>
<div>
```

```
    <ul>
            <li class="item1" value1="1234" value2 = "hello world"><a href="https://geekori.com"> geekori.com</a></li>
        <li class="item2"><a href="https://www.jd.com"> 京东商城 </a></li>
    </ul>
    <ul>
    <li class="item3"><a href="https://www.taobao.com"> 淘宝 </a></li>
        <li class="item4" ><a href="https://www.microsoft.com"> 微软 </a></li>
        <li class="item5"><a href="https://www.google.com"> 谷歌 </a></li>
    </ul>
</div>
</body>
</html>
'''
soup = BeautifulSoup(html,'lxml')
# 搜索所有的 ul 节点
ulTags = soup.find_all(name='ul')
# 输出 ulTags 的类型
print(type(ulTags))
# 迭代获取所有 ul 节点对应的 Tag 对象
for ulTag in ulTags:
    print(ulTag)
print('----------------------')
# 进行嵌套查询，先选取所有的 ul 节点，然后对每一个 ul 节点继续选取该节点下的所有 li 节点
for ulTag in ulTags:
    # 选取当前 ul 节点下的所有 li 节点
    liTags = ulTag.find_all(name='li')
    for liTag in liTags:
        print(liTag)
```

运行结果如图 9-9 所示。

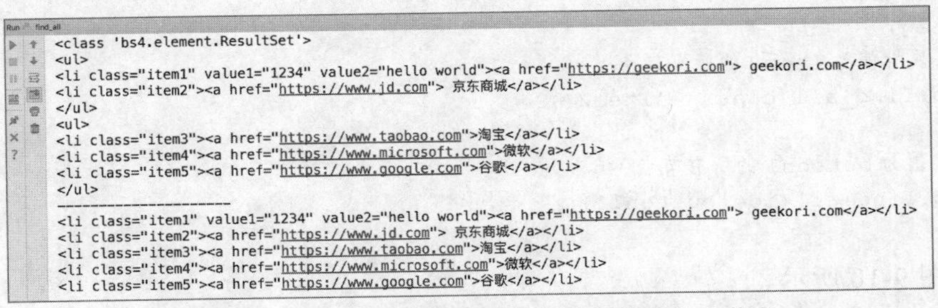

```
<class 'bs4.element.ResultSet'>
<ul>
<li class="item1" value1="1234" value2="hello world"><a href="https://geekori.com"> geekori.com</a></li>
<li class="item2"><a href="https://www.jd.com"> 京东商城</a></li>
</ul>
<ul>
<li class="item3"><a href="https://www.taobao.com">淘宝</a></li>
<li class="item4"><a href="https://www.microsoft.com">微软</a></li>
<li class="item5"><a href="https://www.google.com">谷歌</a></li>
</ul>
----------------------
<li class="item1" value1="1234" value2="hello world"><a href="https://geekori.com"> geekori.com</a></li>
<li class="item2"><a href="https://www.jd.com"> 京东商城</a></li>
<li class="item3"><a href="https://www.taobao.com">淘宝</a></li>
<li class="item4"><a href="https://www.microsoft.com">微软</a></li>
<li class="item5"><a href="https://www.google.com">谷歌</a></li>
```

图 9-9 使用 name 参数选择所有的 ul 节点和 li 节点

2. attrs 参数

除了可以根据节点名查询外，还可以使用 attrs 参数通过节点的属性查找。attrs 参数是一个字典类型，key 是节点属性名，value 是节点属性值。下面是一个使用 attrs 参数的例子。

```
soup.find_all(attrs={'id':'button1'})
```

这行代码会选取所有 id 属性值为 button1 的节点。如果是常用的属性，如 id 和 class，可以直接将这些属性作为命名参数传入 find_all 方法，而不必再使用 attrs 参数。

```
tags = soup.find_all(id='button1')
tags = soup.find_all(class_='item')
```

这两行代码分别查询了 id 属性值为 button1 的所有节点和 class 属性值为 item 的所有节点，要注意的是，由于 class 是 Python 语言的关键字（用于声明类），所以在为 find_all 方法指定 class 参数时，需要在 class 后面加一个下画线（_），也就是需要指定"class_"参数。

【例 9.8】 本例通过 find_all 方法查询 class 属性值分别为 item 和 item2 的所有节点，以及 id 属性值为 button1 的所有节点。

实例位置： src/bs/find_all_attrs.py

```python
from bs4 import BeautifulSoup
html = '''
<div>
    <ul>
        <li class="item1" value1="1234" value2 = "hello world">
            <a href="https://geekori.com"> geekori.com</a>
        </li>
        <li class="item"><a href="https://www.jd.com"> 京东商城 </a></li>
    </ul>
    <button id="button1"> 确定 </button>
    <ul>
        <li class="item3"><a href="https://www.taobao.com"> 淘宝 </a></li>
        <li class="item" ><a href="https://www.microsoft.com"> 微软 </a></li>
        <li class="item2"><a href="https://www.google.com"> 谷歌 </a></li>
    </ul>
</div>
'''
soup = BeautifulSoup(html,'lxml')
# 查询 class 属性值为 item 的所有节点
tags = soup.find_all(attrs={"class":"item"})
for tag in tags:
    print(tag)
# 查询 class 属性值为 item2 的所有节点
tags = soup.find_all(class_='item2')
print(tags)
# 查询 id 属性值为 button1 的所有节点
tags = soup.find_all(id='button1')
print(tags)
```

运行结果如图 9-10 所示。

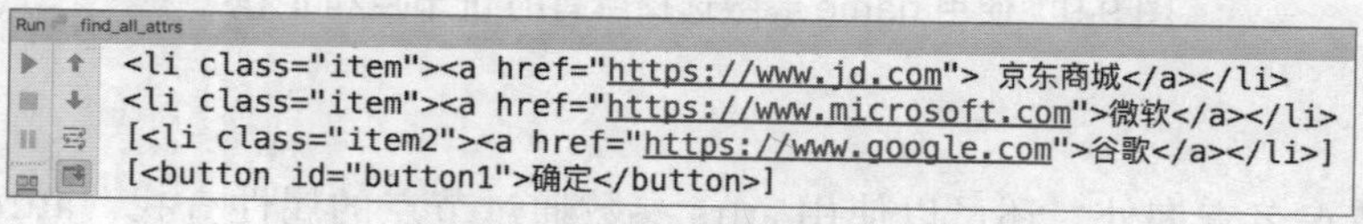

图 9-10   根据属性选取节点

3. text 参数

通过 text 参数可以搜索匹配的文本节点，传入的参数可以是字符串，也可以是正则表达式对象。

【例 9.9】 本例通过 find_all 方法查询特定的文本节点，并输出查询结果。

实例位置： src/bs/find_all_text.py

```
from bs4 import BeautifulSoup
import re
html = '''
<div>
    <xyz>Hello World, what's this?</xyz>
    <button>Hello, my button. </button>
    <a href='https://geekori.com'>geekori.com</a>
</div>


'''
soup = BeautifulSoup(html,'lxml')
# 搜索文本为 geekori.com 的文本节点
tags = soup.find_all(text='geekori.com')
print(tags)
# 搜索所有文本包含 Hello 的文本节点
tags = soup.find_all(text=re.compile('Hello'))
print(tags)
```

运行结果如图 9-11 所示。

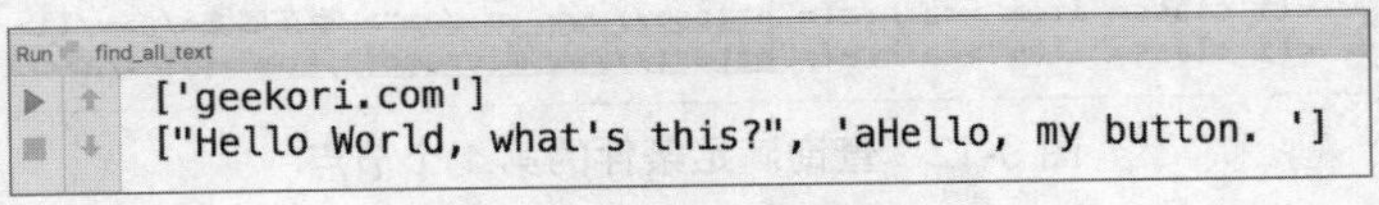

```
Run    find_all_text
  ▶  ↑      ['geekori.com']
  ■  ↓      ["Hello World, what's this?", 'aHello, my button. ']
```

图 9-11　选取文本节点

9.4.2　find 方法

find 方法与 find_all 方法有如下几点不同：

（1）find 方法用于查询满足条件的第 1 个节点，而 find_all 方法用于查询所有满足条件的节点。

（2）find_all 方法返回 bs4.element.ResultSet 对象，而 find 方法返回的是 bs4.element.Tag 对象。

find 方法与 find_all 方法的参数和使用方法完全相同。

【例 9.10】 本例同时使用 find_all 方法和 find 方法根据相同的查询条件查询节点，并输出各自的查询结果。

实例位置： src/bs/find.py

```
from bs4 import BeautifulSoup
html = '''
<div>
    <ul>
        <li class="item1" value1="1234" value2 = "hello world">
            <a href="https://geekori.com"> geekori.com</a>
        </li>
        <li class="item"><a href="https://www.jd.com"> 京东商城 </a></li>
    </ul>
    <ul>
        <li class="item3"><a href="https://www.taobao.com"> 淘宝 </a></li>
```

```
            <li class="item" ><a href="https://www.microsoft.com"> 微软 </a></li>
            <li class="item2"><a href="https://www.google.com"> 谷歌 </a></li>
        </ul>
</div>
'''
soup = BeautifulSoup(html,'lxml')
# 查询 class 属性值是 item 的第 1 个节点
tags = soup.find(attrs={"class":"item"})
print(type(tags))
print('----------------')
# 查询 class 属性值是 item 的所有节点
tags = soup.find_all(attrs={"class":"item"})
print(type(tags))
for tag in tags:
    print(tag)
```

运行结果如图 9-12 所示。

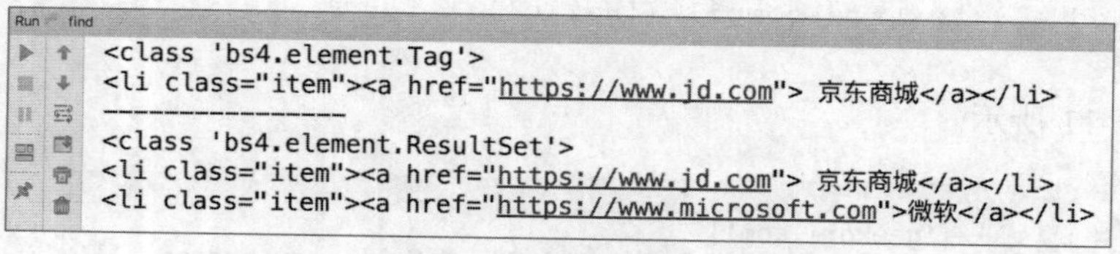

图 9-12 查询满足条件的第 1 个节点

除了 find 方法和 find_all 方法外，还有很多类似的方法，如 find_parents、find_parent 等，这些方法在使用上完全相同，只是查询的范围不同。下面对这些方法做一个简要的说明：

（1）find_parent 方法：返回直接父节点。

（2）find_parents 方法：返回所有祖先节点。

（3）find_next_sibling 方法：返回后面第 1 个兄弟节点。

（4）find_next_siblings 方法：返回后面所有的兄弟节点。

（5）find_previous_sibling 方法：返回前面第 1 个兄弟节点。

（6）find_previous_siblings 方法：返回前面所有的兄弟节点。

（7）find_all_next 方法：返回节点后所有符合条件的节点。

（8）find_next 方法：返回节点后第 1 个符合条件的节点。

（9）find_all_previous 方法：返回节点前所有符合条件的节点。

（10）find_previous 方法：返回节点前第 1 个符合条件的节点。

9.5 CSS 选择器

Beautiful Soup 还提供了另外一种选择器，那就是 CSS 选择器。对 Web 开发熟悉的读者对 CSS 选择器一定不陌生。如果对 CSS 选择器不熟悉，可以参考 http://www.w3school.com.cn/cssref/css_selectors.ASP 页面的内容。

9.5.1 基本用法

使用 CSS 选择器需要使用 Tag 对象的 select 方法，该方法接收一个字符串类型的 CSS 选择器。常用的 CSS 选择器有如下几个：

（1）.classname：选取样式名为 classname 的节点，也就是 class 属性值是 classname 的节点。

（2）nodename：选取节点名为 nodename 的节点。

（3）#idname：选取 id 属性值为 idname 的节点。

【例 9.11】 本例使用 CSS 选择器根据 class 属性、节点名称和 id 属性查询特定的节点。

实例位置：src/bs/css_selector.py

```
from bs4 import BeautifulSoup
html = '''
<div>
    <ul>
        <li class="item1" value1="1234" value2 = "hello world">
            <a href="https://geekori.com"> geekori.com</a>
        </li>
        <li class="item"><a href="https://www.jd.com">京东商城</a></li>
    </ul>
    <button id="button1">确定</button>
    <ul>
        <li class="item3"><a href="https://www.taobao.com">淘宝</a></li>
        <li class="item" ><a href="https://www.microsoft.com">微软</a></li>
        <li class="item2"><a href="https://www.google.com">谷歌</a></li>
    </ul>
</div>

'''
soup = BeautifulSoup(html,'lxml')
# 选取 class 属性值是 item 的所有节点
tags = soup.select('.item')
for tag in tags:
    print(tag)
# 选取 id 属性值是 button1 的所有节点
tags = soup.select('#button1')
print(tags)
# 选取节点名为 a 的节点中除了前 2 个节点外的所有节点
tags = soup.select('a')[2:]
for tag in tags:
    print(tag)
```

程序运行结果如图 9-13 所示。

```
Run   css_selector
<li class="item"><a href="https://www.jd.com"> 京东商城</a></li>
<li class="item"><a href="https://www.microsoft.com">微软</a></li>
[<button id="button1">确定</button>]
<a href="https://www.taobao.com">淘宝</a>
<a href="https://www.microsoft.com">微软</a>
<a href="https://www.google.com">谷歌</a>
```

图 9-13 使用 CSS 选择器选取节点

9.5.2 嵌套选择节点

CSS 选择器与节点选择器一样，同样可以嵌套调用。也就是在通过 CSS 选择器选取一些节点后，可以在这些节点的基础上继续使用 CSS 选择器，当然，也可以将节点选择器、方法选择器和 CSS 选择器混合使用。

【例 9.12】 本例将 CSS 选择器与方法选择器混合使用来选取特定的节点。

实例位置: src/bs/css_selector_nest.py

```python
from bs4 import BeautifulSoup
html = '''
<div>
    <ul>
        <li class="item1" value1="1234" value2 = "hello world">
            <a href="https://geekori.com"> geekori.com</a>
        </li>
        <li class="item">
            <a href="https://www.jd.com">京东商城 </a>
            <a href="https://www.google.com">谷歌 </a>
        </li>
    </ul>
    <ul>
        <li class="item3"><a href="https://www.taobao.com">淘宝 </a></li>
        <li class="item" ><a href="https://www.microsoft.com">微软 </a></li>
    </ul>
</div>

'''

soup = BeautifulSoup(html,'lxml')
# 选取 class 属性值为 item 的所有节点
tags = soup.select('.item')
# select 方法返回列表类型, 列表元素类型是 Tag 对象
print(type(tags))
for tag in tags:
    # 在当前节点中选取节点名为 a 的所有节点
    aTags = tag.select('a')
    for aTag in aTags:
        print(aTag)

print('---------')
for tag in tags:
    # 通过方法选择器选取节点名为 a 的所有节点
    aTags = tag.find_all(name='a')
    for aTag in aTags:
        print(aTag)
```

运行结果如图 9-14 所示。

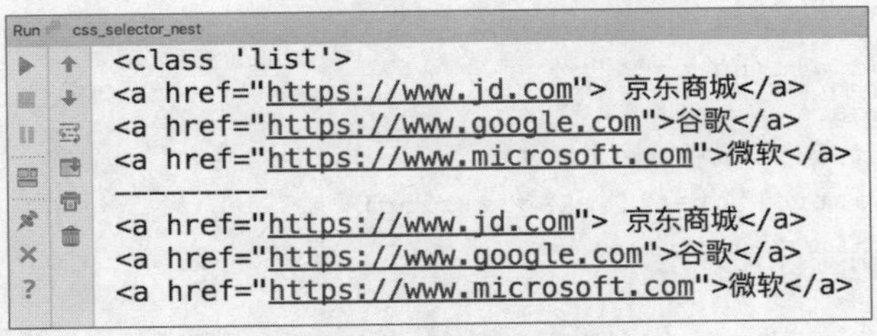

图 9-14　嵌套选取节点

9.5.3　获取属性值与文本

由于 select 方法同样会返回 Tag 对象的集合，所以可以使用 Tag 对象的方式获取节点属性值和文本内容。获取属性值可以使用 attrs，也可以直接使用 [...] 方式引用节点的属性。获取节点的文本内容可以使用 get_text 方法，也可以使用 string 属性。

【例 9.13】　本例使用 CSS 选择器选取特定的 a 节点，并获取 a 节点的 href 属性值和文本内容。

实例位置： src/bs/css_selector_value.py

```
from bs4 import BeautifulSoup
html = '''
<div>
    <ul>
        <li class="item1" value1="1234" value2 = "hello world">
            <a href="https://geekori.com"> geekori.com</a>
        </li>
        <li class="item">
            <a href="https://www.jd.com">京东商城 </a>
            <a href="https://www.google.com"> 谷歌 </a>
        </li>
    </ul>
    <ul>
        <li class="item3"><a href="https://www.taobao.com"> 淘宝 </a></li>
        <li class="item" ><a href="https://www.microsoft.com"> 微软 </a></li>
    </ul>
</div>

'''

soup = BeautifulSoup(html,'lxml')
tags = soup.select('.item')
print(type(tags))
for tag in tags:
    aTags = tag.select('a')
    for aTag in aTags:
        # 获取 a 节点的 href 属性值和文本内容
        print(aTag['href'],aTag.get_text())

print('---------')
```

```
for tag in tags:
    aTags = tag.find_all(name='a')
    for aTag in aTags:
        # 获取 a 节点的 href 属性值和文本内容
        print(aTag.attrs['href'],aTag.string)
```

运行结果如图 9-15 所示。

图 9-15　获取节点的属性值和文本内容

9.5.4　通过浏览器获取 CSS 选择器代码

CSS 选择器并不总是需要手工编写，通过浏览器可以轻松获得任何节点的 CSS 选择器代码。本节将以 Chrome 浏览器为例讲解如何通过 Chrome 浏览器获取 CSS 选择器代码。

以京东商城（https://www.jd.com）为例，在京东商城首页，单击右键菜单中的"检查"命令，会显示开发者工具，在 Elements 选项卡中定位到要获取 CSS 选择器代码的节点，如获取京东商城首页的"秒杀"链接的 CSS 选择器，可以单击对应的 a 节点，然后在右键菜单中单击 Copy → Copy selector 命令，如图 9-16 所示。就会将该节点的 CSS 选择器复制到剪贴板上。

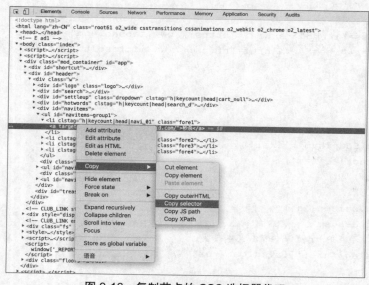

图 9-16　复制节点的 CSS 选择器代码

复制的结果如下:

```
#navitems-group1 > li.fore1 > a
```

【例 9.14】 本例使用 requests 库抓取京东商城首页的 HTML 代码，并使用 CSS 选择器获取导航条的链接文本。

导航条如图 9-17 所示。

秒杀　优惠券　PLUS会员　闪购　拍卖　京东时尚　京东超市　京东生鲜　海囤全球　京东金融

图 9-17　京东商城的导航条

本例首先选取了包含导航条的 3 个 ul 节点，然后通过 find_all 方法选取了 ul 节点中的所有 a 节点，并提取出对应的文本内容。实现代码如下:

实例位置: src/bs/css_selector_auto.py

```python
import requests
from bs4 import BeautifulSoup
# 抓取京东商城首页的 HTML 代码
result = requests.get('https://www.jd.com')
soup = BeautifulSoup(result.text,'lxml')
# 选取 " 秒杀 " 对应的 a 节点
aTag = soup.select('#navitems-group1 > li.fore1 > a')
print(aTag)
# 输出 " 秒杀 " 对应的 a 节点的文本内容和 href 属性值
print(aTag[0].string,aTag[0]['href'])
print('--------------')
# 选取第 1 个 ul 节点
group1 = soup.select('#navitems-group1')
# 选取第 2 个 ul 节点
group2 = soup.select('#navitems-group2')
# 选取第 3 个 ul 节点
group3 = soup.select('#navitems-group3')


# 获取第 1 个 ul 节点中所有的 a 节点
for value in group1:
    aTags = value.find_all(name="a")
    # 输出 a 节点的文本内容
    for aTag in aTags:
        print(aTag.string)
# 获取第 2 个 ul 节点中所有的 a 节点
for value in group2:
    aTags = value.find_all(name="a")
    # 输出 a 节点的文本内容
    for aTag in aTags:
        print(aTag.string)
# 获取第 3 个 ul 节点中所有的 a 节点
for value in group3:
    aTags = value.find_all(name="a")
    # 输出 a 节点的文本内容
```

```
for aTag in aTags:
    print(aTag.string)
```

运行结果如图 9-18 所示。

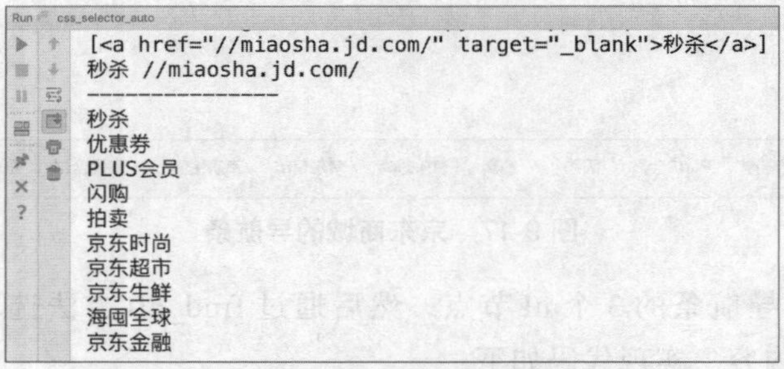

```
Run   css_selector_auto
[<a href="//miaosha.jd.com/" target="_blank">秒杀</a>]
秒杀 //miaosha.jd.com/
————————————
秒杀
优惠券
PLUS会员
闪购
拍卖
京东时尚
京东超市
京东生鲜
海囤全球
京东金融
```

图 9-18　提取京东商城导航条链接的文本

9.6　实战案例：抓取租房信息

本节使用 requests 库抓取小猪网（http://sy.xiaozhu.com）在沈阳地区的租房信息，并通过
Beautiful Soup 库的节点选择器和方法选择器提取与房源相关的信息，然后将这些信息以 JSON 格式保
存在 houses.txt 文件中，同时下载每个房源的实景图到 images 目录中。

先在 Chrome 浏览器上打开小猪网沈阳地区的首页，网站如下：

http://sy.xiaozhu.com

小猪网沈阳地区的首页如图 9-19 所示。

图 9-19　小猪网沈阳地区的首页

　　本例的目的是抓取右侧房源的相关信息。基本的方式是切换到指定的页（如第 1 页、第 2 页），抓取当前页面所有房源的基本信息（相当于房源的目录），然后获取特定房源主页的 URL，再抓取该 URL 对应的页面，然后利用 Beautiful Soup 库的相应 API 分析抓取的 HTML 代码，并提取感兴趣的信息。

　　现在先来分析一下如何通过 URL 切换页面。单击如图 9-19 所示页面右下角的导航序号，如 1、2、3。会看到浏览器地址栏的 URL 有如下变化：

　　（1）第 1 页：http://sy.xiaozhu.com/search-duanzufang-p1-0/；

　　（2）第 2 页：http://sy.xiaozhu.com/search-duanzufang-p2-0/；

　　（3）第 3 页：http://sy.xiaozhu.com/search-duanzufang-p3-0/。

　　显而易见，每一个 URL 唯一的不同就是 p 后面的数字。从而可以断定，p1 表示第 1 页，p2 表示第 2 页，p3 表示第 3 页，以此类推，第 100 页的 URL 如下：

http://sy.xiaozhu.com/search-duanzufang-p100-0/

　　接下来分析如图 9-19 所示页面的 HTML 代码。显示开发者工具，然后随便定位一个房源。目的只是在这一页找到每一个房源对应的主页 URL，所以只关注 <a> 标签。下面就是一个房源对应的 <a> 标签的代码。

```
<a target="_blank" href="http://sy.xiaozhu.com/fangzi/91970500101.html"
 class="resule_img_a">
        <img class="lodgeunitpic" title=" 沈阳站太原街精品家庭房 " data-growing-title=
"91970500101" src="https://image.xiaozhustatic1.com/12/51,0,58,23880,1440,1080,34c7f
0f8.jpg" lazy_src="finish" alt=" 沈阳站太原街精品家庭房 " style="height: 300px;">
</a>
```

　　由于要使用 Beautiful Soup 库中的方法选择器选取节点，所以需要找到 <a> 标签的特征。最明显的特征是 <a> 标签的 class 属性，该属性值是 resule_img_a。再观察其他几个房源的 <a> 标签，会发现所有房源对应的 <a> 标签的 class 属性值都是 resule_img_a。所以可以根据这个特征选取所有房源的 <a> 标签，代码如下：

```
soup.find_all(class_='resule_img_a')
```

　　接下来进入房源的主页，如图 9-20 所示。

　　本例从房源主页提取如下信息：标题、地址、价格、图像 URL、房主昵称、性别。

　　其中标题和地址在一个 class 属性为 pho_info 的 <div> 标签中，这个标签的相关代码如下：

```
<div class="pho_info">
    <h4>
        <em> 巨幕投影～沈阳火车站太原街上沈阳站旁地铁商场 </em>
    </h4>

    <p title=" 辽宁省沈阳市和平区天津南街 16 号 ">
        ... ...
        <span class="pr5"> 辽宁省沈阳市和平区天津南街 16 号
        </span>
    </p>
</div>
```

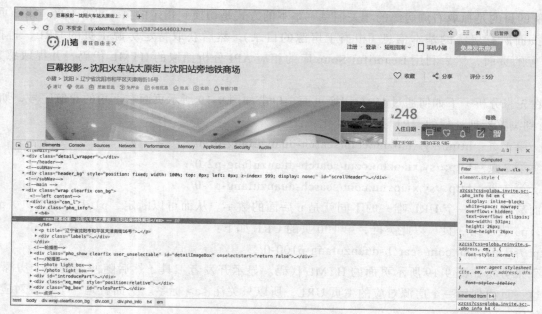

图 9-20 房源主页

所以可以使用下面的代码首先获得这个 <div> 标签。

```
div = soup.find(class_='pho_info')
```

然后在这个 <div> 标签的基础上，使用 Beautiful Soup 库的节点选择器得到标题和地址。代码如下：

```
title = div.h4.em.string              # 得到标题
address = div.p.span.string           # 得到地址
```

剩下的几个要提取的信息可以使用方法选择器，代码如下：

```
# 获取价格
price = soup.find(class_='detail_avgprice').string
# 获取图像 URL
image_url = soup.find(id='curBigImage')['src']
# 获取房主昵称
name = soup.find(class_='lorder_name').string
# 获取表明性别的 <span> 标签
member_ico = soup.find(class_='member_boy_ico')
sex = '男'
if member_ico == None:
    sex = '女'
```

这里要说明一下如何获取性别。抓取到的 HTML 代码中并没有直接标识房主的性别，但有一个 <span> 标签，如果房主是男性，该标签的 class 属性值是 member_boy_ico，如果房主是女性，该标签的 class 属性值是 member_girl_ico。所以只需要判断是否存在 class 属性为 member_boy_ico 的 <span> 标签，如果存在，房主就是男性，否则就是女性。

【例 9.15】 本例使用 requests 库抓取小猪网的房源信息，并使用前面的分析方法提取与房源相关的信息，同时将房源信息以 JSON 格式保存在 houses.txt 文件中，并将房源实景图以房源标题作为文件名保存在 images 目录中。

实例位置：src/projects/renting_house/renting_house_spider.py

```python
from bs4 import BeautifulSoup
import requests
import time
import json
headers = {
    'User-Agent':'Mozilla/5.0 (Macintosh; Intel Mac OS X 10_14_2) AppleWebKit/537.36
(KHTML, like Gecko) Chrome/72.0.3626.119 Safari/537.36'
}
# 将房源实景图保存到本地
def save_house_image(url,name):
    r = requests.get(url)
    name = str.replace(name,'/','')
    with open('images/' + name, 'wb') as f:
        f.write(r.content)
# 抓取小猪网沈阳地区房源首页的 HTML 代码，并得到本页所有房源的主页 URL
def get_links(url):
    result = requests.get(url,headers=headers)
    soup = BeautifulSoup(result.text,'lxml')
    # 提取包含所有 <a> 标签的 <div> 标签
    links = soup.find_all(class_='resule_img_a')
    # 进行迭代，并通过 get_info 函数处理每一个房源的页面
    for link in links:
        href = link["href"]
        house_info = get_info(href)
        print(house_info)
        # 将房源信息以 JSON 格式保存到 houses.txt 文件中
        f.write(json.dumps(house_info,ensure_ascii=False) + '\n')
# 从房源主页的 HTML 代码中提取标题、地址、价格等信息，并以字典形式返回这些信息
def get_info(url):
    result = requests.get(url,headers=headers)
    soup = BeautifulSoup(result.text,'lxml')
    div = soup.find(class_='pho_info')
    # 提取标题
    title = div.h4.em.string
    # 提取地址
    address = div.p.span.string
    # 提取价格
    price = soup.find(class_='detail_avgprice').string
    # 提取图像的 URL
    image_url = soup.find(id='curBigImage')['src']
    # 提取房主昵称
    name = soup.find(class_='lorder_name').string
    # 提取与性别相关的信息
    member_ico = soup.find(class_='member_boy_ico')
    sex = '男'
    if member_ico == None:
        sex = '女'
    info = {
```

```
            'title':title,
            'address':address.strip(),
            'price':price,
            'image_url':image_url,
            'name':name,
            'sex':sex
    }
    # 保存图像
    save_house_image(image_url, title + ".png")
    return info

if __name__ == '__main__':
    f = open('./houses.txt', 'a+')
    # 生成前10页房源页面的 URL
    urls = ['http://sy.xiaozhu.com/search-duanzufang-p{}-0/'.format(number) for number
in range(1,11)]
    # 开始抓取和分析前10页房源页面的 HTML 代码
    for single_url in urls:
        get_links(single_url)
        time.sleep(1)
    f.close()
```

在运行程序之前，要手工在当前目录下建立一个 images 子目录，用来保存抓取到的图像。

运行程序，会在 Console 中输出如图 9-21 所示的信息。

在当前目录会生成一个名为 houses.txt 的文本文件，内容与 Console 中输出的信息相同。在当前目录的 images 子目录中会生成对应的图像，如图 9-22 所示。

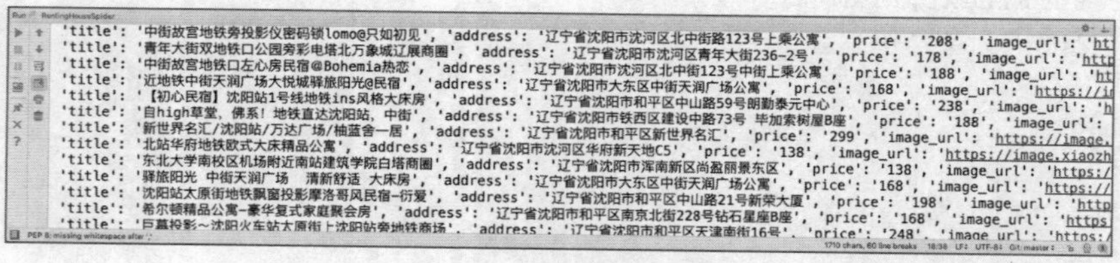

图 9-21　房源信息

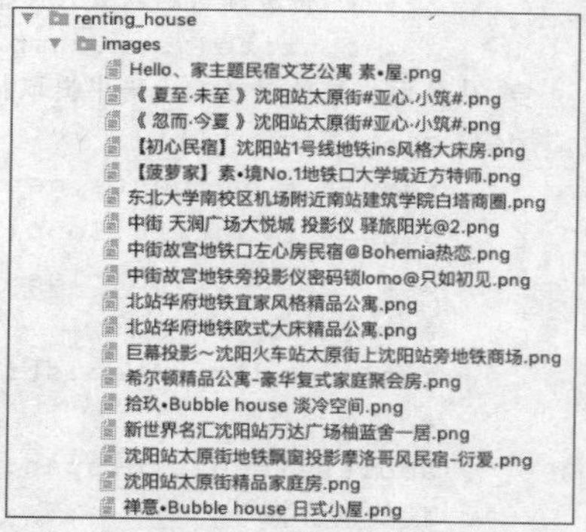

图 9-22　抓取到的图像

9.7　实战案例：抓取酷狗网络红歌榜

本节的案例使用 requests 抓取酷狗的网络红歌榜，并使用 Beautiful Soup 库的 CSS 选择器分析抓取到的 HTML 代码，并将提取的信息显示在 Console 上。

首先在 Chrome 浏览器中使用下面的 URL 打开网络红歌榜页面。

https://www.kugou.com/yy/rank/home/1- 23784.html?from=rank

页面如图 9-23 所示。

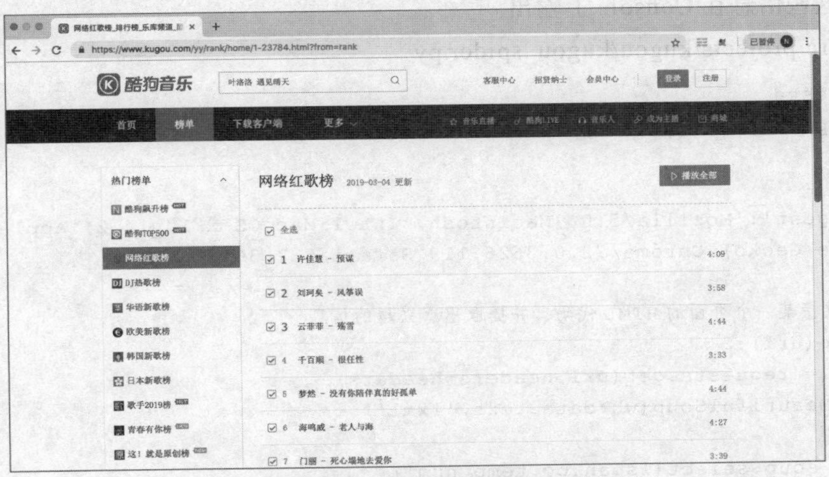

图 9-23 所示页面上方部分显示了酷狗音乐网络红歌榜的界面截图。

图 9-23　网络红歌榜页面

网络红歌榜页面下方并没有用于切换页面的数字导航条，不过从 URL 的格式可以猜想一下，例如 1-23784 中的 1 可能是页码，将 1 改成 2、3，果然，页面会显示指定页的数据。所以可以确定，这个 1 就是页面，例如，如果要显示第 5 页的网络红歌榜，URL 如下：

https://www.kugou.com/yy/rank/home/5- 23784.html?from=rank

本例要从网络红歌榜页面提取每首歌的如下 4 个信息：排名、歌手、歌曲名、时长。

通过 Chrome 浏览器的开发者工具，很容易定位这 4 个信息。读者也可以通过单击右键菜单的 Copy → Copy selector 命令复制这 4 个信息对应节点的 CSS 选择器代码，如图 9-24 所示。得到 CSS 选择器代码后，就可以使用 select 方法选取对应的节点信息了。

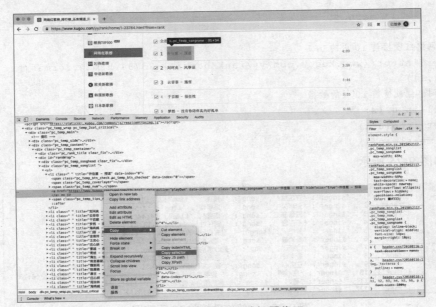

图 9-24　复制 CSS 选择器代码

【例 9.16】　本例使用 requests 库抓取了酷狗音乐的网络红歌榜前 10 页的榜单数据，并提取相应的信息，然后将这些信息在 Console 上输出。

实例位置：src/projects/kugou/kugou_spider.py

```python
import requests
from bs4 import BeautifulSoup
import time
headers = {
    'User-Agent':'Mozilla/5.0 (Macintosh; Intel Mac OS X 10_14_2) AppleWebKit/537.36
(KHTML, like Gecko) Chrome/72.0.3626.119 Safari/537.36'
}
# 抓取网络红歌榜某一个页面的 HTML 代码，并提取出感兴趣的信息
def get_info(url):
    wb_data = requests.get(url,headers=headers)
    soup = BeautifulSoup(wb_data.text,'lxml')
    # 提取名次
    ranks = soup.select('span.pc_temp_num')
    # 提取歌手和歌曲名
    titles = soup.select('div.pc_temp_songlist > ul > li > a')
    # 提取歌曲时长
    times = soup.select('span.pc_temp_tips_r > span')
    for rank,title,time in zip(ranks,titles,times):
        data = {
            'rank':rank.get_text().strip(),
            'singer':title.get_text().split('-')[0],         # 提取歌手
            'song':title.get_text().split('-')[1],           # 提取歌曲名
            'time':time.get_text().strip()
        }
        print(data)


if __name__ == '__main__':

    # 产生网络红歌榜前 10 页的 URL
    urls = ['http://www.kugou.com/yy/rank/home/{}-23784.html'.format(str(i)) for i
in range(1,11)]
    # 处理网络红歌榜前 10 页的数据
    for url in urls:
        get_info(url)
        time.sleep(1)
```

运行结果如图 9-25 所示。

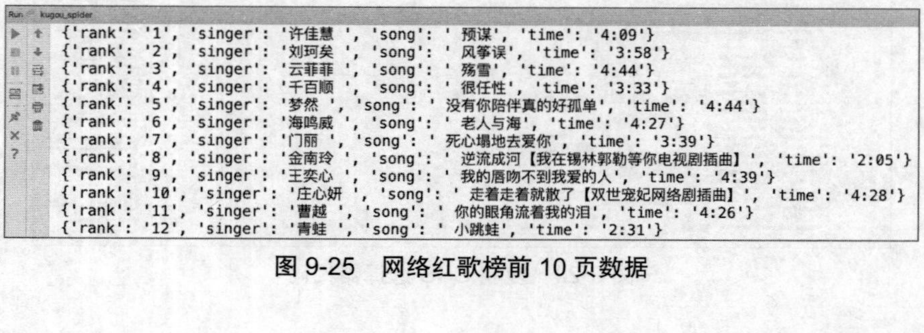

图 9-25　网络红歌榜前 10 页数据

9.8 小结

学习了 Beautiful Soup 后，相信很多读者都会放弃 lxml 和 XPath，直接投入 Beautiful Soup 的怀抱。因为 Beautiful Soup 简直是太方便了，而且还有多种选择器可以使用。Beautiful Soup 的确是分析 HTML 代码的利器，也在爬虫应用中得到广泛应用，不过强大的分析库不只有 Beautiful Soup，还有下一章要介绍的 pyquery。

第 10 章

pyquery 库

虽然 Beautiful Soup 库的功能非常强大，但 CSS 选择器功能有些弱，至少相对于本章要介绍的 pyquery 库比较弱。本章结合 CSS 选择器介绍 pyquery 库，读者也可以对比一下，看看 pyquery 库的选择器到底强在哪里。

本章主要介绍以下内容：

（1）什么是 pyquery；

（2）安装 pyquery；

（3）pyquery 的基本用法；

（4）查找子节点、父节点、兄弟节点以及获取节点信息；

（5）修改和删除节点；

（6）伪类选择器；

（7）实战案例，演示如何用 requests 和 pyquery 抓取和分析 HTML 代码。

10.1　pyquery 简介

第 9 章介绍了 Beautiful Soup 的用法。Beautiful Soup 是一个非常强大的 HTML 代码解析库，支持多种选择器，可以混合使用这些选择器，使用起来非常灵活。但有一个问题，就是 CSS 选择器的功能并不够强大。

如果读者对 Web 技术有所了解，并喜欢用 CSS 选择器，而且对 jQuery 也有所了解，那么本章介绍的 pyquery 正好适合。

10.2　pyquery 基础

本节介绍如何安装 pyquery，以及 pyquery 的基本用法。

10.2.1　安装 pyquery

pyquery 并不是 Python 的标准库，所以在使用 pyquery 之前需要安装。

1．相关链接
（1）官方文档：https://pythonhosted.org/pyquery
（2）GitHub：https://github.com/gawel/pyquery

2．pip 安装
这里推荐使用 pip 安装 pyquery，命令如下：

```
pip install pyquery
```

执行这行命令后，即可成功安装 pyquery。

3．wheel 安装
pyquery 也可以用 wheel 方式安装，读者可以到下面的页面下载 whl 文件。

https://pypi.org/project/pyquery/#files

安装命令如下：

```
pip install pyquery-1.4.0-py2.py3-none-any.whl
```

4．验证安装
安装完成后，可以在 Python 命令行下测试。

```
$ python
>>> import pyquery
```

如果没有错误，证明 pyquery 已经安装成功。

10.2.2　pyquery 的基本用法

pyquery 包中有一个 PyQuery 类，使用 pyquery 要先导入该类，然后创建 PyQuery 类的实例。可以通过如下 3 种方式将 HTML 文档传入 PyQuery 对象：字符串、URL、文件。

PyQuery 对象有很多 API 可以操作 HTML 文档，最简单的是直接获取某个节点，代码如下：

```
from pyquery import PyQuery as pq
print(pq('li'))                          # 输出 HTML 文档中所有的 li 节点
```

【例 10.1】　本例创建 PyQuery 对象，并通过上述 3 种方式为 PyQuery 对象传入 HTML 文档，最后得到指定节点的内容。

实例位置：src/pyquery/firstpyquery.py

```
import pyquery
from pyquery import PyQuery as pq
html = '''
<div>
    <ul>
        <li class="item1" value1="1234" value2 = "hello world"><a href="https://
geekori.com"> geekori.com</a></li>
```

```
            <li class="item"><a href="https://www.jd.com"> 京东商城 </a></li>
        </ul>
        <ul>
            <li class="item3"><a href="https://www.taobao.com"> 淘宝 </a></li>
            <li class="item" ><a href="https://www.microsoft.com"> 微软 </a></li>
            <li class="item2"><a href="https://www.google.com"> 谷歌 </a></li>
        </ul>
    </div>

'''
# 使用字符串形式将 HTML 文档传入 PyQuery 对象
doc = pq(html)
# 输出 <a> 节点的将 href 属性值和文本内容
for a in doc('a'):
    print(a.get('href'),a.text)
# 使用 URL 形式将 HTML 文档传入 PyQuery 对象
doc = pq(url='https://www.jd.com')
# 输出页面的 <title> 节点的内容
print(doc('title'))

import requests
# 抓取 HTML 代码，并将 HTML 代码传入 PyQuery 对象
doc = pq(requests.get('https://www.jd.com').text)
print(doc('title'))
# 从 HTML 文件将 HTML 代码传入 PyQuery 对象
doc = pq(filename='demo.html')
# 输出 <head> 节点的内容
print(doc('head'))
```

运行结果如图 10-1 所示。

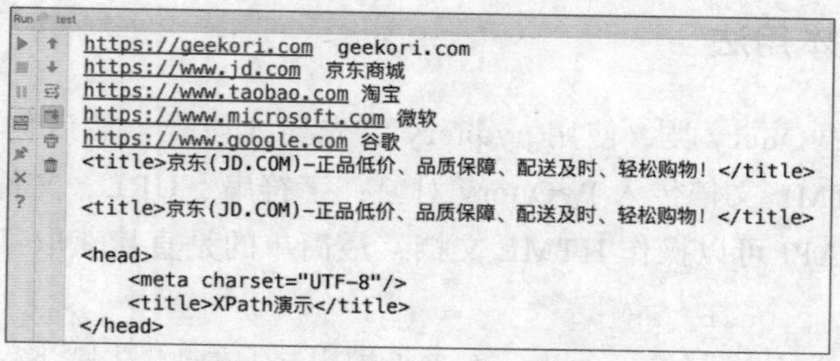

图 10-1 pyquery 的基本用法

10.3 CSS 选择器

pyquery 的 CSS 选择器用于指定 CSS 代码，并通过 CSS 代码选取 HTML 文档中对应的节点。创建一个 CSS 选择器需要创建一个 PyQuery 对象，PyQuery 类的构造方法需要传入一个 HTML 文档（可以是字符串、URL 或文件形式）。由于 PyQuery 类重载了函数调用运算符（实现了 __call__ 函数），所以可以按下面的代码使用 PyQuery 类的实例。

```
from pyquery import PyQuery as pq
doc = pq(html)
# 由于 PyQuery 类重载了函数调用运算符，所以可以像调用函数一样使用 PyQuery 的实例，函数参数就是 CSS 代码
result = doc('#button1')
```

【例 10.2】　本例用 PyQuery 对象解析字符串形式的 HTML 代码和京东商城首页的 HTML 代码，并通过 CSS 选择器提取字符串形式的 HTML 代码中的节点信息，以及京东商城首页导航条链接的文本。

京东商城导航条的样式如图 10-2 所示。要提取的就是这一行文本，如"秒杀""优惠券"等。

| 秒杀 | 优惠券 | PLUS会员 | 闪购 | 拍卖 | 京东时尚 | 京东超市 | 京东生鲜 | 海囤全球 | 京东金融 |

图 10-2　京东商城导航条链接文本

京东商城的导航条信息前面已经提取过多次了，相信读者对相关的 HTML 代码已经非常熟悉了。导航条的链接分成 3 组，每一组都在一个 ul 节点中，一共 3 个 ul 节点，它们的 class 属性值分别为 navitems-group1、navitems-group2 和 navitems-group3。所以提取导航条信息的第一步就是提取这 3 个 ul 节点，然后在 ul 节点的基础上，提取其中的若干个 a 节点的文本内容。具体实现代码如下：

实例位置：src/pyquery/selector.py

```
from pyquery import PyQuery as pq
html = '''
<div id="panel">
    <ul class="list1">
        <li class="item1" value1="1234" value2 = "hello world"><a href="https://
geekori.com"> geekori.com</a></li>
        <li class="item"><a href="https://www.jd.com">京东商城 </a></li>
    </ul>
    <ul class="list2">
        <li class="item3"><a href="https://www.taobao.com">淘宝 </a></li>
        <li class="item" ><a href="https://www.microsoft.com"> 微软 </a></li>
        <li class="item2"><a href="https://www.google.com"> 谷歌 </a></li>
    </ul>
</div>

'''
# 创建 PyQuery 对象
doc = pq(html)
# 提取 id 属性值为 panel，并且在该节点中所有 class 属性值为 list1 的所有节点
result = doc('#panel .list1')
# 输出 result 的类型，仍然是 PyQuery 对象
print(type(result))
print(result)
# 在以 result 为根的基础上，提取其中 class 属性值为 item 的所有节点（本例是 li 节点）
print(result('.item'))
# 提取其中的第 2 个 a 节点的 href 属性值和文本内容
print(result('a')[1].get('href'),result('a')[1].text)
print()
# 抓取京东商城导航条链接文本
import requests
# 请求京东商城首页，并将返回的 HTML 代码传入 pq 对象
doc = pq(requests.get('https://www.jd.com').text)
```

```
# 提取第 1 个 ul 节点
group1 = doc('#navitems-group1')
# 输出前 4 个链接的文本
print(group1('a')[0].text,group1('a')[1].text,group1('a')[2].text,group1('a')[3].text)
# 输出中间 4 个链接的文本
group2 = doc('#navitems-group2')
print(group2('a')[0].text,group2('a')[1].text,group2('a')[2].text,group2('a')[3].text)
# 输出后两个链接的文本
group3 = doc('#navitems-group3')
print(group3('a')[0].text,group3('a')[1].text)
```

运行结果如图 10-3 所示。

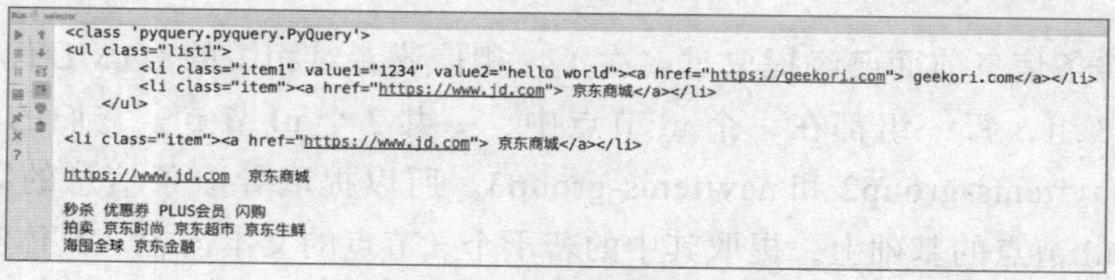

图 10-3 CSS 选择器

10.4 查找节点

本节介绍一些常用的查询函数，这些函数与 jQuery 中的函数用法完全相同，用于查找 HTML 文档中的节点。

本节的所有例子都使用 test.html 文件进行测试，该文件的代码如下：

实例位置：src/pyquery/test.html

```
<div id="panel">
    <ul class="list1">
        <li class="item1" value1="1234" value2 = "hello world"><a href="https://
geekori.com"> geekori.com</a></li>
        <li class="item">
            <a href="https://www.jd.com">
                京东商城
                <a>ok</a>
            </a>
        </li>
    </ul>
    <ul class="list2">
        <li class="item3"><a href="https://www.taobao.com"> 淘宝 </a></li>
        <li class="item" ><a href="https://www.microsoft.com"> 微软 </a></li>
        <li class="item2"><a href="https://www.google.com"> 谷歌 </a></li>
    </ul>
</div>
```

10.4.1 查找子节点

查找子节点需要使用 find 方法，使用该方法需要将 CSS 选择器作为参数传入。其实 find 方法查找的不仅仅是直接子节点，还有子孙节点。如果只想查找直接子节点，需要使用 children 方法，该方法需将 CSS 选择器作为参数传入。

【例 10.3】　本例使用 find 方法和 children 方法查找 test.html 文件中第 1 个 ul 节点的所有 a 子节点。

实例位置： src/pyquery/find.py

```python
from pyquery import PyQuery as pq
from lxml import etree
# 分析 test.html 文件
doc = pq(filename='test.html')
# 查找所有 class 属性值为 list1 的节点，只有第 1 个 ul 节点满足条件
result = doc('.list1')
# 查找所有的 a 节点，包括子孙节点
aList = result.find('a')
print(type(aList))
for a in aList:
    # 输出每一个查找到的 a 节点
    print(str(etree.tostring(a,pretty_print=True,encoding='utf-8'),'utf-8'))

print('------------------')
# 查找所有 class 属性值为 item 的所有节点，只有第 2 个 li 节点和倒数第 2 个 li 节点满足条件
result = doc('.item')
aList = result.children('a')
for a in aList:
    # 输出每一个查找到的 a 节点
    print(str(etree.tostring(a,pretty_print=True,encoding='utf-8'),'utf-8'))
```

运行结果如图 10-4 所示。

图 10-4　查找子节点

从输出结果可以看出，使用 find 方法查找子节点，连同非直接子节点 \<a>ok\</a> 都查找了出来。而使用 children 方法查找子节点，\<a>ok\</a> 并没有单独查找出来。

10.4.2　查找父节点

通过 parent 方法可以查找直接父节点，通过 parents 方法可以查找所有的父节点。这两个方法都可以传入 CSS 选择器。

【例 10.4】 本例使用 parent 方法和 parents 方法分别获取 li 节点的直接父节点和所有父节点，以及 id 属性为 panel 的父节点。

实例位置：src/pyquery/parent.py

```python
from pyquery import PyQuery as pq
# 分析 test.html
doc = pq(filename='test.html')
# 获取 class 属性值为 item 的所有节点
result = doc('.item')
# 查找这些节点的直接父节点
print(result.parent())
print('------------')
print('父节点数: ',len(result.parents()))
# 查找这些节点的所有父节点
print(result.parents())
# 查找 id 属性值为 panel 的父节点
print('父节点数: ',len(result.parents('#panel')),' 节点名: ',result.parents('#panel')[0].tag)
```

运行结果如图 10-5 所示。

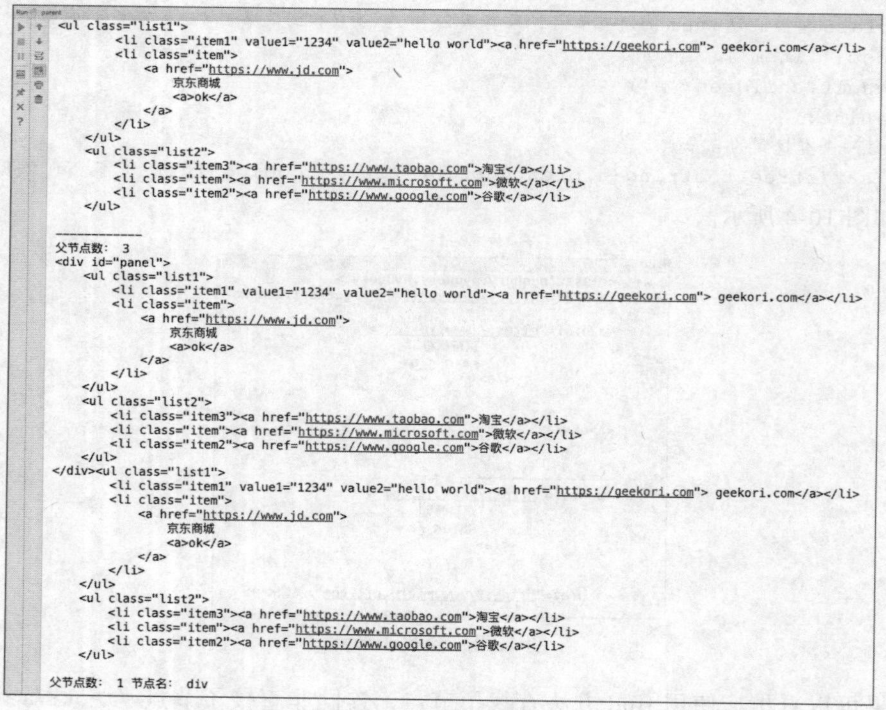

图 10-5 查找父节点

10.4.3 查找兄弟节点

使用 siblings 方法可以查询当前节点的所有兄弟节点，包括节点前面和后面的同级节点。如果要查询特定的兄弟节点，可以为 siblings 方法传递 CSS 选择器参数。

【例 10.5】　本例使用 siblings 方法查找 class 属性值为 item 的节点的所有兄弟节点，以及 class 属性值为 item2 的兄弟节点。

实例位置： src/pyquery/brother.py

```
from pyquery import PyQuery as pq
doc = pq(filename='test.html')
result = doc('.item')
# 查找 class 属性值为 item 的节点的所有兄弟节点
print(result.siblings())
print('----------------')
# 查找 class 属性值为 item2 的兄弟节点
print(result.siblings('.item2'))
```

运行结果如图 10-6 所示。

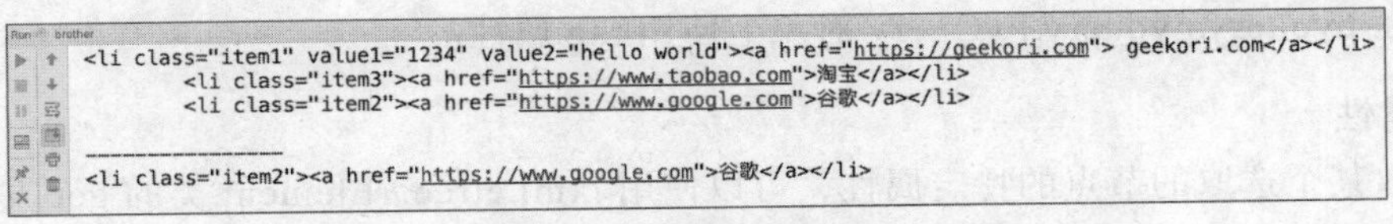

图 10-6　查找兄弟节点

10.4.4　获取节点信息

节点包括如下信息：节点名称、节点属性、节点文本、整个节点的 HTML 代码、节点内部的 HTML 代码。

现以下面的 HTML 代码为例说明如何获取上述 5 类信息。

```
html = '''
<div id="panel">
    <ul class="list1">
        <li class="item" value1="1234" value2 = "hello world">
            Hello
            123
            <a href="https://geekori.com"> geekori.com</a>
            World
        </li>
        <li class="item1" >
        </li>
    </ul>
    <ul class="list2">
        <li class="item3"><a href="https://www.taobao.com"> 淘宝 </a></li>
        <li class="item"  value1="4321" value2 = " 世界你好 " >
            <a href="https://www.microsoft.com">微软 </a>
        </li>
        <li class="item2"><a href="https://www.google.com"> 谷歌 </a></li>
    </ul>
</div>
'''
```

1. 节点名称

使用 tag 属性可以获取节点名称，例如，下面的代码通过 CSS 选择器选取 2 个 li 节点，并且输出第 1 个 li 节点的名称。

```
from pyquery import PyQuery as pq
doc = pq(html)
result = doc('.item')
print(result[0].tag)
```

运行结果如下：

```
li
```

这里面涉及两个类：pyquery.pyquery.PyQuery 和 lxml.etree._Element，其中 doc 是 pyquery.pyquery.PyQuery 类的实例，而 result[0] 是 lxml.etree._Element 类的实例。tag 属性属于 lxml.etree._Element 类，所以不要在 pyquery.pyquery.PyQuery 对象上使用 tag 属性。

2. 节点属性

如果要获取某个选取的节点的特定属性，可以使用 lxml.etree._Element 类的 get 方法，代码如下：

```
# 获取查询结果的第 1 个 li 节点的 value1 属性值
print('value1:',result[0].get('value1'))
```

运行结果如下：

```
1234
```

pyquery.pyquery.PyQuery 类有一个 attr 方法，也可以获取节点的属性，代码如下：

```
# 获取查询结果的第 1 个 li 节点的 value2 属性值
print('value2:',result.attr('value2'))
```

运行结果如下：

```
hello world
```

如果查询结果（result 变量）包含多个节点（本例的 result 就包含了 2 个 li 节点），那么 attr 方法只会取第 1 个节点的相应属性的值。

pyquery.pyquery.PyQuery 类还有一个 attr 属性，与 attr 方法的功能相同，只需像引用对象属性一样引用节点属性即可。下面是获取 value2 属性值的代码。

```
print('value2:',result.attr.value2)
```

运行结果如下：

```
hello world
```

3. 节点文本

pyquery.pyquery.PyQuery 类有一个 text 方法，可以用来获取所有查询到的节点的文本，代码如下：

```
print(result.text())
```

运行结果如下：

```
Hello 123 geekori.com World 微软
```

从运行结果可以看出，text 方法得到的是查询到的所有节点的文本。这些文本之间用空格分隔。

在查询结果的第 1 个 li 节点中实际上包含了 3 部分，a 节点前面的 Hello123、a 节点和 a 节点后面的 World，a 节点的文本是 geekori.com。

对于每个节点对应的 lxml.etree._Element 类来说，有一个 text 属性可以用于获取该节点的文本，代码如下：

```
for node in result:
    print(node.text)
```

运行结果如下：

```
Hello
123
```

由于只有第 1 个 li 节点中有文本，所以第 2 个 li 节点的文本是空串。而第 1 个 li 节点中的文本其实还包括 World，不过 text 属性只输出了 Hello 123，这说明 text 属性只会获得节点中出现的第 1 个普通节点（a 节点）之前的文本，普通节点后面的不会获得。

4. 整个节点的 HTML 代码

输出整个节点的代码可以用 etree 的 tostring 函数，代码如下：

```
from lxml import etree
# 获取查询结果中第 1 个 li 节点的完整 HTML 代码，而且是格式化的
print(str(etree.tostring(result[0], pretty_print=True),'utf-8'))
```

程序运行结果如下：

```
<li class="item" value1="1234" value2="hello world">
    Hello
    123
    <a href="https://geekori.com"> geekori.com</a>
    World
</li>
```

5. 节点内部的 HTML 代码

使用 pyquery.pyquery.PyQuery 类的 html 方法可以获得节点内的完整 HTML 代码，代码如下：

```
print(result.html())
```

运行结果如下：

```
Hello
123
<a href="https://geekori.com"> geekori.com</a>
World
```

从运行结果可以看出，如果查询结果包含多个节点，那么 html 方法只能返回第 1 个节点中的完整 HTML 代码。本例是查询结果中第 1 个 li 节点内的完整 HTML 代码。

【例 10.6】 本例提供了完整的实现代码来获取上述的 5 类信息。

实例位置：src/pyquery/getinfo.py

```
from pyquery import PyQuery as pq
html = '''
<div id="panel">
```

```
        <ul class="list1">
            <li class="item" value1="1234" value2 = "hello world">
                Hello
                123
                <a href="https://geekori.com"> geekori.com</a>
                World
            </li>
            <li class="item1" >
            </li>
        </ul>
        <ul class="list2">
            <li class="item3"><a href="https://www.taobao.com">淘宝</a></li>
            <li class="item"  value1="4321" value2 = "世界你好" >
                <a href="https://www.microsoft.com">微软</a>
            </li>
            <li class="item2"><a href="https://www.google.com">谷歌</a></li>
        </ul>
    </div>
    '''


doc = pq(html)
result = doc('.item')
print(type(result))
print('------- 获取节点名 ---------')
print(type(result[0]))
# 获取第 1 个 li 节点的名称
print(result[0].tag)
# 获取第 2 个 li 节点的名称
print(result[1].tag)
print('------- 获取属性 ---------')
# 获取第 1 个 li 节点的 value1 属性的值
print('value1:',result[0].get('value1'))
# 获取第 1 个 li 节点的 value2 属性的值
print('value2:',result.attr('value2'))
# 获取第 1 个 li 节点的 value2 属性的值
print('value2:',result.attr.value2)
print('----------------')
for li in result.items():
    print(type(li))
    # 获取查询结果中每一个节点的 value2 属性值
    print(li.attr.value2)

for li in result:
    print(type(li))
    # 获取查询结果中每一个节点的 value2 属性值
    print(li.get('value2'))
print('-------- 获取文本 --------')
# 获取查询结果中第 1 个 li 节点的文本内容
print(result.text())
```

```
print('result.text() 的类型: ',type(result.text()))
for node in result:
    # 获取查询结果中每一个节点的文本内容
    print(node.text)
print('------- 节点 HTML 代码 --------')
from lxml import etree
for node in result:
    # 获取查询结果中每一个节点的完整 HTML 代码
    print(str(etree.tostring(node, pretty_print=True),'utf-8'))
print('------- 获取节点内部 HTML 代码 ---------')
# 获取查询结果中第 1 个 li 节点内的完整 HTML 代码
print(result.html())
```

运行结果如图 10-7 所示。

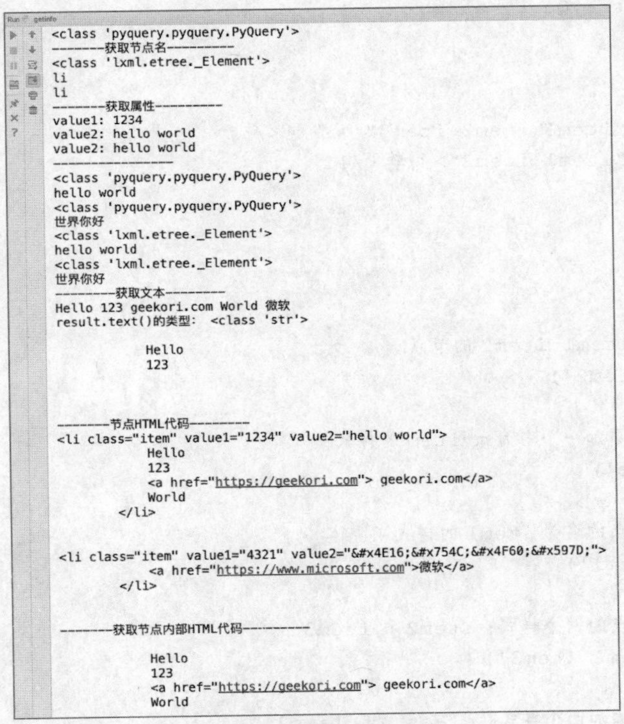

图 10-7　获取节点信息

10.5　修改节点

　　pyquery 提供了一系列方法对节点进行动态修改，例如，为某个节点添加一个 class，移除某个节点等，在很多场景下这些操作会为获取信息带来极大的便利。

　　由于方法太多，本节只介绍一些常用的方法。

10.5.1 添加和移除节点的样式（addClass 和 removeClass）

addClass 方法可以向节点的 class 属性添加样式，removeClass 可以从节点的 class 属性移除样式。这两个方法都需要传入字符串形式的样式，如果是多个样式，中间用空格分隔，代码如下：

```
li = doc('.item2')
# 添加 myitem 样式
li.addClass('myitem')
# 移除 item1 样式
li.removeClass('item1')
```

如果 PyQuery 对象包含多个节点，那么 addClass 方法和 removeClass 方法会对所有的节点起作用。

【例 10.7】 本例使用 addClass 方法和 removeClass 方法对所有查询出的节点添加和删除样式，并输出当前的修改结果。

实例位置： src/pyquery/process_class.py

```
from pyquery import PyQuery as pq
html = '''
<div id="panel">
    <ul class="list1">
        <li class="item1 item2 item3" > 谷歌 </li>
        <li class="item1 item2"> 微软 </li>
    </ul>

</div>
'''
doc = pq(html)
# 查询 class 属性值为 item1 item2 的节点
li = doc('.item1.item2')
print(li)
# 为查询结果的所有节点添加一个名为 myitem 的样式
li.addClass('myitem')
print(li)
# 移除查询结果中所有节点的名为 item1 的样式
li.removeClass('item1')
print(li)
# 移除查询结果中所有节点的两个样式：item2 和 item3
li.removeClass('item2 item3')
print(li)
# 为查询结果的所有节点添加两个样式：class1 和 class2
li.addClass('class1 class2')
print(li)
```

运行结果如图 10-8 所示。

阅读本例的代码应该了解如下几点：

（1）用 pyquery 查询节点时，如果需要指定多个样式，每个样式前面需要加点（.），而且多个样式要首尾相接，中间不能有空格。

（2）添加和删除样式时，样式名不能带点 (.)，否则会将点 (.) 作为样式名的一部分添加到 class 属性中。

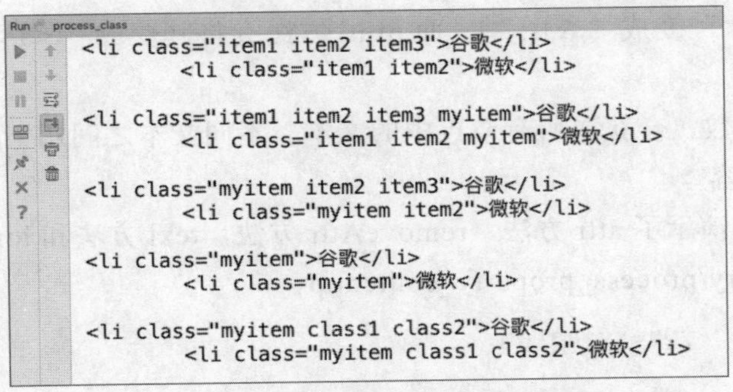

图 10-8　为节点添加样式和移除样式

（3）添加和删除多个样式时，多个样式之间用空格分隔。

（4）如果要操作的是多个节点，那么 addClass 方法和 removeClass 方法对所有的节点有效。

10.5.2　修改节点属性和文本内容（attr、removeAttr、text 和 html）

使用 attr 方法可以向节点添加新的属性，如果添加的属性已经存在，则会修改原来的属性值。要注意的是，使用 attr 方法可以为节点添加和修改任何属性，包括 class 属性。所以 attr 方法可以代替上一节介绍的 addClass 方法。attr 方法需要传入两个参数，第 1 个参数是属性名，第 2 个参数是属性值，代码如下：

```
# pyQuery 是 PyQuery 对象
pyQuery.attr('id','list')
```

如果 id 属性不存在，则在 pyQuery 中的所有节点上添加一个 id 属性，如果 id 属性存在，则将 pyQuery 中所有节点的 id 属性值修改为 list。

如果要删除节点的属性，可以使用 removeAttr 方法，该方法需要传入要删除的属性名称，如果属性不存在，则不做任何操作，代码如下：

```
pyQuery.removeAttr('id')
```

这行代码会删除 pyQuery 中所有节点的 id 属性。

修改节点文本可以使用 text 方法和 html 方法。其中 text 方法用来设置文本形式的节点内容，html 方法用于设置节点中的 HTML 代码。这两个方法都需要传入一个字符串类型的值，用于设置节点内容，代码如下：

```
pyQuery.text(' 节点文本 ')
pyQuery.html('<a href="https://www.google.com"> 谷歌 </a>')
```

要注意的是这两个方法是相互覆盖的，也就是以最后调用的方法为准，例如，上面 2 行代码其实调用 html 方法时已经将用 text 方法设置的文本覆盖了，最终所有节点的文本内容都是 a 节点了。

那么可能有的读者会问，如果用 text 方法设置 HTML 代码，而用 html 方法设置文本内容会怎么样呢？其实 text 方法和 html 方法的最大区别就是转码和解析。text 方法会自动将文本中的 HTML 符号转换成可以显示在浏览器上的符号，如将 "<" 转换为 "<"，将 ">" 转换为 ">"。而如果设置普通的文本，text 方法和 html 方法的功能相同，如果设置了 HTML 代码样式的文本，如 "<aaa"，

text 方法会将其转换（" < "变成" <"），而 html 方法会将其变成" <a/>"，自动补齐节点右边的部分。

如果 text 方法不加参数，会获取所有节点中的文本，不同文本之间用空格分隔。html 方法只会返回第 1 个节点中的文本内容。

【例 10.8】 本例详细演示了 attr 方法、removeAttr 方法、text 方法和 html 方法的用法。

实例位置：src/pyquery/process_property_content.py

```python
from pyquery import PyQuery as pq
html = '''
<div id="panel">
    <ul class="list1" >
        <li class="item1 item2 item3" > 谷歌 </li>
        <li class="item1 item2"> 微软 </li>
    </ul>

</div>
'''
doc = pq(html)
# 查询所有 class 属性值为 item1 item2 的节点（本例都是 li 节点）
li = doc('.item1.item2')
print(li)
# 获取所有 li 节点的文本
print(li.text())
# 获取第 1 个 li 节点的文本
print(li.html())
print('------------------')
# 为所有的 li 节点添加 id 属性
li.attr('id','list')
# 修改所有 li 节点的 class 属性
li.attr('class','myitem1,myitem2')
print(li)
# 删除所有 li 节点的 id 属性
li.removeAttr('id')
# 删除所有 li 节点的 class 属性，到现在为止，li 节点中没有任何属性
li.removeAttr('class')
print(li)
# 设置所有 li 节点的文本内容
li.text(' 列表 ')
print(li)
# 用 text 方法设置 HTML 代码，特殊字符会转码
li.text('\n<a href="https://www.google.com"/>\n')
print(li)
# 设置 HTML 形式的文本内容
li.html('\n<a href="https://www.google.com"/>\n')
print(li)
# 获取所有 li 节点的文本内容（什么都不会获取到，因为没有纯文本内容）
print(li.text())
# 获取第 1 个 li 节点中的 HTML 代码
print(li.html())
```

运行结果如图 10-9 所示。

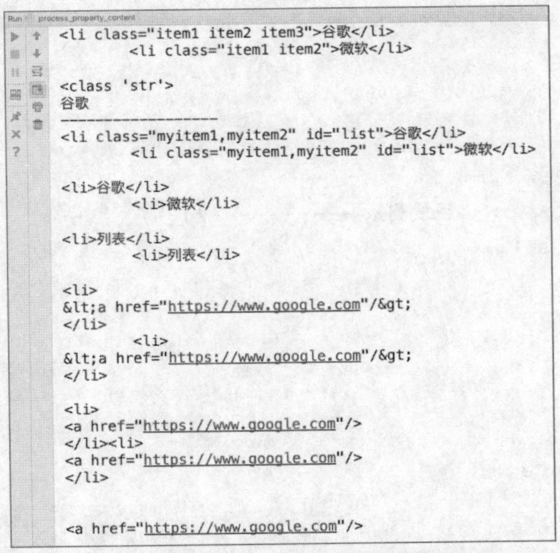

图 10-9　修改节点的属性和文本内容

10.5.3　删除节点（remove）

使用 remove 方法可以删除节点，该方法接收一个字符串类型的参数，用于指定要删除的节点名，如果不指定参数，则删除当前节点。下面是一个典型的应用场景。

假设有如下一段 HTML 代码。

```
<li class="item1 item2" >
    谷歌
    <p> 微软 </p>
    Facebook
</li>
```

使用 text 方法获取 li 节点中的文本，如果按目标的代码，text 方法的结果如下：

```
谷歌
微软
Facebook
```

现在的需求是忽略 p 节点中的文本，只获取其他文本，最简单的方式就是先使用 remove 方法删除 p 节点，然后再使用 text 方法获取文本。

```
pyQuery.remove('p')
print(pyQuery.text())
```

【例 10.9】　本例详细演示了 attr 方法、removeAttr 方法、text 方法和 html 方法的用法。

实例位置：src/pyquery/remove.py

```
from pyquery import PyQuery as pq
html = '''
<div id="panel">
    <ul class="list1" >
        <li class="item1 item2" > 谷歌 <p> 微软 </p>Facebook</li>
```

```
        </ul>

    </div>
    '''
    doc = pq(html)
    li = doc('.item1.item2')
    # 获取 li 节点中所有的文本
    print(li.text())
    print('---------<p> 微软 </p> 已经被删除 -----------')
    # 删除 p 节点
    li.remove('p')
    # 重新获取 li 节点中所有的文本
    print(li.text())

    li = doc('.item1.item2')
    # 先找到 p 节点，然后再删除
    print(li.find('p').remove())
    print(li.text())
```

运行结果如图 10-10 所示。

另外，PyQuery 类还有很多操作节点的方法，如 append、empty、prepend 等，这些方法与 jQuery 相应 API 的方法完全一致，详细的用法可以参考官方文档：https://pythonhosted.org/pyquery/api.html。

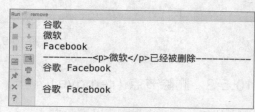

图 10-10 删除节点

10.6 伪类选择器

CSS 选择器之所以强大，一个很重要的原因就是它支持多种多样的伪类选择器，例如，选择第 1 个节点、最后 1 个节点、索引为奇数的节点、索引为偶数的节点、包含某一个文本的节点等。

【例 10.10】 本例演示了常用伪类选择器的用法。

实例位置： src/pyquery/pseudo_class.py

```
import pyquery
from pyquery import PyQuery as pq
html = '''
<div>
    <ul>
        <li class="item1" ><a href="https://geekori.com"> geekori.com</a></li>
        <li class="item"><a href="https://www.jd.com">京东商城 (https://www.jd.com)</a></li>
        <li class="item3"><a href="https://www.taobao.com">淘宝 </a></li>
        <li class="item" ><a href="https://www.microsoft.com"> 微软 </a></li>
        <li class="item2"><a href="https://www.google.com"> 谷歌 </a></li>
    </ul>

</div>

'''
```

```
doc = pq(html)
# 选取第 1 个 li 节点
li = doc('li:first-child')
print(li)
# 选取最后一个 li 节点
li = doc('li:last-child')
print(li)
# 选取第 3 个 li 节点
li = doc('li:nth-child(3)')
print(li)
# 选取索引小于 2 的 li 节点（索引从 0 开始）
li = doc('li:lt(2)')
print(li)
# 选取所有大于 3 的 li 节点（所有从 0 开始）
li = doc('li:gt(3)')
print(li)
# 选择序号为奇数的 li 节点，第一个 li 节点的序号为 1
li = doc('li:nth-child(2n+1)')
print(li)
# 选择序号为偶数的 li 节点
li = doc('li:nth-child(2n)')
print(li)
# 选取文本内容包含 com 的所有 li 节点
li = doc('li:contains(com)')
print(li)
# 选取文本内容包含 com 的所有节点
all = doc(':contains(com)')
print(len(all))
# 输出每一个选取结果的节点名
for t in all:
    print(t.tag, end=' ')
```

运行结果如图 10-11 所示。

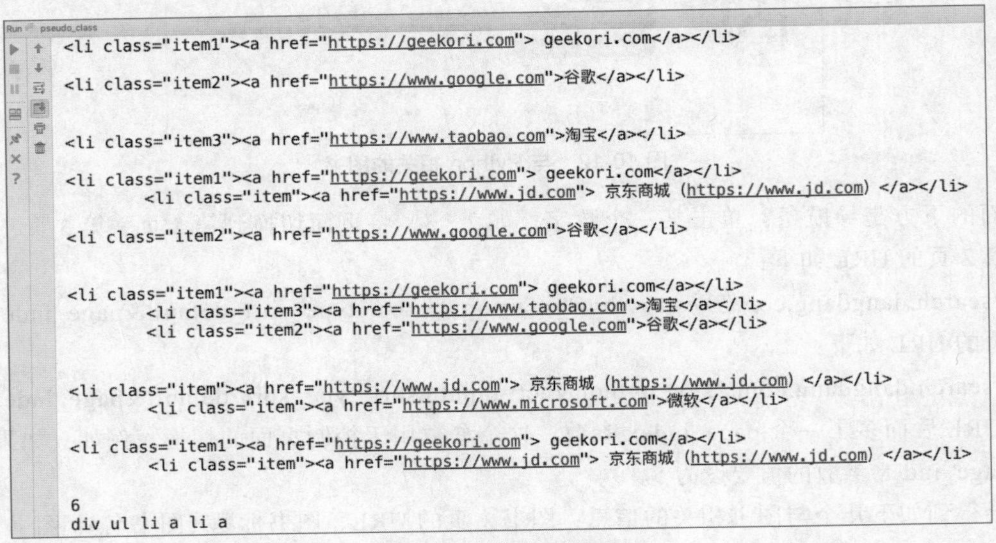

图 10-11 伪类选择器

10.7 项目实战：抓取当当图书排行榜

本节使用 requests 抓取当当图书排行榜的 HTML 代码，并使用 pyquery 和 CSS 选择器分析 HTML 代码，提取感兴趣的信息，最后将提取的信息输出到 Console 上。

本例抓取与 Python 相关的图书排行榜，可以在当当首页（http://www.dangdang.com）输入 Python 来搜索与 Python 相关的图书，得到的 URL 如下：

http://search.dangdang.com/?key=python&act=input&sort_type=sort_default

搜索的与 Python 相关的图书如图 10-12 所示。

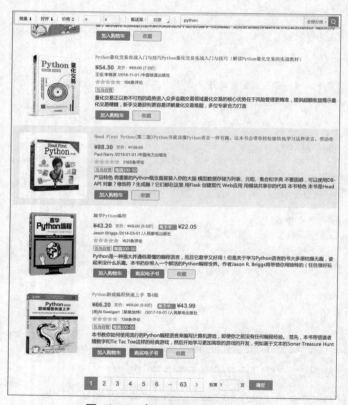

图 10-12　与 Python 相关的图书

在页面的下方是导航条，单击某一个数字，如 2、3，将页面切换到第 2 页、第 3 页，观察 URL 的规律，第 2 页的 URL 如下：

http://search.dangdang.com/?key=python&act=input&sort_type=sort_default&page_index=2

第 3 页的 URL 如下：

http://search.dangdang.com/?key=python&act=input&sort_type=sort_default&page_index=3

每个 URL 后面多了一个 page_index 参数，这个参数用于控制页面的切换，例如，如果要切换到第 5 页，page_index 参数的值要设为 5。

本例会得到如下几个与图书相关的信息：图书主页的 URL、图书标题（图书名）、图书当前价格、图书作者、出版日期、出版社、评论数、简介。

这些信息都可以在搜索页面中获得。

现在进入开发者工具，任选一本书，并定位到相应的内容，然后在 Elements 选项卡的右键菜单中单击 Copy → Copy selector 命令，会复制当前节点对应的 CSS 选择器，如图 10-13 所示。

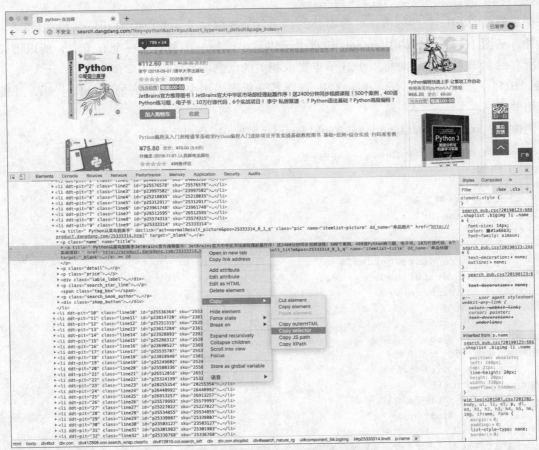

图 10-13　复制对应内容的 CSS 选择器

例如，在 Elements 选项卡上定位到图书标题，会得到对应的 HTML 代码是一个 a 节点，代码如下：

```
<a title=" Python 从菜鸟到高手 JetBrains 官方推荐图书！JetBrains 官大中华区市场部经理赵磊作序！
送 2400 分钟同步视频课程！500 个案例，400 道 Python 练习题，电子书，10 万行源代码，6 个实战项目！"
href="http://product.dangdang.com/25333314.html"
ddclick="act=normalResult_title&amp;pos=25333314_8_1_q" name="itemlist-title" dd_name=
" 单品标题 " target="_blank"> <font class="skcolor_ljg">Python</font> 从菜鸟到高手 JetBrains
官方推荐图书！JetBrains 官大中华区市场部经理赵磊作序！送 2400 分钟同步视频课程！500 个案例，400 道
Python 练习题，电子书，10 万行源代码，6 个实战项目！</a>
```

不过这个 a 节点的 title 属性的值并不全是图书名，还有一堆说明。这并不需要。根据经验，如果确实存在只包含图书名的节点，那么通常会在周围，所以在这个 a 节点周围观察一下，在这个 a 节点上方会找到另外一个 a 节点，代码如下：

```
<a title=" Python 编程从入门到精通 "
ddclick="act=normalResult_picture&amp;pos=25536364_9_1_q" class="pic" name="itemlist-
```

```
picture" dd_name="单品图片"
href="http://product.dangdang.com/25536364.html" target="_blank"><img data-
original="http://img3m4.ddimg.cn/7/0/25536364-1_b_3.jpg"
src="http://img3m4.ddimg.cn/7/0/25536364-1_b_3.jpg" alt=" Python编程从入门到精通" style="display:
block;"><p class= "cool_label"></p></a>
```

这个 a 节点的 title 属性的值正好是需要的，所以就提取这个 a 节点中的 title 属性的值。

另外，从图 10-13 所示的 Elements 选项卡可以看出，每一本书对应一个 li 节点，所以可以先提取页面中所有的 li 节点，然后对每一个 li 节点提取相关的信息。

【例 10.11】　本例使用 pyquery 和 CSS 选择器分析当当图书搜索页面的 HTML 代码，并提取每本图书的相关信息。

实例位置：src/projects/dangdang_book/dangdang_book_spider.py

```python
from pyquery import PyQuery as pq
import requests
import time
# 用于下载指定 URL 的页面
def get_one_page(url):
    try:

        res = requests.get(url)
        if res.status_code == 200:
            return res.text
        return None
    except Exception:
        return None
# 分析搜索也是一个产生器函数
def parse_one_page(html):
    doc = pq(html)
    # 提取包含所有 li 节点的 ul 节点
    ul = doc('.bigimg')
    liList = ul('li')
    # 对 li 节点集合进行迭代，这里要注意，必须使用 items 方法返回可迭代的对象，这样每一个 item 才会
    # 是 PyQuery 对象
    for li in liList.items():
        # 获取当前 li 节点中第 1 个 a 节点
        a = li('a:first-child')
        # 获取图书主页的 URL
        href = a[0].get('href')
        # 获取图书名称
        title = a[0].get('title')
        # 抓取 class 属性值为 search_now_price 的节点
        span = li('.search_now_price')
        # 获取价格
        price = span[0].text[1:]
        # 抓取 class 属性值为 search_book_author 的节点
        p = li('.search_book_author')
        # 获得图书作者
        author = p('a:first-child').attr('title')
```

```
    # 获取图书出版日期
    date = p('span:nth-child(2)').text()[1:]
    # 获取图书出版社
    publisher = p('span:nth-child(3) > a').text()
    # 获取图书评论数
    comment_number = li('.search_comment_num').text()[:-3]
    # 获取图书简介
    detail = li('.detail').text()
    yield {
        'href':href,
        'title':title,
        'price':price,
        'author':author,
        'date':date,
        'publisher':publisher,
        'comment_number':comment_number,
        'detail':detail
    }

if __name__ == '__main__':
    # 产生前 3 页的 URL
    urls = ['http://search.dangdang.com/?key=python&act=input&sort_type=sort_default&page_
index={}'.format(str(i)) for i in range(1,4)]
    # 处理这 3 个 URL 对应的 3 个搜索页面
    for url in urls:
        # 获取每一个搜索页面对应的可迭代图书信息
        book_infos = parse_one_page(get_one_page(url))
        for book_info in book_infos:
            # 输出每一本图书的信息
            print(book_info)
            time.sleep(1)
```

运行结果如图 10-14 所示。

图 10-14　抓取当当图书排行榜

10.8　项目实战：抓取京东商城手机销售排行榜

本节的例子使用 requests 抓取京东商城手机销售排行榜，并使用 pyquery 和 CSS 选择器提取相关的信息，同时将这些信息保存到 Excel 文件中。本例抓取总排行榜，并单独提取 Apple、华为和小米手机的销售排行榜，将这些信息都保存在同一个 Excel 文件中，将这个 Excel 文件分成 4 个 Sheet，第 1 个 Sheet 存储总排行榜，第 2 个 Sheet 存储 Apple 手机排行榜，第 3 个 Sheet 存储华为手机排行榜，第 4 个 Sheet 存储小米手机排行榜。

在京东商城首页（https://www.jd.com）用"手机"关键字进行搜索，会产生如下的 URL。

https://search.jd.com/Search?keyword=%E6%89%8B%E6%9C%BA&enc=utf-8&qrst=1&rt=1&stop=1&vt=2&wq=%E6%89%8B%E6%9C%BA&psort=3&cid2=653&cid3=655&s=121&click=0

搜索界面如图 10-15 所示。

图 10-15　京东商城手机搜索页面

在页面下方是导航条，切换到不同的页面，会看到 URL 中多了一个 page 参数，不过这个 page 参数的值有些特殊，是按奇数规律变量，如第 1 页是 page=1，第 2 页是 page=3，第 3 页是 page=5，以此类推。

现在可以使用开发者工具分析搜索页面的代码。本例会抓取如下信息：产品名称、产品价格、卖家。

这个搜索页面的规律也非常简单，在开发者工具中定位到相应的手机，可以清楚地看到，每一部手机对应一个 li 节点，而这些 li 节点都包含在一个 ul 节点中，如图 10-16 所示。

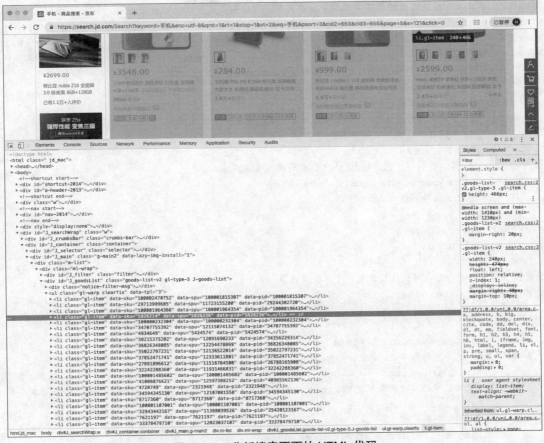

图 10-16　分析搜索页面的 HTML 代码

所以应该使用下面的代码先获得这个 ul 节点，然后再获得其中的所有 li 节点。

```
# 获取 ul 节点
ul = doc('.gl-warp.clearfix')
# 获取 ul 节点中的 li 节点
liList = ul('.gl-item')
```

接下来对每一个 li 节点进行迭代，然后再利用 CSS 选择器获取对应的信息即可。

【例 10.12】　本例使用 pyquery 和 CSS 选择器分析京东商城手机搜索页面的 HTML 代码，并提取每部手机的相关信息，包括全部的手机和 Apple、华为和小米手机。最后将这些信息保存到 Excel 文件的不同 Sheet 中。

实例位置：src/projects/jd_mobile/jd_mobile_spider.py

```
from pyquery import PyQuery as pq
import requests
import time
import xlwt
# 根据搜索页面的 URL 抓取对应的 HTML 代码
def get_one_page(url):
    try:
```

```
        # 请求头, 在京东商城搜索必须处于登录状态, 所以需要发送 cookie
        headers = {
            'User-Agent':'Mozilla/5.0 (Macintosh; Intel Mac OS X 10_14_3) AppleWebKit/
537.36 (KHTML, like Gecko) Chrome/72.0.3626.121 Safari/537.36',
            'cookie':' 请填写自己的京东商城 Cookie'}
        result = requests.get(url,headers=headers)
        if result.status_code == 200:
            # 如果直接使用 result.text 获取文本, 中文会出现乱码
            # 先获取二进制形式的响应内容
            html = result.content
            # 将二进制响应内容按 utf-8 格式转换为文本内容
            html_doc = str(html, 'utf-8')
            return html_doc
        return None
    except Exception:
        return None


# 分析搜索页面的 HTML 代码, 该函数是一个产生器函数
def parse_one_page(html):
    doc = pq(html)
    # 获取 ul 节点
    ul = doc('.gl-warp.clearfix')
    # 获取该 ul 节点中的所有 li 节点
    liList = ul('.gl-item')
    # 处理每一个 li 节点, 这里必须使用 items 函数获得每一个 li 节点, 这样才能获得 PyQuery 对象
    for li in liList.items():
        # 获取手机产品名称
        product = li('div > div.p-name.p-name-type-2 > a > em')[0].text
        # 如果为 None, 说明是京东精选, 要使用另外一个 CSS 选择器
        if product == None:   # 京东精选
            product = li(' div > div.p-name.p-name-type-2 > a').attr('title')
# 获取产品价格
        price = li('div > div.p-price > strong > i').text()
        # 获取产品卖家
        seller = li('div > div.p-shop > span > a').text()
        yield {
            'product':product,
            'price':price,
            'seller':seller
        }


if __name__ == '__main__':
# 产生前 4 页的 URL
    urls = ['https://search.jd.com/Search?keyword=%E6%89%8B%E6%9C%BA&enc=utf-8&qrst=1
&rt=1&stop=1&vt=2&wq=%E6%89%8B%E6%9C%BA&psort=3&cid2=653&cid3=655&page={}&s=121&cli
ck=0'.format(str(i)) for i in range(1,8,2)]
    # 定义 Excel 文件的头
    header = [' 排名 ',' 产品 ', ' 价格 ', ' 卖家 ']
```

```python
book = xlwt.Workbook(encoding='utf-8')
# 为所有手机排行创建 Sheet
sheet_all = book.add_sheet(' 所有手机销量排名 ')
# 为 Apple 手机排行创建 Sheet
sheel_apple = book.add_sheet('Apple 手机销量排名 ')
# 为华为手机排行创建 Sheet
sheel_huawei = book.add_sheet(' 华为手机销量排名 ')
# 为小米手机排行创建 Sheet
sheel_xiaomi = book.add_sheet(' 小米手机销量排名 ')
# 为每一个 Sheet 添加表头
for h in range(len(header)):
    sheet_all.write(0, h, header[h])
    sheel_apple.write(0, h, header[h])
    sheel_huawei.write(0, h, header[h])
    sheel_xiaomi.write(0, h, header[h])
# 下面 4 个变量分别控制总排行的名称，Apple、华为和小米手机排行的名称
i = 1
apple_i = 1
huawei_i = 1
xiaom_i = 1
for url in urls:
    mobile_infos = parse_one_page(get_one_page(url))
    # 处理每一部手机的信息
    for mobile_info in mobile_infos:
        print(mobile_info)
        # 将手机信息添加到第 1 个 Sheet 中
        sheet_all.write(i, 0, str(i))
        sheet_all.write(i, 1, mobile_info['product'])
        sheet_all.write(i, 2, mobile_info['price'])
        sheet_all.write(i, 3, mobile_info['seller'])
        # 在产品名称中搜索，如果包含 apple，说明是 Apple 手机，将该手机的信息添加到第 2 个 Sheet 中
        if mobile_info['product'].lower().find('apple') != -1:
            sheel_apple.write(apple_i, 0, str(apple_i))
            sheel_apple.write(apple_i, 1, mobile_info['product'])
            sheel_apple.write(apple_i, 2, mobile_info['price'])
            sheel_apple.write(apple_i, 3, mobile_info['seller'])
            apple_i += 1
        # 在产品名称中搜索，如果包含 " 华为 "，说明是华为手机，将该手机的信息添加到第 3 个 Sheet 中
        if mobile_info['product'].lower().find(' 华为 ') != -1:
            sheel_huawei.write(huawei_i, 0, str(huawei_i))
            sheel_huawei.write(huawei_i, 1, mobile_info['product'])
            sheel_huawei.write(huawei_i, 2, mobile_info['price'])
            sheel_huawei.write(huawei_i, 3, mobile_info['seller'])
            huawei_i += 1
        # 在产品名称中搜索，如果包含 " 小米 "，说明是小米手机，将该手机的信息添加到第 4 个 Sheet 中
        if mobile_info['product'].lower().find(' 小米 ') != -1:
            sheel_xiaomi.write(xiaom_i, 0, str(xiaom_i))
            sheel_xiaomi.write(xiaom_i, 1, mobile_info['product'])
            sheel_xiaomi.write(xiaom_i, 2, mobile_info['price'])
```

```
                sheel_xiaomi.write(xiaom_i, 3, mobile_info['seller'])
                xiaom_i += 1
            time.sleep(0.1)
            i += 1

    # 生成包含手机排行数据的 Excel 文件
    book.save('mobile_rank.xls')
```

运行程序，会看到如图 10-17 所示的输出结果。

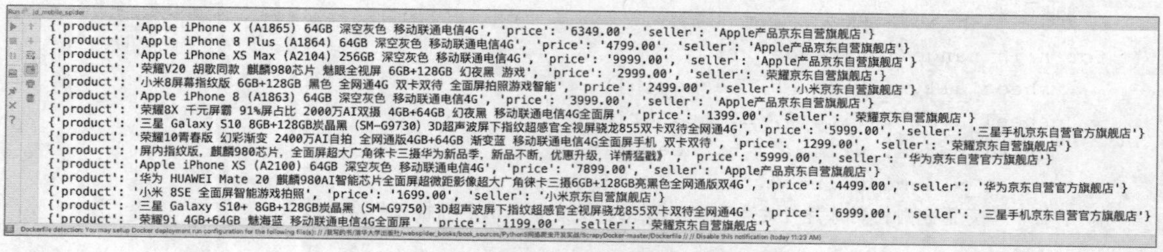

```
{'product': 'Apple iPhone X (A1865) 64GB 深空灰色 移动联通电信4G', 'price': '6349.00', 'seller': 'Apple产品京东自营旗舰店'}
{'product': 'Apple iPhone 8 Plus (A1864) 64GB 深空灰色 移动联通电信4G', 'price': '4799.00', 'seller': 'Apple产品京东自营旗舰店'}
{'product': 'Apple iPhone XS Max (A2104) 256GB 深空灰色 移动联通电信4G', 'price': '9999.00', 'seller': 'Apple产品京东自营旗舰店'}
{'product': '荣耀V20 胡歌同款 麒麟980芯片 魅眼全视屏 6GB+128GB 幻夜黑 游戏', 'price': '2999.00', 'seller': '荣耀京东自营旗舰店'}
{'product': '小米8屏幕指纹版 6GB+128GB 黑色 全网通4G 双卡双待 全面屏拍照游戏智能', 'price': '2499.00', 'seller': '小米京东自营旗舰店'}
{'product': 'Apple iPhone 8 (A1863) 64GB 深空灰色 移动联通电信4G', 'price': '3999.00', 'seller': 'Apple产品京东自营旗舰店'}
{'product': '荣耀8X 千元屏霸 91%屏占比 2000万AI双摄 4GB+64GB 幻夜黑 移动联通电信4G全面屏', 'price': '1399.00', 'seller': '荣耀京东自营旗舰店'}
{'product': '三星 Galaxy S10 8GB+128GB炭晶黑 (SM-G9730) 3D超声波屏下指纹超感官全视屏骁龙855双卡双待全网通4G', 'price': '5999.00', 'seller': '三星手机京东自营官方旗舰店'}
{'product': '荣耀10青春版 幻彩渐变 2400万AI自拍 全网通版4GB+64GB 渐变蓝 移动联通电信4G全面屏手机 双卡双待', 'price': '1299.00', 'seller': '荣耀京东自营旗舰店'}
{'product': '屏内指纹版，麒麟980芯片，全面屏超大广角徕卡三摄华为新品季，新品不断，优惠升级，详情猛戳》', 'price': '5999.00', 'seller': '华为京东自营官方旗舰店'}
{'product': 'Apple iPhone XS (A2100) 64GB 深空灰色 移动联通电信4G', 'price': '7899.00', 'seller': 'Apple产品京东自营旗舰店'}
{'product': '华为 HUAWEI Mate 20 麒麟980AI智能芯片全面屏超微距影像超大广角徕卡三摄6GB+128GB亮黑色全网通版双4G', 'price': '4499.00', 'seller': '华为京东自营官方旗舰店'}
{'product': '小米 8SE 全面屏智能游戏拍照', 'price': '1699.00', 'seller': '小米京东自营旗舰店'}
{'product': '三星 Galaxy S10+ 8GB+128GB炭晶黑 (SM-G9750) 3D超声波屏下指纹超感官全视屏骁龙855双卡双待全网通4G', 'price': '6999.00', 'seller': '三星手机京东自营官方旗舰店'}
{'product': '荣耀9i 4GB+64GB 魅海蓝 移动联通电信4G全面屏', 'price': '1199.00', 'seller': '荣耀京东自营旗舰店'}
```

图 10-17　抓取京东商城手机销售排行

运行程序后，会在当前目录下看到一个 mobile_rank.xls 文件，用 Excel 打开这个文件，会看到如图 10-18 所示的效果。

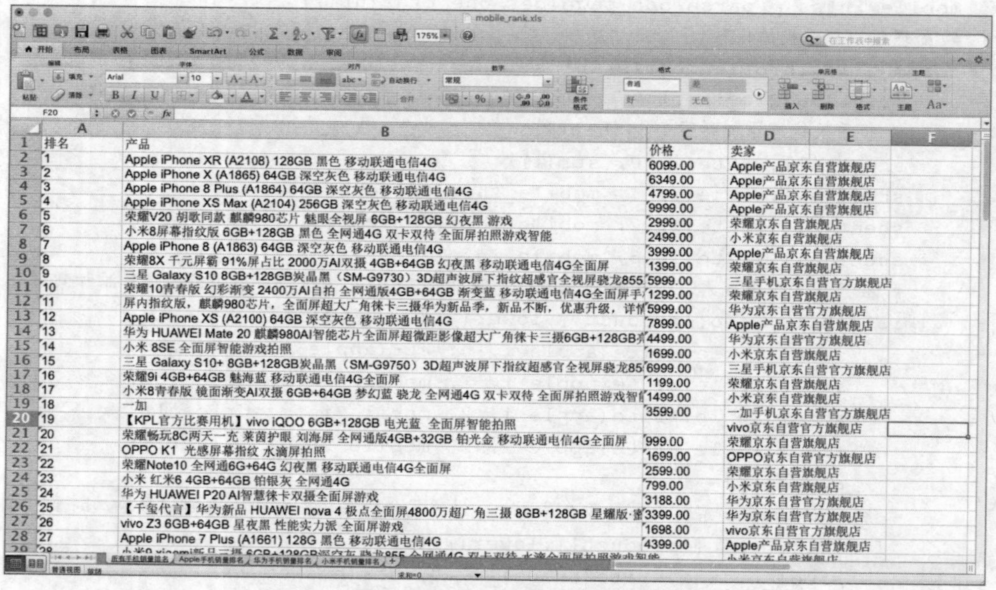

排名	产品	价格	卖家
1	Apple iPhone XR (A2108) 128GB 黑色 移动联通电信4G	6099.00	Apple产品京东自营旗舰店
2	Apple iPhone X (A1865) 64GB 深空灰色 移动联通电信4G	6349.00	Apple产品京东自营旗舰店
3	Apple iPhone 8 Plus (A1864) 64GB 深空灰色 移动联通电信4G	4799.00	Apple产品京东自营旗舰店
4	Apple iPhone XS Max (A2104) 256GB 深空灰色 移动联通电信4G	9999.00	Apple产品京东自营旗舰店
5	荣耀V20 胡歌同款 麒麟980芯片 魅眼全视屏 6GB+128GB 幻夜黑 游戏	2999.00	荣耀京东自营旗舰店
6	小米8屏幕指纹版 6GB+128GB 黑色 全网通4G 双卡双待 全面屏拍照游戏智能	2499.00	小米京东自营旗舰店
7	Apple iPhone 8 (A1863) 64GB 深空灰色 移动联通电信4G	3999.00	Apple产品京东自营旗舰店
8	荣耀8X 千元屏霸 91%屏占比 2000万AI双摄 4GB+64GB 幻夜黑 移动联通电信4G全面屏	1399.00	荣耀京东自营旗舰店
9	三星 Galaxy S10 8GB+128GB炭晶黑（SM-G9730）3D超声波屏下指纹超感官全视屏骁龙855	5999.00	三星手机京东自营官方旗舰店
10	荣耀10青春版 幻彩渐变 2400万AI自拍 全网通版4GB+64GB 渐变蓝 移动联通电信4G全面屏手	1299.00	荣耀京东自营旗舰店
11	屏内指纹版，麒麟980芯片，全面屏超大广角徕卡三摄华为新品季，新品不断，优惠升级，详情	5999.00	华为京东自营官方旗舰店
12	Apple iPhone XS (A2100) 64GB 深空灰色 移动联通电信4G	7899.00	Apple产品京东自营旗舰店
13	华为 HUAWEI Mate 20 麒麟980AI智能芯片全面屏超微距影像超大广角徕卡三摄6GB+128GB	4499.00	华为京东自营官方旗舰店
14	小米 8SE 全面屏智能游戏拍照	1699.00	小米京东自营旗舰店
15	三星 Galaxy S10+ 8GB+128GB炭晶黑（SM-G9750）3D超声波屏下指纹超感官全视屏骁龙85	6999.00	三星手机京东自营官方旗舰店
16	荣耀9i 4GB+64GB 魅海蓝 移动联通电信4G全面屏	1199.00	荣耀京东自营旗舰店
17	小米8青春版 镜面渐变AI双摄 6GB+64GB 梦幻蓝 骁龙 全网通4G 双卡双待 全面屏拍照游戏智	1499.00	小米京东自营旗舰店
18	一加	3599.00	一加手机京东自营官方旗舰店
19	【KPL官方比赛用机】vivo iQOO 6GB+128GB 电光蓝　全面屏智能拍照		vivo京东自营官方旗舰店
20	荣耀畅玩8C两天一充 莱茵护眼 刘海屏 全网通版4GB+32GB 铂光金 移动联通电信4G全面屏	999.00	荣耀京东自营旗舰店
21	OPPO K1　光感屏幕指纹 水滴屏拍照	1699.00	OPPO京东自营官方旗舰店
22	荣耀Note10 全网通6G+64G 幻夜黑 移动联通电信4G全面屏	2599.00	荣耀京东自营旗舰店
23	小米 红米6 4GB+64GB 铂银灰 全网通4G	799.00	小米京东自营旗舰店
24	华为 HUAWEI P20 AI智慧徕卡双摄全面屏游戏	3188.00	华为京东自营官方旗舰店
25	【千玺代言】华为新品 HUAWEI nova 4 极点全面屏4800万超广角三摄 8GB+128GB 星耀版·	3399.00	华为京东自营官方旗舰店
26	vivo Z3 6GB+64GB 星夜黑 性能实力派 全面屏游戏	1698.00	vivo京东自营官方旗舰店
27	Apple iPhone 7 Plus (A1661) 128G 黑色 移动联通电信4G	4399.00	Apple产品京东自营旗舰店

图 10-18　Excel 文件中的手机销售排名数据

由于访问京东商城的搜索页面需要处于登录状态，所以在运行本例之前，需要让自己的京东商城页面处于登录状态，并在 Chrome 浏览器的开发者工具中的 Network 选项卡左侧选择 Search 项，然后在右侧的 Headers 选项卡中找到 cookie 请求头字段，如图 10-19 所示。最后将该字段的内容复制到本例的 headers 字典的 cookie 中。

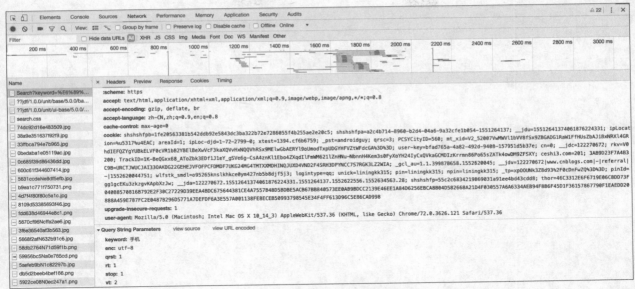

图 10-19　复制 cookie 字段的值

10.9　小结

到现在为止，已经介绍了 3 个 HTML 分析库了，它们是 lxml、Beautiful Soup 和 pyquery。这 3 个分析库各有优缺点。lxml 的功能比较简单，只支持 XPath，但运行速度比较快。Beautiful Soup 的功能丰富，支持多种选择器（节点选择器、方法选择器和 CSS 选择器），不过 CSS 选择器的功能不如 pyquery 丰富。pyquery 虽然 CSS 选择器功能强大，但只支持 CSS 选择器，如果要使用 XPath 选取节点，仍然需要使用 lxml 或 Beautiful Soup。这 3 个 HTML 分析库不是互斥的，它们都有一定的关联，例如，Beautiful Soup 底层需要依赖 lxml。所以在实际应用中，可以根据需要使用一种或多种 HTML 分析库。

第4篇

数据存储

第 11 章

文件存储

爬虫在抓取 Web 数据后，需要对这些抓取到的数据进行分析，分析完之后需要将分析的成果保存起来。保存数据有多种方式，其中最简单、成本最低的就是将数据保存在二进制或文本文件中。这些文件主要包括 XML 文件、CSV 文件、JSON 等文件，本章详细介绍如何用 Python API 读写这些文件。

本章主要介绍以下内容：

（1）操作文件的基本方法；

（2）使用 FileInput 对象读取文件；

（3）读写 XML 文件；

（4）读写 JSON 文件；

（5）XML 数据、JSON 数据和 Python 对象之间的互相转换；

（6）读写 CSV 文件。

11.1 打开文件

open 函数用于打开文件，通过该函数的第 1 个参数指定要打开的文件名（可以是相对路径，也可以是绝对路径）。

```
f = open('test.txt')
f = open('./files/test.txt')
```

如果使用 open 函数成功打开文件，那么该函数会返回一个 TextIOWrapper 对象，该对象中的方法可用来操作这个被打开的文件。如果要打开的文件不存在，会抛出如图 11-1 所示的 FileNotFoundError 异常。

```
Traceback (most recent call last):
  File "/我写的书/清华大学出版社/webspider_books/src/file/test.py", line 1, in <module>
    f = open('test.txt')
FileNotFoundError: [Errno 2] No such file or directory: 'test.txt'
```

图 11-1 FileNotFoundError 异常

open 函数的第 2 个参数用于指定文件模式（用一个字符串表示）。这里的文件模式是指操作文件的方式，如只读、写入、追加等。表 11-1 描述了 Python 支持的常用文件模式。

表 11-1　Python 支持的常用文件模式

文 件 模 式	描　　　述
'r'	读模式（默认值）
'w'	写模式
'x'	排他的写模式（只能用户自己写）
'a'	追加模式
'b'	二进制模式（可添加到其他模式中使用）
't'	文本模式（默认值，可添加到其他模式中使用）
'+'	读写模式（必须与其他文件模式一起使用）

可以看到，在表 11-1 所示的文件模式中，主要涉及对文件的读写和文件格式（文本和二进制）的问题。使用 open 函数打开文件时默认是读模式，如果想向文件中写数据，需要通过 open 函数的第 2 个参数指定文件模式。

```
f = open('./files/test.txt', 'w')      # 以写模式打开文件
f = open('./files/test.txt', 'a')      # 以追加模式打开文件
```

写模式和追加模式的区别是如果文件存在，写模式会覆盖原来的文件，而追加模式会在原文件内容的基础上添加新的内容。

在文件模式中，有一些文件模式需要和其他文件模式放到一起使用，如 open 函数不指定第 2 个参数时默认以读模式打开文本文件，也就是 'rt' 模式。如果要以写模式打开文本文件，需要使用 'wt' 模式。对于文本文件来说，用文本模式（t）打开文件和用二进制模式（b）打开文件的区别不大，都是以字节为单位读写文件，只是在读写行结束符时有一定的区别。

如果使用文本模式打开纯文本文件，在读模式下，系统会将 '\n' 作为行结束符，对于 Unix、Mac OS X 这样的系统来说，会将 '\n' 作为行结束符，而对于 Windows 来说，会将 '\r\n' 作为行结束符，还有的系统会将 '\r' 作为行结束符。对于 '\r\n' 和 '\r' 这样的行结束符，在文本读模式下，会自动转换为 '\n'，而在二进制读模式下，会按原样读取，不会做任何转换。在文本写模式下，系统会将行结束符转换为 OS 对应的行结束符，如 Windows 平台会自动用 '\r\n' 作为行结束符。可以使用 os 模块中的 linesep 变量来获得当前 OS 对应的行结束符。

在表 11-1 最后一项是 '+' 文件模式，表示读写模式，必须与其他文件模式一起使用，如 'r+'、'w+'、'a+'。可能有很多读者会感到奇怪，这几个组合文件模式都可以对文件进行读写操作，那么他们有什么区别呢？

（1）r+：文件可读写，如果文件不存在，会抛出异常；如果文件存在，会从当前位置开始写入新内容，通过 seek 函数可以改变当前的位置，也就是文件指针。

（2）w+：文件可读写，如果文件不存在，会创建一个新文件，如果文件存在，会清空整个文件，并写入新内容。

（3）a+：文件可读写，如果文件不存在，会创建一个新文件，如果文件存在，会将要写入的内容添加到原文件的最后，也就是说，使用 'a+' 模式打开文件，文件指针会直接跳到文件的尾部，如果使用 read 方法读取文件内容，需要使用 seek 方法改变文件指针，如果调用 seek(0) 会直接将文件指针移到文件开始的位置。

11.2 操作文件的基本方法

前面已经介绍了如何打开文件，以及常用的文件模式。下一步就是操作这些文件，通常的文件操作就是读文件和写文件，本节介绍 Python 语言中基本的读写文件的方法。

11.2.1 读文件和写文件

使用 open 函数成功打开文件后，会返回一个 TextIOWrapper 对象，然后就可以调用该对象中的方法对文件进行操作了，TextIOWrapper 对象有如下 4 个常用的方法。

（1）write(string)：向文件写入内容，该方法返回写入文件的字节数。

（2）read([n])：读取文件的内容，n 是一个整数，表示从文件指针指定的位置开始读取的 n 个字节。如果不指定 n，该方法就会读取从当前位置往后的所有的字节。该方法返回读取的数据。

（3）seek(n)：重新设置文件指针，也就是改变文件的当前位置。使用 write 方法向文件写入内容后，需要调用 seek(0) 才能读取刚才写入的内容。

（4）close()：关闭文件，对文件进行读写操作后，关闭文件是一个好习惯。

【例 11.1】 本例分别使用 'r'、'w'、'r+'、'w+' 等文件模式打开文件，并读写文件的内容，读者可以从中学习到不同文件模式操作文件的差别。

实例位置： src/file/read_write_file.py

```python
# 以写模式打开 test1.txt 文件
f = open('./files/test1.txt','w')
# 向 test1.txt 文件写入 "I love ",运行结果：7
print(f.write('I love '))
# 向 test1.txt 文件写入 "python",运行结果：6
print(f.write('python'))
# 关闭 test1.txt 文件
f.close()
# 以读模式打开 test1.txt 文件
f = open('./files/test1.txt', 'r')
# 从 test1.txt 文件中读取 7 个字节的数据,运行结果：I love
print(f.read(7))
# 从 test1.txt 文件的当前位置开始读取 6 个字节的数据,运行结果：python
print(f.read(6))
# 关闭 test.txt 文件
f.close()
try:
    # 如果 test2.txt 文件不存在,会抛出异常
    f = open('./files/test2.txt','r+')
except Exception as e:
    print(e)
# 用追加可读写模式打开 test2.txt 文件
f = open('./files/test2.txt', 'a+')
# 向 test2.txt 文件写入 "hello"
```

```
print(f.write('hello'))
# 关闭 test2.txt 文件
f.close()
# 用追加可读写模式打开 test2.txt 文件

f = open('./files/test2.txt', 'a+')
# 读取 test2.txt 文件的内容，由于目前文件指针已经在文件的结尾，所以什么都不会读出来
print(f.read())
# 将文件指针设置到文件开始的位置
f.seek(0)
# 读取文件的全部内容，运行结果：hello
print(f.read())
# 关闭 test2.txt 文件
f.close()
try:
    # 用写入可读写的方式打开 test2.txt 文件，该文件的内容会清空
    f = open('./files/test2.txt', 'w+')
    # 读取文件的全部内容，什么都没读出来
    print(f.read())
    # 向文件写入 "How are you?"
    f.write('How are you?')
    # 重置文件指针到文件的开始位置
    f.seek(0)
    # 读取文件的全部内容，运行结果：How are you?
    print(f.read())
finally:
    # 关闭 test2.txt 文件，建议在 finally 中关闭文件
    f.close()
```

在运行程序之前，先在当前目录建立一个 files 子目录，第一次运行程序的结果如图 11-2 所示。

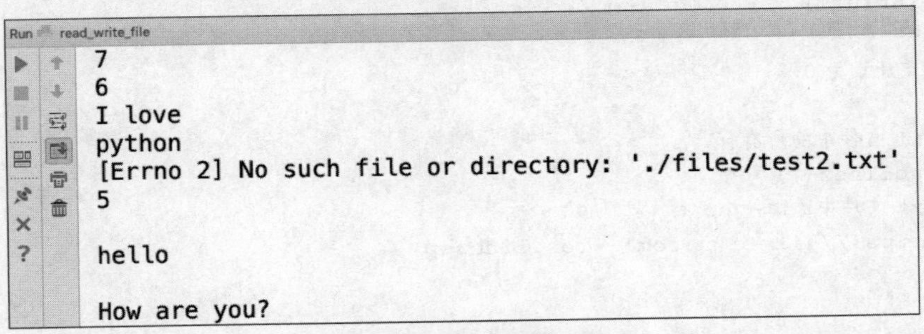

```
Run    read_write_file
7
6
I love
python
[Errno 2] No such file or directory: './files/test2.txt'
5

hello

How are you?
```

图 11-2　读文件和写文件

　　尽管一个文件对象在退出程序后（也可能在退出前）会自动关闭，是否关闭不重要，但在对文件完成相关操作后关闭文件也没什么坏处，而且还可以避免浪费操作系统中打开文件的配额。因此建议在对文件进行读写操作后，使用 close 方法关闭文件，而且最好在 finally 子句中关闭文件，这样做可以保证文件一定会被关闭。

11.2.2　读行和写行

　　读写一整行是纯文本文件最常用的操作，尽管可以使用 read 和 write 方法加上行结束符来读写文件中的整行，但比较麻烦。因此，要读写一行或多行文本，建议使用 readline 方法、readlines 方法和 writelines 方法。注意，并没有 writeline 方法，写一行文本直接使用 write 方法。

　　readline 方法用于从文件指针当前位置读取一整行文本，也就是说，遇到行结束符停止读取文本，但读取的内容包括了行结束符。readlines 方法从文件指针当前的位置读取后面所有的数据，并将这些数据按行结束符分隔后，放到列表中返回。writelines 方法需要通过参数指定一个字符串类型的列表，该方法会将列表中的每一个元素值作为单独的一行写入文件。

　　【例 11.2】　本例通过 readline 方法、readlines 方法和 writelines 方法对 urls.txt 文件进行读写行操作，并将读文件后的结果输出到控制台。

　　实例位置：src/file/read_write_line.py

```python
import os
# 以读写模式打开 urls.txt 文件
f = open('./files/urls.txt','r+')
# 保存当前读上来的文本
url = ''
while True:
    # 从 urls.txt 文件读一行文本
    url = f.readline()
    # 将最后的行结束符去掉
    url = url.rstrip()
    # 当读上来的是空串，结束循环
    if url == '':
        break;
    else:
        # 输出读上来的行文本
        print(url)
print('------------')
# 将文件指针重新设为 0
f.seek(0)
# 读 urls.txt 文件中的所有行
print(f.readlines())
# 向 urls.txt 文件中添加一个新行
f.write('https://jiketiku.com' + os.linesep)
# 关闭文件
f.close()
# 使用 'a+' 模式再次打开 urls.txt 文件
f = open('./files/urls.txt','a+')
# 定义一个要写入 urls.txt 文件的列表
urlList = ['https://geekori.com' + os.linesep, 'https://www.google.com' + os.linesep]
# 将 urlList 写入 urls.txt 文件
f.writelines(urlList)
# 关闭 urls.txt 文件
f.close()
```

在运行上面的程序之前，要在当前目录中建立一个 files 子目录，并在该目录下建立一个 urls.txt
文件：

    files/urls.txt

并输入下面 3 行内容。

```
https://geekori.com
https://geekori.com/que.php
http://edu.geekori.com
```

程序运行结果如图 11-3 所示。

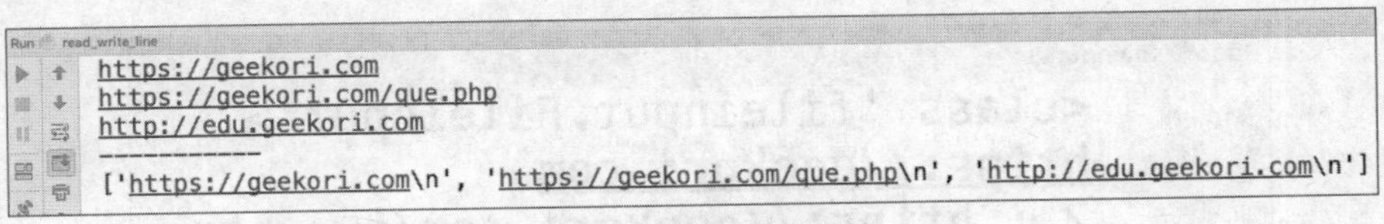

图 11-3　读行和写行

第一次运行程序后，urls.txt 文件中内容如下：

```
https://geekori.com
https://geekori.com/que.php
http://edu.geekori.com
https://jiketiku.com
https://geekori.com
https://www.google.com
```

11.3　使用 FileInput 对象读取文件

如果需要读取一个非常大的文件，使用 readlines 函数会占用太多内存，因为该函数会一次性将文件所有的内容都读取到列表中，列表中的数据都需要放到内存中，所以非常占内存，为了解决这个问题，可以使用 for 循环和 readline 方法逐行读取，也可以使用 fileinput 模块中的 input 函数读取指定的文件。

input 方法返回一个 FileInput 对象，通过 FileInput 对象的相应方法可以对指定文件进行读取，FileInput 对象使用的缓存机制，并不会一次性读取文件的所有内容，所以比 readlines 函数更节省内存资源。

【例 11.3】　本例使用 fileinput.input 方法读取 urls.txt 文件，并通过 for 循环获取每一行值，同时调用 fileinput.filename 方法和 fileinput.lineno 方法分别获取正在读取的文件名和当前的行号。

    实例位置： src/file/fileinput_demo.py

```
import fileinput
# 使用 input 方法打开 urls.txt 文件
fileobj = fileinput.input('./files/urls.txt')
# 输出 fileobj 的类型
print(type(fileobj))
# 读取 urls.txt 文件第 1 行
print(fileobj.readline().rstrip())
```

```
# 通过 for 循环输出 urls.txt 文件的其他行
for line in fileobj:
    line = line.rstrip()
    # 如果 file 不等于空串，输出当前行号和内容
    if line != '':
        print(fileobj.lineno(),':',line)
    else:
        # 输出当前正在操作的文件名
        print(fileobj.filename())      # 必须在第 1 行读取后再调用，否则返回 None
```

程序运行结果如图 11-4 所示。

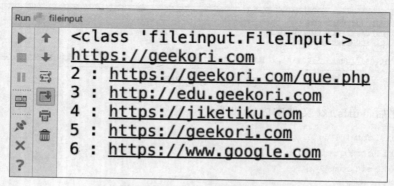

图 11-4　用 fileinput 读取文件

要注意的是，filename 方法必须在第 1 次读取文件内容后调用，否则返回 None。

11.4　处理 XML 格式的数据

在 Python 语言中操作 XML 文件有多种 API，本节将介绍对 XML 文件读写的基本方式，以及如何利用 XPath 来搜索 XML 文件中的子节点。

11.4.1　读取与搜索 XML 文件

XML 文件已经被广泛使用在各种应用中，Web 应用、移动应用、桌面应用以及其他应用，几乎都有 XML 文件的身影。尽管目前很多应用都不会将大量的数据保存在 XML 文件中，但至少会使用 XML 文件保存一些配置信息。

在 Python 语言中需要导入 xml 模块或其子模块，并利用其中提供的 API 来操作 XML 文件。例如，读取 XML 文件需要导入 xml.etree.ElementTree 模块，并通过该模块的 parse 函数读取 XML 文件。

【例 11.4】　本例读取一个名为 products.xml 的文件，并输出 XML 文件中相应节点和属性的值。

实例位置： src/file/read_search_xml.py

```
from xml.etree.ElementTree import parse
# 开始分析 products.xml 文件，files/products.xml 是要读取的 XML 文件的名字
doc = parse('files/products.xml')
# 通过 XPath 搜索子节点集合，然后对这个子节点集合进行迭代
```

```
for item in doc.iterfind('products/product'):
    # 读取 product 节点的 id 子节点的值
    id = item.findtext('id')
    # 读取 product 节点的 name 子节点的值
    name = item.findtext('name')
    # 读取 product 节点的 price 子节点的值
    price = item.findtext('price')
    # 读取 product 节点的 uuid 属性的值
    print('uuid','=',item.get('uuid'))
    print('id','=',id)
    print('name', '=',name)
    print('price','=',price)
    print('-------------')
```

在运行上面的代码之前，需要在当前目录下建立一个 files 目录，并在 files 目录下建立一个 products.xml 文件，然后输入如下的内容：

```
<!-- products.xml -->
<root>
    <products>
        <product uuid='1234'>
            <id>10000</id>
            <name>iPhone9</name>
            <price>9999</price>
        </product>
        <product uuid='4321'>
            <id>20000</id>
            <name>特斯拉</name>
            <price>800000</price>
        </product>
        <product uuid='5678'>
            <id>30000</id>
            <name>Mac Pro</name>
            <price>40000</price>
        </product>
    </products>
</root>
```

程序运行结果如图 11-5 所示。

从前面的代码可知，读取一个节点的子节点的值要使用 findnext 方法，读取节点属性的值，直接在当前节点下使用 get 方法即可。而且 XML 文件要有一个根节点，本例是 <root>，不能直接用 <products> 作为顶层节点，因为要对该节点进行迭代。如果要迭代 <products> 节点中多个同名的子节点（如本例中的 <product>），需要使用 "products/product" 格式。这是通过 XPath 查找 XML 文件中子节点的标准方式。

图 11-5　读取 XML 文件

11.4.2　字典转换为 XML 字符串

在上一节只讲了如何读取 XML 文件，这些 XML 文件可能是手工录入的，也可能是其他程序生成的, 不过更有可能是当前的程序生成的。

生成 XML 文件的方式很多, 可以按字符串方式生成 XML 文件, 也可以按其他方式生成文件。本节将介绍一种将 Python 语言中的字典转换为 XML 文件的方式。通过这种方式, 可以实现定义一个字典变量, 并为该变量设置相应的值, 然后再将该字典变量转换为 XML 文件。

将字典转换为 XML 文件需要使用 dicttoxml 模块中的 dicttoxml 函数, 在导入 dicttoxml 模块之前需要先使用下面的命令安装 dicttoxml 模块。

```
pip install dicttoxml
```

要注意的是, 如果本机安装了多个版本的 Python, 一定要确认调用的 pip 命令是否为当前正在使用的 Python 版本中的 pip, 如果调用错了, 就会将 dicttoxml 模块安装到其他 Python 版本中, 而当前正在使用的 Python 版本还是无法导入 dicttoxml 模块。

如果要解析 XML 字符串, 可以导入 xml.dom.minidom 模块, 并使用该模块中的 parseString 函数。也就是说, 如果要装载 XML 文件, 需要使用上一节介绍的 parse 函数, 如果要解析 XML 字符串, 需要使用 parseString 函数。

【例 11.5】 本例将一个字典类型变量转换为 XML 字符串, 然后使用 parseString 函数解析这个 XML 字符串, 并用带缩进格式的形式将 XML 字符串写入 persons.xml 文件。

实例位置: src/file/dict2xml.py

```python
import dicttoxml
from xml.dom.minidom import parseString
import os
# 定义一个字典
d = [20,'names',
     {'name':'Bill','age':30,'salary':2000},
     {'name':' 王军 ','age':34,'salary':3000},
     {'name':'John','age':25,'salary':2500}]
# 将字典转换为 XML 格式 (bytes 形式)
bxml = dicttoxml.dicttoxml(d, custom_root = 'persons')
# 将 bytes 形式的 XML 数据按 utf-8 编码格式解码成 XML 字符串
xml = bxml.decode('utf-8')
# 输出 XML 字符串
print(xml)
# 解析 XML 字符串
dom = parseString(xml)
# 生成带缩进格式的 XML 字符串
prettyxml = dom.toprettyxml(indent = '  ')
# 创建 files 目录
os.makedirs('files', exist_ok = True)
# 以只写和 utf-8 编码格式的方式打开 persons.xml 文件
f = open('files/persons.xml', 'w',encoding='utf-8')
# 将格式化的 XML 字符串写入 persons.xml 文件
f.write(prettyxml)
f.close()
```

程序运行结果如下:

```
<?xml version="1.0" encoding="UTF-8" ?><persons><item type="int">20</item><item
```

```
type="str">names</item><item type="dict"><name type="str">Bill</name><age
type="int">30</age><salary type="int">2000</salary></item><item type="dict"><name
type="str">王军</name><age type="int">34</age><salary type="int">3000</salary></
item><item type="dict"><name type="str">John</name><age type="int">25</age><salary
type="int">2500</salary></item></persons>
```

运行本例后，会看到 files 目录下的 persons.xml 文件的内容如下：

```xml
<?xml version="1.0" ?>
<persons>
  <item type="int">20</item>
  <item type="str">names</item>
  <item type="dict">
    <name type="str">Bill</name>
    <age type="int">30</age>
    <salary type="int">2000</salary>
  </item>
  <item type="dict">
    <name type="str">王军</name>
    <age type="int">34</age>
    <salary type="int">3000</salary>
  </item>
  <item type="dict">
    <name type="str">John</name>
    <age type="int">25</age>
    <salary type="int">2500</salary>
  </item>
</persons>
```

从控制台的输出内容和 persons.xml 文件的内容可以看出，将字典转换为 XML 字符串时在节点标签上加了一个 type 属性，表示该节点值的类型，如字典类型是"dict"，字符串是"dict"，整数类型是"int"。

11.4.3　XML 字符串转换为字典

将 XML 字符串转换为字典是上一节讲的将字典转换为字符串的逆过程，需要导入 xmltodict 模块，首先，需要使用下面的命令安装 xmltodict 模块，注意事项与安装 dicttoxml 模块类似。

```
pip install xmltodict
```

【例 11.6】 本例从 products.xml 文件中读取一个 XML 字符串，并使用 xmltodict 模块的 parse 函数分析这个 XML 字符串，如果 XML 格式正确，parse 函数会返回与该 XML 字符串对应的字典对象。

实例位置：src/file/xml2dict.py

```python
import xmltodict
# 打开 products.xml 文件
f = open('files/products.xml','rt',encoding="utf-8")
# 读取 products.xml 文件中的所有内容
xml = f.read()
# 分析 XML 字符串，并转化为字典
d = xmltodict.parse(xml)
```

```
# 输出字典内容
print(d)
f.close()
```

程序运行结果如下：

```
OrderedDict([('root', OrderedDict([('products', OrderedDict([('product', [OrderedDict
([('@uuid', '1234'), ('id', '10000'), ('name', 'iPhone9'), ('price', '9999')]), OrderedDict
([('@uuid', '4321'), ('id', '20000'), ('name', '特斯拉'), ('price', '800000')]), OrderedDict
([('@uuid', '5678'), ('id', '30000'), ('name', 'Mac Pro'), ('price', '40000')])])])])])])
```

上面的代码明显很乱，为了让字典的输出结果更容易阅读，可以使用pprint模块中的
PretterPrinter.pprint 方法输出字典。

```
import pprint
print(d)                                          # d为字典变量
pp = pprint.PrettyPrinter(indent=4)
pp.pprint(d)
```

程序运行结果如图 11-6 所示。

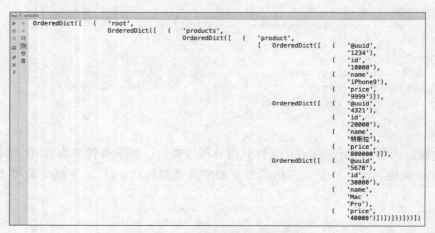

图 11-6 格式化字典的输出结果

11.5 处理 JSON 格式的数据

　　JSON 格式的数据同样被广泛使用在各种应用中，JSON 格式要比 XML 格式更简约，所以现在很多数据都选择使用 JSON 格式保存，尤其是需要通过网络传输数据时，对于移动应用更有优势，因为保存同样的数据，使用 JSON 格式要比使用 XML 格式的数据存储容量更小，所以传输速度更快，也更节省流量，因此，在移动 App 中通过网络传输的数据，几乎都采用 JSON 格式。

　　JSON 格式的数据可以保存数组和对象，JSON 数组用一对中括号将数据括起来，JSON 对象用一对大括号将数据括起来，下面就是一个典型的 JSON 格式的字符串。在这个 JSON 格式字符串中定义了一个有两个元素的数组，每一个元素的类型都是一个对象。对象的 key 和 value 之间要用冒号（:）分隔，key-value 对之间用逗号（,）分隔。注意，key 和字符串类型的值要用双引号括起来，不能使用单引号。

```
[
    {"item1":"value1","item2": 30,"item3":10},
    {"item1":"value2", "item2": 30,"item3":20}
]
```

11.5.1 JSON 字符串与字典互相转换

将字典转换为 JSON 字符串需要使用 json 模块的 dumps 函数，该函数需要将字典通过参数传入，然后返回与字典对应的 JSON 字符串。将 JSON 字符串转换为字典可以使用下面两种方法。

（1）使用 json 模块的 loads 函数，该函数通过参数传入 JSON 字符串，然后返回与该 JSON 字符串对应的字典。

（2）使用 eval 函数将 JSON 格式字符串当作普通的 Python 代码执行，eval 函数会直接返回与 JSON 格式字符串对应的字典。

【例 11.7】 本例将名为 data 的字典转换为 JSON 字符串，然后将 JSON 字符串 s 通过 eval 函数转换为字典。最后从 products.json 文件中读取 JSON 字符串，并使用 loads 函数和 eval 函数两种方法将 JSON 字符串转换为字典。

实例位置：src/file/json2dict.py

```python
import json
# 定义一个字典
data = {
    'name' : 'Bill',
    'company' : 'Microsoft',
    'age' : 34
}
# 将字典转换为 JSON 字符串
jsonStr = json.dumps(data)
# 输出 jsonStr 变量的类型
print(type(jsonStr))
# 输出 JSON 字符串
print(jsonStr)
# 将 JSON 字符串转换为字典
data = json.loads(jsonStr)
print(type(data))
# 输出字典
print(data)
# 定义一个 JSON 字符串
s = '''
{
    'name' : 'Bill',
    'company' : 'Microsoft',
    'age' : 34
}
'''
# 使用 eval 函数将 JSON 字符串转换为字典
data = eval(s)
```

```
print(type(data))
print(data)
# 输出字典中的 key 为 company 的值
print(data['company'])
# 打开 products.json 文件
f = open('files/products.json','r',encoding='utf-8')
# 读取 products.json 文件中的所有内容
jsonStr = f.read()
# 使用 eval 函数将 JSON 字符串转换为字典
json1 = eval(jsonStr)
# 使用 loads 函数将 JSON 字符串转换为字典
json2 = json.loads(jsonStr)
print(json1)
print(json2)
print(json2[0]['name'])
f.close()
```

在运行上面程序之前，需要在当前目录建立一个 files 子目录，并且在 files 子目录中建立一个 products.json 文件，内容如下：

```
[
    {
    "name":"iPhone9",
    "price":9999,
    "count":3000},

    {"name":"特斯拉",
    "price":800000,
    "count":122}
]
```

程序运行结果如图 11-7 所示。

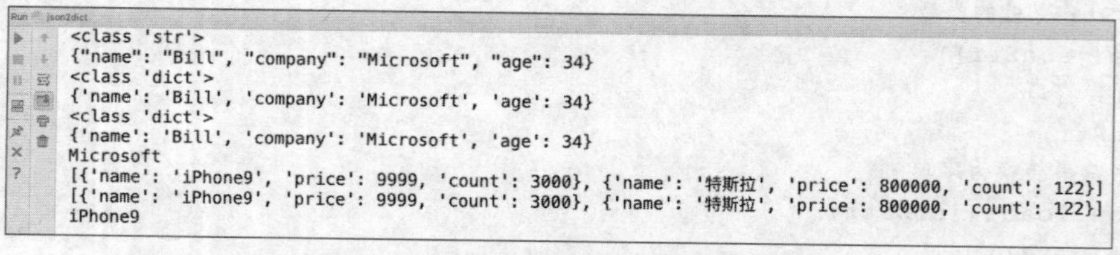

图 11-7 字典与 JSON 字符串直接的相互转换

尽管 eval 函数与 loads 函数都可以将 JSON 字符串转换为字典，但建议使用 loads 函数进行转换，因为 eval 函数可以执行任何 Python 代码，如果 JSON 字符串中包含了有害的 Python 代码，执行 JSON 字符串可能会带来风险。

11.5.2 将 JSON 字符串转换为类实例

loads 函数不仅可以将 JSON 字符串转换为字典，还可以将 JSON 字符串转换为类实例。转换原理是通过 loads 函数的 object_hook 关键字参数指定一个类或一个回调函数，具体处理方式如下：

（1）指定类：loads 函数会自动创建指定类的实例，并将由 JSON 字符串转换成的字典通过类的构造方法传入类实例，也就是说，指定的类必须有一个可以接收字典的构造方法；

（2）指定回调函数：loads 函数会调用回调函数返回类实例，并将由 JSON 字符串转换成的字典传入回调函数，也就是说，回调函数也必须有一个参数可以接收字典。

从前面的描述可以看出，不管指定的是类，还是回调函数，都会由 loads 函数传入由 JSON 字符串转换成的字典，也就是说，loads 函数将 JSON 字符串转换为类实例本质上是先将 JSON 字符串转换为字典，然后再将字典转换为对象。区别是指定类时，创建类实例的任务由 loads 函数完成，而指定回调函数时，创建类实例的任务需要在回调函数中完成，前者更方便，后者更灵活。

【例 11.8】　本例会从 product.json 文件读取 JSON 字符串，然后分别通过指定类（Product）和指定回调函数（json2Product）的方式将 JSON 字符串转换为 Product 对象。

实例位置：src/file/json2class.py

```python
import json
class Product:
    # d 参数是要传入的字典
    def __init__(self, d):
        self.__dict__ = d
# 打开 product.json 文件
f = open('files/product.json','r')
# 从 product.json 文件中读取 JSON 字符串
jsonStr = f.read()
# 通过指定类的方式将 JSON 字符串转换为 Product 对象
my1 = json.loads(jsonStr, object_hook=Product)
# 下面 3 行代码输出 Product 对象中相应属性的值
print('name', '=', my1.name)
print('price', '=', my1.price)
print('count', '=', my1.count)
print('-----------')
# 定义用于将字典转换为 Product 对象的函数
def json2Product(d):
    return Product(d)
# 通过指定类回调函数的方式将 JSON 字符串转换为 Product 对象
my2 = json.loads(jsonStr, object_hook=json2Product)
# 下面 3 行代码输出 Product 对象中相应属性的值
print('name', '=', my2.name)
print('price', '=', my2.price)
print('count', '=', my2.count)
f.close()
```

在执行前面的代码之前，需要在当前目录建立一个 files 子目录，并在 files 子目录中建立一个 product.json 文件，内容如下：

```
{"name":"iPhone9",
"price":9999,
"count":3000}
```

程序运行结果如图 11-8 所示。

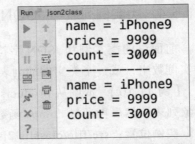

图 11-8　将 JSON 字符串转换为类实例

11.5.3   将类实例转换为 JSON 字符串

dumps 函数不仅可以将字典转换为 JSON 字符串，还可以将类实例转换为 JSON 字符串。dumps 函数需要通过 default 关键字参数指定一个回调函数，在转换的过程中，dumps 函数会向这个回调函数传入类实例（通过 dumps 函数第 1 个参数传入），而回调函数的任务是将传入的对象转换为字典，然后 dumps 函数再将由回调函数返回的字典转换为 JSON 字符串。也就是说，dumps 函数的本质还是将字典转换为 JSON 字符串，只是如果将类实例也转换为 JSON 字符串，需要先将类实例转换为字典，然后再将字典转换为 JSON 字符串，而将类实例转换为字典的任务就是通过 default 关键字参数指定的回调函数完成的。

【例 11.9】 本例会将 Product 类转换为 JSON 字符串，其中 product2Dict 函数的任务就是将 Product 类的实例转换为字典。

实例位置： src/file/class2json.py

```python
import json
class Product:
    # 通过类的构造方法初始化 3 个属性
    def __init__(self, name,price,count):
        self.name = name
        self.price = price
        self.count = count
# 用于将 Product 类的实例转换为字典的函数
def product2Dict(obj):
    return {
        'name': obj.name,
        'price': obj.price,
        'count': obj.count
    }
# 创建 Product 类的实例
product = Product('特斯拉',1000000,20)
# 将 Product 类的实例转换为 JSON 字符串，ensure_ascii 关键字参数的值设为 True,
# 可以让返回的 JSON 字符串正常显示中文
jsonStr = json.dumps(product, default=product2Dict,ensure_ascii=False)
print(jsonStr)
```

程序运行结果如下。

```
{"name": "特斯拉", "price": 1000000, "count": 20}
```

11.5.4   类实例列表与 JSON 字符串互相转换

前面讲的类实例和 JSON 字符串直接的互相转换只是转换的单个对象，如果 JSON 字符串是一个类实例数组，或一个类实例的列表，也可以互相转换。

【例 11.10】 本例从 products.json 文件读取 JSON 字符串，并通过 loads 函数将其转换为 Product 对象列表，然后再通过 dumps 函数将 Product 对象列表转换为 JSON 字符串。

实例位置： src/file/classlist2json.py

```
import json
class Product:
    def __init__(self, d):
        self.__dict__ = d

f = open('files/products.json','r', encoding='utf-8')
jsonStr = f.read()
# 将 JSON 字符串转换为 Product 对象列表
products = json.loads(jsonStr, object_hook=Product)
# 输出 Product 对象列表中所有 Product 对象的相关属性值
for product in products:
    print('name', '=', product.name)
    print('price', '=', product.price)
    print('count', '=', product.count)
f.close()
# 定义将 Product 对象转换为字典的函数
def product2Dict(product):
    return {
        'name': product.name,
        'price': product.price,
        'count': product.count
        }
# 将 Product 对象列表转换为 JSON 字符串
jsonStr = json.dumps(products, default=product2Dict,ensure_ascii=False)
print(jsonStr)
```

程序运行结果如图 11-9 所示。

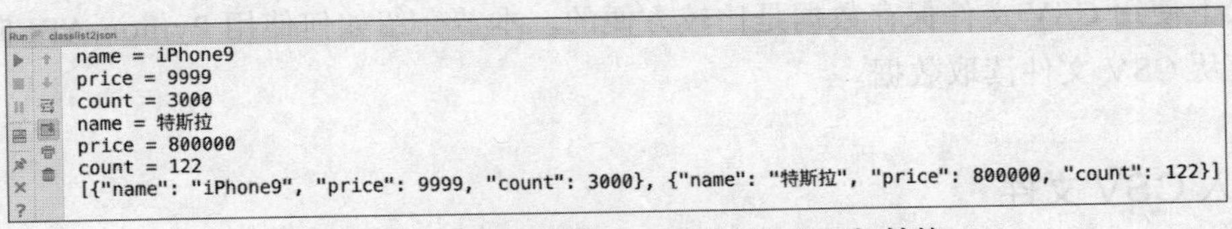

图 11-9　类实例列表与 JSON 字符串互相转换

11.6　将 JSON 字符串转换为 XML 字符串

将 JSON 字符串转换为 XML 字符串其实只需做一下中转即可，也就是先将 JSON 字符串转换为字典，然后再使用 dicttoxml 模块中的 dicttoxml 函数将字典转换为 XML 字符串。

【例 11.11】 本例从 products.json 文件读取 JSON 字符串，并利用 loads 函数和 dicttoxml 函数，将 JSON 字符串转换为 XML 字符串。

实例位置： src/file/json2xml.py

```
import json
import dicttoxml
f = open('files/products.json','r',encoding='utf-8')
jsonStr = f.read()
# 将 JSON 字符串转换为字典
```

```
d = json.loads(jsonStr)
print(d)
# 将字典转换为 XML 字符串
xmlStr = dicttoxml.dicttoxml(d).decode('utf-8')
print(xmlStr)
f.close()
```

程序运行结果如下。

```
[{'name': 'iPhone9', 'price': 9999, 'count': 3000}, {'name': '特斯拉', 'price': 800000,
'count': 122}]
<?xml version="1.0" encoding="UTF-8" ?><root><item type="dict"><name
type="str">iPhone9</name><price type="int">9999</price><count type="int">3000</
count></item><item type="dict"><name type="str">特斯拉</name><price type="int">800000</
price><count type="int">122</count></item></root>
```

11.7 CSV 文件存储

CSV，全称是 Comma-Separated Values，中文可以称为"逗号分隔值"或"字符分隔值"，CSV 文件以纯文本形式存储表格数据。该文件是一个字符序列，可以由任意数目的记录组成，记录间以某种换行符分隔，每条记录由若干个字段组成，字段间的分隔符是其他字符或字符串，最常见的是逗号或制表符。不过所有记录的字段数必须相同，类似于关系型数据库的二维表。CSV 文件比 Excel 文件更加简洁，Excel 文件是电子表格文件，是二进制格式的文件，里面包含了文本、数值、公式，甚至是 VBA 代码，而 CSV 文件中并不包含这些内容，只包含用特定字符分隔的文本，结构清晰简单。所以在很多场景下使用 CSV 文件保存数据是比较方便的。本节介绍如何使用 Python API 向 CSV 文件写入数据，以及从 CSV 文件读取数据。

11.7.1 写入 CSV 文件

Python 提供 csv 模块，利用该模块中的 API 可以将数据写入 CSV 文件。使用 csv 模块，首先要使用下面的代码导入该模块。

```
import csv
```

使用 open 函数打开一个 CSV 文件，并创建 writer 对象，然后使用 writer 对象的 writerow 方法将数据写入 CSV 文件，代码如下：

```
with open('data.csv','w') as f:
    writer = csv.writer(f)
    writer.writerow(['field1','field2 ','field3 '])
    writer.writerow(['data11','data12','data13'])
    writer.writerow(['data21','data22','data23'])
```

执行完这段代码后，会在当前目录生成一个 data.csv 文件，文件的内容如下：

```
field1,field2,field3
data11,data12,data13
data21,data22,data23
```

可以看到，使用 writerow 方法将数据写入 CSV 文件，使用的是列表类型的数据。而且默认字段之间的分隔符是逗号（,）。如果要修改字段之间的默认分隔符，需要使用 writer 类构造方法的 delimiter 参数，代码如下：

```
# 将字段之间默认的分隔符改成分号（;）
writer = csv.writer(f,delimiter=';')
```

如果写入的数据包含中文，在使用 open 函数打开文件时，需要使用 open 函数的 encoding 参数设置编码，如 utf-8，代码如下：

```
with open('data.csv','w',encoding='utf-8') as f:
    writer = csv.writer(f,delimiter=';')
    writer.writerow([' 产品 ID ',' 产品名称 ',' 生产企业 ',' 价格 '])
    writer.writerow(['0001','iPhone9','Apple',9999])
```

在将数据写入 CSV 文件时，数据源可能会包含多条记录，例如，数据集是一个列表，而列表的每个元素是一条记录（一个列表），这时可以使用 writerows 方法写入一个数据集，代码如下：

```
with open('data.csv','w') as f:
    writer = csv.writer(f)
    writer.writerow(['field1','field2'])
    writer.writerows([['data11','data12'],
                      ['data21', 'data22 ']])
```

数据源可能是多种多样的，在很多场景，数据源是可以自描述的，也就是说，字段与数据是混在一起的，而且通过字典描述，这时需要使用 DictWriter 对象的 writerow 方法将这样的数据写入 CSV 文件，代码如下：

```
with open('data.csv','w') as f:
    fieldnames = ['field1','field2','field3']
    writer = csv.DictWriter(f,fieldnames=fieldnames)
    writer.writeheader()
    writer.writerow({'field1': 'data11', 'field2': 'data12', 'field3': 'data13' })
    writer.writerow({'field1': 'data21', 'field2': 'data22', 'field3': 'data23' })
```

可以看到，上面的代码写入的数据是一个字典类型的值，key 是字段名，value 是字段值，写入这样的数据要注意，字典的 key 一定要与 DictWriter 类构造方法的 fieldnames 参数指定的字段名一致，否则程序会抛出异常。

【例 11.12】 本例演示使用 csv 模块 API 将数据写入 CSV 文件的完整过程。

实例位置：src/file/write_csv.py

```
import csv
# 打开 files/data.csv 文件，如果该文件不存在，会新创建一个 data.csv 文件
with open('files/data.csv','w',encoding='utf-8') as f:
    writer = csv.writer(f)
    # 写入数据
    writer.writerow([' 产品 ID ',' 产品名称 ',' 生产企业 ',' 价格 '])
    writer.writerow(['0001','iPhone9','Apple',9999])
    writer.writerow(['0002',' 特斯拉 ',' 特斯拉 ',12345])
    writer.writerow(['0003',' 荣耀手机 ',' 华为 ',3456])
# 修改字段分隔符
```

```
with open('files/data1.csv','w',encoding='utf-8') as f:
    writer = csv.writer(f,delimiter=';')
    writer.writerow(['产品ID','产品名称','生产企业','价格'])
    writer.writerow(['0001','iPhone9','Apple',9999])
    writer.writerow(['0002','特斯拉','特斯拉',12345])
    writer.writerow(['0003','荣耀手机','华为',3456])

# 一次性写入多行数据
with open('files/data2.csv','w',encoding='utf-8') as f:
    writer = csv.writer(f)
    writer.writerow(['产品ID','产品名称','生产企业','价格'])
    writer.writerows([['0001','iPhone9','Apple',9999],
                    ['0002', '特斯拉', '特斯拉', 12345],
                    ['0003', '荣耀手机', '华为', 3456]])

# 写入字典形式的数据
with open('files/data3.csv','w',encoding='utf-8') as f:
    fieldnames = ['产品ID','产品名称','生产企业','价格']
    writer = csv.DictWriter(f,fieldnames=fieldnames)
    writer.writeheader()
    writer.writerow({'产品ID': '0001', '产品名称': 'iPhone9', '生产企业': 'Apple',
'价格': 9999})
    writer.writerow({'产品ID': '0002', '产品名称': '特斯拉', '生产企业': '特斯拉',
'价格': 12345})
    writer.writerow({'产品ID': '0003', '产品名称': '荣耀手机', '生产企业': '华为',
'价格': 3456})
# 向files/data.csv文件追加数据，需要用'a'模式打开data.csv文件
with open('files/data.csv','a',encoding='utf-8') as f:
    fieldnames = ['产品ID','产品名称','生产企业','价格']
    writer = csv.DictWriter(f,fieldnames=fieldnames)
    writer.writerow({'产品ID': '0004', '产品名称': '量子战衣', '生产企业': '斯塔克工业',
'价格': 99999999999})
```

运行程序，会在files目录下多出4个文件：data.csv、data1.csv、data2.csv、data3.csv。现在打开data.csv文件，会看到如图11-10所示的内容。

图 11-10 data.csv 文件的内容

其中最后一条记录是追加上去的。其他文件的内容类似。

11.7.2 读取 CSV 文件

使用 csv 模块的 reader 类，可以读取 CSV 文件。reader 类的实例是可迭代的，所以可以用 for 循环迭代获取每一行的数据。

如果使用 Pandas[①]，通过 read_csv 函数同样可以读取 CSV 文件的内容。

【例 11.13】 本例演示使用 CSV 模块 API 读取 CSV 文件中数据的完整过程。

实例位置： src/file/read_csv.py

```python
import csv
# 打开要读取的 CSV 文件
with open('files/data.csv','r',encoding='utf-8') as f:
    # 创建 reader 对象
    reader = csv.reader(f)
    # 获取每一行的数据
    for row in reader:
        print(row)
# 导入 pandas 模块
import pandas as pd
# 读取 data.csv 文件的数据
df = pd.read_csv('files/data.csv')
print(df)
```

运行结果如图 11-11 所示。

图 11-11 读取 CSV 文件的内容

11.8 小结

本章讲了很多种读写文本文件的方式，其实 XML 文件、JSON 文件和 CSV 文件本质上都是纯文本文件，只是文件的数据组织形式不同。最常用的是 JSON 文件和 CSV 文件。因为这两种文件的数据冗余比较小，适于通过网络传输。当然，数据存储不仅仅只有文本文件，还有各种类型的数据库，如 SQLite、MySQL、Mongodb 等，在后面的章节将介绍如何用 Python API 操作这些数据库。

---

① Pandas 是一个用于数据分析的 Python 第三方库，通过安装 Anaconda 环境，会自动安装 Pandas 库。

第 12 章

数据库存储

关系型数据库是爬虫应用的一种重要的数据存储介质。这是因为关系型数据库不仅仅可以用于存储大量的数据，而且可以快速进行数据检索。本章介绍 3 种常用的关系型数据：SQLite、MySQL 和 MongoDB。其中 SQLite 是桌面关系型数据库，MySQL 是网络关系型数据库，而 MongoDB 是非关系型数据库。

本章主要介绍以下内容：

（1）SQLite 简介；

（2）在 Python 中使用 SQLite；

（3）安装 MySQL 数据库；

（4）在 Python 中使用 MySQL；

（5）NoSQL 的概念；

（6）MongoDB 数据库安装；

（7）在 Python 中使用 MongoDB 数据库；

（8）通过项目演示如何将抓取到的数据保存在 CSV 文件和 SQLite 数据库。

12.1　SQLite 数据库

SQLite 是一个开源、小巧、零配置的关系型数据库，支持多种平台，包括 Windows、Mac OS X、Linux、Android、iOS 等，现在运行 Android、iOS 等系统的设备基本都使用 SQLite 数据库作为本地存储方案。尽管 Python 语言在很多场景用于开发服务端应用，使用的是网络关系型数据库或 NoSQL 数据库，但有一些数据是需要保存到本地的，虽然可以用 XML、JSON 等格式保存这些数据，但对数据检索很不方便，因此将数据保存到 SQLite 数据库中，是本地存储的最佳方案。例如，本书后面要介绍的网络爬虫，会将下载的数据经过整理后保存到 SQLite 数据库中，或将原始数据保存到 SQLite 数据库再做数据清洗。

读者可以通过下面的网址访问 SQLite 官网。

http://www.sqlite.org

12.1.1 管理 SQLite 数据库

SQLite 数据库的管理工具很多，SQLite 官方提供了一个命令行工具用于管理 SQLite 数据库，不过这个命令行工具需要输入大量的命令才能操作 SQLite 数据库，并不建议使用。因此，本节将介绍一款跨平台的 SQLite 数据库管理工具 DB Browser for SQLite，这是一款免费开源的 SQLite 数据库管理工具。官网地址如下：

http://sqlitebrowser.org

进入 DB Browser for SQLite 官网后，在右侧选择对应的版本下载即可，如图 12-1 所示。

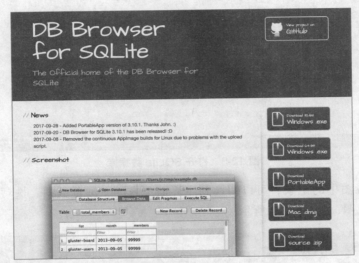

图 12-1　DB Browser for SQLite 官网

如果读者想要 DB Browser for SQlite 的源代码，请到 github 上下载，地址如下：

https://github.com/sqlitebrowser/sqlitebrowser

安装好 DB Browser for SQlite 后，直接启动即可看到如图 12-2 所示的主界面。

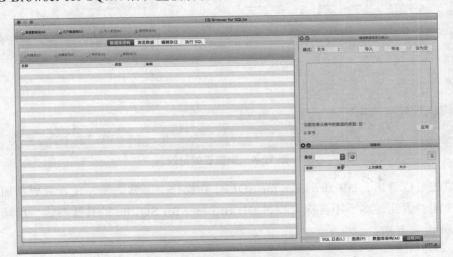

图 12-2　DB Browser for SQlite 主界面

单击左上角的"新建数据库"和"打开数据库"按钮，可以新建和打开 SQLite 数据库。图 12-3 是打开数据库后的效果，在主界面会列出数据库中的表、视图等内容。

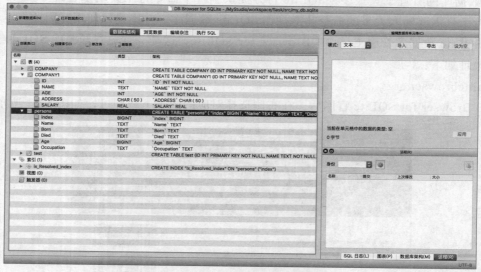

图 12-3　打开 SQLite 数据库

如果想查看表或视图中的记录，可以切换到主界面上方的"浏览数据"选项卡，再从下方的列表中选择要查看的表或视图，如图 12-4 所示。

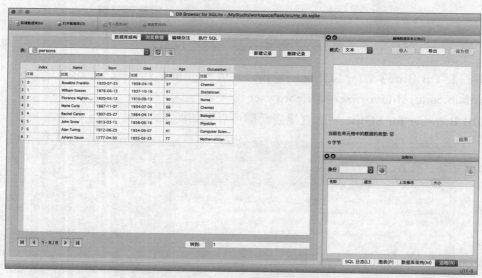

图 12-4　浏览表的记录

从前面的描述可以看出，DB Browser for SQLite 在操作上非常简便，读者只要稍加摸索就可以掌握任何其他的功能，因此，本节不再深入探讨 DB Browser for SQLite 的其他功能，后续部分会将主要精力放到 Python 语言上来。

12.1.2 用 Python 操作 SQLite 数据库

通过 sqlite3 模块[①]提供的函数可以操作 SQLite 数据库，sqlite3 模块是 Python 语言内置的，不需要安装，直接导入该模块即可。

sqlite3 模块提供的丰富函数可以对 SQLite 数据库进行各种操作，不过在对数据进行增、删、改、查以及其他操作之前，先要使用 connect 函数打开 SQLite 数据库，通过该函数的参数指定 SQLite 数据库的文件名。打开数据库后，通过 cursor 方法获取 sqlite3.Cursor 对象，然后通过 sqlite3.Cursor 对象的 execute 方法执行各种 SQL 语句，如创建表、创建视图、删除记录、插入记录、查询记录等。如果执行的是查询 SQL 语句（SELECT 语句），那么 execute 方法会返回 sqlite3.Cursor 对象，需要对该对象进行迭代，才能获取查询结果的值。

【例 12.1】 本例使用 connect 函数在当前目录创建一个名为 data.sqlite 的 SQLite 数据库，并在该数据库中建立一个 persons 表，然后插入若干条记录，最后查询 persons 表的所有记录，并将查询结果输出到控制台。

实例位置：src/db/sqlite.py

```
import sqlite3
import os

dbPath = 'data.sqlite'
# 只有 data.sqlite 文件不存在时才创建该文件
if not os.path.exists(dbPath):
    # 创建 SQLite 数据库
    conn = sqlite3.connect(dbPath)
    # 获取 sqlite3.Cursor 对象
    c = conn.cursor()
    # 创建 persons 表
    c.execute('''CREATE TABLE persons
        (id INT PRIMARY KEY     NOT NULL,
        name            TEXT    NOT NULL,
        age             INT     NOT NULL,
        address         CHAR(50),
        salary          REAL);''')

    # 修改数据库后必须调用 commit 方法提交才能生效
    conn.commit()
    # 关闭数据库连接
    conn.close()
    print('创建数据库成功')


conn = sqlite3.connect(dbPath)
c = conn.cursor()
# 删除 persons 表中的所有数据
```

---

① 其实在底层 sqlite3 模块是通过 _sqlite3 模块中的函数完成相关操作的，_sqlite3 模块是用 C 语言编写的专门操作 SQLite 数据库的函数库。

```
    c.execute('delete from persons')
    # 下面的 4 条语句向 persons 表中插入 4 条记录
    c.execute("INSERT INTO persons (id,name,age,address,salary) \
            VALUES (1, 'Paul', 32, 'California', 20000.00 )");

    c.execute("INSERT INTO persons (id,name,age,address,salary) \
            VALUES (2, 'Allen', 25, 'Texas', 15000.00 )");

    c.execute("INSERT INTO persons (id,name,age,address,salary) \
            VALUES (3, 'Teddy', 23, 'Norway', 20000.00 )");

    c.execute("INSERT INTO persons (id,name,age,address,salary) \
            VALUES (4, 'Mark', 25, 'Rich-Mond ', 65000.00 )");
    # 必须提交修改才能生效
    conn.commit()

    print(' 插入数据成功 ')
    # 查询 persons 表中的所有记录，并按 age 升序排列
    persons = c.execute("select name,age,address,salary from persons order by age")
    print(type(persons))
    result = []
    # 将 sqlite3.Cursor 对象中的数据转换为列表形式
    for person in persons:
        value = {}
        value['name'] = person[0]
        value['age'] = person[1]
        value['address'] = person[2]
        result.append(value)
    conn.close()
    print(type(result))
    # 输出查询结果
    print(result)

    import json
    # 将查询结果转换为字符串形式，如果要将数据通过网络传输，就需要首先转换为字符串形式才能传输
    resultStr = json.dumps(result)
    print(type(resultStr))
    print(resultStr)
```

程序第 1 次运行的结果如图 12-5 所示。

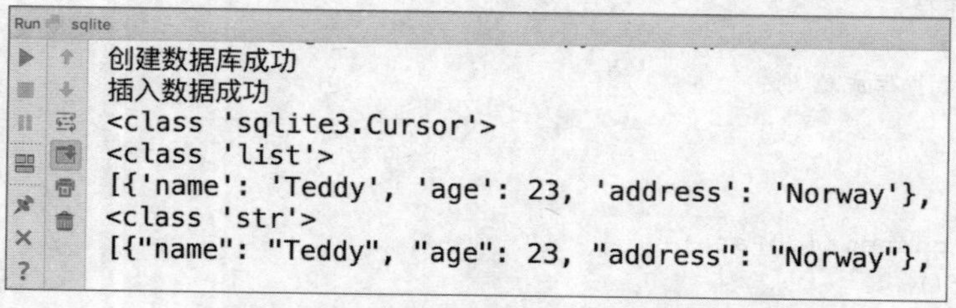

图 12-5　用 Python 操作 SQLite 数据库

　　读者可以用 DB Browser for SQLite 打开 data.sqlite 文件，会看到 persons 表的结果如图 12-6 所示，表数据如图 12-7 所示。

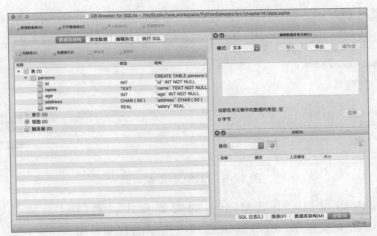

图 12-6　persons 表的结构

图 12-7　persons 表中的数据

12.2　MySQL 数据库

MySQL 是一个功能强大的网络关系型数据库，支持通过网络多人同时连接和操作数据库，目前国内外有很多网站的后台都是使用 MySQL 数据库，本节介绍 MySQL 数据库的安装，以及如何在 Python 中使用 MySQL 数据库。

12.2.1　安装 MySQL

本节将介绍如何在 Windows、Mac OS X 和 Linux 下安装 MySQL。

1．在 Windows 下安装 MySQL

首先通过下面的 URL 进入 MySQL 下载页面。

https://dev.mysql.com/downloads/installer

下载页面如图 12-8 所示。

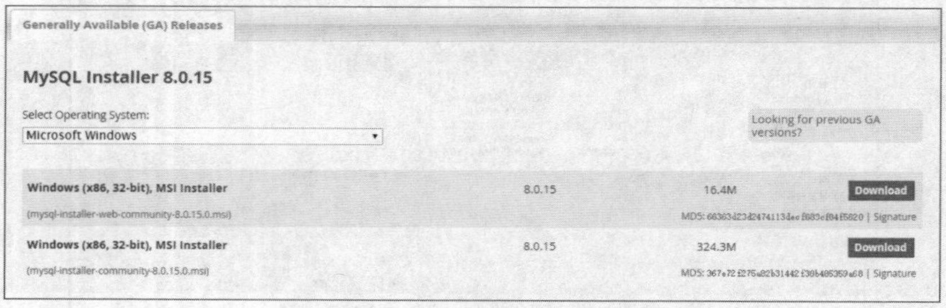

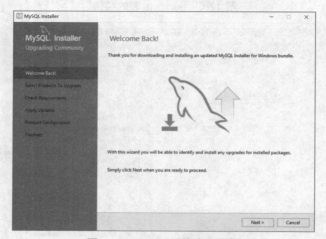

图 12-8　MySQL 下载页面

单击第 2 个 Download 按钮，下载 MySQL 的安装程序。然后双击这个安装程序即可安装 MySQL。启动 MySQL 的安装程序，会看到如图 12-9 所示的欢迎界面。

图 12-9　MySQL 的欢迎界面

接下来单击 Next 按钮继续安装 MySQL，如图 12-10 所示。在这个页面选择要安装的组件，按默认选择即可。

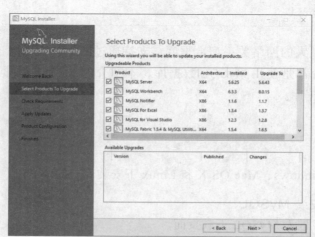

图 12-10　选择待安装的组件

接下来继续单击 Next 按钮，在安装的过程中，会要求输入 MySQL 的 root 用户的密码，输入后按提示操作即可完成安装。

安装完后，打开 Windows 的计算机管理中的服务列表，如果看到名为 MySQL80 的服务已经启动（如图 12-11 所示），说明 MySQL 已经安装成功。

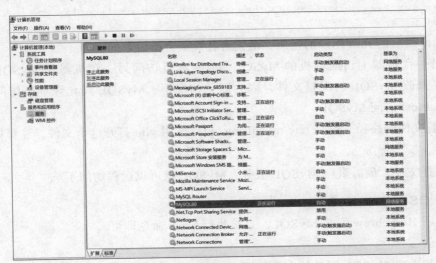

图 12-11　MySQL 服务

2. 在 Linux 下安装 MySQL

下面分别考虑不同类型的 Linux 平台。

（1）Ubuntu、Debian 和 Deepin

在这几个 Linux 平台下，需要使用 apt-get 命令安装 MySQL。

```
sudo apt-get update
sudo apt-get install -y mysql-server mysql-client
```

在安装的过程中会提示输入用户名和密码，输入后等待片刻即可安装完成。

启动、关闭和重启 MySQL 服务的命令如下：

```
sudo servce mysql start
sudo service mysql stop
sudo service mysql restart
```

（2）CentOS 和 Red Hat

在这两个 Linux 平台需要使用 yum 命令安装 MySQL（这里以 MySQL5.6 为例）。

```
wget http://repo.mysql.com/mysql-community-release-el7-5.noarch.rpm
sudo rpm -ivh mysql-community-release-el7-5.noarch.rpm
yum install -y mysql mysql-server
```

运行上面的命令即可完成 MySQL 的安装，初始密码为空。接下来，需要启动 MySQL 服务。

启动、停止和重启 MySQL 服务的命令如下：

```
sudo systemctl start mysqld
sudo systemctl stop mysqld
sudo systemctl restart mysqld
```

在完成 MySQL 的安装后，需要修改 root 用户的密码，这时可以执行下面的命令。

```
mysql -uroot -p
```

输入密码后，会进入 MySQL 的命令行模式，然后输入如下的命令修改 root 用户的密码。

```
use mysql;
UPDATE user set Password=PASSWORD('newpass') WHERE user='root';
FLUSH PRIVILEGES;
```

其中 newpass 为修改后的 root 用户的密码，请读者替换成自己设定的密码。

通常会在另一台机器上访问本机的 MySQL，或在本机访问另一台机器的 MySQL，也就是远程访问。所以需要修改 MySQL 的配置文件，因为默认情况下，MySQL 只允许本机访问，也就是使用 127.0.0.1 或 localhost 访问 MySQL。

MySQL 配置文件的路径一般是 /etc/mysql/my.cnf，使用 vim 打开这个文件，注释掉下面这行

```
bind-address = 127.0.0.1
```

然后保存这个配置文件，最后重启 MySQL 服务，MySQL 就可以远程访问了。

3．在 Mac OS X 安装 MySQL

这里推荐使用 Homebrew 安装 MySQL，直接执行 brew 命令即可。

```
brew install mysql
```

启动、停止和重启 MySQL 服务的命令如下：

```
sudo mysql.server start
sudo mysql.server stop
sudo mysql.server.restart
```

如果在 Mac OS X 下让 MySQL 做服务器使用，操作方式与 Linux 相同，找到并修改 my.cnf 文件，然后重启 MySQL 即可。

12.2.2　在 Python 中使用 MySQL

MySQL 是常用的关系型数据库，现在很多互联网都使用了 MySQL 数据库。在 Python 语言中需要使用 pymysql 模块来操作 MySQL 数据库。如果读者使用的是 Anaconda 的 Python 环境，需要使用下面的命令安装 pymysql 模块。

```
conda install pymysql
```

如果读者使用的是标准的 Python 环境，需要使用 pip 命令安装 pymysql 模块。

```
pip install pymysql
```

pymysql 模块提供的 API 与 sqlite3 模块提供的 API 类似，因为它们都遵循 Python DB API 2.0 标准，下面的页面是该标准的完整描述。

```
https://www.python.org/dev/peps/pep-0249
```

其实读者也不必详细研究 Python DB API 规范，只需记住几个函数和方法，绝大多数的数据库的操作就可以搞定了。

（1）connect 函数：连接数据库，根据连接的数据库类型不同，该函数的参数也不同。connect 函

数返回 Connection 对象。

（2）cursor 方法：获取操作数据库的 Cursor 对象。cursor 方法属于 Connection 对象。

（3）execute 方法：用于执行 SQL 语句，该方法属于 Cursor 对象。

（4）commit 方法：在修改数据库后，需要调用该方法提交对数据库的修改，commit 方法属于 Cursor 对象。

（5）rollback 方法：如果修改数据库失败，一般需要调用该方法进行数据库回滚，也就是将数据库恢复成修改之前的样子。

【例 12.2】 本例通过调用 pymysql 模块中的相应 API 对 MySQL 数据库进行增、删、改、查操作。

实例位置： src/db/mysql.py

```python
from pymysql import *
import json
# 打开 MySQL 数据库，其中 127.0.0.1 是 MySQL 服务器的 IP，root 是用户名，12345678 是密码
# test 是数据库名
def connectDB():
    db=connect("127.0.0.1","root","12345678","test",charset='utf8')
    return db
db = connectDB()
# 创建 persons 表
def createTable(db):
    # 获取 Cursor 对象
    cursor=db.cursor()
    sql='''CREATE TABLE persons
        (id INT PRIMARY KEY      NOT NULL,
        name           TEXT    NOT NULL,
        age            INT     NOT NULL,
        address        CHAR(50),
        salary         REAL);'''
    try:
    # 执行创建表的 SQL 语句
        cursor.execute(sql)
         # 提交到数据库执行
        db.commit()
        return True
    except:
        # 如果发生错误则回滚
        db.rollback()
    return False


# 向 persons 表插入 4 条记录
def insertRecords(db):
    cursor=db.cursor()
    try:
        # 首先将以前插入的记录全部删除
        cursor.execute('DELETE FROM persons')
        # 下面的几条语句向 persons 表中插入 4 条记录
        cursor.execute("INSERT INTO persons (id,name,age,address,salary) \
```

```
                    VALUES (1, 'Paul', 32, 'California', 20000.00 )");
            cursor.execute("INSERT INTO persons (id,name,age,address,salary) \
                    VALUES (2, 'Allen', 25, 'Texas', 15000.00 )");

            cursor.execute("INSERT INTO persons (id,name,age,address,salary) \
                    VALUES (3, 'Teddy', 23, 'Norway', 20000.00 )");

            cursor.execute("INSERT INTO persons (id,name,age,address,salary) \
                    VALUES (4, 'Mark', 25, 'Rich-Mond ', 65000.00 )");
            # 提交到数据库执行
            db.commit()
            return True
        except Exception as e:
            print(e)
            # 如果发生错误则回滚
            db.rollback()
        return False
# 查询persons表中全部的记录，并按age字段降序排列
def selectRecords(db):
    cursor=db.cursor()
    sql='SELECT name,age,salary FROM persons ORDER BY age DESC'
    cursor.execute(sql)
    # 调用fetchall方法获取全部的记录
    results=cursor.fetchall()
    # 输出查询结果
    print(results)
    # 下面的代码将查询结果重新组织成其他形式
    fields = ['name','age','salary']
    records=[]
    for row in results:
        records.append(dict(zip(fields,row)))
    return json.dumps(records)


if createTable(db):
    print('成功创建persons表')
else:
    print('persons表已经存在')

if insertRecords(db):
    print('成功插入记录')
else:
    print('插入记录失败')
print(selectRecords(db))
db.close()
```

前面的代码使用了名为 test 的数据库，所以在运行这段代码之前，要保证有一个名为 test 的 MySQL 数据库，并确保已经开启 MySQL 服务。

程序运行结果如图 12-12 所示。

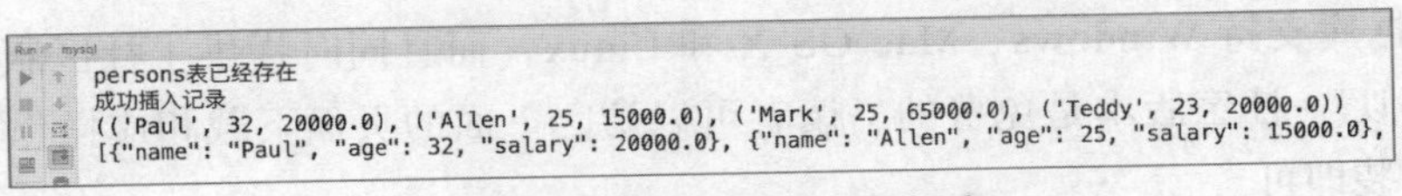

图 12-12 操作 MySQL 数据库

从前面的代码和输出结果可以看出，操作 MySQL 和 SQlite 的 API 基本是一样的，只是有如下两点区别：

（1）用 Cursor.execute 方法查询 SQLite 数据库时会直接返回查询结果，而使用该方法查询 MySQL 数据库时返回了 None，需要调用 Cursor.fetchall 方法才能返回查询结果；

（2）Cursor.execute 方法返回的查询结果和 Cursor.fetchall 方法返回的查询结果的样式是不同的，这一点从输出结果就可以看出来。如果想让 MySQL 的查询结果与 SQLite 的查询结果相同，需要使用 zip 函数和 dict 函数进行转换，关于这两个函数的用法，请参阅 6.2 节的内容。

12.3 非关系型数据库

前面介绍了 SQLite 和 MySQL，这两种数据库都是关系型数据库，也就是说，数据以二维表形式存储，不过还存在另外一种数据库，这就是非关系型数据库，也可以称为 NoSQL。本节会介绍一些关于非关系型数据库的基础知识，以及一种典型的非关系型数据库 MongoDB。

12.3.1 NoSQL 简介

随着互联网的飞速发展，电子商务、社交网络、各类 Web 应用会产生大量的数据，这些数据产生的速度可能要比关系型数据库能够处理的速度更快，而且这些数据的结构非常复杂，使用关系型数据库描述这些数据，会让表和视图直接的关系错综复杂，非常不利于数据库的维护，基于这些原因，最终造成了非关系型数据库（NoSQL）的诞生，以及爆炸式的增长。

现在有很多非关系型数据库可供选择，不过这些非关系型数据库的类型不完全相同，这些非关系型数据库主要包括对象数据库、建—值数据库、文档数据库、图形数据库、表格数据库等。本书主要介绍一种非常流行的文档数据库 MongoDB，关于其他非关系型数据库的细节请读者通过 Google 搜索，也可以查阅维基百科。

12.3.2 MongoDB 数据库

MongoDB 是非常著名文档数据库，所有的数据以文档形式存储。例如，如果要保存博客和相关的评论，使用关系型数据库，需要至少建立两个表：t_blogs 和 t_comments。前者用于保存博文，后者用于保存与博文相关的评论，然后通过键值将两个表关联，t_blogs 与 t_comments 通常是一对多的关系。这样做尽管从技术上可行，但如果关系更复杂，就需要关联更多的表，而如果使用 MongoDB，就可以直接将博文以及该博文下的所有评论都放在一个文档中存储，也就是将相关的数据都放到一起，无须关联，查询的速度也更快。

MongoDB 数据库支持 Windows、Mac OS X 和 Linux，而且同时提供了社区版本和企业版本（这一点和 MySQL 类似），社区版本是免费的，读者可以访问下面的页面下载相应操作系统平台的二进制安装文件，直接安装即可。

https://www.mongodb.com/download-center#community

下载页面如图 12-13 所示。

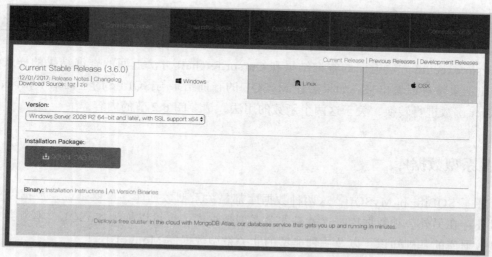

图 12-13　MongoDB 官网下载页面

安装完 MongoDB 后，直接在控制台（或命令行工具）执行 mongod 命令即可启动 MongoDB 数据库，MongoDB 服务启动成功的效果如图 12-14 所示。

```
bin — mongod — 80×36
liningdeMacBook-Pro:bin lining$ mongod
2017-12-08T10:23:23.133+0800 I CONTROL  [initandlisten] MongoDB starting : pid=2
6028 port=27017 dbpath=/data/db 64-bit host=liningdeMacBook-Pro.local
2017-12-08T10:23:23.133+0800 I CONTROL  [initandlisten] db version v3.4.4
2017-12-08T10:23:23.133+0800 I CONTROL  [initandlisten] git version: 88839051587
4a9debd1b6c5d36559ca86b44babd
2017-12-08T10:23:23.133+0800 I CONTROL  [initandlisten] OpenSSL version: OpenSSL
 1.0.2k  26 Jan 2017
2017-12-08T10:23:23.133+0800 I CONTROL  [initandlisten] allocator: system
2017-12-08T10:23:23.133+0800 I CONTROL  [initandlisten] modules: none
2017-12-08T10:23:23.133+0800 I CONTROL  [initandlisten] build environment:
2017-12-08T10:23:23.133+0800 I CONTROL  [initandlisten]     distarch: x86_64
2017-12-08T10:23:23.133+0800 I CONTROL  [initandlisten]     target_arch: x86_64
2017-12-08T10:23:23.133+0800 I CONTROL  [initandlisten] options: {}
2017-12-08T10:23:23.134+0800 I -        [initandlisten] Detected data files in /
data/db created by the 'wiredTiger' storage engine, so setting the active storag
e engine to 'wiredTiger'.
2017-12-08T10:23:23.134+0800 I STORAGE  [initandlisten] wiredtiger_open config:
create,cache_size=7680M,session_max=20000,eviction=(threads_min=4,threads_max=4)
,config_base=false,statistics=(fast),log=(enabled=true,archive=true,path=journal
,compressor=snappy),file_manager=(close_idle_time=100000),checkpoint=(wait=60,lo
g_size=2GB),statistics_log=(wait=0),
2017-12-08T10:23:23.468+0800 I CONTROL  [initandlisten]
2017-12-08T10:23:23.468+0800 I CONTROL  [initandlisten] ** WARNING: Access contr
ol is not enabled for the database.
2017-12-08T10:23:23.468+0800 I CONTROL  [initandlisten] **          Read and wri
te access to data and configuration is unrestricted.
2017-12-08T10:23:23.468+0800 I CONTROL  [initandlisten]
2017-12-08T10:23:23.468+0800 I CONTROL  [initandlisten]
2017-12-08T10:23:23.468+0800 I CONTROL  [initandlisten] ** WARNING: soft rlimits
 too low. Number of files is 256, should be at least 1000
2017-12-08T10:23:23.472+0800 I FTDC     [initandlisten] Initializing full-time d
iagnostic data capture with directory '/data/db/diagnostic.data'
2017-12-08T10:23:23.473+0800 I NETWORK  [thread1] waiting for connections on por
t 27017
```

图 12-14　成功启动 MongoDB

12.3.3　pymongo 模块

在 Python 语言中使用 MongoDB 数据库需要先导入 pymongo 模块，如果读者使用了 Anaconda Python 开发环境，pymongo 模块已经被集成到 Anaconda，如果读者使用的是标准的 Python 开发环境，需要使用下面的命令安装 pymongo 模块。

```
pip install pymongo
```

操作 MongoDB 数据库与操作关系型数据库类似，都需要连接数据库、创建表、查询数据等。只不过在 MongoDB 数据库中没有数据库和表的概念，一切都是文档，在 Python 语言中，文档主要是指列表和字典。也就是说 MongoDB 数据库中存储的都是列表和字典数据。

连接 MongoDB 数据库需要创建 MongoClient 类的实例，连接 MongoDB 数据库后，就可以按文档的方式操作数据库了。

【例 12.3】　本例演示了使用 pymongo 模块中提供的 API 操作 MongoDB 数据库的过程。

实例位置： src/db/mongodb.py

```python
from pymongo import *
# 连接 MongoDB 数据库
Client = MongoClient()
# 打开或创建名为 data 的 collection, collection 相当于关系型数据库中的数据库
# 在 MongoDB 中, collection 是文档的集合
db = Client.data
# 或者使用类似引用字典值的方式打开或创建 collection
#db = Client['data']

# 定义要插入的文档（字典）
person1 = {"name": "Bill", "age": 55, "address": "地球", "salary": 1234.0}
person2 = {"name": "Mike", "age": 12, "address": "火星", "salary": 434.0}
person3 = {"name": "John", "age": 43, "address": "月球", "salary": 6543.0}
# 创建或打开一个名为 persons 的文档, persons 相当于关系型数据库中的表
persons = db.persons
# 先删除 persons 文档中的所有数据，以免多次运行程序导致文档中有大量重复的数据
persons.delete_many({'age':{'$gt':0}})

# 使用 insert_one 方法插入文档
personId1 = persons.insert_one(person1).inserted_id
personId2 = persons.insert_one(person2).inserted_id
personId3 = persons.insert_one(person3).inserted_id
print(personId3)
'''
也可以使用 insert_many 方法一次插入多个文档
personList = [person1,person2,person3]
result = persons.insert_many(personList)
print(result.inserted_ids)
'''
# 搜索 persons 文档中的第一条子文档，相当于关系型数据库中的记录
print(persons.find_one())
print(persons.find_one()['name'])
# 搜索所有数据
```

```
for person in persons.find():
    print(person)
print('--------------')
# 更新第 1 个满足条件的文档中的数据，使用 update_many 方法可以更新所有满足条件的文档
persons.update_one({'age':{'$lt':50}},{'$set':{'name':' 超人 '}})   #
#persons.delete_one({'age':{'$gt':0}})   # 只删除满足条件的第 1 个文档
# 搜索所有满足 age 小于 50 的文档
for person in persons.find({'age':{'$lt':50}}):
    print(person)

print('--------------')
# 搜索所有满足 age 大于 50 的文档
for person in persons.find({'age':{'$gt':50}}):
    print(person)
# 输出 persons 中的文档总数
print(' 总数 ', '=', persons.count())
```

程序运行结果如图 12-15 所示。

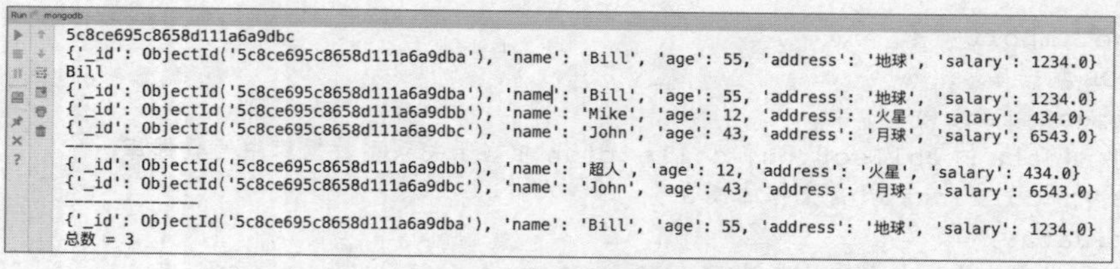

图 12-15 在 Python 中操作 MongoDB 数据库

12.4 项目实战：抓取豆瓣音乐排行榜

本节的例子抓取了豆瓣音乐 Top250 排行榜。使用 requests 抓取相关页面，并使用 Beautiful Soup 的方法选择器和正则表达式结合的方式分析 HTML 代码，最后将提取出的数据保存到 music.csv 文件中，这是一个 CSV 格式的文本。

豆瓣音乐 Top250 榜单的 URL 如下：

https://music.douban.com/top250

页面效果如图 12-16 所示。

页面下面是导航条，现在切换到第 2 页，第 3 页，会得到如下 2 个 URL。

（1）https://music.douban.com/top250?start=25。

（2）https://music.douban.com/top250?start=50。

在 URL 的最后多了一个 start 参数，第 2 页的 start 参数值是 25，第 3 页的 start 参数值是 50，这说明 start 参数用于控制分页。而且是当前页开始项的索引，可以推断，第 1 页的 start 参数值可以是 0，当然，第 1 页也可以省略 start 参数。通过 URL，还可以得到第 2 个信息，就是每一页显示 25 个音乐项。

本节实现的爬虫会从这个音乐排行榜获取如下的信息：专辑名称（name）、表演者（author）、流派（style）、发行时间（time）、出版者（publisher）、评分（score）。

图 12-16　豆瓣音乐 Top250 榜单

很显然，图 12-16 所示的页面并不完全包含上述这些信息，所以就需要导航到每一个专辑的页面抓取相关的信息。不过首先要从这个排行榜页面获取所有专辑的 URL。

通过 Chrome 浏览器的开发者工具定位到任意一个专辑的链接上，这里使用包含专辑封面图像的链接。这个链接是一个 class 属性值为 nbg 的 a 节点，所以可以通过下面的代码获取排行榜所有的 class 属性值为 ngb 的 a 节点。

```
aTags = soup.find_all("a",attrs={"class": "nbg"})
```

然后对 aTags 进行迭代，获取每一个 URL，接下来再使用 requests 抓取这些 URL 对应的页面。

现在任选一个专辑，进入该专辑的页面，如图 12-17 所示。

图 12-17　专辑页面

前面要抓取的所有信息都可以从这个页面获取。例如，专辑名称在一个 id 属性值为 wrapper 的节点中的 h1.span 节点的文本中，所以可以用下面的代码获取专辑名称。

```
name = soup.find (attrs={'id':'wrapper'}).h1.span.text
```

有的信息使用方法选择器不太好获取，不过使用正则表达式很容易，例如，流派的内容被包含在一个 span 节点的后面，所以可以使用正则表达式的分组获取流派的文本，代码如下：

```
styles = re.findall('<span class="pl">流派:</span> (.*?)<br />', html.text, re.S)
if len(styles) == 0:
    style = '未知'
else:
    style = styles[0].strip()
```

【例 12.4】　本例提供完整的代码来演示如何抓取豆瓣音乐 Top250 排行榜，包括使用 Beautiful Soup 和正则表达式分析 HTML 代码，以及将提取的数据保存到 CSV 文件中。

实例位置： src/projects/douban_music/douban_music_spider.py

```
import requests
from bs4 import BeautifulSoup
import re
import csv
import time
# 定义请求头
headers = {
    'User-Agent':'Mozilla/5.0 (Macintosh; Intel Mac OS X 10_14_2) AppleWebKit/537.36
(KHTML, like Gecko) Chrome/72.0.3626.119 Safari/537.36'
}
# 抓取指定 Top250 排行榜页面
def get_url_music(url):
    html = requests.get(url,headers=headers)
    soup = BeautifulSoup(html.text, 'lxml')
    # 获取所有包含专家页面 URL 的 a 节点
    aTags = soup.find_all("a",attrs={"class": "nbg"})
    for aTag in aTags:
        # 处理每一个专辑页面
        get_music_info(aTag['href'])
# 将提取的信息保存到 filename 参数指定的文件中，分析结果由 info 参数提供，该参数是一个字典类型的值
def save_csv(filename,info):
    with open(filename, 'a', encoding='utf-8') as f:
        fieldnames = ['name', 'author', 'style', 'time','publisher','score']
        writer = csv.DictWriter(f, fieldnames=fieldnames)
        writer.writerow(info)
# 抓取并分析专辑页面的代码
def get_music_info(url):
    html = requests.get(url,headers=headers)
    soup = BeautifulSoup(html.text, 'lxml')
    # 获取专家名称
    name = soup.find (attrs={'id':'wrapper'}).h1.span.text
    # 获取表演者
    author = soup.find(attrs={'id':'info'}).find('a').text
    # 获取流派
```

```python
        styles = re.findall('<span class="pl">流派 :</span> (.*?)<br />', html.text, re.S)
        if len(styles) == 0:
            style = '未知'
        else:
            style = styles[0].strip()
        # 获取发行时间
        time = re.findall('发行时间 :</span> (.*?)<br />', html.text, re.S)[0].strip()
        # 获取出版者
        publishers = re.findall('<span class="pl">出版者 :</span> (.*?)<br />', html.text, re.S)
        if len(publishers) == 0:
            publisher = '未知'
        else:
            publisher = publishers[0].strip()
        # 获取评分
        score = soup.find(class_='ll rating_num').text
        info = {
            'name': name,
            'author': author,
            'style': style,
            'time': time,
            'publisher': publisher,
            'score': score
        }
        print(info)
        # 保存分析结果
        save_csv(filename,info)


if __name__ == '__main__':
    # 参数 10 个 Top250 排行榜的 URL
    urls = ['https://music.douban.com/top250?start={}'.format(str(i)) for i in range(0,250,25)]
    filename = 'music.csv'
    # 创建 music.csv 文件, 并向该文件添加头信息
    with open(filename, 'w', encoding='utf-8') as f:
        fieldnames = ['name', 'author', 'style', 'time', 'publisher', 'score']
        writer = csv.DictWriter(f, fieldnames=fieldnames)
        writer.writeheader()
    # 处理 10 个 Top250 排行榜 URL
    for url in urls:
        get_url_music(url)
        time.sleep(1)
```

运行结果如图 12-18 所示。

```
{'name': 'Viva La Vida', 'author': 'Coldplay', 'style': '摇滚', 'time': '2008-06-17', 'publisher': 'Capitol', 'score': '8.7'}
{'name': '华丽的冒险', 'author': '陈绮贞', 'style': '流行', 'time': '2005-09-23', 'publisher': '艾迴唱片', 'score': '8.9'}
{'name': '范特西', 'author': '周杰伦', 'style': '流行', 'time': '2001-09-14', 'publisher': 'BMG', 'score': '9.2'}
{'name': '後。青春期的詩', 'author': '五月天', 'style': '摇滚', 'time': '2008-10-23', 'publisher': '相信音樂', 'score': '8.8'}
{'name': '是时候', 'author': '孙燕姿', 'style': '流行', 'time': '2011-03-08', 'publisher': '美妙音乐', 'score': '8.6'}
{'name': 'Lenka', 'author': 'Lenka', 'style': '流行', 'time': '2008-09-23', 'publisher': 'Epic', 'score': '8.5'}
{'name': 'Start from Here', 'author': '王若琳', 'style': '爵士', 'time': '2008-01-11', 'publisher': 'SONY BMG唱片', 'score': '8.7'}
{'name': '旅行的意义', 'author': '陈绮贞', 'style': '流行', 'time': '2004-02-02', 'publisher': 'cheerego.com', 'score': '9.2'}
{'name': '太阳', 'author': '陈绮贞', 'style': '流行', 'time': '2009-01-22', 'publisher': '艾迴', 'score': '8.6'}
{'name': 'Once (Soundtrack)', 'author': 'Glen Hansard', 'style': '原声', 'time': '2007-05-22', 'publisher': 'Columbia', 'score': '9.1'}
{'name': 'Not Going Anywhere', 'author': 'Keren Ann', 'style': '民谣', 'time': '2004-08-24', 'publisher': 'Capitol/Blue Note', 'score': '8.9'}
{'name': 'American Idiot', 'author': 'Green Day', 'style': '摇滚', 'time': '2004-09-21', 'publisher': 'Wea Japan', 'score': '8.9'}
{'name': 'OK', 'author': '张震岳', 'style': '流行', 'time': '2007-07-06', 'publisher': '滚石唱片', 'score': '8.8'}
{'name': '無與倫比的美麗', 'author': '苏打绿', 'style': '流行', 'time': '2007-11-02', 'publisher': '林暐哲音乐社', 'score': '8.6'}
{'name': '亲爱的...我还不知道', 'author': '张悬', 'style': '流行', 'time': '2007-07-20', 'publisher': '新力博德曼音樂娛樂股份有限公司', 'score': '8.5'}
```

图 12-18 输出提取的豆瓣音乐 Top250 排行榜信息

运行程序后，会在当前目录多出一个 music.csv 文件，打开该文件，会看到如图 12-19 所示的内容。

```
1   name,author,style,time,publisher,score
2   We Sing. We Dance. We Steal Things.,Jason Mraz,民谣,2008-05-13,Atlantic/WEA,9.1
3   Viva La Vida,Coldplay,摇滚,2008-06-17,Capitol,8.7
4   华丽的冒险,陈绮贞,流行,2005-09-23,艾迴唱片,8.9
5   范特西,周杰伦,流行,2001-09-14,BMG,9.2
6   後。青春期的诗,五月天,摇滚,2008-10-23,相信音乐,8.8
7   是时候,孙燕姿,流行,2011-03-08,美妙音乐,8.6
8   Lenka,Lenka,流行,2008-09-23,Epic,8.5
9   Start from Here,王若琳,爵士,2008-01-11,SONY BMG唱片,8.7
10  旅行的意义,陈绮贞,流行,2004-02-02,cheerego.com,9.2
11  太阳,陈绮贞,流行,2009-01-22,艾迴,8.6
12  Once (Soundtrack),Glen Hansard,原声,2007-05-22,Columbia,9.1
13  Not Going Anywhere,Keren Ann,民谣,2004-08-24,Capitol/Blue Note,8.9
14  American Idiot,Green Day,摇滚,2004-09-21,Wea Japan,8.9
15  OK,张震岳,流行,2007-07-06,滚石唱片,8.8
16  無與倫比的美麗,苏打绿,流行,2007-11-02,林暐哲音乐社,8.6
17  亲爱的...我还不知道,张悬,流行,2007-07-20,新力博德曼音樂娛樂股份有限公司,8.5
18  城市,张悬,流行,2009-05-22,索尼音乐,8.3
19  O,Damien Rice,流行,2003,Vector Recordings,9.1
20  Wake Me Up When September Ends,Green Day,摇滚,2005-06-13,Wea International,9.3
21  叶惠美,周杰伦,流行,2003-07-31,Sony Music,8.5
22  七里香,周杰伦,流行,2004,上海声像出版社,8.1
23  21,Adele,流行,2011-02-01,XL Recordings,9.0
24  My Life Will...,张悬,流行,2006-06-09,Sony BMG,8.6
```

图 12-19 music.csv 文件的内容

12.5 项目实战：抓取豆瓣电影排行榜

本节的例子使用 requests 下载豆瓣电影 Top250 排行榜页面的代码，然后使用 lxml、XPath 和正则表达式对 HTML 代码进行解析，最后将抓取到的信息保存到 SQLite 数据库中。

豆瓣电影 Top250 排行榜页面的 URL 如下：

https://movie.douban.com/top250

页面效果如图 12-20 所示。

图 12-20 豆瓣电影 Top250 排行榜页面

豆瓣电影 Top250 排行榜页面 URL 的规律与音乐排行榜相同，如第 2 页、第 3 页的 URL 如下：

（1）https://movie.douban.com/top250?start=25；

（2）https://movie.douban.com/top250?start=50。

获取豆瓣电影信息的方式与获取豆瓣音乐的方式类似，HTML 代码的结构也类似，只是略有差别。例如，首页获取所有电影 URL 的 XPath 代码如下：

```
//div[@class="hd"]/a/@href
```

由此可见，豆瓣音乐对应的 class 属性值是 nbg，而豆瓣电影对应的 class 属性值是 hd。

现在进入电影页面，如图 12-21 所示。

图 12-21　电影页面

本例需要抓取的所有电影信息都在这个页面中。下面是本例要抓取的全部信息：电影名（name）、导演（director）、主演（actor）、类型（style）、制片国家（country）、上映时间（release_time）、片长（time）、豆瓣评分（score）。

【例 12.5】　本例提供完整的代码来演示如何抓取豆瓣电影 Top250 排行榜，包括使用 lxml、XPath 和正则表达式分析 HTML 代码，以及将提取的数据保存到 SQLite 数据库中。

实例位置：src/projects/douban_movie/douban_movie_spider.py

```
import requests
from lxml import etree
import re
import sqlite3
import os
import time
# 定义请求头
headers = {
    'User-Agent':'Mozilla/5.0 (Macintosh; Intel Mac OS X 10_14_2) AppleWebKit/537.36
(KHTML, like Gecko) Chrome/72.0.3626.119 Safari/537.36'
}
# 抓取豆瓣电影 Top250 榜单的页面，并提取电影页面的 URL
```

```python
    def get_movie_url(url):
        html = requests.get(url,headers=headers)
        selector = etree.HTML(html.text)
        # 使用 XPath 提取当前页面中所有的电影页面 URL
        movie_hrefs = selector.xpath('//div[@class="hd"]/a/@href')
        for movie_href in movie_hrefs:
            # 处理每一个电影页面
            get_movie_info(movie_href)
    # 抓取 URL 指定的电影页面，并提取前面描述的几个与电影有关的信息
    def get_movie_info(url):
        html = requests.get(url,headers=headers)
        selector = etree.HTML(html.text)
        try:
            # 提取电影名称
            name = selector.xpath('//*[@id="content"]/h1/span[1]/text()')[0]
            # 提取导演
            director = selector.xpath('//*[@id="info"]/span[1]/span[2]/a/text()')[0]
            actors = selector.xpath('//*[@id="info"]/span[3]/span[2]')[0]
            # 提取主演
            actor = actors.xpath('string(.)')
            # 提取类型
            style = re.findall('<span property="v:genre">(.*?)</span>',html.text,re.S)[0]
            # 提取制片国家
            country = re.findall('<span class="pl">制片国家 / 地区 :</span> (.*?)<br/>',html.
    text,re.S)[0]
            # 提取上映时间
            release_time = re.findall(' 上映日期 :</span>.*?>(.*?)</span>',html.text,re.S)[0]
            # 提取片长
            time = re.findall(' 片长 :</span>.*?>(.*?)</span>',html.text,re.S)[0]
            # 提取豆瓣评分
            score = selector.xpath('//*[@id="interest_sectl"]/div[1]/div[2]/strong/text()')[0]
            global id
            # 数据库记录的索引
            id += 1
            # 要保存到 SQLite 数据库中的记录
            movie = (id,str(name), str(director), str(actor), str(style), str(country),
    str(release_time), str(time), score)
            print(movie)
            # 将当前电影的信息保存到数据库中
            cursor.execute(
                "insert into movies (id,name,director,actor,style,country,release_time,
    time,score) values(?,?,?,?,?,?,?,?,?)",movie)
            # 必须提交，才能将数据保存到 SQLite 数据库中
            conn.commit()
        except IndexError:
            pass


    if __name__ == '__main__':
```

```
id = 0
dbPath = 'movie.sqlite'
if os.path.exists(dbPath):
    os.remove(dbPath)
# 创建 SQLite 数据库
conn = sqlite3.connect(dbPath)
# 获取 sqlite3.Cursor 对象
cursor = conn.cursor()
# 创建 persons 表
cursor.execute('''CREATE TABLE movies
 (id INT  NOT NULL,
  name           CHAR(50)    NOT NULL,
  director       CHAR(50)      NOT NULL,
  actor          CHAR(50)   NOT NULL,
  style          CHAR(50)  NOT NULL,
  country        CHAR(50)  NOT NULL,
  release_time   CHAR(50)  NOT NULL,
  time CHAR(50) NOT NULL,
  score REAL NOT NULL
  );''')


# 提交后，才会创建 movies 表
conn.commit()
print('创建数据库成功')
# 产生 10 个电影榜单页面的 URL
urls = ['https://movie.douban.com/top250?start={}'.format(str(i)) for i in range
(0, 250, 25)]
# 处理每一个榜单页面
for url in urls:
    get_movie_url(url)
    time.sleep(1)
# 关闭数据库
conn.close()
```

运行结果如图 12-22 所示。

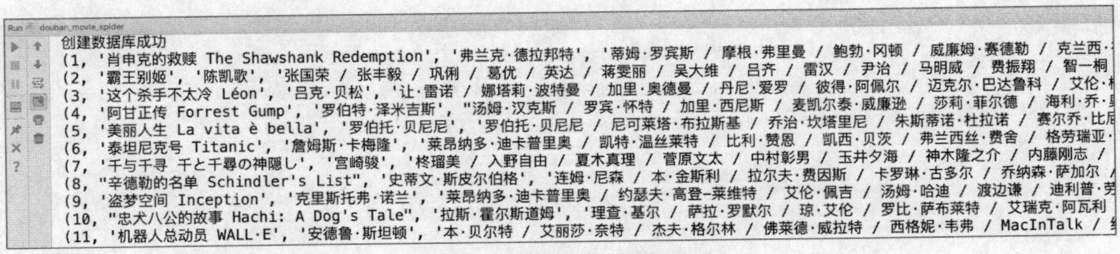

图 12-22　提取的电影信息

运行程序后，会在当前目录生成一个名为 movies.sqlite 的数据库文件，读者可以用 DB Browser for SQLite 打开这个数据库文件，效果如图 12-23 所示。

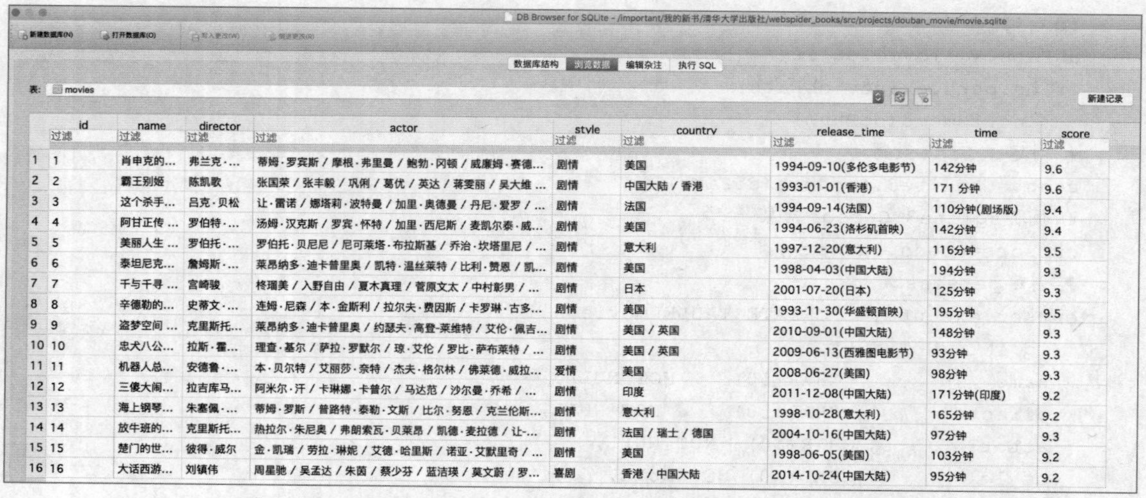

	id	name	director	actor	style	country	release_time	time	score
	过滤	过滤	过滤	过滤	过滤	过滤	过滤	过滤	过滤
1	1	肖申克的...	弗兰克·...	蒂姆·罗宾斯 / 摩根·弗里曼 / 鲍勃·冈顿 / 威廉姆·赛德...	剧情	美国	1994-09-10(多伦多电影节)	142分钟	9.6
2	2	霸王别姬	陈凯歌	张国荣 / 张丰毅 / 巩俐 / 葛优 / 英达 / 蒋雯丽 / 吴大维 ...	剧情	中国大陆 / 香港	1993-01-01(香港)	171 分钟	9.6
3	3	这个杀手...	吕克·贝松	让·雷诺 / 娜塔莉·波特曼 / 加里·奥德曼 / 丹尼·爱罗 / ...	剧情	法国	1994-09-14(法国)	110分钟(剧场版)	9.4
4	4	阿甘正传 ...	罗伯特·...	汤姆·汉克斯 / 罗宾·怀特 / 加里·西尼斯 / 麦凯尔泰·威...	剧情	美国	1994-06-23(洛杉矶首映)	142分钟	9.4
5	5	美丽人生 ...	罗伯托·...	罗伯托·贝尼尼 / 尼可莱塔·布拉斯基 / 乔治·坎塔里尼 / ...	剧情	意大利	1997-12-20(意大利)	116分钟	9.5
6	6	泰坦尼克...	詹姆斯·...	莱昂纳多·迪卡普里奥 / 凯特·温丝莱特 / 比利·赞恩 / 凯...	剧情	美国	1998-04-03(中国大陆)	194分钟	9.3
7	7	千与千寻 ...	宫崎骏	柊瑠美 / 入野自由 / 夏木真理 / 菅原文太 / 中村彰男 / ...	剧情	日本	2001-07-20(日本)	125分钟	9.3
8	8	辛德勒的...	史蒂文·...	连姆·尼森 / 本·金斯利 / 拉尔夫·费因斯 / 卡罗琳·古多...	剧情	美国	1993-11-30(华盛顿首映)	195分钟	9.5
9	9	盗梦空间 ...	克里斯托...	莱昂纳多·迪卡普里奥 / 约瑟夫·高登-莱维特 / 艾伦·佩吉...	剧情	美国 / 英国	2010-09-01(中国大陆)	148分钟	9.3
10	10	忠犬八公...	拉斯·霍...	理查·基尔 / 萨拉·罗默尔 / 琼·艾伦 / 罗比·萨布莱特 / ...	剧情	美国 / 英国	2009-06-13(西雅图电影节)	93分钟	9.3
11	11	机器人总...	安德鲁·...	本·贝尔特 / 艾丽莎·奈特 / 杰夫·格尔林 / 佛莱德·威拉...	爱情	美国	2008-06-27(美国)	98分钟	9.3
12	12	三傻大闹...	拉吉库马...	阿米尔·汗 / 卡琳娜·卡普尔 / 马达范 / 沙尔曼·乔希 / ...	剧情	印度	2011-12-08(中国大陆)	171分钟(印度)	9.2
13	13	海上钢琴...	朱塞佩·...	蒂姆·罗斯 / 普路特·泰勒·文斯 / 比尔·努恩 / 克兰伦斯...	剧情	意大利	1998-10-28(意大利)	165分钟	9.2
14	14	放牛班的...	克里斯托...	热拉尔·朱尼奥 / 弗朗索瓦·贝莱昂 / 凯德·麦拉德 / 让-...	剧情	法国 / 瑞士 / 德国	2004-10-16(中国大陆)	97分钟	9.3
15	15	楚门的世...	彼得·威尔	金·凯瑞 / 劳拉·琳妮 / 艾德·哈里斯 / 诺亚·艾默里奇 / ...	剧情	美国	1998-06-05(美国)	103分钟	9.2
16	16	大话西游...	刘镇伟	周星驰 / 吴孟达 / 朱茵 / 蔡少芬 / 蓝洁瑛 / 莫文蔚 / 罗...	喜剧	香港 / 中国大陆	2014-10-24(中国大陆)	95分钟	9.2

图 12-23 用 DB Browser for SQLite 打开 movies.sqlite 数据库

12.6 小结

如果抓取的数据量比较大，而且需要后期整理和查询，建议保存到数据库中。至于保存到什么类型的数据库，这个需要根据业务需求决定。例如，抓取的数据只用于用户自己分析和实验，可以保存到 SQLite 数据库中，因为这种数据库功能较强，而且不需要安装，使用十分方便。如果抓取的数据需要让多人访问和分析，可以考虑 MySQL 数据库。当然，如果抓取到的数据很难整理成二维表的形式，或懒得整理，也可以考虑像 MongoDB 这样的文档数据库。

第5篇
爬虫高级应用

抓取异步数据

有很多网站显示在页面上的数据并不是一次性从服务端获取的，有一些网站，如图像搜索网站，当滚动条向下拉时，会随着滚动条向下移动，有更多的图片显示出来。其实这些图片都是通过异步的方式不断从服务端获取的，这就是异步数据。本章将深入介绍如何用爬虫抓取这些异步的数据。

本章主要介绍以下内容：

（1）什么是异步数据加载；

（2）AJAX 的基本概念；

（3）如何获取异步数据使用的 URL；

（4）抓取异步数据；

（5）项目实战：分析百度图像搜索和京东商城图书评论数据，并抓取这些数据。

13.1　异步加载与 AJAX

传统的网页如果要更新动态的内容，必须重新加载整个网页，因为不管是动态内容，还是静态内容，都是通过服务端以同步的方式按顺序发送给客户端的，一旦某些动态内容出现异常，如死循环，或完成非常耗时的操作，就会导致页面加载非常缓慢，即使动态部分不发生异常，如果动态部分的内容非常多，也会出现页面加载缓慢的现象，尤其是在网速不快的地方，非常让人抓狂。为了解决这个问题，有人提出了异步加载解决方案，也就是让静态部分（HTML、CSS、JavaScript 等）先以同步的方式装载，然后动态的部分再另外向服务端发送一个或多个异步请求，从服务端接收到数据后，再将数据显示在页面上。这种技术就是常说的 AJAX，英文全称是 Asynchronous JavaScript and XML，中文可以称为"异步 JavaScript 和 XML"。

其实 AJAX 有两层含义，一层含义是异步（Asynchronous），这是指请求和下载数据的方式是异步的，也就是不占用主线程，即使加载数据缓慢，也不会出现页面卡顿的现象，顶多是该内容没显示出来（不过可以用默认数据填充）；另一层含义是指传输数据的格式，AJAX 刚出现时，人们习惯使用 XML 格式进行数据传输，不过现在已经很少有人使用 XML 格式进行数据传输了，因为 XML 格式会出现很多数据冗余，目前经常使用的数据传输格式是 JSON。不过由于 AJAX 的名字已经广为人知，所以一直沿用。

13.2 基本原理

AJAX 的实现分为 3 步：发送请求（通常是指 HTTP 请求）、解析响应（通常是指 JSON 格式的数据）和渲染页面（通常是指将 JSON 格式的数据显示在 Web 页面的某些元素上）。

1. 发送请求

在 Web 端页面中实现业务逻辑与页面交互的是 JavaScript 语言，所以发送请求的重任自然就落到了 JavaScript 的身上。

JavaScript 本身并没有发送 HTTP 请求的 API，需要调用浏览器提供的 API，不过不同的浏览器发送 HTTP 请求的 API 不同，例如，IE7+、Firefox、Chrome、Opera、Safari 浏览器，需要使用 XMLHttpRequest 对象发送请求，而 IE7 以下版本的浏览器，需要使用下面的代码创建 Microsoft.XMLHTTP 对象。

```
xmlhttp = new ActiveXObject("Microsoft.XMLHTTP");
```

所以在发送请求时，需要考虑到浏览器的兼容性，因此建议使用 jQuery 发送请求，因为 jQuery 已经考虑到了不同浏览器平台的差异性。jQuery 是用 JavaScript 编写的函数库，大家可以到下面的地址下载 jQuery 的最新版。jQuery 只有一个 js 文件。

https://jquery.com/download

假设下载的 jQuery 文件是 jquery.js，在 HTML 页面中使用下面的代码引用 jquery.js 文件。

```
<script src="./jquery.js"></script>
```

然后可以使用下面的代码向服务端发送请求。

```
$.get("/service", function(result){
 console.log(result)
  });
```

发送请求是异步的，所以需要通过 get 函数的第 2 个参数指定回调函数，一旦服务端返回响应数据，可以通过回调函数的参数（本例是 result）获取响应数据。通常在这个回调函数中利用服务端返回的数据渲染页面。

2. 解析响应

这里的响应数据主要是指 JSON 格式的数据。可以使用下面的代码将字符串形式的数据转换为 JavaScript 对象形式的 JSON 数据。其中 result 是 get 函数的回调函数的参数。得到 JavaScript 对象形式的 JSON 数据，就可以任意访问数据了。

```
JSON.parse(result)
```

3. 渲染页面

渲染页面主要是指将从服务端获取的响应数据以某种形式显示在 Web 页面的某些元素上，如下面

的代码将数据以 <li> 节点的形式添加到 <ul> 节点的后面。

```
$('#video_list').append('<li>' + data[i].name + '</li>')
```

其中 video_list 是 <ul> 节点的 id 属性值，data 是 JSON 对象。append 函数用于将 HTML 代码追加到 video_list 指定节点的内部 HTML 代码的最后。

【例 13.1】 本例使用 Flask 框架模拟实现一个异步加载的页面。页面使用模板显示，并且通过 jQuery 向服务端发送请求，获取数据后，将数据显示在页面上。

本例需要使用 jQuery，所以需要按前面的方法下载 jQuery 文件，然后将其复制到当前目录下的 static 子目录中，假设本例使用的 jQuery 文件名称是 jquery.js。

先准备一个静态页面（index.html），并将该页面文件放在当前目录的 templates 子目录下，作为 Flask 的模板文件。

实例位置： src/ajax/templates/index.html

```html
<!DOCTYPE html>
<html lang="en">
<head>
<meta charset="UTF-8">
<title> 异步加载页面 </title>
<script src="/static/jquery.js"></script>
</head>
<body onload="onLoad()">
<h1> 李宁老师的视频课程 </h1>

<ul id="video_list">

<li> 人工智能 - 机器学习实战视频课程 </li>
<li> 用 C++ 和 Go 开发 Node.js 本地模块 </li>
<li>Go Web 实战视频教程 </li>
<li>Python 科学计算与图形渲染库视频教程 </li>
</ul>
<script>
    //  当页面装载时调用
    function onLoad()
    {
        // 使用 get 函数向服务端发送请求
        $.get("/data", function(result){
            // 将字符串形式的 JSON 数据转换为 JSON 对象（其实是一个 JSON 数组）
            data = JSON.parse(result)
            // 对 JSON 数组进行迭代，然后将每一个元素的 name 属性值作为 li 节点的内容
            // 添加到 ul 节点的最后
            for(var i = 0; i < data.length;i++) {
                $('#video_list').append('<li>' + data[i].name + '</li>')
            }
        });
    }
</script>
</body>
</html>
```

在 index.html 页面中，先放置一些静态的内容，主要是一个 h2 节点和带 4 个 li 节点的 ul 节点。如果直接在浏览器中显示 index.html 页面，会是如图 13-1 所示的效果。

图 13-1 index.html 页面的效果

不过本例为 body 节点添加了 onload 属性，该属性指定一个回调函数（onLoad），当页面装载时调用这个函数。在 onLoad 函数中使用 jQuery 的 get 函数异步向服务端发送请求，并且在 get 函数的回调函数中接收服务端的响应数据，并解析这些数据，最后将这些数据连同 li 节点一起添加到 ul 节点的最后。

现在使用 Flask 实现 Web 服务，该服务通过根路由显示 index.html 的内容，使用 /data 路由响应客户端的请求。

实例位置： src/ajax/MyServer.py

```python
from flask import Flask,render_template
from flask import make_response
import json
app = Flask(__name__)
# 根路由，用于显示 index.html 页面
@app.route('/')
def index():
    return render_template('index.html')
# 响应客户端请求的路由
@app.route('/data')
def data():
    # 定义要返回的数据（包含 4 个字典的列表）
    data = [
        {'id':1,'name':'PyQt5 (Python) 实战视频课程 '},
        {'id':2,'name':'Electron 实战 '},
        {'id':3, 'name': ' 征服 C++ 11'},
        {'id':4, 'name': ' 征服 Flask'},

    ]
    # 将 data 列表转换为 JSON 格式的字符串，然后创建响应对象
    response = make_response(json.dumps(data))
```

```
    # 返回响应
    return response

if __name__ == '__main__':
    app.run(host = '0.0.0.0', port='1234')
```

MyServer 服务通过 /data 路由返回 4 组数据，这也就意味着 Web 页面会动态显示这 4 组数据。

现在运行 MyServer 服务，然后在浏览器中输入 http://localhost:1234 访问 index.html，会看到如图 13-2 所示的页面。

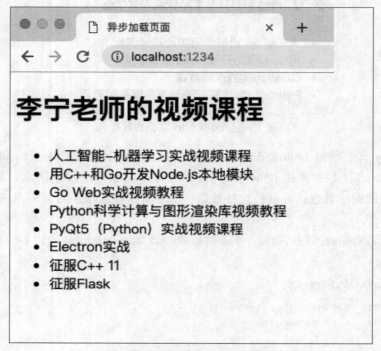

图 13-2　动态加载数据

如果是第 1 次加载页面，会发现后 4 个列表项显示有一些延迟，这就充分说明，后 4 个列表项是通过异步方式加载的。

13.3　逆向工程

在 13.2 节已经模拟实现了一个异步装载的页面，本节以这个程序为例进行分析，如果对这个程序的实现原理不了解，那么应该如何得知当前页面的数据是异步加载的呢？以及如何获取异步请求的 URL 呢？

这就和破解一个可执行程序一样，需要用二进制编辑工具一点一点跟踪，这种方式被称为"逆向工程"。

现在来分析这个异步加载的页面。首先用 Chrome 浏览器打开这个页面，然后在开发者工具中定位到视频列表，如图 13-3 所示。

图 13-3　定位 HTML 代码

从 Elements 选项卡的代码会发现，所有 8 个列表项都实现出来了，可能初学者看到这个会欣喜若狂，赶紧使用前面介绍的网络库和分析库抓取和提取数据，代码如下：

```
import requests
from lxml import etree
result = requests.get('http://localhost:1234')
tree = etree.HTML(result.text)
# 提取第 2 个列表项的文本
print(tree.xpath('//*[@id="video_list"]/li[2]')[0].text)
# 提取第 6 个列表项的文本
print(tree.xpath('//*[@id="video_list"]/li[6]')[0].text)
```

不过运行这段代码，会令人沮丧，因为会抛出异常，如图 13-4 所示。

```
Run:   test    MyServer
   用C++和Go开发Node.js本地模块
   Traceback (most recent call last):
     File "/我写的书/清华大学出版社/webspider_books/src/ajax/test.py", line 6, in <module>
       print(tree.xpath('//*[@id="video_list"]/li[6]')[0].text)
   IndexError: list index out of range
```

图 13-4　分析 HTML 时抛出异常

现在分析这个异常的原因，既然第 2 个列表项（"用 C++ 和 Go 开发 Node.js 本地模块"）已经输出，那么可以肯定是在处理第 6 个列表项时抛出的异常。读者可以输出 result.text，看一看抓取的完整数据，会发现，抓取到的数据只有前 4 项，并没有后 4 项。为了进一步验证，可以切换到开发者工具的 Network 选项卡，然后在左下角列表中选择 localhost，并切换到右侧的 Response 选项卡，如图 13-5 所示。

图 13-5 查看下载的 HTML 代码

从 Response 选项卡也可以看出，下载的 HTML 代码只有前 4 个列表项。那么在这里为什么与 Elements 选项卡显示的 HTML 代码不同呢？其实这两个地方显示的 HTML 代码处于不同阶段。Response 选项卡显示的 HTML 代码是在 JavaScript 渲染页面前，而 Elements 选项卡显示的 HTML 代码是在 JavaScript 渲染页面后。异步加载页面以及 Response 选项卡和 Elements 选项卡显示数据的过程如图 13-6 所示。使用 requests 抓取的 HTML 代码并没有经过 JavaScript 渲染，所以是在 JavaScript 渲染前的代码，因此 requests 抓取的 HTML 代码与 Response 选项卡中显示的 HTML 代码是一样的，不要被 Elements 选项卡欺骗了。

分析到这里，用户可以获得以下经验：如果数据没有在 Response 选项卡中，那么很可能是通过异步方式获取的数据，然后再利用 JavaScript 将数据显示在页面上。因为目前显示数据的方式只有两种：同步和异步。

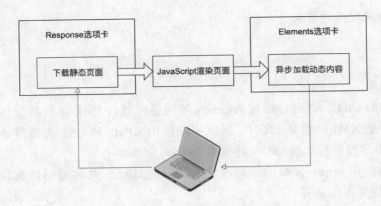

图 13-6 异步加载页面

现在的任务就是找到异步访问的 URL，对于本例来说相当好找，因为 Network 选项卡左下角的列表中就 3 个 URL，按顺序查看就可以了。但对于非常大的网站，如京东商城、淘宝、天猫等，可能会有数百个，甚至上千个 URL，而且还会不断变化，如果一个一个地找，是非常累的。所以可以采用直接过滤的方式。

如果知道大概的 URL 名字，可以利用图 13-7 所示的开发者工具左上角的 Filter 文本框过滤，但大多数时候是不知道 URL 的名字的，所以可以使用 XHR 的方式过滤。现在单击 Network 选项卡的 XHR 按钮，如图 13-7 所示。

Elements	Console	Sources	Network	Performance	Memory	Application	Security	Audits		

View: ☐ Group by frame ☐ Preserve log ☐ Disable cache ☐ Offline Online ▼

Filter ☐ Hide data URLs **All** **XHR** JS CSS Img Media Font Doc WS Manifest Other

10 ms	20 ms	30 ms	40 ms	50 ms	60 ms	70 ms	80 ms	90 ms	100 ms

单击我

Name	× Headers Preview Response Cookies Timing
☐ data	▼ [{id: 1, name: "PyQt5 (Python) 实战视频课程"}, {id: 2, name: "Electron实战"}, {id: 3, name: "征服C++ 11"},—]
	▼ 0: {id: 1, name: "PyQt5 (Python) 实战视频课程"}
	id: 1
	name: "PyQt5 (Python) 实战视频课程"
	▼ 1: {id: 2, name: "Electron实战"}
	id: 2
	name: "Electron实战"
	▼ 2: {id: 3, name: "征服C++ 11"}
	id: 3
	name: "征服C++ 11"
	▼ 3: {id: 4, name: "征服Flask"}
	id: 4
	name: "征服Flask"

图 13-7 通过 XHR 过滤 URL

可以看到，单击 XHR 按钮后，左侧的列表只显示了一个名为 data 的 URL，很明显，这是获取数据的路由名字，在右侧的 Preview 选项卡中显示了 data 返回的数据，很显然，这是 JSON 格式的数据，其实现在已经完成了任务，找到了异步访问的 URL，并且了解了返回的数据格式。

那么很多读者会问，XHR 是什么呢？XHR 是 XMLHttpRequest 的缩写，用于过滤通过异步方式请求的 URL，要注意的是，XHR 过滤的 URL 与返回数据的格式无关，只与发送请求的方式有关。

XHR 用于过滤异步方式发送的请求。

13.4 提取结果

知道了异步请求的 URL，就可以通过 requests 等网络库通过 URL 抓取数据，不过返回的数据格式不是 HTML，也不是 XML，而是 JSON。所以不能使用 XPath 和 CSS 选择器处理，而是使用 json 模块中的 loads 函数将字符串形式的 JSON 转换为 Python 字典。

【例 13.2】 本例使用 requests 库访问页面异步访问的 URL，并将返回数据转换为 Python 字典，最后输出返回的所有视频课程名称。

实例位置：src/ajax/MyServerSpider.py

```python
import requests
import json
from lxml import etree
result = requests.get('http://localhost:1234/data')
# 由于返回的数据包含中文 (unicode 编码)，所以需要将其转码
text = result.text.encode('utf-8').decode('unicode-escape')
print(text)
# 将字符串形式的 JSON 转换为 Python 字典
data = json.loads(text)
print(' 个数: ',len(data))
# 输出返回的所有视频课程名称
for value in data:
    print(value['name'])
```

运行结果如图 13-8 所示。

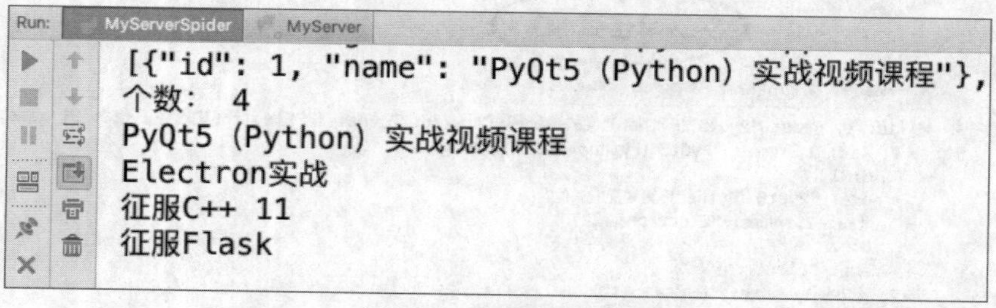

```
Run:    MyServerSpider    MyServer
    [{"id": 1, "name": "PyQt5 (Python) 实战视频课程"},
    个数:  4
    PyQt5 (Python) 实战视频课程
    Electron实战
    征服C++ 11
    征服Flask
```

图 13-8 抓取异步数据

13.5 项目实战：支持搜索功能的图片爬虫

本节使用 requests 库抓取百度图像搜索 API 返回的 JSON 数据，并根据图像 URL 下载图像文件。由于 API 返回的是 JSON 格式的数据，所以不需要使用任何 HTML 分析库，只需将数据转换为 JSON 对象即可。

抓取 API 数据的第一步就是要确定网站的数据是否是通过异步方式获取的。判断方式有多种，如果是显示图像的网站，而且是在一页上显示所有的图像，只需要将网页不断向下拉，如果在浏览器页

面，随着滚动条向下拉动，不断显示新的图像，那么可以肯定，这个网址的图片数据是通过异步方式获取的。通常会首先获取一个包含图片信息的列表（JSON 格式），然后会从列表中提取出与图像相关的信息，如图像名称，图像 URL 等，最后将这个新的图像显示在页面上。

　　现在来分析百度图像搜索，读者可以通过 http://image.baidu.com 进入百度图像搜索首页，在搜索框中输入一个关键字，如"外星人"。会搜索出类似图 13-9 所示的结果。

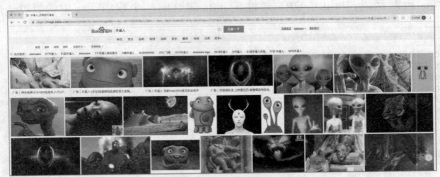

图 13-9　在百度图像搜索中搜索"外星人"的结果

　　要注意，搜索出来的图片，前 4 张是广告图片（原因你知道的），这个不会包含在 API 返回的数据中，是通过另外的通道得到的。

　　现在将网页向下滚动，在浏览器的右侧会出现滚动条，搜索出来的图片好像永远也显示不完，而且新的图像显示时略有延迟，这明显说明，新显示的图片是通过异步方式加载的。现在已经确定了第一点，百度图像搜索中的图像是通过异步方式加载的。接下来的任务就是找到异步访问的 API。

　　在开发者工具中切换到 Network 选项卡，然后重新加载页面。并且单击 XHR 按钮，随着页面不断向下滑动，会在开发者工具左侧的列表中显示多个列表项，而且几乎都一样，这些都是异步向服务端发送的请求。随便找一个列表项，并且单击这个列表项，会在列表的右侧看到如图 13-10 所示请求返回内容。

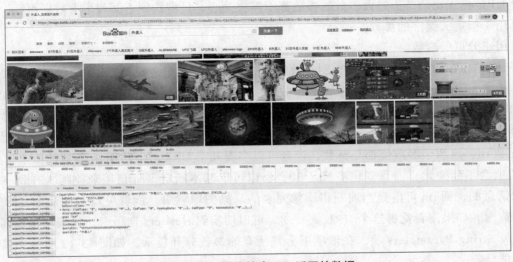

图 13-10　图像搜索 API 返回的数据

很明显，这些请求返回的是 JSON 格式的数据，将数据展开，会看到很多属性，目的是得到这些图像的 URL，所以应该关注存储 URL 的属性，这类属性有好几个，都是存储不同分辨率图像的 URL，读者选一个即可，本例选择的是 middleURL。要注意的是，这个 middleURL 属性并没有在顶层的 JSON 对象中，而属于顶层 JSON 对象的 data 属性。该属性是一个 JSON 数组，展开后如图 13-11 所示。每一个数组元素就是一个 JSON 对象，用于存储一个图像的信息，其中就包括 middleURL 属性。也就是说，middleURL 属性是 data 属性的一个数组元素中的属性。

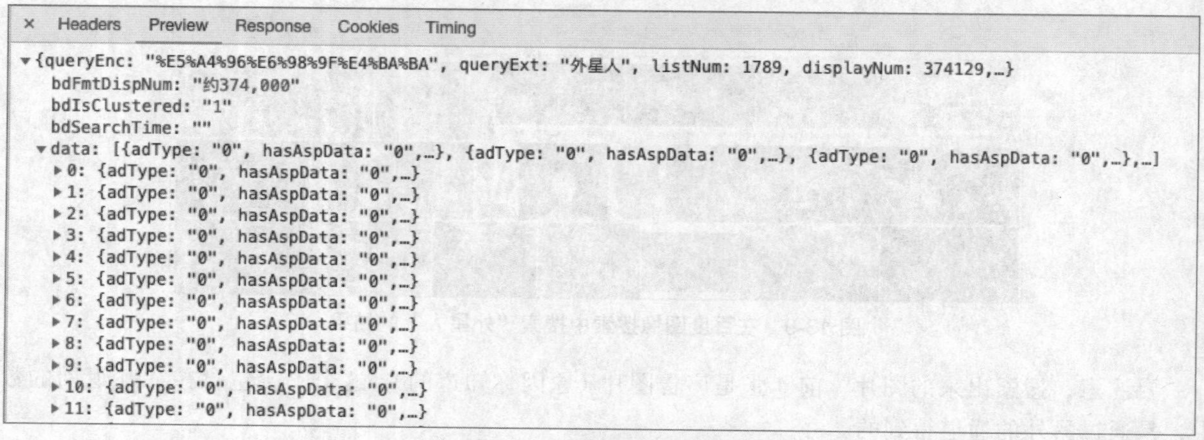

图 13-11　图像信息存储结构

最后，看一下 API 的完整 URL。

https://image.baidu.com/search/acjson?tn=resultjson_com&ipn=rj&ct=201326592&is=&fp=result&queryWord=%E5%A4%96%E6%98%9F%E4%BA%BA&cl=2&lm=-1&ie=utf-8&oe=utf-8&adpicid=&st=-1&z=&ic=0&hd=&latest=&copyright=&word=%E5%A4%96%E6%98%9F%E4%BA%BA&s=&se=&tab=&width=&height=&face=0&istype=2&qc=&nc=1&fr=&expermode=&force=&pn=150&rn=30&gsm=96&1552978184456=

这个 URL 相当复杂，不过大多数的参数都不需要关心，只需找到下面两个参数即可。

（1）用于指定关键字的参数。

（2）用于分页的参数。

其实寻找 URL 的规律也没什么特别有效的方式，不过要相信，设计 URL 的程序员也是人类，他们不会设计像 a、b、c、d 这样毫无意义的参数，参数的命名肯定是与实际意义有关的（否则项目经理该找他们喝茶了）。例如，在上面的 URL 中，很快就会发现一个名为 word 的参数，这个参数是用于设置搜索关键字的。如果是中文，会进行编码。不过在生成 URL 时，可以直接使用中文。后面有两个参数：pn 和 rn。这两个参数值都是整数，读者可以多看几个 URL，会发现 rn 参数的值永远是 30，而 pn 参数的值会不断变化，而且变化步长是 30，所以可以基本断定，rn 是用来控制 API 每一次获取多少个图像信息的，而 pn 可能是当前获得图像列表的起始图像索引，读者可以多试几个 URL，就可以验证这个猜测。如果读者觉得这个 URL 太费劲，可以切换到 Headers 选项卡，将滚动条拉到最后，会找到 Query String Parameters 项，在该项下会将所有的参数分开显示，如图 13-12 所示。黑框中就是要找的请求参数。

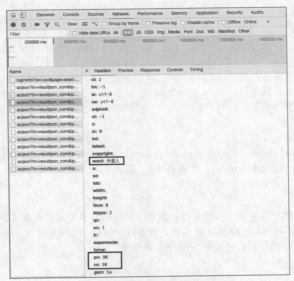

图 13-12 显示请求参数

有一点应注意，经过分析得知，百度图像搜索 API 每次会获取 30 个图像文件的信息，但 data 属性的数组元素个数却是 31 个，数组索引从 0 开始。最后一个数组元素为空对象，如图 13-13 所示。这可能是因为百度图像前端为了处理方便数据才这么做的，在抓取数据时要考虑到 data 数组元素为空对象的情况，这时 middleURL 属性的值为 None。

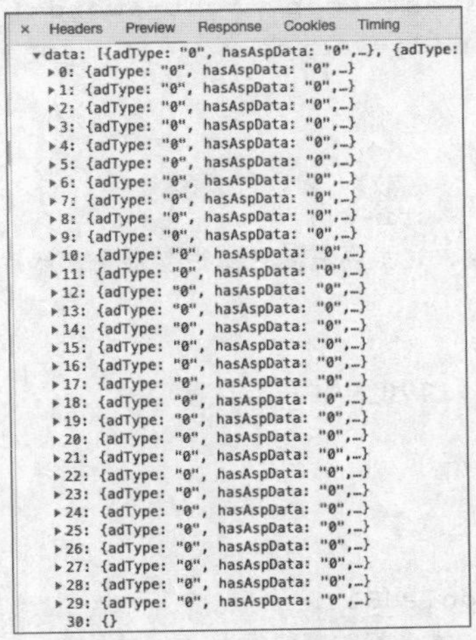

图 13-13 data 数组的内容

现在关于百度图像 API 如何根据关键字搜索图像，以及如何分页，相信读者已经明白了，下面就是用 Python 代码将其实现了。

【例 13.3】 本例通过 Console 输入一个关键字，然后随机生成一个目录名，并在当前目录下根据这个名称创建一个子目录，然后根据设定的变量下载前 n 张搜索的图片到这个目录。目录名是从 1 开始的 10 位数字（不足位数前面补 0），如 0000000001.png、0000000002.png 等。

实例位置： src/projects/image_search/image_search_spider.py

```python
import requests
import json
import random
import string
import os
# 从 Console 采集要搜索的关键字
word = input("请输入搜索关键字: ")
print(word)
# 随机生成 8 位的目录名
dir_name = ''.join(random.sample(string.ascii_letters + string.digits, 8))
print('图像文件将保存在 ',dir_name,' 目录中')
# 在当前目录创建子目录
os.mkdir(dir_name)
# 最大下载的图像数，这个数字应该是 3 的整数倍，如果不是 3 的整数倍，那么最终下载的图像数应该是
# 3 的整数倍的整数中第 1 个比 max_value 大的值，如 max_value 的值是 100，那么会下载 120 个图像文件
# 如果 max_value 的值是 130，那么会下载 150 个图像文件
max_value = 100
# 当前图像索引
current_value = 0
# 用于控制图像的文件名
image_index = 1
while current_value < max_value:
    # 开始搜索图像
    result = requests.get('https://image.baidu.com/search/acjson?tn=resultjson_com&ipn
=rj&ct=201326592&is=&fp=result&queryWord=%E6%9D%8E%E5%AE%81&cl=2&lm=-1&ie=utf-
8&oe=utf-8&adpicid=&st=-1&z=&ic=0&hd=&latest=&copyright=&word={}&s=&se=&tab=&width=&height=&fac
e=0&istype=2&qc=&nc=1&fr=&expermode=&force=&cg=girl&pn={}&rn=30&gsm=1e&1552906917704='.
format(word,current_value))

    json_str = result.content
    json_doc = str(json_str, 'utf-8')
    # 将返回结果转换为 JSON 对象，这里要先获取二进制形式，然后再使用 utf-8 转码，不要直接使用 result.
text
    # 属性，否则会有乱码
    imageResult = json.loads(json_doc)
    # 获取 data 属性的值
    data = imageResult['data']
    # 迭代获取当前页所有图像的 URL
    for record in data:
        url = record.get('middleURL')
        # 考虑 data 数组最后一个元素是空对象的情况
        if url != None:
            print('正在下载图片: ',url)
            # 下载二进制图像文件
            r = requests.get(url)
            # 生成图像文件名
            filename = dir_name + '/' + str(image_index).zfill(10) + ".png"
            # 保存图像文件
            with open(filename, 'wb') as f:
                f.write(r.content)
```

```
        image_index += 1
    current_value += 30
print('图像下载完成')
```

运行程序，输入"外星人"，会在 Console 中输出如图 13-14 所示的结果。

```
Run   image_search_spider
      请输入搜索关键字：外星人
      外星人
      图像文件将保存在 K8dbocFA 目录中
      正在下载图片：https://ss1.bdstatic.com/70cFuXSh_Q1YnxGkpoWK1HF6hhy/it/u=351934267,3326956450&fm=26&gp=0.jpg
      正在下载图片：https://ss0.bdstatic.com/70cFvHSh_Q1YnxGkpoWK1HF6hhy/it/u=4113400027,2868190395&fm=26&gp=0.jpg
      正在下载图片：https://ss0.bdstatic.com/70cFvnSh_Q1YnxGkpoWK1HF6hhy/it/u=2252499860,1418130762&fm=26&gp=0.jpg
      正在下载图片：https://ss2.bdstatic.com/70cFvnSh_Q1YnxGkpoWK1HF6hhy/it/u=590645450,548762322&fm=26&gp=0.jpg
      正在下载图片：https://ss1.bdstatic.com/70cFvXSh_Q1YnxGkpoWK1HF6hhy/it/u=3412015367,1491825160&fm=26&gp=0.jpg
      正在下载图片：https://ss1.bdstatic.com/70cFvXSh_Q1YnxGkpoWK1HF6hhy/it/u=1231408146,3438725627&fm=26&gp=0.jpg
      正在下载图片：https://ss1.bdstatic.com/70cFvXSh_Q1YnxGkpoWK1HF6hhy/it/u=1681993790,2175920843&fm=26&gp=0.jpg
      正在下载图片：https://ss2.bdstatic.com/70cFvnSh_Q1YnxGkpoWK1HF6hhy/it/u=1298983867,2788738189&fm=11&gp=0.jpg
      正在下载图片：https://ss3.bdstatic.com/70cFv8Sh_Q1YnxGkpoWK1HF6hhy/it/u=2412670750,2379989859&fm=26&gp=0.jpg
      正在下载图片：https://ss1.bdstatic.com/70cFvXSh_Q1YnxGkpoWK1HF6hhy/it/u=1481338893,369173006&fm=26&gp=0.jpg
      正在下载图片：https://ss1.bdstatic.com/70cFvXSh_Q1YnxGkpoWK1HF6hhy/it/u=2784991534,1096829715&fm=26&gp=0.jpg
      正在下载图片：https://ss3.bdstatic.com/70cFv8Sh_Q1YnxGkpoWK1HF6hhy/it/u=3142094562,129818769&fm=26&gp=0.jpg
```

图 13-14　正在下载图片

在当前目录会多一个名为 K8dbocFA 的目录，会看到里面有 120 张外星人图像文件，如图 13-15 所示。如果读者要下载更多的图像，可以将 max_value 变量设为更大的值，如 10000。

图 13-15　下载的图像文件

13.6　项目实战：抓取京东图书评价

本节实现的爬虫会抓取京东商城指定图书的评论信息。本例使用 requests 抓取图书评论 API 信息，然后通过 json 模块的相应 API 将返回的 JSON 格式的字符串转换为 JSON 对象，并提取其中感兴趣的信息。

读者可以在京东商城选择一本图书，例如，《Python 从菜鸟到高手》，URL 是 https://item.

jd.com/12417265.html。商品页面如图 13-16 所示。

图 13-16 　《Python 从菜鸟到高手》评论信息

　　在页面的下方是导航条，读者可以单击导航条上的数字按钮，切换到不同的页面，会发现浏览器地址栏的 URL 并没有改变，这种情况一般都是通过另外的通道获取的数据，然后将数据动态显示在页面上。现在的任务就是寻找这个通道的 URL。

　　在 Chrome 浏览器的开发者工具的 Network 选项卡中单击 XHR 按钮，再切换到其他页，并没有发现要找的 API URL，可能京东商城获取数据的方式有些特殊，不是通过 XMLHttpRequest 发送的请求。不过这无关紧要，目的是要找到这个 URL，所以重新选中 All 按钮，显示所有的 URL。现在用另外一种方式寻找这个 URL，这就是 Filter。通过左上角的 Filter 输入框，可以通过关键字搜索 URL，由于本例是抓取评论数据，所以可以尝试输入 comment，在左下角的列表中会出现如图 13-17 所示的内容。

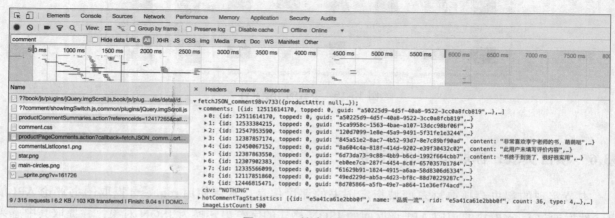

图 13-17 　搜索 API URL

　　在搜索结果中会看到 1 个名为 productPageComments.action 的 URL，单击这个 URL，在右侧

切换到 Preview 选项卡，会看到如图 13-17 所示的内容，很明显，这是 JSON 格式的数据，展开 comments，会看到有 10 项，这是返回的 10 条评论。再展开某一条评论，如图 13-18 所示。

```
×  Headers   Preview   Response   Timing

  ▶ 6: {id: 12307902383, topped: 0, guid: "eb0ee7ca-287f-4454-8c8f-6570357b1784",…}
  ▼ 7: {id: 12335566099, topped: 0, guid: "61629b91-1824-4915-a6aa-58d8306d6334",…}
      afterDays: 0
      anonymousFlag: 1
      content: "这本书比较适合作为python 的入门学习的, ?"
      creationTime: "2019-01-04 10:22:49"
      days: 2
      discussionId: 481591293
      firstCategory: 1713
      guid: "61629b91-1824-4915-a6aa-58d8306d6334"
      id: 12335566099
      imageCount: 2
    ▶ images: [{id: 751982090, associateId: 481591293, productId: 0,…},…]
      integral: -10
      isMobile: true
```

图 13-18 评论对象中的属性

从属性的内容可以看出，content 属性是评论内容，creationTime 是评论时间，days 是购买多长时间后才来评论的，这里是 2，也就是说，这个人是购买 2 天后才来评论的。

通过 Headers 选项卡可以得到如下完整的 URL。

```
https://sclub.jd.com/comment/productPageComments.action?callback=fetchJSON_comment98vv
733&productId=12417265&score=0&sortType=5&page=0&pageSize=10
```

从这个 URL 可以看出，page 参数表示页数，从 0 开始，pageSize 参数表示每页获取的评论数，默认是 10，这个参数可以保留默认值，只改变 page 参数即可。

【例 13.4】 本例会根据前面的描述实现抓取图书评论信息的爬虫，通过 fetch_comment_count 变量可以控制抓取的评论条数。最后会将抓取的结果显示在 Console 中。

实例位置： src/projects/jd_book_coment/jd_book_comment_spider.py

```python
import requests
import re
import json
import csv
import os
header = {
    'User-Agent':'Mozilla/5.0 (Macintosh; Intel Mac OS X 10_14_3) AppleWebKit/537.36
(KHTML, like Gecko) Chrome/72.0.3626.121 Safari/537.36'
}
# 限定抓取的评论数
fetch_comment_count = 15
# 设置代理
proxies = {
```

```
        "https": "https://27.220.121.173:49508",
    }
    index = 0
    page_index = 0
    flag = True    # 用于控制循环是否退出
    while flag:
        url = 'https://sclub.jd.com/comment/productPageComments.action?callback=fetchJSON_
comment98vv733&productId=12417265&score=0&sortType=5&page={}&pageSize=10&isShadowSku=0&ri
d=0&fold=1'.format(page_index)
        page_index += 1
        # html = requests.get(url, headers=header,proxies=proxies
        # 抓取评论页面
        html = requests.get(url, headers=header)
        # 获取抓取的内容，这里需要先按 iso-8859-1 格式编码
        text = str(html.content, encoding='iso-8859-1')
        # 下面的代码替换返回数据的部分内容，因为返回的数据并不是标准的 JSON 格式
        leftIndex = text.find('{')
        rightIndex = text.rfind('}')
        json_str = text.replace('fetchJSON_comment98vv733(', '')
        json_str = json_str.replace(")", '')
        json_str = json_str.replace("true", '"true"')
        json_str = json_str.replace("false", '"false"')
        json_str = json_str.replace("null", '"null"')
        json_str = json_str.replace(";", '')
        json_obj = json.loads(json_str)
        # 循环输出评论数据
        for i in range(0,len(json_obj['comments'])):
            try:
                # 这里要进行 iso-8859-1 编码，然后再解码，否则会出现乱码
                # 按 iso-8859-1 编码是指按原样将字符转换成字节流。
                # 获取评论内容
                comment = json_obj['comments'][i]['content'].encode(encoding='iso-8859-1').
decode('GB18030')
                # 删除评论内容是 "此用户未填写评价内容" 的评论
                if comment != ' 此用户未填写评价内容 ':
                    print('<',index + 1,'>',comment)
                    # 获取评论时间
                    creationTime = json_obj['comments'][i]['creationTime']
                    # 获取昵称
                    nickname = json_obj['comments'][i]['nickname'].encode(encoding='iso-8859-1').
decode('GB18030')
                    print(creationTime)
                    print(nickname)
                    print('----------------')
                    index += 1
```

```
    except:
        pass
    if index == fetch_comment_count:
        flag = False
        break
```

程序运行结果如图 13-19 所示。

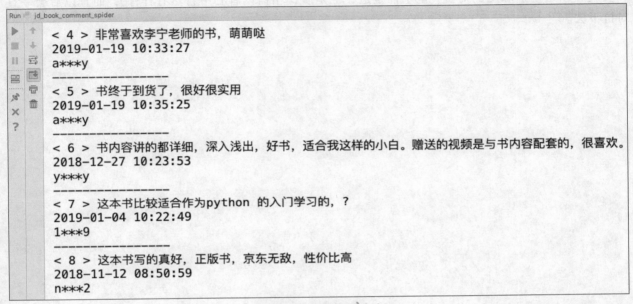

图 13-19　输出评论内容

阅读本例的代码应该注意如下几点。

（1）京东商城如果频繁使用同一个 IP 发起大量的请求，服务端会临时性封锁 IP，所以可以用 3.2.7 节介绍的方法获取多个代理服务器，并且通过 get 函数的 proxies 参数指定代理，这样京东商城将无法封锁 IP。

（2）API URL 返回的数据并不是标准的 JSON，里面还有一些杂质，需要在本地将其删除，如将 true 和 false 加上双引号，去除前缀和后缀。本例的前缀是 " fetchJSON_comment98vv733"，这个前缀是通过 URL 的 callback 参数指定的，根据参数名应该是个回调函数，具体是什么不需要管，总之，需要按照 callback 参数的值将返回数据的前缀去掉。

（3）不要直接使用返回数据的 text 属性获取文本数据，否则中文会是乱码。也不要将整体进行转码，因为里面有少量数据由于未知原因会转码失败。应该先按照 iso-8859-1 编码格式将获取的二进制数据转换为字符串，然后获取 content 属性，再将其转换为 GB18030 编码格式的字符串。注意，返回的数据不是 UTF-8 编码格式，而是 GB18030。而且在转换的过程中要使用 try...except 语句，防止由于转换失败而使程序崩溃。

13.7　小结

可能有读者会问，获知某个网站用于异步加载的 URL 有没有什么捷径呢？或者说，有没有什么通用的方式知道 API URL 呢？这里可以负责任地告诉大家：没有。因为每一个网站的开发人员是不同的，就算同一批开发人员，也可能使用不同的方式，而且现在发展出很多反爬虫技术，所以爬虫和反爬虫永远是道和魔的对抗（至于谁是道，谁是魔，相信读者心中自然有杆秤），而且以后会一直对抗下去。

第 14 章

可见即可爬：Selenium

到现在为止，读者已经了解了 Web 页面获取数据的方式有同步和异步（AJAX）两种，其中抓取同步工作方式的 Web 页面最容易，直接使用任何一个网络库抓取 HTML 代码，然后使用分析库提取出需要的内容即可。抓取页面上通过异步方式获取的数据就复杂一些，首先需要分析异步请求的URL，然后通过网络库请求这个 URL，并根据返回数据的格式解析需要的信息。

还有一类页面，并不是采用这两种方式获取的数据，例如，有一些页面的数据是通过 JavaScript在前端得到的，要想找到规律，需要分析 JavaScript 代码。即使数据是通过 AJAX 方式获取的，但由于很多参数都是加密的，很难找到什么规律，所以要想抓取这类页面的数据，采用前面介绍的方式就有些困难，甚至是不可完成的任务。

有一类 IDE 称为所见即所得 IDE，也就是通过拖放控件的方式设计 UI，设计是什么样，运行就是什么样。其实爬虫也可以用所见即所得方式，也就是说，在浏览器中看到的是什么，抓取的就是什么。不管 Web 页面使用了多么复杂、多么精巧的反爬虫技术，都不会影响用户体验，所以在 Web 浏览器中看到的内容，肯定是最终渲染后的结果，不管这个结果是通过同步方式、还是 AJAX 方式，或是直接用 JavaScript 渲染的页面。要想使用这种方式抓取数据，就需要模拟浏览器来加载页面，可以给这种抓取数据的方式起一个更贴切的名字：可见即可爬。

Python 语言支持很多第三方模拟浏览器的程序库，如 Selenium、Splash、PyV8、Ghost 等，本章介绍最常用的 Selenium 的用法，有了这些可以模拟浏览器的程序库，抓取数据再也没那么麻烦了。

本章主要介绍以下内容：

（1）安装 Selenium 和 WebDriver；

（2）Selenium 的基本使用方法；

（3）查找节点；

（4）节点交互；

（5）管理 Cookie；

（6）执行 JavaScript 代码；

（7）改变节点属性值。

14.1 安装 Selenium

Selenium 本质上是一款自动化测试工具，主要用于测试 Web 应用，不过也常用于爬虫应用中。对于一些用 JavaScript 渲染的页面来说，这种抓取方式非常有效。本节先来学习如何安装 Selenium。Selenium 最简单的安装方式是使用下面的命令。

```
pip install selenium
```

也可以直接使用 wheel 安装方式，首先到下面的页面下载 whl 文件。

https://pypi.org/project/selenium/#files

进入上面的页面，会看到如图 14-1 所示的下载地址。

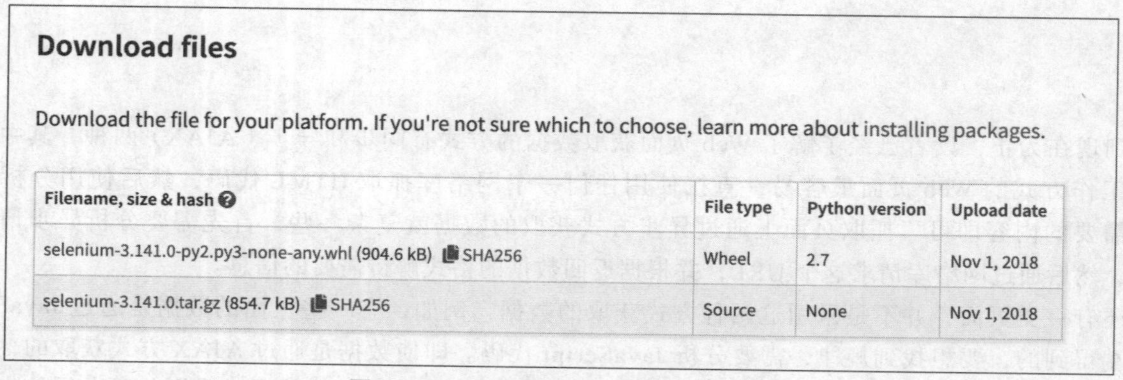

Download files

Download the file for your platform. If you're not sure which to choose, learn more about installing packages.

Filename, size & hash 🔓	File type	Python version	Upload date
selenium-3.141.0-py2.py3-none-any.whl (904.6 kB) 📋 SHA256	Wheel	2.7	Nov 1, 2018
selenium-3.141.0.tar.gz (854.7 kB) 📋 SHA256	Source	None	Nov 1, 2018

图 14-1　Selenium wheel 文件下载地址

下载 whl 文件后，使用下面的命令安装 whl 文件。

```
pip install selenium-3.141.0-py2.py3-none-any.whl
```

安装完后，可以进入 python 控制台验证是否安装成功。最简单的验证方式就是导入 selenium 包，如果没有报错，就说明导入成功。

```
$ python
>>> import selenium
```

只有 Selenium 还不够，因为 Selenium 只是使用了 WebDriver 接口，还需要各种浏览器的 WebDriver 实现，才能使用 Selenium 控制浏览器，下一节将介绍常用 WebDriver 的安装。

14.2 安装 WebDriver

WebDriver 是一个 W3C 规范[①]，用于定义控制浏览器的 API。只要某款浏览器实现了 WebDriver API，就可以使用 Selenium 控制这款浏览器。所以安装 WebDriver 还要分清是安装哪一个浏览器的 WebDriver。

目前比较常用的跨平台浏览器是 Google 的 Chrome。而在 Windows 下，常用的是微软 Edge 浏览器（随着 Windows10 推出的浏览器，IE 浏览器的下一个版本），所以本节主要介绍这两款浏览器的

---

① 　https://www.w3.org/TR/webdriver

WebDriver 的下载和安装。

14.2.1 安装 ChromeDriver

Chrome 版本的 WebDriver 称为 ChromeDriver，下面的网站是 ChromeDriver 的官网。

http://chromedriver.chromium.org

可以到下面的页面下载 ChromeDriver。

https://chromedriver.storage.googleapis.com/index.html?path=73.0.3683.68

进入下载页面，如图 14-2 所示。

Index of /73.0.3683.68/

Name	Last modified	Size	ETag
Parent Directory		–	
chromedriver_linux64.zip	2019–03–07 22:34:54	4.78MB	16d6ef61ff19649df9251d742ed85c62
chromedriver_mac64.zip	2019–03–07 22:34:56	6.67MB	9af243f31d0e7e0444bdcc11ec35aa5d
chromedriver_win32.zip	2019–03–07 22:34:58	4.38MB	47bf69232c8b62139e642927cccfe2e4
notes.txt	2019–03–07 22:41:43	0.00MB	6899c47dec5549c1145f209a409c19a1

图 14-2　最新版 ChromeDriver 下载页面

ChromeDriver 分为 Windows、Linux 和 Mac 三个版本，读者可以根据自己系统的版本下载合适的 ChromeDriver 文件。下载页面 URL 的 path 参数指定了 ChromeDriver 的版本，目前大版本号是 73。这个页面可以在 ChromeDriver 首页直接进入。

不管是什么浏览器的 WebDriver，通常都是一个可执行文件。ChromeDriver 也不例外。如果读者下载的是 Windows 版本的 ChromeDriver，则是一个名为 chromedriver.exe 的可执行文件；如果下载的是 Mac 或 Linux 版本的 ChromeDriver，则是一个名为 chromedriver 的可执行文件。

建议将 chromedriver（chromedriver.exe）文件添加到 PATH 环境变量中，这样在任何路径都可以执行 chromedriver。或者将 chromedriver 放到指定的目录下，在使用 chromedriver 时指定其路径即可。

在终端执行 chromedriver 命令，如果显示如图 14-3 所示的信息，表明 chromedriver 已经安装成功。

```
webdriver — chromedriver — 74×8
lining:webdriver lining$ chromedriver
Starting ChromeDriver 73.0.3683.68 (47787ec04b6e38e22703e856e101e840b65afe
72) on port 9515
Only local connections are allowed.
Please protect ports used by ChromeDriver and related test frameworks to p
revent access by malicious code.
```

图 14-3　执行 chromedriver 命令输出的信息

不过要想使用 chromedriver，还需要用 Python 代码。

```
from selenium import webdriver
browser = webdriver.Chrome()
```

执行上面的代码，会立刻启动一个 Chrome 浏览器实例。也可以通过 Chrome 类的构造方法指定 chromedriver 的路径。

```
from selenium import webdriver
browser = webdriver.Chrome('./webdriver/chromedriver')
```

要注意的是，使用 chromedriver 时要注意 Chrome 浏览器的版本，chromedriver 的版本其实也是 Chrome 浏览器的版本，例如，本书使用的 chromedriver 的版本是 73.0.3683.86，而 Chrome 浏览器的版本也是 73.0.3683.86。如果 chromedriver 的版本与 Chrome 浏览器的版本不一致，可能会抛出异常。不过读者只需下载最新的 chromedriver 和最新的 Chrome 浏览器，就不会有版本问题。

14.2.2 装 Edge WebDriver

Edge 浏览器是微软推出的新一代浏览器，随 Windows 10 发布。读者可以从下面的页面下载最新版的 Edge WebDriver。

https://developer.microsoft.com/en-us/microsoft-edge/tools/webdriver

Edge WebDriver 的文件很小，只有 100 多千字节。通常会下载一个名为 MicrosoftWebDriver.exe 的可执行程序，同样需要将该文件添加到 PATH 环境变量中，或放在指定目录，然后在代码中指定该可执行程序的路径。

执行 MicrosoftWebDriver.exe 文件，如果输出如图 14-4 所示的信息，说明 Edge Web Driver 已经安装成功。

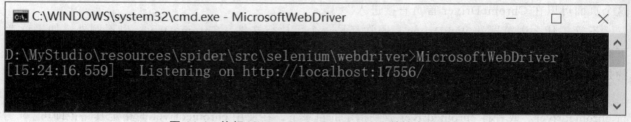

图 14-4 执行 MicrosoftWebDriver.exe 文件输出的信息

在 Python 中可以使用下面的代码测试 Edge WebDriver。

```
from selenium import webdriver
browser = webdriver.Edge()
```

如果想通过 Edge 类的构造方法指定 MicrosoftWebDriver.exe 文件的路径，可以使用下面的代码。

```
from selenium import webdriver
browser = webdriver.Edge('./webdriver/MicrosoftWebDriver')
```

执行上面的代码后，就会启动一个 Edge 浏览器的实例。由于 Edge 浏览器只能在 Windows 下运行，所以也只能在 Windows 下运行上面的代码。

14.2.3 安装其他浏览器的 WebDriver

目前市场上有非常多的浏览器，如 Edge、Chrome、Firefox、Safari 等，如果读者想使用这些浏览器测试 Selenium，可以访问下面的页面查看这些浏览器的 WebDriver 下载地址。

https://www.seleniumhq.org/download

进入页面后，会在页面的下方看到如图 14-5 所示的列表，读者可以在这个列表中找到与自己正在使用的浏览器对应的 WebDriver。

Browser		change log	issue tracker	Implementation
Mozilla GeckoDriver	latest	change log	issue tracker	Implementation Status
Google Chrome Driver	latest	change log	issue tracker	selenium wiki page
Opera	latest		issue tracker	selenium wiki page
Microsoft Edge Driver			issue tracker	Implementation Status
GhostDriver	(PhantomJS)		issue tracker	SeConf talk
HtmlUnitDriver	latest		issue tracker	
SafariDriver			issue tracker	
Windows Phone			issue tracker	
Windows Phone	4.14.028.10		issue tracker	Released 2013-11-23
Selendroid - Selenium for Android			issue tracker	
ios-driver			issue tracker	
BlackBerry 10			issue tracker	Released 2014-01-28
Appium			issue tracker	
CrossWalk			issue tracker	Released 2014-05-05
QtWebDriver	1.3.1	change log	issue tracker	wiki page · Released 2015-06-17
jBrowserDriver			issue tracker	
Winium.Desktop	latest	change log	issue tracker	wiki, talks & demos
Winium.StoreApps	latest	change log	issue tracker	wiki, talks & demos
Winium.StoreApps.CodedUi (Early stage WIP)	latest		issue tracker	talks & demos

图 14-5 WebDriver 列表

14.3 Selenium 的基本使用方法

Selenium 的主要功能有如下几类：

（1）打开浏览器；

（2）获取浏览器页面的特定内容；

（3）控制浏览器页面上的控件，如向一个文本框中输入一个字符串；

（4）关闭浏览器。

对于爬虫应用来说，第2类功能是必不可少的。因为爬虫的主要目的就是抓取数据，有时会使用第3类功能作为辅助，来完成第2类功能。例如，某些页面需要先登录，才能获取页面内容。这时就可以利用 Selenium 自动登录（需要向用户名和密码文本框中自动输入用户名和密码），然后再利用 Selenium 抓取数据。

如果只是创建 Chrome 对象，那么只会运行一个空的 Chrome 浏览器实例，要想让 Chrome 浏览器自动加载某个页面，需要使用 get 方法，代码如下：

```
from selenium import webdriver
browser = webdriver.Chrome('./webdriver/chromedriver')
# 打开京东首页
browser.get('https://www.jd.com')
```

WebDriver 可以模拟浏览器的一类重要操作，就是模拟按键。例如，输入字符、按 Enter 键本质上都是模拟按键的操作。不过模拟按键，首先需要找到接收按键动作的节点，因此，需要先使用某种方式找到特定的节点，Selenium 支持多种方式查找节点，如通过 id 属性、通过 class 属性。然后可以通过 send_keys 方法模拟按键的动作，代码如下：

```
from selenium import webdriver
browser = webdriver.Chrome('./webdriver/chromedriver')
# 打开京东首页
browser.get('https://www.jd.com')
# 根据 id 属性的值查找搜索框
input = browser.find_element_by_id('key')
# 使用 send_keys 方法向搜索框输入 "Python 从菜鸟到高手" 文本
input.send_keys('Python 从菜鸟到高手')
```

【例 14.1】 本例使用 Selenium 的 API 来演示上述的 4 类功能。首先通过创建 Chrome 对象打开 Chrome 浏览器，并让 Chrome 浏览器显示京东首页，然后在京东首页上方的搜索文本框中自动输入"Python 从菜鸟到高手"，并自动按 Enter 键开始搜索。在显示搜索结果页面后，会获取并输出页面的标题、当前页面的 URL 以及整个页面的代码。

实例位置：src/selenium/first_selenium.py

```
from selenium import webdriver
from selenium.webdriver.common.keys import Keys
from selenium.webdriver.common.by import By
from selenium.webdriver.support.wait import WebDriverWait
from selenium.webdriver.support import expected_conditions as ec
browser = webdriver.Chrome('./webdriver/chromedriver')
try:
    # 打开京东首页
```

```
browser.get('https://www.jd.com')
# 根据 id 属性的值查找搜索框
input = browser.find_element_by_id('key')
# 使用 send_keys 方法向搜索框输入 "Python 从菜鸟到高手 " 文本
input.send_keys('Python 从菜鸟到高手 ')
#  使用 send_keys 方法模拟按下 <Enter> 键
input.send_keys(Keys.ENTER)
# 创建 WebDriverWait 对象，设置最长等待时间（4 秒）
wait = WebDriverWait(browser,4)
# 等待搜索页面显示（通过查找 id 为 goodsList 的节点判断搜索页面是否显示）
wait.until(ec.presence_of_all_elements_located((By.ID,'J_goodsList')))
# 显示搜索页面的标题
print(browser.title)
# 显示搜索页面的 URL
print(browser.current_url)
# 显示搜索页面的代码
print(browser.page_source)
# 关闭浏览器
browser.close()
except Exception as e:
    print(e)
    browser.close()
```

在运行本例之前，需要将 chromedriver 或 chromedriver.exe 文件放在当前目录的 webdriver 子目录中。

运行程序，会立刻启动 Chrome 浏览器，并打开京东首页，然后在京东首页上方的搜索框中输入"Python 从菜鸟到高手"，如图 14-6 所示。

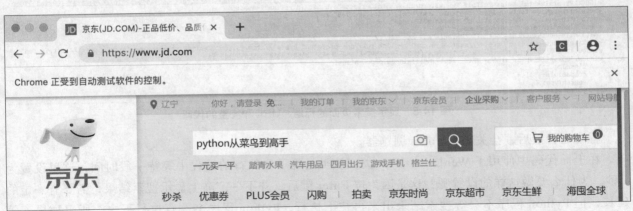

图 14-6　使用 Selenium 在京东首页搜索框自动输入文本

然后立刻会模拟按下 Enter 键，这时会显示搜索结果页面，如图 14-7 所示。

图 14-7   搜索结果页面

在显示搜索结果页面后，会在 Console 中输出如图 14-8 所示的信息。

图 14-8   显示搜索页面的标题、URL 和完整的代码

程序运行最后，会关闭 Chrome 浏览器。

在上面代码中使用了 WebDriverWait 类，该类是为了在执行的过程中等待一段时间，这里设置为 4 秒。为什么要做这样的设置呢？这是因为按 Enter 键后，并不一定马上显示搜索结果，需要有一定的延长，但 Python 程序不会等搜索结果出来再往下执行，Python 程序会一直执行下去，所以如果不等待一定的时间，就会造成 Python 程序已经运行到处理搜索结果页面的位置时，搜索结果页面还没显示出来。所以就需要使用 WebDriverWait 类的 until 方法判断搜索结果页面是否显示完成。判断搜索结果页面是否显示完成其实很简单，如果搜索结果页面加载完成，页面中所有的节点肯定已经加载完成了，所以只要随便获取页面中的某个节点，如果成功获取，说明搜索结果页面已经加载完成了，本例通过获取 id 属性值为 goodsList 的节点判断搜索结果页面是否加载完成。

14.4 查找节点

本节详细介绍如何使用 Selenium 查找页面中的节点。

14.4.1 查找单个节点

WebDriver 提供了很多 API，用来查找单个节点，所谓查找单个节点，也就是不管该页面包含多少个符合条件的节点，最多只返回第 1 个符合条件的节点。所有以 find_element 开头的方法都是用于查找单个节点的 API，如图 14-9 所示。

```
browser.get('http://localhost/demo.html')
input = browser.find_element_by_id('name')
browser.find
input.  find_element_by_xpath(self...      WebDriver
input.  find_element(self, by, val...      WebDriver
input.  find_element_by_class_name...      WebDriver
        find_element_by_css_selector       WebDriv...
input.  find_element_by_id(self, i...       WebDriver
input.  find_element_by_link_text(...       WebDriver
        find_element_by_name(self,...       WebDriver
input.  find_element_by_partial_link_text   We...
input.  find_element_by_tag_name(s...        WebDriver
# 或下面  find_elements(self, by, va...       WebDriver
input.  find_elements_by_class_name  WebDriver
        Press ^. to choose the selected (or first) suggestion and insert a dot afterwards
```

图 14-9 在 PyCharm 中显示用于查找单个节点的 API

从图 14-9 所示的 API 列表中可以看到，Selenium 支持通过多种方式查找节点，如 XPath、CSS 选择器、class 属性、id 属性、标签名等。这些方法的使用方式基本相同，只是需要传入不同的参数值。

【例 14.2】 本例使用 Selenium 通过 id 属性、name 属性和 class 属性获取表单中特定的 input 节点，并自动输入表单的内容。

为了演示自动填充表单，本例编写了一个静态的表单页面，代码如下：

实例位置： src/selenium/demo.html

```html
<!DOCTYPE html>
<html lang="en">
<head>
<meta charset="UTF-8">
<title>表单</title>
</head>
<body>
<script>
        function onclick_form(){
            alert(document.getElementById('name').value +
                document.getElementById('age').value +
                document.getElementsByName('country')[0].value+
                document.getElementsByClassName('myclass')[0].value)

        }
```

```
</script>
姓名: <input id="name"><p></p>
年龄: <input id="age"><p></p>
国家: <input name="country"><p></p>
收入: <input class="myclass"><p></p>
<button onclick="onclick_form()">提交</button>
</body>
</html>
```

然后需要将 demo.html 文件放在任何一个 HTTP 服务器（如 nginx、apache、IIS）的根目录（端口号使用 80），这样就可以通过 http://localhost/demo.html 访问这个页面了。要注意，Selenium 不支持使用本地路径打开页面，所以只能通过 HTTP 服务器访问 demo. html。该页面的效果如图 14-10 所示。

接下来通过 Python 代码自动填充 demo.html 中的表单。

实例位置： src/selenium/find_single_node.py

图 14-10　demo.html 的效果

```python
from selenium import webdriver
from selenium.webdriver.common.by import By
browser = webdriver.Chrome('./webdriver/chromedriver')
try:
    # 打开 demo.html 页面
    browser.get('http://localhost/demo.html')
    # 通过 id 属性查找姓名 input 节点
    input = browser.find_element_by_id('name')
    # 自动输入 "王军"
    input.send_keys('王军')
    # 通过 id 属性查找年龄 input 节点
    input = browser.find_element_by_id('age')
    # 自动输入 30
    input.send_keys('30')
    # 通过 name 属性查找年龄 input 节点
    input = browser.find_element_by_name('country')
    # 自动输入 "中国"
    input.send_keys('中国')
    # 通过 class 属性查找收入 input 节点
    input = browser.find_element_by_class_name('myclass')
    # 自动输入 4000
    input.send_keys('4000')

    # 使用 find_element 方法和 class 属性再次获取收入 input 节点
    input = browser.find_element(By.CLASS_NAME,'myclass')
    # 要想覆盖前面的输入，需要清空 input 节点，否则会在 input 节点原来的内容后面追加新内容
    input.clear()
    # 自动输入 8000
    input.send_keys('8000')
except Exception as e:
    print(e)
    browser.close()
```

运行程序，会看到 Chrome 浏览器中的表单自动填充了相应的值，如图 14-11 所示。

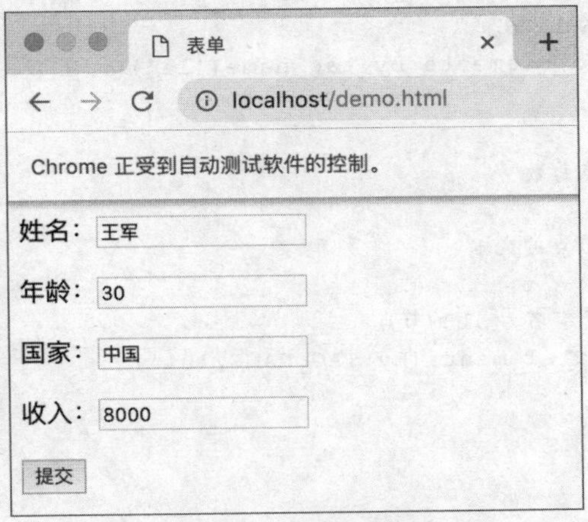

图 14-11　自动填充表单

14.4.2　查找多个节点

Selenium 提供的另外一类 API 可以查找多个节点，这些 API 都会返回一个列表，包含了所有符合条件的节点，如果没有符合条件的节点，就会返回空列表（长度为 0 的列表）。这些 API 都是以 find_elements 开头的方法，如图 14-12 所示。

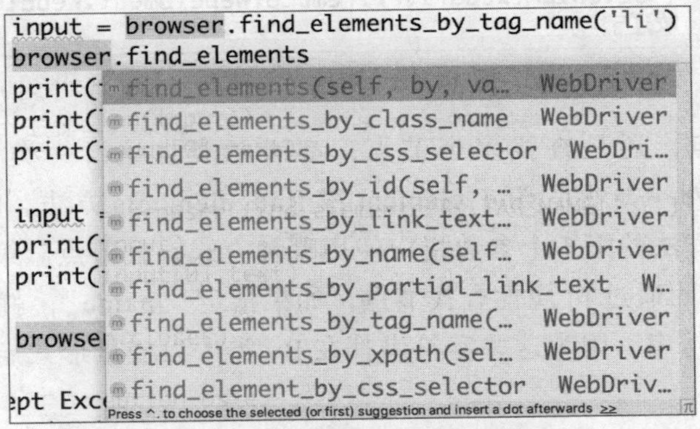

图 14-12　查找多个节点的方法

查找多个节点的方法与查找单个节点的方法在使用方式上完全相同，只是前者返回的是一个列表，后者返回的是单个节点。

【**例 14.3**】　本例使用 Selenium 通过节点名查找所有符合条件的节点，并输入节点本身、符合条件的节点总数以及第 1 个符合条件的节点的文本。

实例位置：src/selenium/find_multi_node.py

```
from selenium import webdriver
from selenium.webdriver.common.by import By
browser = webdriver.Chrome('./webdriver/chromedriver')
```

```
try:
    browser.get('https://www.jd.com')
    # 根据节点名查找所有名为 li 的节点
    input = browser.find_elements_by_tag_name('li')
    # 输出节点本身
    print(input)
    # 输出所有符合条件的节点总数
    print(len(input))
    # 输出第 1 个符合条件的节点的文本
    print(input[0].text)
    # 使用另外一种方式查找所有名为 ul 的节点
    input = browser.find_elements(By.TAG_NAME,'ul')
    print(input)
    print(input[0].text)

    browser.close()

except Exception as e:
    print(e)
    browser.close()
```

运行程序，会在 Console 中输出如图 14-13 所示的内容。

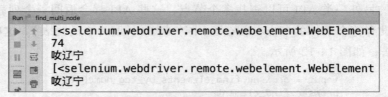

```
Run    find_multi_node
  ▶  ↑    [<selenium.webdriver.remote.webelement.WebElement
  ■  ↓    74
  ‖  ⇄    吱辽宁
  ▦  ▣    [<selenium.webdriver.remote.webelement.WebElement
  ▦  ▣    吱辽宁
```

图 14-13　查找多个节点

不管是查找单个节点，还是查找多个节点，都有两类方法，一类是以 find_element 或 find_elements 开头的方法，另外一类就是 find_element 或 find_elements 方法。后一类方法需要通过 find_element 或 find_elements 方法的第 1 个参数指定使用哪种方式查找节点。第 1 个参数是一个字符串类型，如指定为"id"，就表明通过 id 属性查找节点，如果指定"name"，就通过 name 属性查找节点。不过读者也不用记这些字符串，因为这些字符串都在 By 类中以变量形式定义了，可以直接引用，如图 14-14 所示。

CLASS_NAME	By
CSS_SELECTOR	By
ID	By
LINK_TEXT	By
mro(self)	type
NAME	By
PARTIAL_LINK_TEXT	By
TAG_NAME	By
XPATH	By

图 14-14　By 类中与查找节点方式相关的变量

14.5 节点交互

Selenium 优于前面介绍的其他分析框架的重要特性就是可以与节点交互，也就是模拟浏览器的动作，例如，单击页面的某个按钮、在文本输入框中输入某个文本，都属于节点交互。Selenium 提供了多个 API 用来与节点交互，例如，click 方法可以模拟单击节点的动作。

【例 14.4】 本例使用 Selenium 通过模拟浏览器单击动作循环单击页面上的 6 个按钮，单击每个按钮后，按钮下方的 div 就会按照按钮的背景色设置 div 的背景色。

首先编写一个名为 demo1.html 的静态页面，代码如下：

实例位置： src/selenium/demo1.html

```html
<!DOCTYPE html>
<html lang="en">
<head>
<meta charset="UTF-8">
<title> 彩色按钮 </title>
</head>
<body>
<script>

        function onclick_color(e) {
            document.getElementById("bgcolor").style.background = e.style.background
        }
</script>

    <button class="mybutton" style="background: red" onclick="onclick_color(this)"> 按钮 1</button>
    <button class="mybutton" style="background: blue" onclick="onclick_color(this)"> 按钮 2</button>
    <button class="mybutton" style="background: yellow" onclick="onclick_color(this)"> 按钮 3</button>
    <br>
    <button class="mybutton" style="background: green" onclick="onclick_color(this)"> 按钮 4</button>
    <button class="mybutton" style="background: blueviolet" onclick="onclick_color(this)"> 按钮 5</button>
    <button class="mybutton" style="background: gold" onclick="onclick_color(this)"> 按钮 6</button>
    <p></p>
    <div id="bgcolor" style="width: 200px; height: 200px">

    </div>
    </body>
    </html>
```

然后使用 Python 代码模拟浏览器的单击动作自动单击页面上的 6 个按钮。

实例位置： src/selenium/node_interactive.py

```python
from selenium import webdriver
```

```
import time
browser = webdriver.Chrome('./webdriver/chromedriver')
try:
    browser.get('http://localhost/demo1.html')
    # 查找所有class属性值为mybutton的节点
    buttons = browser.find_elements_by_class_name('mybutton')
    i = 0
    # 循环模拟浏览器单击按钮
    while True:
        # 发送单击按钮动作
        buttons[i].click()
        # 延迟1秒种
        time.sleep(1)
        i += 1
        # 如果到了最后1个按钮，重新设置计数器i，
再次从第1个按钮开始单击
        if i == len(buttons):
            i = 0
except Exception as e:
    print(e)
    browser.close()
```

图 14-15　循环单击按钮

在运行程序之前，要将 demo1.html 文件放到 HTTP 服务器的根目录，运行程序后，会看到 Chrome 浏览器中显示如图 14-15 所示的效果。每隔 1 秒，就会有 1 个按钮被单击，然后下面的 div 就会改变背景颜色，如果第 6 个按钮单击完，下一次会再次单击第 1 个按钮。除非关闭浏览器，否则这一过程永远也不会终止。

14.6　动作链

在前面介绍的交互动作中，交互动作都是针对某个节点执行的，例如，对于某个 input 节点输入一个字符串、模拟单击某一个按钮等。但还有另外一类交互动作，它们没有特定的执行对象，比如，鼠标拖曳、键盘按键等，其实这些动作相当于全局事件，需要另外一种方式执行，这就是本节要讲的动作链。

动作链需要创建 ActionChains 对象，并通过 ActionChains 类的若干方法向浏览器发送一个或多个动作。

【例 14.5】　本例会使用 Selenium 动作链的 move_to_element 方法模拟鼠标移动的动作，自动显示京东商城首页左侧的每个二级导航菜单。

实例位置： src/selenium/jd_menu.py

```
from selenium import webdriver
from selenium.webdriver import ActionChains
```

```
import time
browser = webdriver.Chrome('./webdriver/chromedriver')
try:
    browser.get('https://www.jd.com')
    # 创建 ActionChains 对象
    actions = ActionChains(browser)
    # 通过 CSS 选择器查找所有 class 属性值为 cate_menu_item 的 li 节点，每一个 li 节点
    # 是一个二级导航菜单
    li_list = browser.find_elements_by_css_selector(".cate_menu_item")
    # 通过迭代，显示每一个二级菜单，调用动作链中方法发送动作后，必须调用 perform 方法才能生效
    for li in li_list:
        actions.move_to_element(li).perform()
        time.sleep(1)
except Exception as e:
    print(e)
    browser.close()
```

运行程序，会看到浏览器显示了京东首页，而且左侧的二级导航菜单会不断显示，直到显示最后一个二级导航菜单为止，效果如图 14-16 所示。

图 14-16 自动显示二级导航菜单

要注意，在调用动作链中的动作方法后，一定要调用 perform 方法才会生效。

【例 14.6】 本例会使用 Selenium 动作链的 drag_and_drop 方法将一个节点拖动到另外一个节点上。

本例使用的演示页面 URL 如下：

http://www.runoob.com/try/try.php?filename=jqueryui-api-droppable

未拖动的效果如图 14-17 所示。

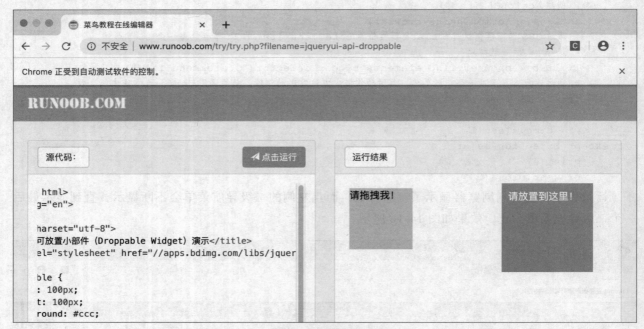

图 14-17　未拖动之前的效果

目的是使用 drag_and_drop 方法将图 14-17 所示页面右侧的小方块拖到大方块上。

实例位置：src/selenium/drapdrop.py

```python
from selenium import webdriver
from selenium.webdriver import ActionChains
browser = webdriver.Chrome('./webdriver/chromedriver')
try:
    browser.get('http://www.runoob.com/try/try.php?filename=jqueryui-api-droppable')
    # 切换到 id 属性值为 iframeResult 的 iframe 节点
    browser.switch_to.frame('iframeResult')
    # 使用 CSS 选择器获取 id 属性值为 draggable 的拖动节点
    source = browser.find_element_by_css_selector('#draggable')
    # 使用 CSS 选择器获取 id 属性值为 droppable 的接收节点
    target = browser.find_element_by_css_selector('#droppable')
    # 创建 ActionChains 对象
    actions = ActionChains(browser)
    # 调用 drag_and_drop 方法拖动节点
    actions.drag_and_drop(source, target)
    # 调用 perform 方法让拖动生效
    actions.perform()
except Exception as e:
    print(e)
    browser.close()
```

运行程序，会看到左侧的小方块已经拖到右侧的大方块中，并弹出一个对话框，如图 14-18 所示。

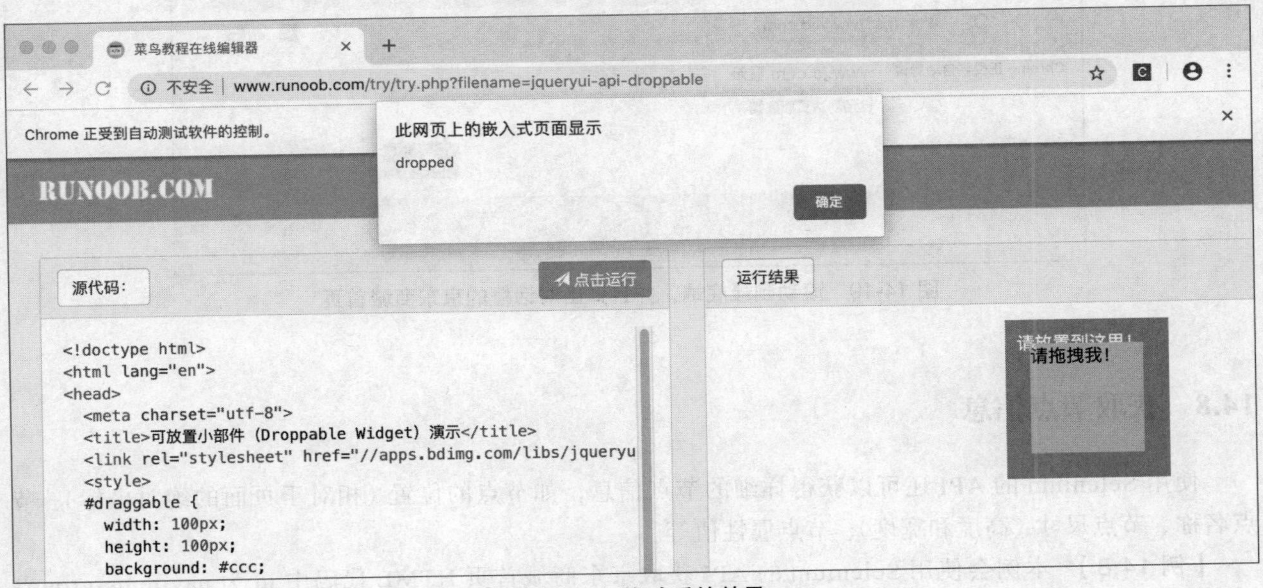

图 14-18　拖动后的效果

注意，如果页面存在 iframe 节点，而且要操作 iframe 中的节点，需要首先使用 frame 方法切换到这个 iframe 节点，才能操作里面的子节点。

14.7　执行 JavaScript 代码

对于某些操作，Selenium 并没有提供相应的 API，例如，下拉页面，不过可以使用 Selenium 的 execute_script 方法直接运行 JavaScript 代码，以便扩展 Selenium 的功能。

【例 14.7】　本例会使用 Selenium 的 execute_script 方法让京东商城首页滚动到最底端，然后弹出一个对话框。

实例位置： src/selenium/exec_javascript.py

```
from selenium import webdriver
browser = webdriver.Chrome('./webdriver/chromedriver')
browser.get('https://www.jd.com')
# 将京东商城首页滚动到最底端
browser.execute_script('window.scrollTo(0,document.body.scrollHeight)')
# 弹出对话框
browser.execute_async_script('alert("已经到达页面底端")')
```

执行程序，会看到 Chrome 浏览器中显示如图 14-19 所示的对话框，要等对话框关闭，页面才会显示出来。

图 14-19　滚动到最底端，并且弹出对话框的京东商城首页

14.8　获取节点信息

使用 Selenium 的 API 还可以获得详细的节点信息，如节点的位置（相对于页面的绝对坐标）、节点名称、节点尺寸（高度和宽度）、节点属性值等。

【例 14.8】　本例会使用 Selenium 的 API 获取京东商城首页 HTML 代码中 id 为 navitems-group1 的 ul 节点的相关信息以及 ul 节点中 li 子节点的相关信息。

实例位置： src/selenium/get_node_info.py

```python
from selenium import webdriver
from selenium.webdriver import ActionChains
options = webdriver.ChromeOptions()
# 添加参数，不让 Chrome 浏览器显示，只在后台运行
options.add_argument('headless')
browser = webdriver.Chrome('./webdriver/chromedriver',chrome_options=options)
browser.get('https://www.jd.com')
# 查找页面中 id 属性值为 navitems-group1 的第 1 个节点（是一个 ul 节点）
ul = browser.find_element_by_id("navitems-group1")
# 输出节点的文本
print(ul.text)
# 输出节点内部使用的 id，注意，不是 id 属性值
print('id','=',ul.id)
# 输出节点的位置（相对于页面的绝对坐标）
print('location','=',ul.location)
# 输出节点的名称
print('tag_name','=',ul.tag_name)
# 输出节点的尺寸（宽度和高度）
print('size','=',ul.size)
# 搜索该节点内的所有名为 li 的子节点
li_list = ul.find_elements_by_tag_name("li")
for li in li_list:
    # 输出 li 的类型
    print(type(li))
    # 输出 li 节点的文本和 class 属性值，如果属性没找到，返回 None
    print('<',li.text,'>', 'class=',li.get_attribute('class'))
```

```
    # 查找 li 节点内的名为 a 的子节点
    a = li.find_element_by_tag_name('a')
    # 输出 a 节点的 href 属性值
    print('href','=',a.get_attribute('href'))
browser.close()
```

运行程序，会在 Console 中输出如图 14-20 所示的信息。

```
Run    get_node_info
    秒杀
    优惠券
    PLUS会员
    闪购
    id = 0.8293300027813229-1
    location = {'x': 200, 'y': 211}
    tag_name = ul
    size = {'height': 40, 'width': 260}
    <class 'selenium.webdriver.remote.webelement.WebElement'>
    < 秒杀 > class= fore1
    href = https://miaosha.jd.com/
    <class 'selenium.webdriver.remote.webelement.WebElement'>
    < 优惠券 > class= fore2
    href = https://a.jd.com/
    <class 'selenium.webdriver.remote.webelement.WebElement'>
    < PLUS会员 > class= fore3
    href = https://plus.jd.com/index?flow_system=appicon&flow_entrance=appicon11&flow_channel=pc
    <class 'selenium.webdriver.remote.webelement.WebElement'>
    < 闪购 > class= fore4
    href = https://red.jd.com/
```

图 14-20　获取节点信息

运行本例的结果与运行前面的例子有些不同，并没有显示 Chrome 浏览器实例，而是过了一会儿，直接在 Console 中输出了节点信息。其实 Chrome 内核仍然在运行，只是由于设置了 headless 参数，在创建 Chrome 对象时不再显示浏览器实例，而是在后台完成页面加载、数据提取等工作，这也非常符合爬虫的需求。在抓取数据的过程中，如果还会弹出一大堆 Chrome 浏览器实例，那是非常令人讨厌的，所以基于 Selenium 的爬虫通常会加上 headless 选项，这样在抓取数据的过程中就不会弹出 Chrome 浏览器实例了。

14.9　管理 Cookies

使用 Selenium，可以方便地管理 Cookie，例如获取 Cookie、添加和删除 Cookie 等。

【例 14.9】　本例使用 Selenium API 获取 Cookie 列表，并添加新的 Cookie，以及删除所有的 Cookie。

实例位置：src/selenium/cookies.py

```
from selenium import webdriver
browser = webdriver.Chrome('./webdriver/chromedriver')
browser.get('https://www.jd.com')
# 获取 Cookie 列表
print(browser.get_cookies())
```

```
# 添加新的 Cookie
browser .add_cookie({'name': 'name','value':'jd','domain':'www.jd.com'})
print(browser.get_cookies())
# 删除所有的 Cookie
browser.delete_all_cookies()
print(browser.get_cookies())
```

运行结果如图 14-21 所示。

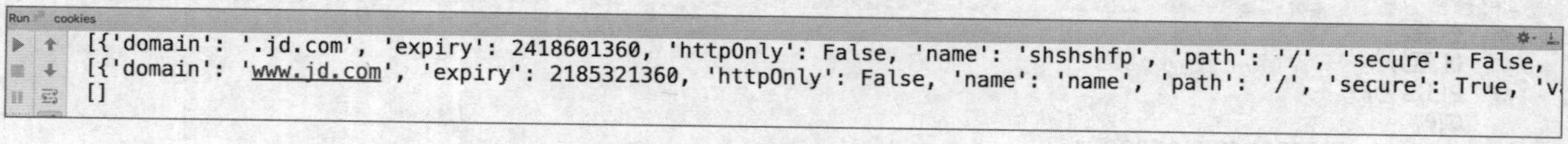

图 14-21　管理 Cookies

要注意的是，每一个 Cookie 都有多个属性，如 name、value、domain 等。所以用 add_cookie 方法的参数值其实是一个描述这些属性的字典。如本例的 name 属性值是 name，表明 Cookie 的名字是 name，而 value 属性值是 jd，表明 Cookie 值是 jd。

14.10　改变节点的属性值

Selenium 本身并没有提供修改节点属性的 API，不过可以通过执行 JavaScript 代码的方式设置节点属性，而且通过 Selenium 获取的节点可以直接作为 DOM 使用，这就意味着可以直接在 JavaScript 代码中使用查找到的节点。execute_script 方法的第 1 个参数用于指定 JavaScript 代码，后面的可变参数，可以为 JavaScript 代码传递参数。通过 arguments 变量获取每个参数值，例如 arguments[0] 表示第 1 个参数值，arguments[1] 表示第 2 个参数值，以此类推。

【例 14.10】　本例会通过 JavaScript 代码改变百度搜索按钮的位置，让这个按钮在多个位置之间移动，时间间隔是 2 秒。

实例位置： src/selenium/baidu_move_search_button.py

```
from selenium import webdriver
import time
driver = webdriver.Chrome('./webdriver/chromedriver')
driver.get("http://www.baidu.com")
# 查找百度搜索按钮
search_button = driver.find_element_by_id("su")
# 定义搜索按钮可以移动的 x 坐标的位置
x_positions = [50,90,130,170]
# 定义搜索按钮可以移动的 y 坐标的位置，与 x 坐标列表中元素的个数要相等
y_positions = [100,120,160,90]
# 迭代位置列表，每隔 2 秒移动一次搜索按钮
for i in range(len(x_positions)):
    # 用于移动搜索按钮的 JavaScript 代码，arguments[0] 就是搜索按钮对应的 DOM
    js = '''
    arguments[0].style.position = "absolute";
    arguments[0].style.left="{}px";
    arguments[0].style.top="{}px";
```

```
'''.format(x_positions[i],y_positions[i])
# 执行 JavaScript 代码，并开始移动搜索按钮
driver.execute_script(js, search_button)
time.sleep(2)
```

运行程序，会看到百度的搜索按钮在指定位置每隔 2 秒移动一次，如图 14-22 所示。

图 14-22　移动百度搜索按钮

【例 14.11】　本例使用 JavaScript 代码修改京东商城首页顶端的前两个导航菜单的文本和链接，分别改成"Python 从菜鸟到高手"和"极客起源"，导航链接也会改变。

实例位置： src/selenium/jd_change_node.py

```
from selenium import webdriver
import time
driver = webdriver.Chrome('./webdriver/chromedriver')
driver.get("https://www.jd.com")
# 查找 id 属性值为 navitems-group1 的节点
ul = driver.find_element_by_id('navitems-group1')
# 查找该节点下所有名为 li 的子节点
li_list = ul.find_elements_by_tag_name('li')
# 查找第 1 个 li 节点中第 1 个名为 a 的子节点
a1 = li_list[0].find_element_by_tag_name('a')
# 查找第 1 个 li 节点中第 2 个名为 a 的子节点
a2 = li_list[1].find_element_by_tag_name('a')
# 下面的 JavaScript 代码用于修改上面查找到的两个 a 节点的文本和链接（href 属性值）
js = '''
 arguments[0].text = 'Python 从菜鸟到高手'
 arguments[0].href = 'https://item.jd.com/12417265.html'
 arguments[1].text = '极客起源'
 arguments[1].href = 'https://geekori.com'
 '''
driver.execute_script(js, a1,a2)
```

运行程序，会看到京东商城首页的导航菜单文本变化了，如图 14-23 所示。

图 14-23　修改了京东商城首页导航菜单的文本和链接

单击这两个修改过的导航菜单，就会导航到对应的页面。

14.11　项目实战：抓取 QQ 空间说说的内容

本节使用 Selenium 完成一个综合项目，该项目可以抓取 QQ 空间说说的内容。首先需要分析一下 QQ 空间说说的 HTML 代码。

由于进入 QQ 空间需要登录，所以抓取 QQ 空间说说的内容需要如下两步。

（1）模拟登录。

（2）抓取 QQ 空间说说的内容。

完成这个爬虫的关键点是模拟登录，现在通过下面 URL 进入 QQ 空间说说页面，请将 qq 换成自己的 QQ 号。

http://user.qzone.qq.com/qq/311

如果事先没有登录，会显示登录页面。可以通过多种方式登录，例如，用 QQ 扫描二维码、账号密码登录等，现在切换到账号密码登录状态，如图 14-24 所示。

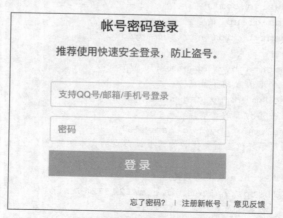

图 14-24　账号密码登录

如果用 Selenium 模拟登录，首先要查找账号和密码输入框节点，通过开发者工具，很容易确定账号输入框节点的 id 属性值为 u，而密码输入框节点的 id 属性值为 p。所以可以轻松使用 Selenium

自动在这两个文本输入框中填入账号和密码，然后调用 click 方法模拟单击"登录"按钮完成模拟登录。

成功登录后，就会进入说说首页，如图 14-25 所示。

图 14-25 说说首页

本例只获取说说正文的内容和发布时间，通过开发者工具很容易得知，说说正文在一个 <pre> 节点中，class 属性值为 content，发布时间在一个 a 节点中，class 属性值为 c_tx.c_tx3.goDetail，所以可以通过 class 属性值查找这两个节点，然后提取正文和发布时间。

【例 14.12】 本例使用 Selenium 完成抓取 QQ 空间说说的正文和发布时间。

实例位置：src/projects/qq_kongjian/qq_kongjian_spider.py

```
from selenium import webdriver
import time
options = webdriver.ChromeOptions()
options.add_argument('headless')
browser = webdriver.Chrome('chromedriver',options=options)
browser.maximize_window()
# 获取 QQ 空间说说的正文和发布时间
def get_info(qq):
    browser.get('http://user.qzone.qq.com/{}/311'.format(qq))
    # 下面的代码用于模拟登录，请填写自己的 QQ 号和密码
    browser.switch_to.frame('login_frame')
```

```
browser.find_element_by_id('switcher_plogin').click()
browser.find_element_by_id('u').clear()
browser.find_element_by_id('u').send_keys(qq)
browser.find_element_by_id('p').clear()
browser.find_element_by_id('p').send_keys('QQ密码')
browser.find_element_by_id('login_button').click()
time.sleep(3)
# 延迟3秒后，等待登录成功，然后开始抓取说说正文和发布时间
browser.switch_to.frame('app_canvas_frame')
contents = browser.find_elements_by_css_selector('.content')
times = browser.find_elements_by_css_selector('.c_tx.c_tx3.goDetail')
for content, tim in zip(contents, times):
    data = {
        'time': tim.text,
        'content': content.text
    }
    print(data)

if __name__ == '__main__':
    get_info('QQ号')
```

运行程序，会在 Console 中输出如图 14-26 所示的内容。

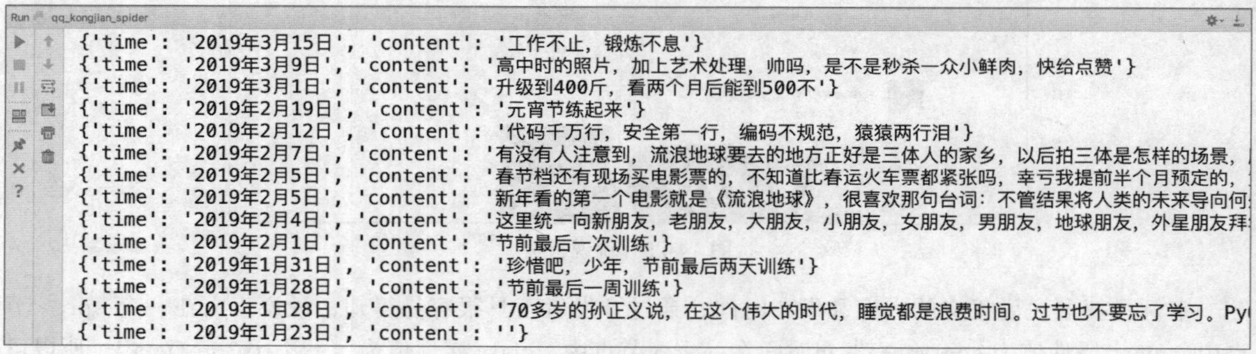

图 14-26　输出说说的正文和发布时间

14.12　小结

Selenium 可以说是同时跨两个 IT 领域，一个是测试领域，另一个就是爬虫领域。在抓取很多页面的特定内容时，Selenium 要比之前介绍的 urllib、requests、Beautiful Soup 等库方便得多，不过就是速度有些慢，因为需要模拟浏览器的动作，页面渲染是需要时间的。读者可以根据时间情况选择合适的程序库编写爬虫应用。

第 15 章

基于 Splash 的爬虫

Splash 是一个 JavaScript 渲染服务，是一个带有 HTTP API 的轻量级浏览器。可以使用 Lua 语言编写代码对页面进行渲染，Python 可以通过 HTTP API 调用 Splash 内部的功能，甚至可以与 Lua 代码进行交互，所以 Splash 可以很容易地与 Python 集成在一起实现爬虫应用。

本章主要介绍以下内容：

（1）Splash 的功能；

（2）安装 Docker 和 Splash；

（3）Splash Lua 脚本；

（4）在 Lua 脚本中使用 CSS 选择器；

（5）模拟鼠标键盘动作；

（6）Splash HTTP API。

15.1　Splash 基础

本节介绍 Splash 的一些基础知识，包括 Splash 有哪些主要功能、安装 Docker 和 Splash 等。

15.1.1　Splash 功能简介

Splash 的功能众多，本节只列出一些主要的功能：

（1）由于 Splash 内置的浏览器使用了 Twisted 框架，所以可以异步处理多个网页的渲染；

（2）获取渲染后的页面源代码或截图；

（3）通过关闭图片渲染或者使用 Adblock 规则来加快页面渲染速度；

（4）使用 JavaScript 处理网页内容；

（5）可通过 Lua 脚本来控制页面渲染过程；

（6）获取渲染的详细过程并通过 HAR（HTTP Archive）格式呈现。

15.1.2　安装 Docker

由于 Splash 需要安装在 Docker[①]上，所以首先应该安装 Docker。Docker 是跨平台的，读者可以到 Docker 的官网下载特定操作系统的版本。

Windows 版

https://docs.docker.com/docker-for-windows/install

Mac 版

https://docs.docker.com/docker-for-mac/install

进入下载页面后，单击 Download from Docker Hub 按钮开始下载。注意，要在官网下载 Docker，需要登录，如果还没有 Docker 官网账号的读者可以免费注册一个。

Windows 版的 Docker 安装程序是一个 exe 文件，Mac 版的 Docker 安装程序是一个 dmg 文件，直接双击安装程序完成安装即可。安装完后，在终端执行 docker version 命令，如果输出类似如图 15-1 所示的信息，表明 Docker 已经安装成功。

注意，Docker 只支持 Windows 专业版和企业版，并不支持 Windows 家庭版（Home 版），所以正在使用 Windows 家庭版的读者请更换 Windows 专业版或企业版再安装 Docker。

```
liningdeMacBook-Pro:~ lining$ docker version
Client: Docker Engine - Community
 Version:           18.09.2
 API version:       1.39
 Go version:        go1.10.8
 Git commit:        6247962
 Built:             Sun Feb 10 04:12:39 2019
 OS/Arch:           darwin/amd64
 Experimental:      false

Server: Docker Engine - Community
 Engine:
  Version:          18.09.2
  API version:      1.39 (minimum version 1.12)
  Go version:       go1.10.6
  Git commit:       6247962
  Built:            Sun Feb 10 04:13:06 2019
  OS/Arch:          linux/amd64
  Experimental:     false
```

图 15-1　验证 docker 是否安装成功

15.1.3　安装 Splash

使用下面命令安装 splash

sudo docker pull scrapinghub/splash

如果在 Windows 下，将 sudo 去掉。

执行上面的命令后，会下载 Splash 镜像，需要等待一段时间，下载完成也就安装完了，效果如图 15-2 所示。

```
liningdeMacBook-Pro:~ lining$ sudo docker pull scrapinghub/splash
Password:
Using default tag: latest
latest: Pulling from scrapinghub/splash
7b722c1070cd: Pull complete
5fbf74db61f1: Pull complete
ed41cb72e5c9: Pull complete
7ea47a67709e: Pull complete
b9ea67282e79: Pull complete
8d0589f2b410: Pull complete
11f417145dc7: Pull complete
14d670a8125e: Pull complete
81d8bf1e3bdc: Pull complete
Digest: sha256:ec1198946284ccadf6749ad60b58b2d2fd5574376857255342a913ec7c66cfc5
Status: Downloaded newer image for scrapinghub/splash:latest
```

图 15-2　安装 Splash 成功

---

① Docker 是一个开源的应用容器引擎，让开发者可以打包他们的应用以及依赖包到一个可移植的容器中，然后发布到任何流行的操作系统平台（如 Mac、Windows、Linux），也可以实现虚拟化。容器是完全使用沙箱机制，相互之间不会有任何接口。Docker 分为社区版和企业版两个版本，社区版是免费的，企业版是收费的，企业版包含一个社区版没有的功能，不过对于大多数人来说不需要这些功能，所以可以选择安装免费的社区版本。

成功安装 Splash 后，使用下面的命令启动 Splash 服务。

sudo docker run -p 5023:5023 -p 8050:8050 -p 8051:8051 scrapinghub/splash

其中 8050 用于 HTTP、8050 用于 HTTPS、5023 用于 Telnet。

成功启动 Splash 服务后，在浏览器地址栏中输入如下的 URL。

http://localhost:8050

在浏览器中会显示如图 15-3 所示的页面，该页面用于测试其渲染过程。

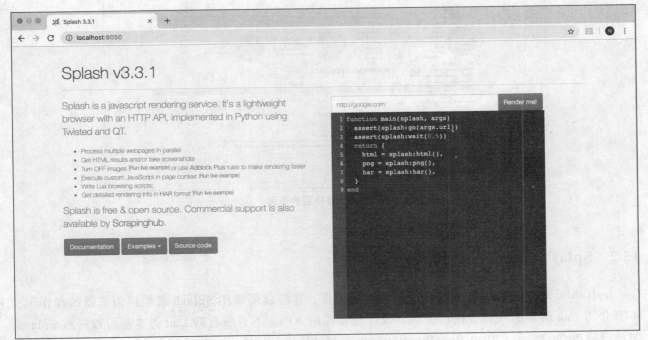

图 15-3　Splash 用于测试其渲染过程的页面

在页面的右侧是默认生成的 Lua 脚本，相当于 hello world。可能很多读者没有接触过 Lua 脚本，不过无关紧要，通过 API 的名字很容易猜到这段脚本是做什么的。通过 main 方法传入 2 个参数，然后通过 args 参数获得一个 URL，等待 0.5 秒，然后返回如下数据：

（1）与 URL 对应页面的 HTML 代码；

（2）与 URL 对应页面的 png 截图；

（3）HAR 格式数据（在后面会介绍）。

这个 URL 可以通过 Render me！按钮左侧的文本框输入，这里输入 https://www.baidu.com，然后单击 Render me！按钮，会看到浏览器显示如图 15-4 所示的页面。在该页面中显示了很多信息，包括完整的 HTML 代码、页面的 png 图，以及将 HAR 格式数据进行可视化的图表。这些数据其实都是通过前面这段 Lua 代码显示的。

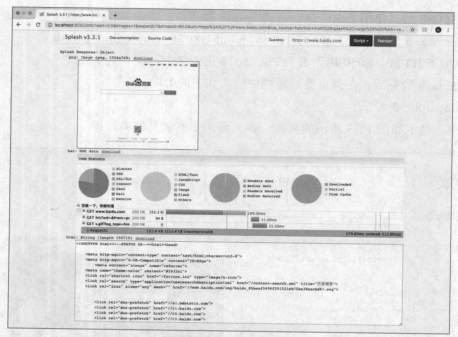

图 15-4　渲染后的页面

15.2　Splash Lua 脚本

Splash 可以通过 Lua 脚本执行一系列渲染操作，这样就可以用 Splash 来模拟浏览器的操作了。本节介绍 Lua 脚本的入口、执行方式以及一些常用的 API。本节所有的 Lua 脚本都可以通过 Splash 测试渲染过程的页面（http://localhost:8050）右侧的代码区域输入，并且单击 Render me! 按钮运行 Lua 脚本。

15.2.1　第一个 Lua 脚本

Splash Lua 脚本需要一个入口方法，这个方法就是 main 方法。该方法通常有 2 个参数：splash 和 args。本节先不使用 args 参数，只使用 splash 参数的 go 方法。

本节利用 go 方法访问京东商城首页，然后获取京东商城首页的标题。编写的基本步骤如下：

1. 访问京东商城首页

```
splash:go("https://www.jd.com")
```

2. 等待京东商城首页加载完毕

```
splash:wait(0.5)  -- 等待 0.5 秒
```

3. 执行 JavaScript 代码

通过 evaljs 方法可以执行 JavaScript 代码，本例通过 document.title 获取页面标题。

```
local title = splash:evaljs("document.title")
```

4. 返回结果

```
return title
```

【例 15.1】 本例按照前面的描述实现一个完整的 Lua 脚本，用于获取京东商城首页的标题。

实例位置： src/splash/first.lua

```
function main(splash,args)
    -- 访问京东商城首页
    splash:go("https://www.jd.com")
    -- 等待 0.5 秒
    splash:wait(0.5)
    -- 获取京东商城首页的标题，并将标题赋给一个本地变量
    local title = splash:evaljs("document.title")
    -- 以字典形式返回京东商城首页的标题
    return {title = title}
end
```

将代码粘贴到通过 http://localhost:8050 打开的页面右侧的代码区域后，单击 Render me! 按钮运行这段 Lua 脚本，会输出如图 15-5 所示的内容。

图 15-5 【例 15.1】运行结果

要注意，main 方法可以返回多种形式的数据，如普通的字符串，或一个字典形式的值。Lua 语言的单行注释使用两个连字符（--）。

15.2.2 异步处理

Splash 支持异步处理，例如，go 方法就是通过异步方式访问页面的，不过 go 方法并不能指定异步回调方法，所以在调用 go 方法后，需要使用 wait 方法等待一会儿，这样可以给页面加载留有一定的时间。

【例 15.2】 本例通过对于 Lua 数组进行迭代，得到数组中的 URL，并组合成完整的 URL，然后通过 go 方法访问这些 URL，并得到每一个 URL 对应页面的截图。

实例位置： src/splash/async.lua

```
function main(splash,args)
    -- 定义一个 Lua 数组，数组元素是 URL 的一部分
```

```lua
local urls = {"www.baidu.com","www.jd.com","www.microsoft.com" }
-- 定义保存截图的字典变量
local results = {}
-- 对 URL 数组进行迭代
for index, url in ipairs(urls) do
    -- 访问对应的 URL，如果 ok 为 nil，所以有错误，reason 是错误原因
    local ok,reason = splash:go("https://"..url)
    if ok then
        -- 等待 1 秒
        splash:wait(1)
        -- 得到当前页面的截图
        results[url] = splash:png()
    end
end
return results
end
```

　　运行程序，会看到如图 15-6 所示的效果，在页面中显示了 3 个网站的截图。

　　在阅读本例代码时应注意如下几点：

　　（1）Lua 中的数组和字典都使用大括号（{...}）；

　　（2）go 方法是异步执行的，不过需要用 go 方法的返回值（ok）判断是否请求成功，如果 ok 为 nil，表明请求成功；

　　（3）wait 方法相当于 Python 语言的 sleep 方法，用于让当前线程等待一段时间，单位是秒。

图 15-6 　【例 15.2】运行结果

15.2.3 Splash 对象属性

　　从前面的 Lua 脚本可以注意到，main 方法包含 2 个参数，第 1 个参数是 splash，这个参数非常重要，相当于 Selenium 中的 WebDriver 对象，可以调用 Splash 对象的一些属性和方法来控制加载过程，本节介绍 Splash 对象中的常用属性。

　　本节的代码文件所在位置：src/splash/properties.lua

1. args 属性

　　该属性可以获取加载时配置的参数，如 URL。如果是 GET 请求，还可以获取 GET 请求参数，如果是 POST 请求，可以用来获取表单的数据。例如，下面的代码通过 args 属性获取了 URL。

```lua
function main(splash)
    local url = splash.args.url
```

```
end
```

main 方法也支持第 2 个参数直接作为 args。

```
function main(splash,args)
    local url = args.url
end
```

2. js_enabled 属性

该属性用于控制是否可以执行 JavaScript 代码，默认为 true。如果将该属性值设为 false，那么无法使用 evaljs 方法执行 JavaScript 代码。

```
function main(splash,args)
  splash:go("https://www.jd.com")
  -- 禁止执行 JavaScript
  splash.js_enabled = false
  -- 会抛出异常
  local title = splash:evaljs("document.title")
  return {
      title = title
  }
end
```

上面的代码使用 js_enabled 属性禁止执行 JavaScript，所以执行这段代码，会抛出异常，如图 15-7 所示。

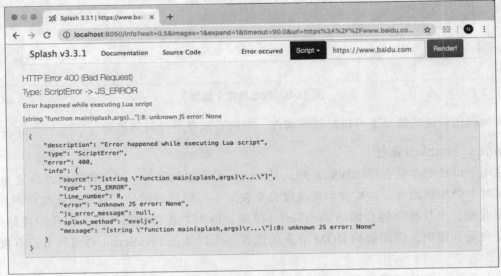

图 15-7　抛出异常（使用 js_enabled 属性禁止执行 JavaScript）

3. resource_timeout 属性

该属性可以设置加载的时间，单位是秒。如果设置为 0 或 nil（类似 Python 中的 None），表示不检测超时。

```
function main(splash,args)
```

```
splash.resource_timeout = 0.01
-- 必须使用 assert 方法才能抛出超时异常
assert(splash:go("https://www.jd.com"))
local title = splash:evaljs("document.title")
return {
    title = title
}
end
```

这段代码将超时时间设为 0.01 秒，如果 go 方法在 0.01 秒内没有得到响应，就会抛出如图 15-8 所示的异常。要注意，必须将 go 方法的返回值作为 assert 方法的参数时才会抛出异常。

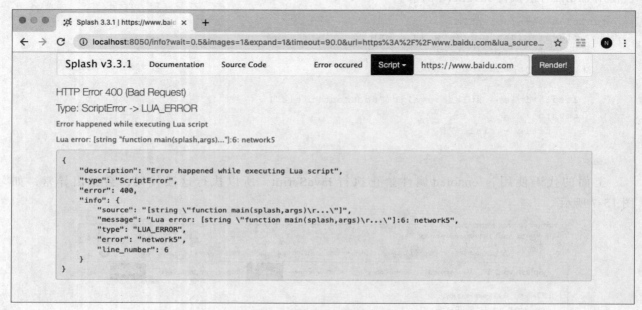

图 15-8　抛出异常（超时）

在网页加载比较慢的情况下可以设置该属性，以防止程序等待时间过长。

4. images_enabled 属性

该属性用于设置图片是否可以加载，默认是 true，表示加载图片。如果将该属性设置为 false，则在加载页面时不会加载图片，这样显示的速度会更快。不过要注意的是，如果禁止加载图片，页面的布局可能会改变，而且也可能会影响 JavaScript 渲染，因为禁止加载图片后，包含图片的外层 DOM 节点的高度会受到影响，进而影响 DOM 节点的位置。所以如果 JavaScript 对图片节点有操作，就可能受到影响。

另外，由于 Splash 使用了缓存，所以如果图片一开始加载了出来，那么禁用了图片加载后，再重新加载页面，之前已经加载过的图片可能还会显示出来，这时只需重启 Splash 即可。

```
function main(splash,args)
    -- 禁止加载图片
    splash.images_enabled = false
    splash:go("https://www.jd.com")
```

```
    png = splash.png()
    return png
end
```

运行程序，会在页面看到如图 15-9 所示的输出效果。很明显，京东商城首页的图片都没了。

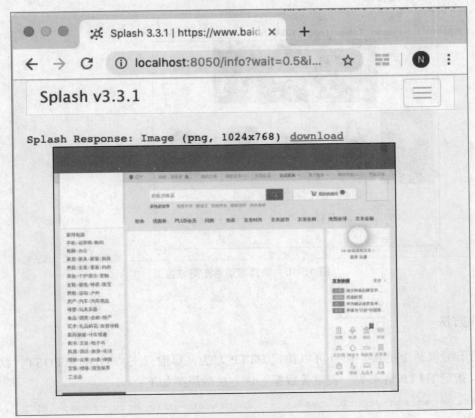

图 15-9 禁止加载页面中的图片

5. plugins_enabled 属性

该属性用于控制浏览器插件（如 Flask 插件）是否开启。默认情况下，该属性是 false，表示不开启动浏览器插件，如果设置为 true，表示开启浏览器插件。

6. scroll_position 属性

该属性用于控制页面上下或左右滚动。这是一个比较常用的属性，该属性值是一个字典类型，key 为 x 表示页面水平滚动的位置，key 为 y 表示页面垂直滚动的位置。

```
function main(splash,args)
    splash:go("https://www.jd.com")
    -- 将京东商城首页在垂直方向滚动到 500 的位置
    splash.scroll_position = {y=500 }
    return splash:png()
end
```

运行程序，会在页面看到如图 15-10 所示的效果。

图 15-10   垂直滚动京东商城首页

15.2.4　go 方法

该方法用于请求某个链接，而且可以指定 HTTP 方法，目前只支持 GET 和 POST，默认是 GET。go 方法还可以指定 HTTP 请求头、表单等数据。该方法的原型如下：

```
ok, reason = splash:go{url, baseurl=nil, headers=nil, http_method="GET", body=nil, formdata=nil}
```

参数说明如下：

（1）url：请求的 URL；

（2）baseurl：可选参数，默认为空，表示资源加载相对路径；

（3）headers：可选参数，默认为空，表示请求头；

（4）http_method：可选参数，默认是 GET，还支持 POST；

（5）body：可选参数，默认为空，POST 请求时的数据（字符串形式）；

（6）formdata：可选参数，默认为空，POST 请求时的表单数据，在发送数据时，会将 content-type 请求头字段值设为 application/x-www-form-urlencoded，而且会将 POST 数据转换为 urlencoded 格式。

【例 15.3】　本例通过 go 函数使用 POST 方法请求 http://httpbin.org/post，并返回 HTML 代码和 Har 图表。

实例位置：src/splash/go.lua

```
function main(splash,args)
```

```
    -- 通过命名参数指定 POST 方法和 body 数据
    local ok,reason =
splash:go{"http://httpbin.org/post",http_method="POST",body="name=Bill"}
    if ok then
        return {
            html = splash:html(),
            har = splash:har()
        }
    end
end
```

运行程序，会在页面上显示如图 15-11 所示的内容。

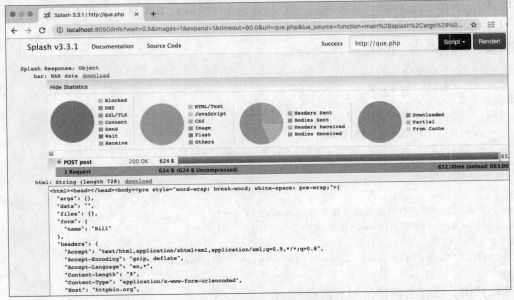

图 15-11 【例 15.3】运行结果

15.2.5 wait方法

该方法用于控制页面的等待时间，方法原型如下：

```
ok, reason = splash:wait{time, cancel_on_redirect=false, cancel_on_error=true}
```

参数说明如下：

（1）time：等待的秒数；

（2）cancel_on_redirect：可选参数，默认是 false，表示如果发生了重定向就停止等待，并返回重定向结果；

（3）cancel_on_error：可选参数，默认是 false，表示如果发生了加载错误，就停止等待。

返回结果统一是结果 ok 和原因 reason 的组合。

```
function main(splash)
    splash:go("https://www.baidu.com")
```

```
        -- 等待5秒
        splash:wait(5)
        return splash:html()
    end
```

这段代码在等待 5 秒后，才会返回百度首页的 HTML 代码。

15.2.6 jsfunc 方法

该方法用于直接调用 JavaScript 定义的函数，但所调用的 JavaScript 函数必须在一对双中括号内，相当于实现了 JavaScript 函数到 Lua 脚本的转换。

【例 15.4】 本例通过 jsfunc 方法调用一个 JavaScript 函数，该函数用于获取当前页面中 a 节点的总数。

　　实例位置： src/splash/jsfunc.lua

```
function main(splash,args)
    -- 调用 JavaScript 函数
    local get_a_count = splash:jsfunc([[
    function() {
        var body = document.body;
        var a_list = body.getElementsByTagName('a');
        return a_list.length;
    }
    ]])
    -- 加载完页面后会自动调用前面指定的 JavaScript 函数
    splash:go("https://www.jd.com")
-- 返回 a 节点的数目
    return ("These are %s a node"):format(get_a_count())
end
```

执行这段代码，会在页面输出如下内容：

Splash Response: "These are 213 a node"

15.2.7 evaljs 方法

该方法可以执行 JavaScript 代码，并将最后一条 JavaScript 语句的结果返回。

```
function main(splash, args)
    splash:go("https://www.jd.com")
    local title = splash:evaljs("document.title")
    return title
end
```

这段代码通过调用 evaljs 方法执行了 document.title，这条 JavaScript 代码用于返回页面的标题。

15.2.8 runjs 方法

该方法可以执行 JavaScript 代码，功能与 evaljs 方法类似，但更偏向于执行某些动作或声明某些方法。

```
function main(splash, args)
    -- 定义 JavaScript 函数 get_name
    splash:runjs("get_name = function(){return 'Mike'}")
    -- 调用事先定义好的 JavaScript 函数 get_name
    local name = splash:evaljs("get_name()")
    return name
end
```

运行程序，会在页面输出 Mike。

15.2.9 autoload 方法

该方法用于设置每个页面访问时自动加载的 JavaScript 代码，autoload 方法的原型如下：

```
ok, reason = splash:autoload{source_or_url, source=nil, url=nil}
```

参数说明如下：

（1）source_or_url：JavaScript 代码或 JavaScript 库链接；

（2）source：JavaScript 代码；

（3）url：JavaScript 库链接。

但该方法只负责加载 JavaScript 代码或库，并不执行任何操作。如果要执行操作，可以使用 evaljs 方法或 runjs 方法。

【例 15.5】 本例使用 autoload 方法定义了 2 个 JavaScript 函数，并通过 evaljs 函数调用了这两个 JavaScript 函数。然后使用 autoload 方法加载 jQuery 库，并利用 jQuery 的 API 获取页面中 a 节点的总数。

实例位置：src/splash/autoload.lua

```
function main(splash,args)
    splash:autoload([[
        -- 获取页面标题
        function get_document_title() {
            return document.title;
        }
        -- 获取页面中 div 节点的总数
        function get_div_count() {
            var body = document.body;
            var div_list = body.getElementsByTagName('div');
            return div_list.length;
        }
    ]])
    -- 加载 jQuery 库
    splash:autoload{url="https://code.jquery.com/jquery-3.3.0.min.js"}

    splash:go("https://www.jd.com")
    -- 获取 jQuery 版本
    local version = splash:evaljs("$.fn.jquery")
```

```
-- 获取页面中 a 节点的总数
local a_count = splash:evaljs("$('a').length;")
return {
    title=splash:evaljs("get_document_title()"),
    div_count = splash:evaljs("get_div_count()"),
    jquery_version = version,
    a_count = a_count

}
end
```

运行程序，会看到页面输出如图 15-12 所示的信息。

图 15-12　【例 15.5】运行结果

15.2.10　call_later 方法

该方法用于通过设置任务的延长时间实现任务延时执行，并在执行前通过 cancel 方法重写执行定时任务。

【例 15.6】　本例使用 call_later 方法定义一个延迟任务，用于在 2 秒后获取页面截图。

实例位置： src/splash/call_later.lua

```
function main(splash,args)
    local result = {}
    splash:go("https://www.jd.com")
    splash:wait(0.5)
    result["png1"] = splash:png()
    -- 定义延长操作
    local timer = splash:call_later(function()
        result["png2"] = splash:png()
    end,2)   -- 2 是延迟时间，单位是秒

    splash:wait(3.0)
    return result
end
```

运行程序，会看到在3秒后，页面显示了2个京东首页截图，如图15-13所示。如果将2改成3或更大的数值，那么该页面只会显示1个京东商城首页截图，因为在3秒后main方法退出，延迟执行操作还没有执行。

图 15-13 【例 15.6】运行结果

15.2.11 http_get 方法

该方法可以模拟发送 HTTP GET 请求，方法的原型如下：

```
response = splash:http_get{url, headers=nil, follow_redirects=true}
```

参数说明如下：

（1）url：请求的 URL；

（2）headers：可选参数，默认是空，请求头；

（3）follow_redirects：可选参数，默认是 true，表示是否开启自动重定向。

【例 15.7】 本例使用 http_get 方法发送了一个 HTTP GET 请求，并输出返回结果和其他信息。

实例位置：src/splash/http_get.lua

```
function main(splash,args)
    local treat = require("treat")
    local response = splash:http_get("http://httpbin.org/get")
    return {
        html = treat.as_string(response.body),
        url = response.url,
        status = response.status
    }
end
```

运行程序，会输出如图 15-14 所示的内容。

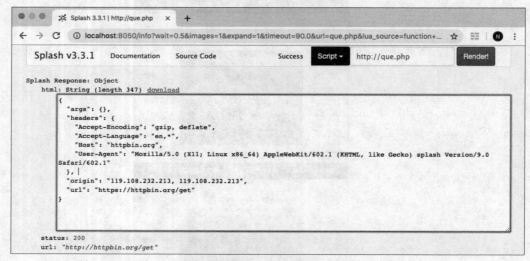

图 15-14 【例 15.7】运行结果

15.2.12 http_post 方法

与 http_get 方法类似，http_post 方法用于发送 HTTP POST 请求，不过多出一个 body 参数，该方法的原型如下：

```
response = splash:http_post{url, headers=nil, follow_redirects=true, body=nil}
```

参数说明如下：

（1）url：请求的 URL；

（2）headers：可选参数，默认是空，请求头；

（3）follow_redirects：可选参数，默认是 true，表示是否开启自动重定向；

（4）body：可选参数，默认是空，表单数据。

【例 15.8】 本例使用 http_post 方法发送一个 HTTP POST 请求，并输出返回结果和其他信息。

实例位置： src/splash/http_post.lua

```
function main(splash,args)
    local treat = require("treat")
    local json = require("json")
```

```
local response = splash:http_post{"http://httpbin.org/post",
    body = json.encode({name="Mike",age=30,salary=1234.5}),
    headers = {["content-type"] = "application/json"}
}
return {
    html = treat.as_string(response.body),
    url = response.url,
    status = response.status
}
end
```

运行程序，会输出如图 15-15 所示的内容。

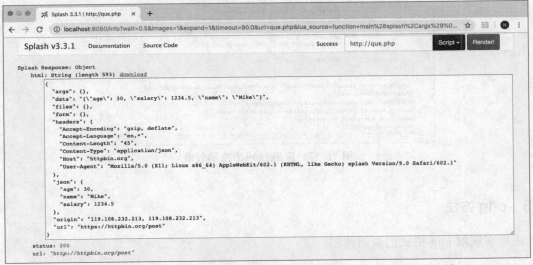

图 15-15　【例 15.8】运行结果

15.2.13　set_content 方法

该方法用于设置页面的内容。

```
function main(splash)
    splash:set_content("<html><body><h1>hello
world</h1></body></html>")
    return splash:png()
end
```

运行这段代码，会在页面上显示如图 15-16 所示的效果。

15.2.14　html 方法

该方法用来获取网页的源代码，非常简单，但很

图 15-16　应用 set_content 方法的效果

有用。

```
function main(splash)
    splash:go("https://www.baidu.com")
    return splash:html()
end
```

运行这段代码，会在页面上输出如图 15-17 所示的效果。

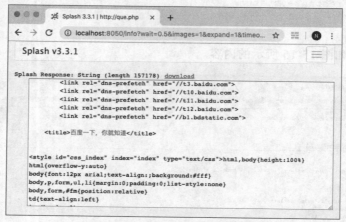

图 15-17 应用 html 方法的效果

15.2.15 png 方法

该方法用来获取 png 格式的页面截图。

```
function main(splash)
    splash:go("https://www.baidu.com")
    return splash:png()
end
```

15.2.16 jpeg 方法

该方法用来获取 jpg 格式的页面截图。

```
function main(splash)
    splash:go("https://www.baidu.com")
    return splash:jpeg()
end
```

15.2.17 har 方法

HAR，全称是 HTTP Archive format（HTTP 存档格式），是一种 JSON 格式的存档文件格式，多用于记录网页浏览器与网站的交互过程。文件扩展名通常为 .har。 HAR 格式的规范定义了一个 HTTP 事务的存档格式，可用于网页浏览器导出加载网页时的详细性能数据。

```
function main(splash)
    splash:go("https://www.jd.com")
    return splash:har()
end
```

运行程序，会在页面显示如图 15-18 所示的效果。

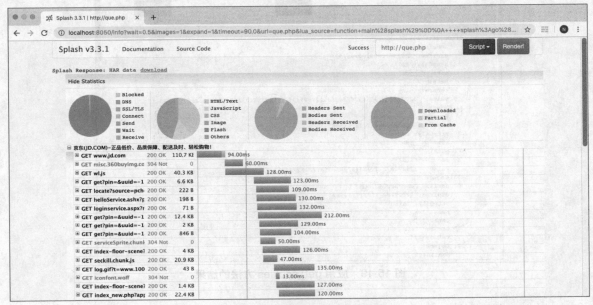

图 15-18　应用 har 方法的效果

15.2.18　其他方法

Splash 还提供了其他常用的方法，本节简要介绍如下方法。

1. url 方法

用于获取当前正在访问的 URL，代码如下：

```
function main(splash)
    splash:go("https://www.jd.com")
    return splash:url()
end
```

运行结果如下：

https://www.jd.com

2. get_cookies 方法

该方法用于获取当前页面的 Cookies，代码如下：

```
function main(splash)
    splash:go("https://www.jd.com")
    return splash:get_cookies()
end
```

运行结果如图 15-19 所示。

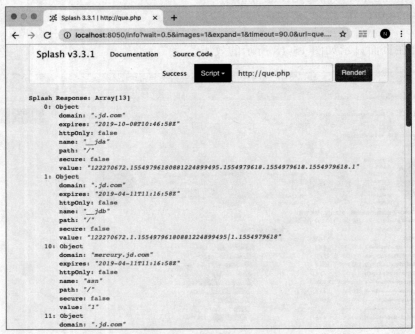

图 15-19 应用 get_cookies 方法的结果

3. add_cookie 方法

该方法用于为当前页面添加 Cookie，add_cookie 方法的原型如下：

```
cookies = splash:add_cookie{name, value, path=nil, domain=nil, expires=nil,
httpOnly=nil, secure=nil}
```

add_cookie 方法的参数代表 Cookie 的各个属性。

```
function main(splash)
    splash:add_cookie{"name","Mike","/",domain="http://example.com "}
    splash:go("http://example.com")
    return splash:html()
end
```

4. clear_cookies 方法

该方法可以清除所有的 Cookies。

```
function main(splash)
    splash:go("https://www.jd.com")
    splash:clear_cookies()
    return splash:get_cookies()
end
```

这段代码首先清除了所有的 Cookie，然后调用 get_cookies 方法返回所有的 Cookie。

运行结果如下：

```
Splash Response: Array[0]
```

5. get_viewport_size 方法

该方法可以获取当前浏览器页面的尺寸，也就是宽度和高度。

```
function main(splash)
    splash:go("https://www.jd.com")
    return splash:get_viewport_size()
end
```

运行结果如下：

```
Splash Response: Array[2]
0: 1024
1: 768
```

6. set_viewport_size 方法

该方法用于设置当前浏览器页面的尺寸（宽度和高度），set_viewport_size 方法的原型如下：

```
splash:set_viewport_size(width, height)
```

下面的代码通过 set_viewport_size 方法将页面尺寸设为 400×800。

```
function main(splash)
    splash:set_viewport_size(400,800)
    splash:go("https://www.jd.com")
    return splash:png()
end
```

运行结果如图 15-20 所示。

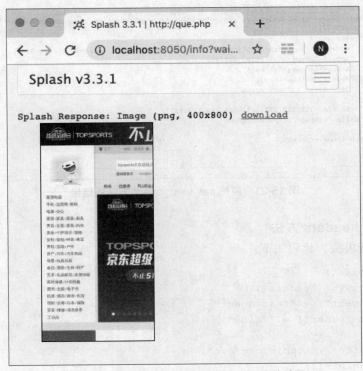

图 15-20　应用 set_viewport_size 方法的结果

7. set_viewport_full 方法

该方法可以设置浏览器全屏显示，代码如下：

```
function main(splash)
    splash:set_viewport_full()
    splash:go("https://www.jd.com")
    return splash:png()
end
```

8. set_user_agent 方法

该方法用于设置浏览器的 User-Agent，代码如下：

```
function main(splash)
    splash:set_user_agent("test agent")
    splash:go("http://httpbin.org/get")
    return splash:html()
end
```

这段代码将浏览器的 User-Agent 设置为 test agent，运行结果如图 15-21 所示。

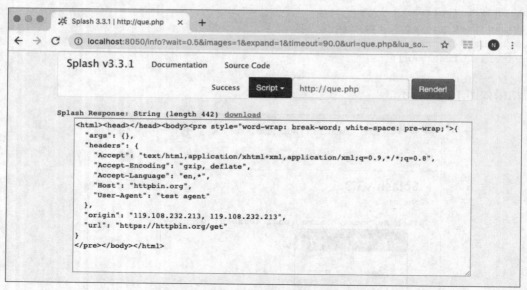

图 15-21　应用 set_user_agent 方法的结果

9. set_custom_headers 方法

该方法用于设置请求头，代码如下：

```
function main(splash)
    splash:set_custom_headers({
        ["User-Agent"] = "test agent",
        ["Custom-Header"] = "Value"
    })
    splash:go("http://httpbin.org/get")
    return splash:html()
end
```

这段代码设置了 User-Agent 请求头，同时又添加一个定制的请求头，运行结果如图 15-22 所示。

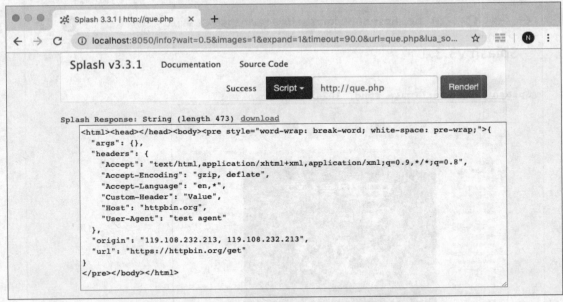

图 15-22　应用 set_custom_headers 方法的结果

15.3　使用 CSS 选择器

Splash Lua 支持 CSS 选择器，这些选择器也需要通过一些方法使用，本节介绍与 CSS 选择器相关的方法。

15.3.1　select 方法

该方法用于查找第 1 个符合条件的节点，如果有多个节点符合条件，只会返回第 1 个符合条件的节点。select 方法的参数是 CSS 选择器。

【例 15.9】　本例使用 select 方法查找京东商城首页搜索框节点，并输入搜索关键字。

实例位置： src/splash/select.lua

```
function main(splash)
    splash:go("https://www.jd.com")
    -- 查找 id 属性值为 key 的节点
    input = splash:select('#key')
    -- 在搜索框中输入 "Python 从菜鸟到高手 "
    input:send_text("Python 从菜鸟到高手 ")
    splash:wait(2)
    return splash:png()
end
```

运行结果如图 15-23 所示。

图 15-23　在京东商城首页搜索框输入文本

15.3.2 select_all 方法

该方法用于查找所有符合条件的节点，其参数是 CSS 选择器。

【例 15.10】　本例使用 select_all 方法查找京东商城首页所有名为 a 的节点，并返回 a 节点的文本内容和 href 属性值。

实例位置：src/splash/select_all.lua

```lua
function main(splash)
    local treat = require('treat')
    splash:go("https://www.jd.com")
    splash:wait(0.5)
    -- 查找页面中所有的 a 节点
    local a_list = splash:select_all('a')
    local results = {}
    --  对所有的 a 节点进行迭代，得到每一个 a 节点的文本和 href 属性
    for index,a in ipairs(a_list) do
        results[index] = {text = a.node.innerHTML,href=a.node.attributes.href}
    end
    return treat.as_array(results)
end
```

运行结果如图 15-24 所示。

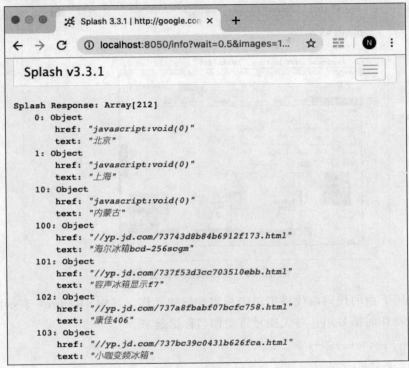

图 15-24　显示所有 a 节点的文本和 href 属性值

15.4　模拟鼠标与键盘的动作

Splash Lua 脚本还提供了很多方法，用于模拟鼠标和键盘的动作，例如，mouse_click 方法可以模拟鼠标单击的动作，send_keys 可以模拟键盘按键的动作。

【例 15.11】　本例 send_text 方法在京东商城搜索文本框中输入关键字，然后使用 mouse_click 方法模拟单击搜索按钮动作。

实例位置： src/splash/action.lua

```
function main(splash)
    splash:go("https://www.jd.com")
    input = splash:select("#key")
    input:send_text("Python 从菜鸟到高手 ")
    button = splash:select("#search > div > div.form > button")
    -- 单击搜索按钮
    button:mouse_click()
    splash:wait(1)
    return splash:png()
end
```

运行结果如图 15-25 所示。

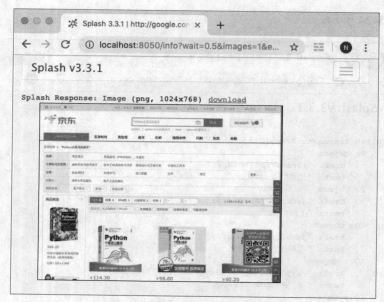

图 15-25 模拟鼠标与键盘动作

本例也可以使用下面的代码取代模拟单击搜索按钮的动作。其中 <Return> 表示回车键。用 send_keys 方法指定键盘动作时需要用一对尖括号将动作名称括起来。

```
input:send_keys("<Return>")
```

15.5 Splash HTTP API

前面讲解例如 Splash Lua 脚本的用法，但这些脚本只能在 Splash 测试页面中运行，那么如何在 Python 语言中利用 Splash 渲染页面呢？其中一种方法就是通过 Splash HTTP API。

Splash HTTP API 是 Splash 提供的一组 URL，通过为这些 URL 指定各种参数，可以完成对页面的各种渲染工作。

1. render.html
该接口用于获取 JavaScript 渲染的页面的 HTML 代码，接口的 URL 如下：

http://localhost:8050/render.html

这个 URL 可以接收一个名为 url 的参数，用于指定待渲染页面的地址，读者可以使用 curl 命令测试这个接口。

curl http://localhost:8050/render.html?url=https://www.jd.com

执行这行命令，就会在终端输出京东商城首页的代码。

如果用 Python 语言实现，代码如下：

```
import requests
url = 'http://localhost:8050/render.html?url=https://www.jd.com'
response = requests.get(url)
```

```
print(response.text)
```

如果要确保页面完整加载，可以增加等待时间，代码如下：

```
import requests
url = 'http://localhost:8050/render.html?url=https://www.jd.com&wait=3'
response = requests.get(url)
print(response.text)
```

如果增加 wait 参数，那么得到响应的时间就会变长，本例将 wait 参数值设为 3，表示在 3 秒后，才会获取京东商城首页的代码。

另外，此接口还支持代理设置、图片加载设置、Headers 设置、请求方法设置等，具体的用法可以参考官方文档：https://splash.readthedocs.io/en/stable/api.html#render-html。

2．render.png

此接口可以获取网页截图，参数比 render.html 多了几个，由于获取的是截图，所以需要指定截图的宽度和高度。这两个值分别由 width 和 height 设置。用 curl 命令测试的 URL 如下：

curl'http://localhost:8050/render.png?url=http://www.jd.com&wait=3&width=800&height=500'
--output jd.png

执行这行命令，会在终端输出如图 15-26 所示的信息。然后会将京东商城首页以 800×500 的尺寸保存成一个 png 格式的图像。

```
lining:png lining$ curl 'http://localhost:8050/render.png?url=http://www.jd.com&
wait=3&width=800&height=500' --output jd.png
  % Total    % Received % Xferd  Average Speed   Time    Time     Time  Current
                                 Dload  Upload   Total   Spent    Left  Speed
100  439k    0  439k    0     0   114k      0 --:--:--  0:00:03 --:--:--  114k
lining:png lining$
```

图 15-26　通过 curl 命令调用 render.png 接口

执行完这条命令后，会在当前目录下生成一个名为 jd.png 的图像，打开图像，会看到如图 15-27 所示的效果。

图 15-27　京东商城首页 800×500 截图

用 Python 实现，需要将返回的二进制数据保存为 png 格式的图片文件，代码如下：

```
import requests
url = 'http://localhost:8050/render.png?url=https://www.jd.com&width=800&height=500'
response = requests.get(url)
with open('jd.png','wb') as f:
    f.write(response.content)
```

执行这段代码，会在当前目录生成一个名为 jd.png 的图像文件。关于 render.png 接口详细的参数设置可以参考官方文档：https://splash.readthedocs.io/en/stable/api.html#render-png。

3. render.jpeg

该接口与 render.png 类似，只不过返回的是 JPEG 格式的二进制数据，另外，该接口比 render.png 多了参数 quality，用来设置图片的质量。关于该接口的详细说明，请读者参考官方文档：https://splash.readthedocs.io/en/stable/api.html#render-jpeg

4. render.har

该接口用于获取页面加载的 HAR 数据，使用 curl 命令测试 render.har 的 URL 如下：

curl http://localhost:8050/render.har?url=https://www.jd.com&wait=3

执行这行命令，等待 3 秒后，会在终端输出如图 15-28 所示的信息。

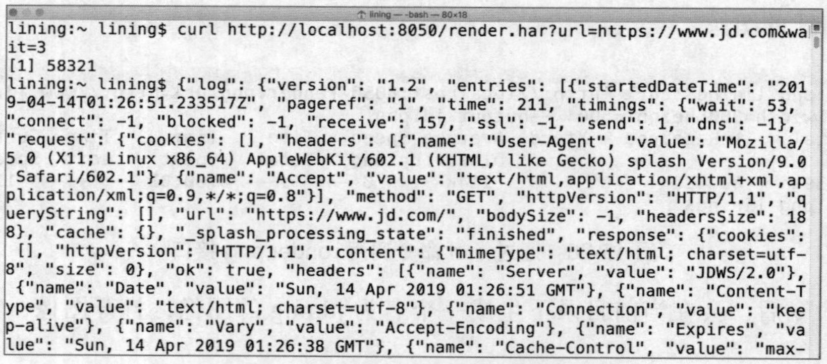

图 15-28　render.har 接口返回的数据

用 Python 实现的代码如下：

```
import requests
url = 'http://localhost:8050/render.har?url=https://www.jd.com&wait=3'
response = requests.get(url)
print(response.text)
```

5. render.json

该接口包含了前面介绍的接口的所有功能，如获取 HTML 代码、HAR 数据、PNG 格式截图等。如果 render.json 接口不加任何参数，默认以 JSON 格式返回请求 URL、页面标题、页面尺寸等信息。

curl http://localhost:8050/render.json?url=https://httpbin.org

执行这行命令后，会输出如下的信息。

{ "geometry" : [0, 0, 1024, 768], "url" : " https://httpbin.org/ " , " title " : " httpbin.org " , "requestedUrl"："https://httpbin.org/"}

如果要同时获取 HTML 代码、HAR 数据和 PNG 截图，可以分别将 html、har 和 png 参数值设为 1。

curl "http://localhost:8050/render.json?url=https://httpbin.org&html=1&har=1&png=1"

如果返回的信息包含二进制数据，会以 Base64 编码形式返回这些二进制数据，如获取 PNG 格式的页面截图，会作为 JSON 对象的 png 属性返回 PNG 图像数据，如图 15-29 所示。

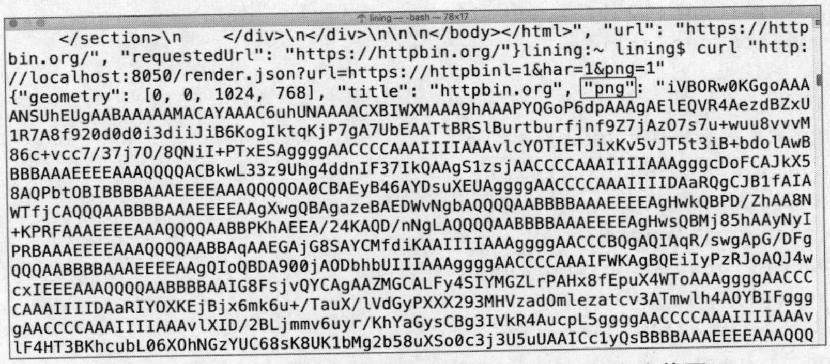

图 15-29　以 Base64 编码格式返回的 PNG 格式截图

6．execute

该接口的功能非常强大。前面介绍的所有接口只能通过 URL 的参数实现特定的一些功能，而通过 execute 接口，可以实现 Python 与 Lua 对接，相当于在 Python 代码中直接执行 Lua 脚本。

通过 execute 接口的 lua_source 参数，可以指定一段 Lua 脚本，然后交由 Splash 执行，执行完后，会将执行结果返回给 Python。

【例 15.12】　本例通过 execute 接口执行 2 段 Lua 脚本，第 1 段 Lua 脚本返回一个简单的字符串，第 2 段 Lua 脚本访问 https://weather.com，然后将 PNG 格式的截图返回给 Python，并保存名为 weather.png 的图像文件。

实例位置： src/splash/execute.py

```
import requests
from urllib.parse import quote
lua = '''
function main(splash)
    return "世界，你好"
end
'''

url = 'http://localhost:8050/execute?lua_source=' + quote(lua)
response = requests.get(url)
print(response.text)

lua = '''
function main(splash)
    splash:go("https://weather.com")
    splash:wait(3)
    return {
```

```
        html = splash:html(),
        png = splash:png()

    }
end

'''
url = 'http://localhost:8050/execute?lua_source=' + quote(lua)
response = requests.get(url)
import json
import base64
# 将返回的 JSON 格式的数据转换为 JSON 对象
json_obj = json.loads(response.text)
# 获取 Base64 格式的图像文件数据
png_base64 = json_obj['png']
png_bytes = base64.b64decode(png_base64)
# 将截图保存为 weather.png 文件
with open('weather.png','wb') as f:
    f.write(png_bytes)
```

执行这段代码，会在当前目录生成一个名为 weather.png 的图像文件，如图 15-30 所示。

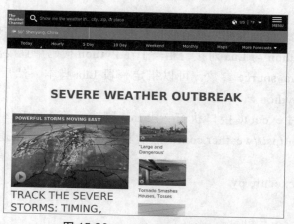

图 15-30 weather.png 的效果

15.6 项目实战：使用 Splash Lua 抓取京东搜索结果

本节利用 Splash Lua 脚本在京东商城搜索商品，然后抓取搜索出的商品名称，以及将每一页搜索结果的截图保存为 PNG 格式的文件。

这里的核心是使用 select_all 方法通过 CSS 选择器得到搜索页面搜索出的每一个商品对应的 a 节点，然后获取 a 节点的 title 属性值。本例采用了 Python 与 Lua 结合的方式，也就是通过 Python 产生多个 URL，然后用 Lua 脚本抓取每一个 URL 对应页面中的数据。

【例 15.13】 本例使用 Python 语言和 Lua 脚本在京东商城以 Python 关键字搜索图书，并将返回找到的图书的标题，以及每一个搜索页面的截图。本例只抓取前 6 页的数据。

实例位置：src/projects/splash_jd_search/splash_jd_search_spider.py

```python
import requests
from urllib.parse import quote
lua = '''

function main(splash,args)
    -- 请求指定页面
    splash:go("https://search.jd.com/Search?keyword=python&page="..args.page)
    splash:wait(1)
    -- 查找所有符合条件的 a 节点
    li_list = splash:select_all('#J_goodsList > ul > li > div > div > a')
    -- 用于保存搜索出来的图书的标题
    titles = {}
    for _, li in ipairs(li_list) do
      -- 获取图书的标题，其中 #titles 表示 titles 数组当前的长度
      titles[#titles+1] =    li.node.attributes.title;

    end
    return {
        titles = titles,
        png = splash:png()
    }
end
'''
# 循环产生 6 个 URL
url_list = [('http://localhost:8050/execute?lua_source=' + quote(lua) + '&page={}').
format(str(i)) for i in range(1,13,2)]
i = 1
for url in url_list:
    response = requests.get(url)
    import json
    import base64
    json_obj = json.loads(response.text)
    # 输出当前页面的所有图书的标题
    print(json_obj['titles'])
    png_base64 = json_obj['png']
    png_bytes = base64.b64decode(png_base64)
    # 保存每一个搜索页面的截图
    with open(str(i) + '.png','wb') as f:
        f.write(png_bytes)
    i += 1
```

运行程序，会在 Console 中输出如图 15-31 所示的信息。

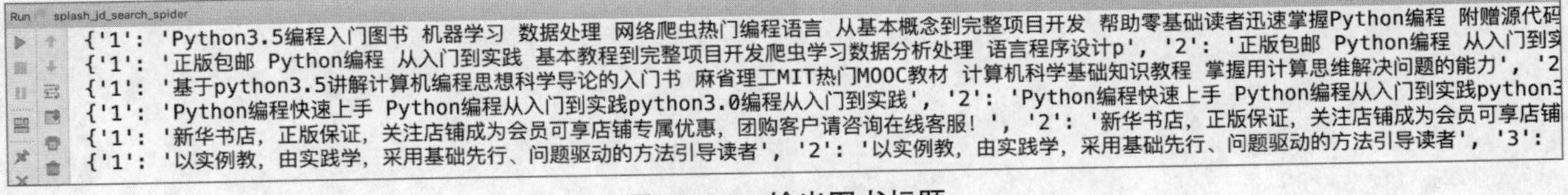

图 15-31 输出图书标题

显然，在当前目录下多了 6 个图像文件，如 1.png、2.png，分别表示 1~6 页搜索结果页面的截图。

15.7　小结

抓取数据有多种方式，Selenium 和 Splash 就是其中的两种方式，也就是通过模拟浏览器的动作来抓取数据。这种方式的好处是不需要过多对页面获取数据的方式进行分析，只接受最终的结果即可。也就是只要浏览器能显示的，就能够抓取到。不过 Selenium 和 Splash 也有一定的区别，最大的区别就是 Selenium 使用纯 Python 来编码，而 Splash 还需要结合 Lua 脚本，不过对于熟悉 Lua 脚本的读者，这是一大福音。而且 Lua 脚本在某些方面的特性并不比 Python 差，读者可以根据实际情况选择它们。

第 16 章

抓取移动 App 的数据

前面介绍的所有内容都是关于抓取 Web 页面的。不过除了 Web 页面，还有另外一类应用也涉及大量的数据，这就是移动 App。由于移动 App 通常都会采用异步的方式从服务端获取数据（类似于 Web 的 AJAX 技术），所以在抓取移动 App 数据之前，先要分析移动 App 用于获取数据的 URL，然后才可以使用 requests 等网络库抓取数据。

由于移动 App 都是运行在手机或平板电脑上，所以不能像在 PC 上一样，使用 Chrome 浏览器的开发者工具进行分析。因此，要想监控移动 App 发送的请求，就需要使用抓包工具，例如，Charles、WireShark、Fiddler、mitmproxy 等，这些抓包工具的基本原理是在 PC 上可以作为代理运行，然后在手机上设置代理服务器（就是运行抓包工具的 PC 的 IP 地址）和端口号（在抓包工具中设置），这样手机上网会首先通过代理服务器，由于这里的代理服务器是抓包工具，所以手机 App 在与服务端交互的过程中自然就可以被抓包工具监听了。

本章主要介绍以下内容：

（1）抓取 App 数据的原理；

（2）Charles 和 mitmproxy 简介；

（3）在 PC 上安装证书，以及移动端安装和信任证书；

（4）在手机端设置代理；

（5）监听 HTTP/HTTPS 数据；

（6）编辑请求信息；

（7）mitmweb 的基本使用方法；

（8）如何结合 mitmdump 与 mitmweb 编写实时 Python 爬虫。

16.1 使用 Charles

Charles 是一个跨平台网络抓包工具，支持 Windows、Mac 和 Linux 平台，读者可以到 Charles 官网下载特定平台的 Charles 安装包，然后直接安装即可。

https://www.charlesproxy.com/download/latest-release

16.1.1 抓取 HTTP 数据包

Charles 可以抓取 HTTP 和 HTTPS 数据包，如果想抓取 HTTP 数据包，设置非常简单。首先启动 Charles，然后单击 Proxy → Proxy Settings 命令，会弹出如图 16-1 所示的 Proxy Settings 对话框。

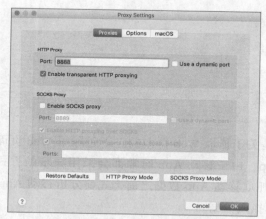

图 16-1 Proxy Settings 对话框

在 Port 文本框中输入代理服务器的端口号，默认是 8888。然后选择下面的 Enable transparent HTTP proxying 复选框，最后单击 OK 按钮关闭 Proxy Settings 对话框。到这里，抓取 HTTP 数据包的 PC 端设置已经完成了。接下来完成手机端的设置。

在手机端，需要在访问网络时先连接代理服务器，也就是 Charles 应用。这里选用 iPhone 7 和 iOS12.2 进行演示，其他 iOS 版本和 Android 的各个版本设置的方式类似。

现在进入手机的"设置"应用，然后进入"无线局域网"窗口，并进入已经激活了的 Wi-Fi 连接，单击最后的"配置代理"，选择"手动"，在下方的"服务器"中输入运行 Charles 的 PC 的 IP 地址，在"端口"中输入 8888。如图 16-2 所示。要注意，手机必须连入 Wi-Fi，而且必须与运行 Charles 的 PC 在同一个网段。

现在找一个使用网络的 App，然后操作一下 App，会发现在 Charles 左侧的列表中出现了很多 URL，这表明 Charles 正在监听 App 与服务端的交互过程。单击某一个 URL 中的请求，在右侧会显示该请求的内容，如图 16-3 所示。通过 Charles 上方的两个按钮，可以清空已经监听到的请求，以及停止监听。

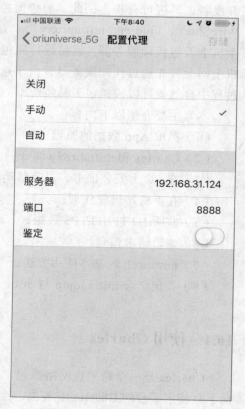

图 16-2 在手机上设置代理

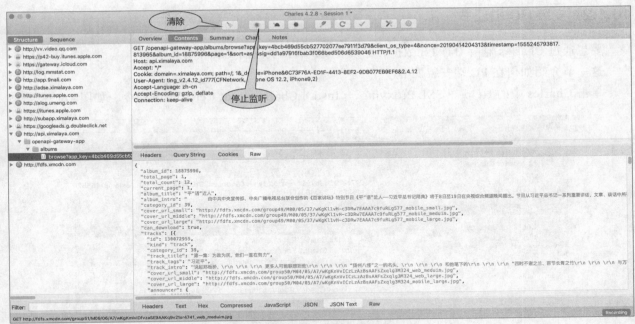

图 16-3　监听 App 与服务端的交互过程

可以看到，通过 Charles 监听到的数据都是明文的，这说明这款 App 使用了 HTTP 与服务端交互，由于使用 HTTP 传输的数据是通过明文发送的，所以看到的就是明文的。不过有很多 App 使用了 HTTPS 与服务端进行数据交互，由于通过 HTTPS 传输的数据是加密的，所以在 PC 端和手机端都需要安装证书，否则就会看到如图 16-4 所示的乱码。

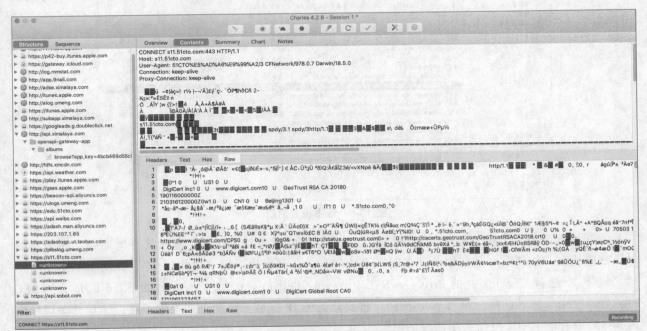

图 16-4　未使用证书时监听到的乱码数据

16.1.2 安装 PC 端证书

要想通过 Charles 监听 HTTPS 数据，必须在 PC 端和手机端安装证书。

这一节介绍如何在 PC 端安装证书

单击 Charles 中的 Help → SSL Proxying → Install Charles Root Certificate 命令，如图 16-5 所示。

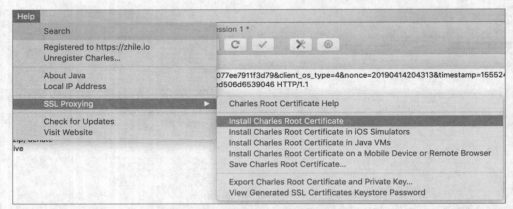

图 16-5　在 PC 端安装证书

执行该命令后，会弹出如图 16-6 所示的证书窗口，在下方列表中找到以 Charles Proxy CA 开头的证书。

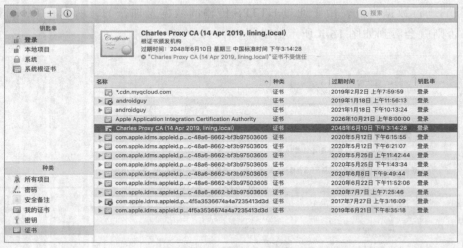

图 16-6　证书设置窗口

一开始该证书是不受信任的。在该证书上右击，在右键菜单中单击"显示简介"命令，在弹出的对话框中找到"信任"→"使用此证书时"下拉列表，在列表中选择"始终信任"，如图 16-7 所示。

接下来选择 Charles 中的 Proxy → SSL Proxying Settings 命令，会弹出如图 16-8 所示的 SSL Proxying Settings 对话框，单击 Add 按钮，将要监听的 IP 或域名添加到列表中即可，注意，端口号应为 443。最后单击 OK 按钮关闭该对话框。

到现在为止，PC 端证书已经安装完成。下一节介绍如何在 iOS 上安装证书。

图 16-7 信任证书

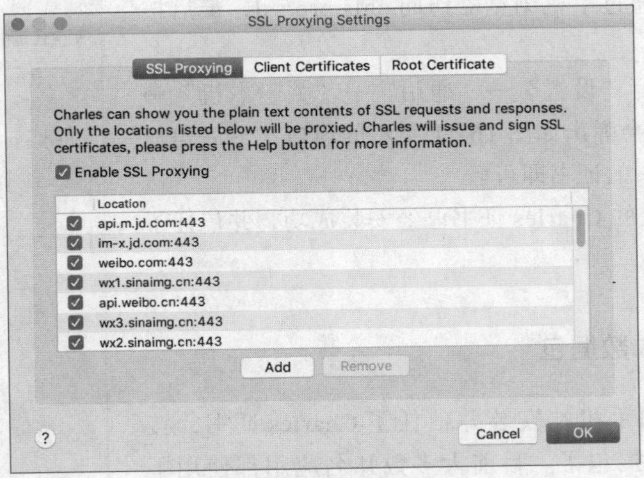

图 16-8 添加要监听的域名

16.1.3 在手机端安装证书

这一节介绍如何在 iOS 上安装证书，首先按图 16-9 所示单击该命令。

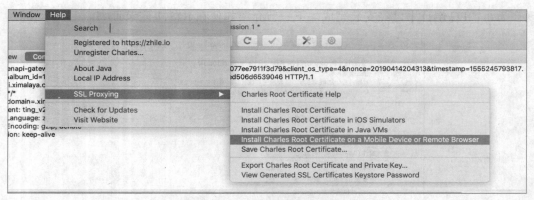

图 16-9　在 iOS 端安装证书

执行该命令，会弹出如图 16-10 所示的对话框。

图 16-10　指导如何在手机端安装证书

该对话框指导用户在手机端需要设置的代理 IP 是 192.168.31.124，端口号是 8888，注意，在读者的机器上，这两个值可能会有差异。然后让用户通过手机浏览器访问 chls.pro/ssl，最后按提示操作即可安装证书。

接下来在 iOS 中执行"设置"→"通用"→"关于本机"→"证书信任设置"命令，会弹出如图 16-11 所示的窗口，最后信任以 Charles Proxy CA 开头的证书即可。

到现在为止，手机上的 Charles 证书已经安装成功，并信任了该证书。

16.1.4　监听 HTTPS 数据包

现在已经在 PC 端和手机端安装并信任了 Charles 证书，接下来可以监听 HTTPS 数据包了。目前大多数知名应用都使用了 HTTPS 传输数据。本节选择了京东商城手机端。

在京东商城 App 上搜索商品，会看到 Charles 左侧列表出现一个 http://api.m.jd.com。这是京东商城 App 使用的 API URL。后面还跟着 client.action?functionId=search，如图 16-12 所示。

图 16-11　在 iOS 上授权 Charles 证书

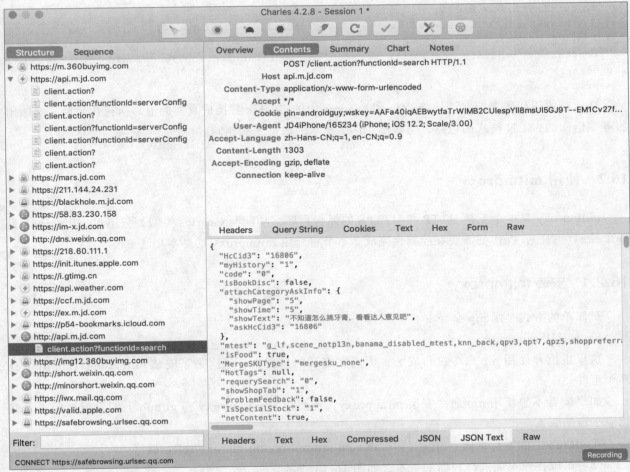

图 16-12　抓取京东商城 API 数据

　　京东商城 App 完整的 API URL 是 http://api.m.jd.com/client.action?functionId=search，其中 functionId 参数表示调用服务端哪一个功能，这里是 search，表明用于搜索商品信息。

　　Charles 有一个重要特性是可以重复发送请求，所以可以在该 URL 的右键菜单中单击 Repeat 命令，重复发送该 URL，会发现，得到的返回信息与京东商城直接发送的请求返回的信息完全相同。

　　现在已经知道了 API URL，其实已经可以使用 Python 模拟京东商城 App 向服务端发送请求，并获取返回结果了。为了完整模拟 App，需要单击如图 16-12 所示的 Text 选项卡，这里面的内容就是 App 向服务端发送的所有数据，复制里面所有的内容，然后将这些数据赋给一个名为 data 的 Python 变量，然后使用 requests 发送请求，并获取返回结果，完整的实现代码如下：

```
import requests
data = '''
text 选项卡中的内容
'''
headers = {
"Host":"api.m.jd.com",
    "Content-Type":"application/x-www-form-urlencoded",
```

```
    "Cookie": 'Cookie 数据 ',
        "User-Agent":"JD4iPhone/165234 (iPhone; iOS 12.2; Scale/3.00)"
}
response = requests.post('http://api.m.jd.com/client.action?functionId=tip',data=data
,headers=headers)
    print(response.text)
```

在执行这段代码之前，请先将 data 和 headers 中的 Cookie 替换成真实的值。执行代码后，会输出服务端返回的 JSON 格式的数据，与如图 16-12 所示的数据完全相同。

16.2　使用 mitmproxy

mitmproxy 是一个支持 HTTP 和 HTTPS 的抓包程序，功能与 Charles 类似，只不过 mitmproxy 是一个控制台程序，操作都需要在控制台完成。本节将介绍 mitmproxy 的基本用法。

16.2.1　安装 mitmproxy

最简单的方式是用 pip 命令安装。

pip install mitmproxy

这里也推荐使用 pip 命令进行安装，因为在安装的过程中，还附带了安装 mitmdump 和 mitmweb 两个组件。

如果读者不想使用 pip 命令安装 mitmproxy，也可以到 mitmproxy 在 github 上的发行页面去下载相应平台的版本。

在 github 上的发行页面：https://github.com/mitmproxy/mitmproxy/releases

读者可以在该页面选择较新的版本，如图 16-13 所示。

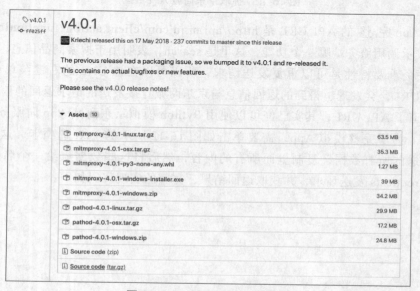

图 16-13　mitmproxy 下载页面

mitmproxy 的下载页面主要包含 Windows、Mac 和 Linux 平台的版本。如果是 Windows，建议下载 exe 文件安装。其他平台下载相应的安装包即可。

如果读者使用的是 Mac 平台，除了使用 pip 命令和下载安装包外，还可以使用下面的命令安装 mitmproxy。

brew install mitmproxy

16.2.2　在 PC 端安装 mitmproxy 证书

如果要监听 HTTPS 数据，必须在 PC 端安装证书。mitmproxy 在安装后会提供一套 CA 证书，只要移动端信任这套 CA 证书，就可以通过 mitmproxy 监听 HTTPS 请求的数据，否则看到的都是乱码。

要想获得 CA 证书，首先要执行如下命令，该命名在产生 CA 证书的同时，启动了 mitmdump 服务。

mitmdump

执行 mitmdump 命令后，会在用户目录下的 .mitmproxy 目录里生成 CA 证书文件，如图 16-14 所示。

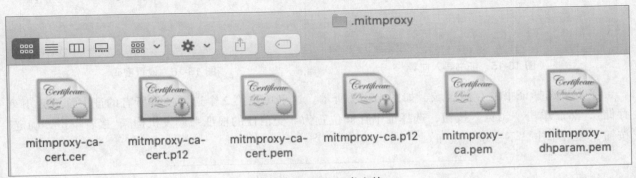

图 16-14　CA 证书文件

证书文件一共 6 个，表 16-1 解释了这 6 个证书文件的作用。

表 16-1　证书文件的作用

证书文件	描　　述
mitmproxy-ca.pem	PEM 格式的证书私钥
mitmproxy-ca.p12	PKC12 格式的证书私钥
mitmproxy-ca-cert.pem	PEM 格式证书，适用于大多数非 Windows 平台
mitmproxy-ca-cert.p12	PCKS12 格式的证书，适用于 Windows 平台
mitmproxy-ca-cert.cer	与 mitmproxy-ca-cert.pem 相同，只是改变了后缀，适用于部分 Android 平台
mitmproxy-dhparam.pem	PEM 格式的私钥文件，用于增加 SSL 的安全性

1. 在 Windows 下安装证书

双击 mitmproxy-ca-cert.p12 文件，就会弹出如图 16-15 所示的"证书导入向导"对话框。直接单击"下一步"按钮，会要求输入密码，如图 16-16 所示。在这里不需要设置密码，直接单击"下一步"

按钮即可。

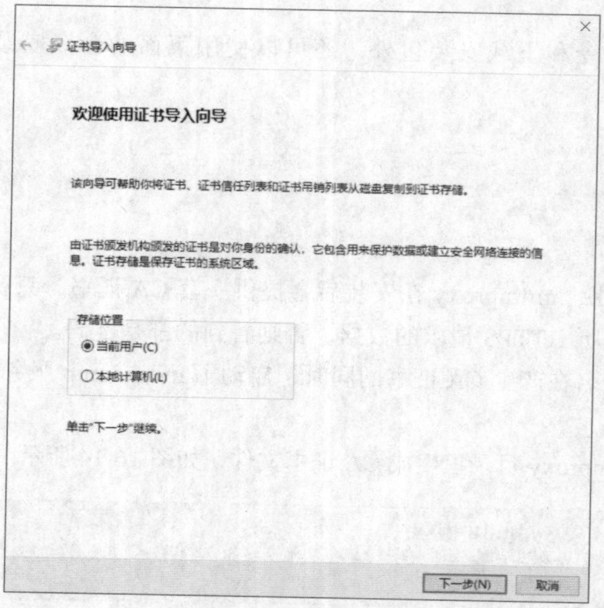

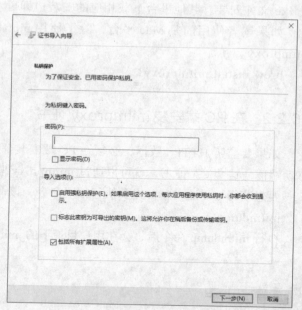

图 16-15　证书导入向导

图 16-16　设置密码

接下来选择证书的存储区域，如图 16-17 所示。这里单击第 2 个选项"将所有的证书都放入下列存储"，然后单击"浏览"按钮，选择证书存储位置为"受信任的根证书颁发机构"，接着单击"确定"按钮，然后单击"下一步"按钮。

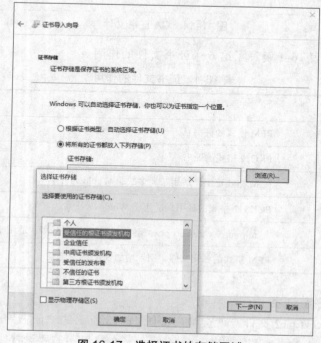

图 16-17　选择证书的存储区域

最后，如果有如图 16-18 所示的安全警告对话框弹出，直接单击"是"按钮即可。按照上述的步骤，就可以成功安装 Windows 版的 CA 证书。

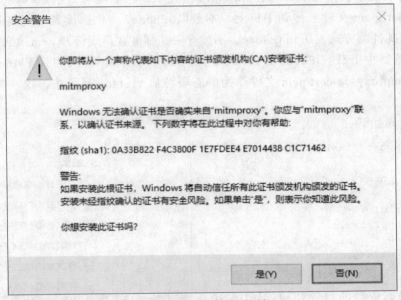

图 16-18 安全警告对话框

2. 在 Mac 下安装证书

在 Mac 下双击 mitmproxy-ca-cert.pem 文件，会弹出钥匙串管理窗口，然后找到 mitmproxy 证书（如果证书太多，可以在窗口右上角的搜索框中进行搜索），双击该证书，会弹出如图 16-19 所示对话框。在"使用此证书时"下拉列表中选择"始终信任"即可。

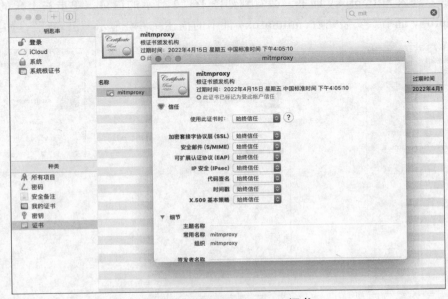

图 16-19 信任 mitmproxy 证书

16.2.3　在移动端安装 mitmproxy 证书

只有在需要监听的手机上安装并信任 mitmproxy 证书，才能监听 HTTPS 请求的数据。首先需要将 mitmproxy-ca-cert.pem 文件上传到手机上，本节以 iPhone7 为例。读者可以将 mitmproxy-ca-cert.pem 文件通过发送邮件的方式发送到 iPhone，不过有一些邮件客户端打开 pem 文件有问题。所以可以直接在 iPhone 浏览器中下载。iPhone 必须与 PC 在同一个网段，然后可以用 Python 编写一个简单的 Web 程序，将 mitmproxy-ca-cert.pem 文件作为静态资源放到 static 目录中，这样在 iPhone 浏览器中就可以直接下载了。

Web 程序的代码如下：

```python
from flask import Flask

app = Flask(__name__)
@app.route('/')
def hello_world():
    return 'application'
if __name__ == '__main__':
    app.run(host='0.0.0.0')
```

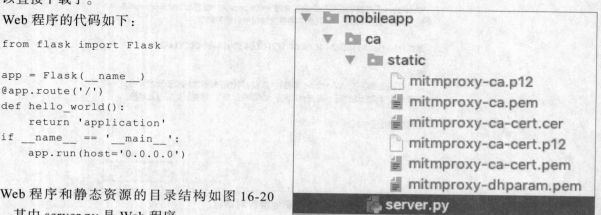

图 16-20　Web 程序和静态资源的目录结构

Web 程序和静态资源的目录结构如图 16-20 所示。其中 server.py 是 Web 程序。

运行 Web 服务，在 iPhone 浏览器中输入 http://192.168.31.123:5000/static/mitmproxy-ca-cert.pem 就可以下载证书文件，其中 192.168.31.123 是 PC 的 IP。

下载证书文件后，可以在 iPhone 的"设置"→"通用"→"描述文件"中找到 mitmproxy 证书，如图 16-21 所示。进入 mitmproxy 证书，会看到如图 16-22 所示的窗口，单击右上角的"按钮"按钮开始安装 mitmproxy 证书。安装完后，mitmproxy 证书的描述文件会显示"已验证"，如图 16-23 所示。

图 16-21　mitmproxy 证书

图 16-22　安装 mitmproxy 证书

图 16-23　成功安装 mitmproxy 证书

最后，还需要进入 iPhone 的"设置"→"通用"→"关于本机"→"证书信任设置"，将 mitmproxy 的完全信任开关打开，如图 16-24 所示。到现在为止，在 iPhone 上所有的设置工作已经完成。

16.2.4 mitmproxy 有哪些功能

mitmproxy 有两个关联组件：mitmdump 和 mitmweb。其中 mitmdump 是 mitmproxy 的命令行接口，使用 mitmdump 可以对接 Python 脚本，用 Python 完成监听后的处理工作。mitmweb 是一个 Web 程序，通过 mitmweb 可以清楚地观察 mitmproxy 捕获的请求。

mitmproxy 的主要功能如下：

（1）拦截 HTTP 和 HTTPS 请求和响应；

（2）保存 HTTP 会员，并进行分析；

（3）模拟客户端发起请求，模拟服务器返回响应；

（4）利用反向代理将浏览转发给指定的服务器；

（5）支持 Mac 和 Linux 上的透明代理；

图 16-24 信任 mitmproxy 证书

（6）利用 Python 对 HTTP 请求和响应进行实时处理。

16.2.5 设置手机的代理

与 Charles 一样，mitmproxy 需要运行在 PC 上，mitmproxy 的默认端口是 8080，启动 mitmproxy 的同时会开启一个 HTTP/HTTPS 代理服务。手机与 PC 必须在同一个网段（都需要连接 Wi-Fi），然后手机的代理设置为 PC 的 IP 地址，端口号设为 8080。这样手机 App 在访问互联网时，会先通过代理，也就是说，运行在 PC 端的代理起到了中间人的作用，这样中间人就可以监听手机 App 与服务端的交互数据。

首先，需要使用下面的命令运行 mitmproxy：

```
mitmproxy
```

启动 mitmproxy 后，会在 8080 端口上运行一个代理服务，如图 16-25 所示。

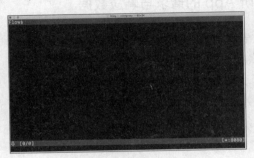

图 16-25 启动 mitmproxy

在右下角出现当前正在监听的端口号，默认是 8080。要想退出 mitmproxy，按 q 键，在左下角会出现如图 16-26 所示的提示，再次按 y 键退出。

图 16-26　询问是否退出 mitmproxy

除了 mitmproxy 外，执行 mitmdump 命令也可以启动代理，运行结果如图 16-27 所示。

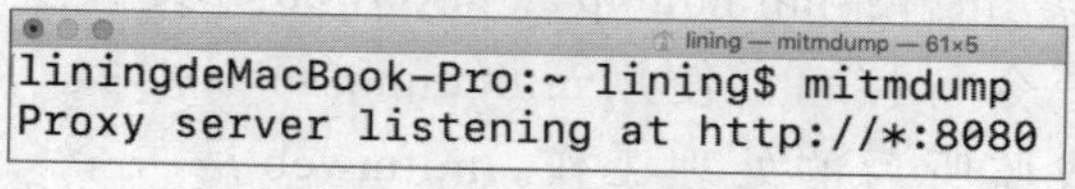

```
liningdeMacBook-Pro:~ lining$ mitmdump
Proxy server listening at http://*:8080
```

图 16-27　运行 mitmdump 的效果

现在获得 PC 的 IP 地址。最简单的方法就是在 Windows 下使用 ipconfig 命令，在 Mac 和 Linux 下使用 ifconfig 命令。输出结果如图 16-28 所示。黑框中就是本机的 IP 地址。

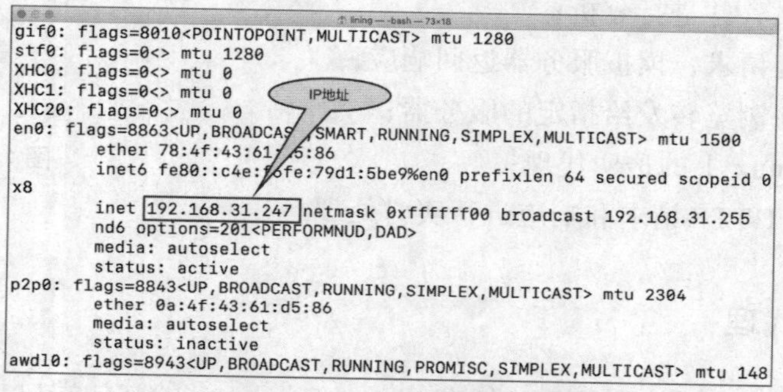

```
gif0: flags=8010<POINTOPOINT,MULTICAST> mtu 1280
stf0: flags=0<> mtu 1280
XHC0: flags=0<> mtu 0
XHC1: flags=0<> mtu 0
XHC20: flags=0<> mtu 0
en0: flags=8863<UP,BROADCAST,SMART,RUNNING,SIMPLEX,MULTICAST> mtu 1500
        ether 78:4f:43:61:d5:86
        inet6 fe80::c4e:f6fe:79d1:5be9%en0 prefixlen 64 secured scopeid 0
x8
        inet 192.168.31.247 netmask 0xffffff00 broadcast 192.168.31.255
        nd6 options=201<PERFORMNUD,DAD>
        media: autoselect
        status: active
p2p0: flags=8843<UP,BROADCAST,RUNNING,SIMPLEX,MULTICAST> mtu 2304
        ether 0a:4f:43:61:d5:86
        media: autoselect
        status: inactive
awdl0: flags=8943<UP,BROADCAST,RUNNING,PROMISC,SIMPLEX,MULTICAST> mtu 148
```

图 16-28　执行 ifconfig 命令的输出结果

以 iPhone 为例，单击"设置"→"无线局域网"，进入"无线局域网"窗口，然后进入当前激活的 Wi-Fi 连接窗口，滑动到最后，找到"HTTP 代理"中的"配置代理"，然后进入"配置代理"窗口，单击"手动"列表项，在"服务器"中输入 192.168.31.247，在"端口"中输入 8080。配置完的效果如图 16-29 所示。

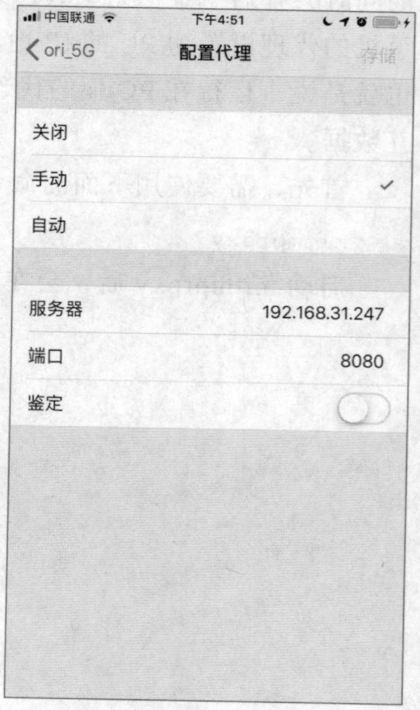

16.2.6　用 mitmproxy 监听 App 的请求与响应数据

如果读者按照上一节的方法成功启动了代理，并在手机上正确设置了代理的 IP 和端口号，那么在手机上的任何 HTTP/HTTPS 请求都会被 mitmproxy 监听到。由于大多数读者的手机上可能安装了很多 App，有一些 App 会不断向服务端发送请求，所以根本不需要自己访问网络，只要代理设置完，就会立刻在 mitmproxy 的控制台显示监听到的数据，如图 16-30 所示。

图 16-29　配置 iPhone 代理

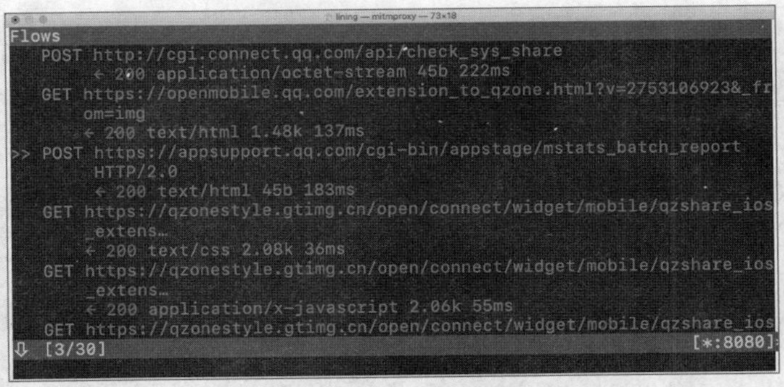

图 16-30 mitmproxy 监听到的数据

每一个请求的开头是请求方法（GET、POST 等），紧接着是请求的 URL，然后下一行是响应信息，包括响应码，响应数据类型、响应时间等。通过键盘的↑、↓键，可以上下切换请求。

如果要查看具体的请求信息，可以在某一个请求上按 Enter 键，会显示如图 16-31 所示的信息。

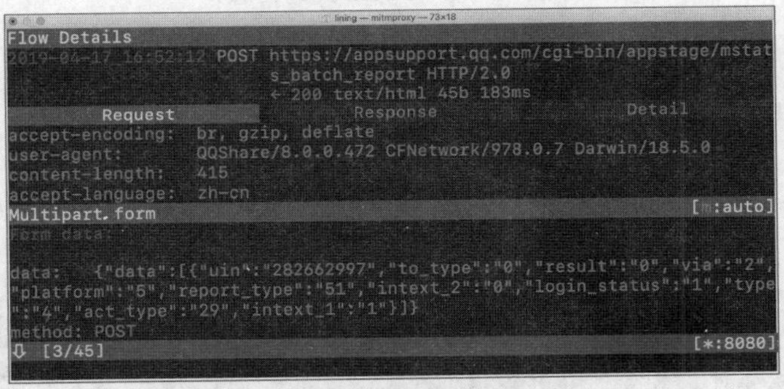

图 16-31 查看请求的详细信息

在这个页面，分为 Request、Response 和 Detail 三个标签页。分别表示请求、响应和细节。默认显示 Request 页的内容，该页显示了请求头和请求数据。通过键盘的↑、↓键可以上下滚动查看数据。切换到 Response 页（通过键盘的←、→键、Tab 键或鼠标切换），会看到如图 16-32 所示的内容。这一页会显示响应头和响应信息。

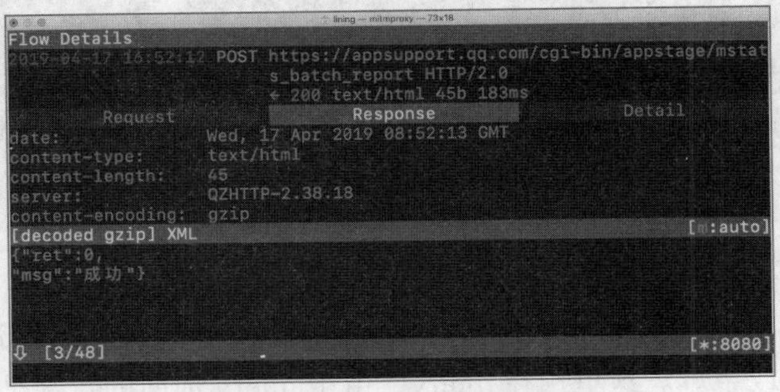

图 16-32 Response 页的信息

切换到 Detail 页，如图 16-33 所示。在 Detail 页显示了当前请求的详细信息，如服务器的 IP 和端口号、HTTP 协议版本、客户端的 IP 和端口号等。

图 16-33 Detail 页的信息

16.2.7 使用 mitmproxy 编辑请求信息

mitmproxy 可以通过命令行方式对截获的信息进行编辑，可以利用这个功能重新编辑请求。单击 e 键，会弹出如图 16-34 所示的 Part 窗口，询问想编辑哪一部分信息。

图 16-34 询问想编辑哪一部分信息

通过键盘的 ↑、↓ 键可以切换到某一个编辑项，然后按 Enter 键就可以进行入该编辑项。也可以直接按编辑项前面的数字或字母。这里选择 query，由于 query 前面的数字是 5，所以直接按 5 键即可进入编辑 query 的窗口。在编辑窗口，按 a 键，会进入 query 的编辑状态。原来已经有一些 query，现在按 a 键，可以增加一个新的 query，本例输入的 key 是 name，value 是 Bill，如图 16-35 所示。按 Tab 键切换 key 和 value，当切换到像编辑的位置，按 Enter 键即可编辑当前的内容。编辑完后，按

ESC 键退出编辑状态，然后按 q 键返回上一页。

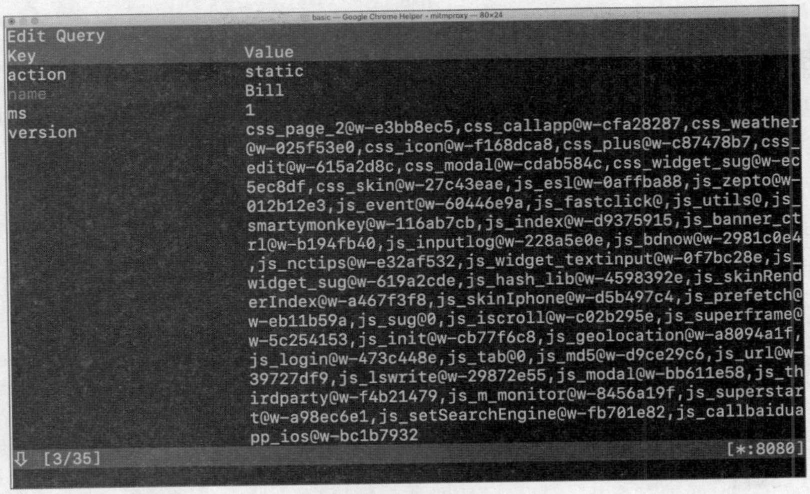

图 16-35 编辑 query

现在按 r 键，会重新发送修改了 query 的请求，这时在左上角会出现一个回旋箭头，如图 16-36 所示。

图 16-36 重新发送请求

从本节的内容可以看出，mitmproxy 的功能非常强大，可以通过 mitmproxy 观察到手机上的所有请求，还可以对请求进行编辑，以及重新发送请求。不过遗憾的是，mitmproxy 只是命令行程序，在使用上不如可视化的 Charles 方便。那么 mitmproxy 较 Charles 有哪些优势呢？这就是 mitmproxy 的另外一个功能强大的工具 mitmdump，通过这个工具，可以直接利用 Python 对请求进行处理，下一节将详细介绍 mitmdump 的用法。

16.2.8 mitmdump 与 Python 对接

mitmdump 是 mitmproxy 的命令行接口，同时还可以对接 Python 对请求进行处理，这要比

Charles 方便不少。有了这个功能，就无须手工截获和分析 HTTP 请求和响应，只需写好请求和响应的处理逻辑即可。

1. 基本的对接方式

使用 mitmdump 命令可以启动 mitmdump。通过 -w 命令行参数可以指定一个文件，并将截获的数据都保存在这个文件中。

```
mitmdump -w filename
```

其中 filename 是用于保存截获数据的文件名，该文件名可以任意命名。

如果想让 mitmdump 与 Python 对接，需要使用 -s 命令行参数。

```
mitmdump -s process.py
```

其中 process.py 是要对接的 Python 脚本文件，在 process.py 文件中可以编写一个 request 函数，用于接收 mitmdump 发来的数据。

文件路径：src/mobileapp/process.py

```python
def request(flow):
    flow.request.headers['User-Agent'] = 'This is a proxy.'
    print('下面输出的是 HTTP 请求头: ')
    print(flow.request.headers)
```

request 函数有一个 flow 参数，该参数的类型是 mitmproxy.http.HTTPFlow 对象，通过 giant 对象的 request 属性可以获取当前的请求对象。然后将请求头中的 User-Agent 修改为 This is a proxy.，最后打印所有的请求头。

图 16-37　在手机端输出的内容

启动 mitmdump 后，在手机端的浏览器中输入 http://httpbin.org/get，会看到如图 16-37 所示的输出内容。很明显，User-Agent 已经变成了 This is a proxy.。这是由于在手机浏览器访问 URL 时，会先通过 mitmdump，然后 mitmdump 端会通过 process.py 中的代码修改 User-Agent 字段，最后再将修改后的请求发送给服务端。

PC 端的控制台会输出如图 16-38 所示的内容。

```
liningdeMacBook-Pro:mobileapp lining$ mitmdump -s process.py
Loading script process.py
Proxy server listening at http://*:8080
192.168.31.139:64249: clientconnect
下面输出的是HTTP请求头：
Headers[(b'Host', b'httpbin.org'), (b'Proxy-Connection', b'keep-alive'), (b'Upgr
ade-Insecure-Requests', b'1'), (b'Accept', b'text/html,application/xhtml+xml,app
lication/xml;q=0.9,*/*;q=0.8'), (b'User-Agent', b'This is a proxy.'), (b'Accept-
Language', b'zh-cn'), (b'Accept-Encoding', b'gzip, deflate'), (b'Connection', b'
keep-alive')]
192.168.31.139:64249: GET http://httpbin.org/get
                    << 200 OK 272b
```

图 16-38　PC 控制台输出的内容

很明显，PC 端控制台输出的请求头信息中的 User-Agent 字段值也变成了 This is a proxy.。

2. 输出日志

mitmdump 可以通过 ctx 模块中的函数输出不同级别的信息，

这些级别用不同的颜色表示，例如，错误信息用红色，警告信息用黄色，普通的信息用黑色。

文件路径：src/mobileapp/log.py

```
def request(flow):
    flow.request.headers['User-Agent'] = 'log proxy'
    # 输出错误信息（红色）
    ctx.log.error(str(flow.request.headers))
    # 输出警告信息（黄色）
    ctx.log.warn(str(flow.request.headers))
    # 输出普通信息（黑色）
    ctx.log.info(str(flow.request.headers))
```

执行 mitmdump -s log.py 命令，然后在手机端浏览器地址栏输入 http://httpbin.org/get，会看到 PC 端控制台输出如图 16-39 所示的内容。

图 16-39　输出不同级别的信息

3. 请求对象

mitmproxy.http.HTTPFlow 对象的 request 参数可以获取 mitmproxy.http.HTTPRequest 对象，通过这个对象可以获取很多信息，下面就看看通过 HTTPRequest 对象可以获取哪些主要的信息。

文件路径：src/mobileapp/request.py

```
from mitmproxy import ctx
def request(flow):
    request = flow.request
    info = ctx.log.info
    info(request.url)
    info(str(request.port))
    info(request.scheme)
    info(str(request.cookies))
    info(request.host)
    info(request.method)
    info(str(request.headers))
```

执行 mitmdump -s request.py 命令启动 mitmdump，然后在手机浏览器上输入 http://httpbin.org/ get，会在 PC 端的控制台输出如图 16-40 所示的信息。从输出结果可以看出，通过 request 可以输出请求 URL、请求端口号、scheme、Cookies、host、请求方法（method）和请求头。

```
mobileapp — mitmdump -s request.py — 88×24
liningdeMacBook-Pro:mobileapp lining$ mitmdump -s request.py
Loading script request.py
Proxy server listening at http://*:8080
192.168.31.139:64637: clientconnect
http://httpbin.org/get
80
http
MultiDictView[]
httpbin.org
GET
Headers[(b'Host', b'httpbin.org'), (b'Proxy-Connection', b'keep-alive'), (b'Upgrade-Inse
cure-Requests', b'1'), (b'Accept', b'text/html,application/xhtml+xml,application/xml;q=0
.9,*/*;q=0.8'), (b'User-Agent', b'Mozilla/5.0 (iPhone; CPU iPhone OS 12_2 like Mac OS X)
 AppleWebKit/605.1.15 (KHTML, like Gecko) Version/12.1 Mobile/15E148 Safari/604.1'), (b'
Accept-Language', b'zh-cn'), (b'Accept-Encoding', b'gzip, deflate'), (b'Connection', b'k
eep-alive')]
192.168.31.139:64637: GET http://httpbin.org/get
                    << 200 OK 361b
```

图 16-40　通过 request 输出请求信息

通过 request 还可以修改任何信息，例如，下面的代码修改了请求的 URL。这样一来，不管在手机上访问任何 URL，都只会访问修改后的 URL。

文件路径：src/mobileapp/modify_request.py

```
from mitmproxy import ctx
def request(flow):
    url = 'https://geekori.com'
    # 修改请求的 URL
    flow.request.url = url
```

执行下面的命令启动 mitmdump。

mitmdump -s modify_request.py

在手机浏览器输入 https://www.jd.com，但不会显示京东商城的页面，显示的是 https://geekori.com 页面，如图 16-41 所示。

4. 响应

mitmdump 不仅能拦截请求，还能拦截响应。对于响应，也提供了相应的接口，这就是 response 函数。下面看一下通过 response 函数能做什么。

文件路径：src/mobileapp/response.py

```
from mitmproxy import ctx
def response(flow):
```

图 16-41　修改 URL 后显示的效果

```
response = flow.response
info = ctx.log.info
info(str(response.status_code))
info(str(response.headers))
info(str(response.cookies))
info(response.text)
# 修改响应内容
response.text = 'hello world'
```

在这段代码中，通过 response.text 修改了响应内容，也就是说，不管在手机端访问什么 URL，显示的都是 hello world。

现在执行 mitmdump -s response.py 启动 mitmdump 服务，然后在手机浏览器地址栏输入 http:// httpbin.org/get，会在 PC 的终端输出如图 16-42 所示的信息，这些信息包含响应状态码、响应头、Cookies 以及相应内容。

```
mobileapp — mitmdump -s response.py — 88×24
liningdeMacBook-Pro:mobileapp lining$ mitmdump -s response.py
Loading script response.py
Proxy server listening at http://*:8080
192.168.31.139:65002: clientconnect
192.168.31.139:65002: GET http://httpbin.org/get
                    << 200 OK 361b
200
Headersé(b'Access-Control-Allow-Credentials', b'true'), (b'Access-Control-Allow-Origin',
 b'*'), (b'Content-Encoding', b'gzip'), (b'Content-Type', b'application/json'), (b'Date
, b'Fri, 19 Apr 2019 03:32:57 GMT'), (b'Referrer-Policy', b'no-referrer-when-downgrade')
, (b'Server', b'nginx'), (b'X-Content-Type-Options', b'nosniff'), (b'X-Frame-Options',
'DENY'), (b'X-XSS-Protection', b'1; mode=block'), (b'Content-Length', b'361'), (b'Conne
tion', b'keep-alive')ê
MultiDictViewéê
ä
  "args": äü,
  "headers": ä
    "Accept": "text/html,application/xhtml+xml,application/xml;q=0.9,*/*;q=0.8",
    "Accept-Encoding": "gzip, deflate",
    "Accept-Language": "zh-cn",
    "Host": "httpbin.org",
    "Proxy-Connection": "keep-alive",
    "Upgrade-Insecure-Requests": "1",
    "User-Agent": "Mozilla/5.0 (iPhone; CPU iPhone OS 12è2 like Mac OS X) AppleWebKit/60
```

图 16-42　PC 终端输出的信息

在 response 函数的最后，通过 response.text 属性将响应内容修改为 hello world，所以在手机浏览器中会显示 hello world，如图 16-43 所示。

图 16-43　输出修改后的响应内容

16.2.9　使用 mitmweb 监听请求与响应

mitmproxy 有 3 种监听请求与响应的方式。

（1）mitmproxy 控制台方式。

（2）mitmdump 与 Python 对接的方式。

（3）mitmweb 可视化方式。

前 2 种都是基于控制台的方式，尽管第 2 种通过与 Python 对接的方式可以利用 Python 编写一个可视化工具，但还需要进行大量的编码，如果要想直接用可视化的方式监听请求与响应数据，就需要使用第 3 种方式：mitmweb。这是一个 Web 版的可视化监听工具，执行 mitmweb 命令即可启动 mitmweb 服务，默认端口号是 8081。启动 mitmweb 服务后，会在默认的浏览器中打开 mitmweb 的首页，如图 16-44 所示。

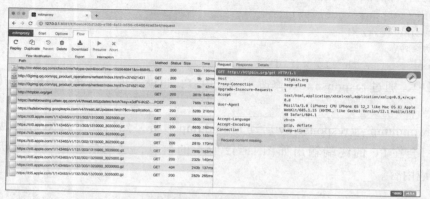

图 16-44　mitmweb 服务首页

在页面的左侧是所有监听到的 URL，右侧是 Request、Response 和 Details 三个选项卡，分别显示请求信息、响应信息和细节信息。切换到 Response 选项卡，如图 16-45 所示。这里面显示了响应信息，单击右上角按钮可以编辑响应信息，然后单击图 16-44 所示页面左上角的 Replay 按钮，会重新发送当前请求。

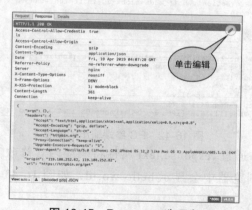

图 16-45　Response 选项卡

单击 Details 选项卡，会看到如图 16-46 所示的信息。

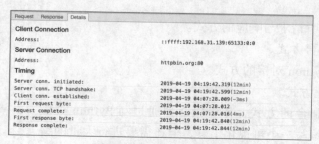

图 16-46　Details 选项卡

通常会使用 mitmweb 分析请求和响应数据，而用 mitmdump 与 Python 结合的方式抓取并处理数据。那么到底应该如何使用这两个工具来完成编写爬虫的工作呢？在 16.3 节的项目中会为读者揭晓答案。

16.3　项目实战：实时抓取"得到"App 在线课程

本节给出一个真实的爬虫项目，这个爬虫项目抓取了"得到"App 的在线课程列表。现在运行"得到"App，进入课程列表，会看到如图 16-47 所示的页面。

这个爬虫要抓取的就是全部的课程列表，不过这个爬虫与前面章节实现的爬虫有些不同，是实时抓取的，那么什么是实时抓取的呢？在前面章节实现的爬虫，都是先用开发者工具进行分析，提取要抓取页面的 URL 和其他信息，然后再使用 Python 语言根据这些信息编写爬虫应用。这种方式并不是实时的，因为在浏览器中显示页面时，并没有用爬虫抓取数据，而只是在浏览器的开发者工具中分析这些数据，然后根据分析结果模拟浏览器来抓取数据。

这种传统的编写爬虫的方式对于 Web 应用通常没什么问题，因为 Web 应用的前端没有任何秘密，都是由 HTML、CSS 和 JavaScript 组成的，这些没法加密，顶多是代码复杂点。但对于 App 就不一样，如果是本地 App，如 Android App、iOS App 等，都是以二进制形式存在的，前端如何访问服务端，如何处理数据，对于用户完全是一个黑盒。所以在 App 中可以用更多的手段来反爬，例如，可以采用某些机制，让每次从服务端获取数据的 URL 只能用一次，这样一来，只有第一次使用代理截获的数据是有效的，即使得到了 URL，再次访问也无法获得数据了。在这种情况下，就需要采用实时的方式抓取数据。也就是在 App 第 1 次获取数据的同时，就抓取数据。

图 16-47　"得到"App 的课程列表

现在就来分析一下"得到"App 的课程列表是如何获取数据的。首先，执行 mitmweb 命令启动 Web 版监听服务，然后在页面的列表中就会显示所有拦截的 URL。如果嫌 URL 太多，可以在左上角的 Start 选项卡中的第 1 个文本框根据关键字搜索，输入 course 可以搜索所有与课程有关的 URL，如图 16-48 所示。

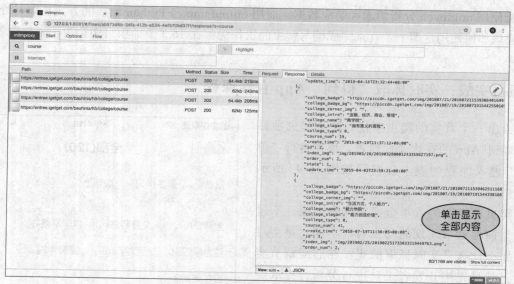

图 16-48 搜索与课程有关的 URL

单击某一个 URL，在页面右侧的 Response 选项卡会显示返回文本，很明显，返回文本以 JSON 格式的数据表示，默认未显示所有的数据，读者可以向下滚动页面，直到显示如图 16-48 所示的 Show full content 按钮，单击该按钮，会显示所有的返回数据。

将返回数据的滚动条滚动到最上面，找到带有"全部"字样的返回文本，需要的就是这个 URL。重新发送这个 URL，并不能再次获取内容，所以基本上可以断定，这个 URL 在 App 内部做了处理，可能是只能用一次，也可能还需向服务端传递其他数据，如图 16-49 所示。不过这些都不重要，因为后面要采用实时抓取数据的方式，也就是在"得到"App 获取数据的第一时间就可以抓取到数据。

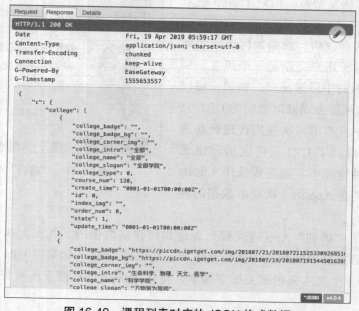

图 16-49 课程列表对应的 JSON 格式数据

现在数据分析工作已经完成了，接下来就可以用 Python 语言编写这个实时爬虫案例了。

【**例 16.1**】 本例使用 mitmdump 的 Python 接口抓取 "得到" App 的全部课程列表，并将这些数据保存到 Sqlite 数据库中。

本例要抓取 7 个信息：课程名：name、课程简介：intro、讲师姓名：lecturer_name、讲师职业：lecturer_title、售价：price、课时数：phase_num 和学习人数：learn_user_count。

后面的英文是返回的 JSON 格式数据中对应的属性名。

实例位置：src/projects/get_courses/get_courses_list.py

```
import json
import os
import sqlite3
from mitmproxy import ctx
# 定义 SQLite 数据库名
db_path = 'igetget.sqlite'
# 如果数据库文件不存在，可创建该数据库，并创建一个名为 course_list 的表
if not os.path.exists(db_path):
    conn = sqlite3.connect(db_path)
    # 获取 sqlite3.Cursor 对象
    c = conn.cursor()
    # 创建 persons 表
    c.execute('''CREATE TABLE course_list
      (
      name CHAR(50),
      intro CHAR(50)   ,
      lecturer_name   CHAR(100)   ,
      lecturer_title   CHAR(50) ,
      price        INT,
      phase_num      INT,
      learn_user_count INT
      );''')

    conn.commit()
    # 关闭数据库连接
    conn.close()
    print('创建数据库成功')
# 打开数据库
conn = sqlite3.connect(db_path)
c = conn.cursor()
# 获取响应的 mitmdump 接口
def response(flow):
    # 定义要处理的 URL 的前缀
    url = 'https://entree.igetget.com/bauhinia/h5/college/course'
    # 如果前缀符合，就处理这个 URL
    if flow.request.url.startswith(url):
        # 获取响应文本
        text = flow.response.text
        # 将响应文本转换为 JSON 对象
        data = json.loads(text)
```

```
# 获取包含课程列表的对象
courses = data.get('c').get('list')
# 对课程进行迭代
for course in courses:
    # 将要提取的 7 个信息保存到一个列表中
    data = [
        course.get('name'),
        course.get('intro'),
        course.get('lecturer_name'),
        course.get('lecturer_title'),
        course.get('price'),
        course.get('phase_num'),
        course.get('learn_user_count')

    ]
    # 在控制台输出提取出的数据
    ctx.log.info(str(data))
    # 将数据插入 course_list 表
    c.execute('INSERT INTO course_list VALUES(?,?,?,?,?,?,?)', data)
    # 提交，将数据写到 SQLite 数据库中
    conn.commit()
```

执行下面的命令启动 mitmdump 服务。

mitmdump -s get_courses_list.py

然后滑动 "得到" App 的课程列表，会发现在 PC 端的控制台输出了提取出的信息，如图 16-50 所示。

```
get_courses — mitmdump -s get_courses_list.py — 88×24
```
```
['如何开发孩子的数学潜力', '用游戏帮孩子搭建数学思维', '曲少云', '数学教育专家', 1990, 1
0, 31986]
['怎样成为人脉管理的高手', '重组通讯录，掘金人脉圈', '戴愫', '跨文化研究专家', 1990, 11,
76762]
['如何培养受欢迎的孩子', '从小培养孩子的社交竞争力', '康妮', '社交训练专家', 1990, 7, 37
145]
['怎样成为时间管理的高手', '忙得有章法，做到点子上', '汤君健', '得到职场教练', 1990, 6,
52466]
['全球创新260讲', '抓住50个新科技浪潮机会', '王煜全', '海银资本创始合伙人', 19900, 317,
74424]
['武志红的心理学课', '拥有一个自己说了算的人生', '武志红', '心理学家、临床心理咨询师', 1
9900, 333, 242300]
['宁向东的管理学课', '大师就在你身后', '宁向东', '清华大学经管学院教授', 19900, 316, 225
234]
['严伯钧·西方艺术课', '迅速补上艺术修养', '严伯钧', '新锐西方艺术研究者', 19900, 306, 57
263]
['张潇雨·商业经典案例课', '赢家的方法', '张潇雨', '商业研究者', 19900, 369, 59545]
['马徐骏·世界名刊速读', '听全球头条，学地道英文', '马徐骏', '资深翻译、新知守望者', 1990
0, 360, 41381]
['给孩子的博物学', '人人都该听的自然科学课', '徐来', '科学传播意见领袖之一', 19900, 321,
 34685]
['熊逸书院', '带你读通52本思想经典', '熊逸', '思想隐士', 19900, 349, 104202]
['Dr. 魏的家庭教育宝典', '让你的孩子享受前沿脑科学研究成果', 'Dr. 魏', '《最强大脑》科学
评审', 19900, 191, 116811]
```

图 16-50　在控制台输出了提取出的课程列表信息

程序执行完，会在当前目录生成一个名为 igetget.sqlite 的 SQLite 数据库文件。打开该数据库，会看到如图 16-51 所示的结果。

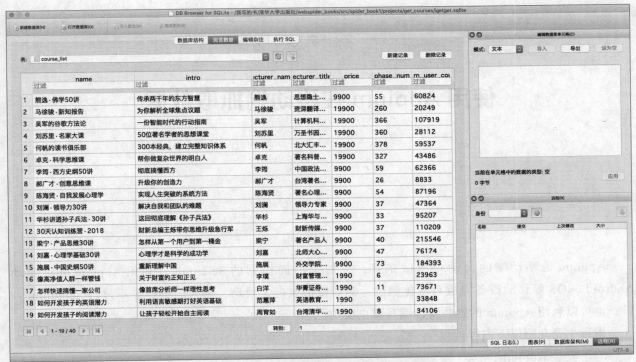

图 16-51　插入 SQLite 数据库的课程列表数据

16.4　小结

本章深入介绍了 2 个用于监听 HTTP/HTTPS 请求的 PC 端工具：Charles 和 mitmproxy。当然，类似的工具还很多，如 WireShark、Fiddler、AnyProxy 等，这些工具的使用方法类似，功能也大同小异。尽管 mitmproxy 是基于控制台的应用，不过由于 mitmdump 可以与 Python 结合编写实时的爬虫，这种方式更适合抓取 App 的数据，而且 mitmproxy 是完全免费开源的，还有 mitmweb 工具可以实现可视化监听请求，所以推荐使用 mitmproxy 编写 Python 爬虫应用。

第 17 章

使用 Appium 在移动端抓取数据

Appium 是移动端的自动化测试工具，类似于前面提到的 Selenium。利用 Appium 可以驱动 Android、iOS 等移动设备完成自动化测试，例如模拟点击、滑动、输入等操作。不过与 Selenium 一样，也可以利用 Appium 的这些特性编写爬虫应用。

本章主要介绍以下内容：

（1）安装 Appium；

（2）配置 Android 和 iOS 开发环境；

（3）Appium 的基本使用方法；

（4）如何将 Python 与 Appium 结合控制 App；

（5）AppiumPythonClient API；

（6）Python 与 Appium 结合抓取微信朋友圈信息。

17.1 安装 Appium

由于 Appium 用于移动 App 的测试，所以不仅要安装 Appium 桌面端的工具，还要安装和配置移动开发环境，也就是说，需要通过数据线控制移动设备上的 App 来完成测试和抓取数据的工作。本节主要介绍如何安装 Appium 桌面端的工具，以及配置 Android 和 iOS 开发环境。Appium 的官网是 http://appium.io，更详细的信息可以参考 Appium 官网的内容。

17.1.1 安装 Appium 桌面端

在使用 Appium 之前，需要先安装 Appium 的桌面端，通常有 2 种方式安装 Appium 的桌面端。

1. 直接下载 Appium 桌面端安装程序

Appium 桌面端支持全平台安装，而且提供源代码。二进制版本包括 Windows、Mac 和 Linux

3 个平台，如果读者使用的是这 3 个平台，就不用再编译源代码[①]了。现在进入 Appium 安装程序下载页面。

https://github.com/appium/appium-desktop/releases

在编写本书时，Appium 桌面版的最新版本是 1.12.1，下载页面如图 17-1 所示。

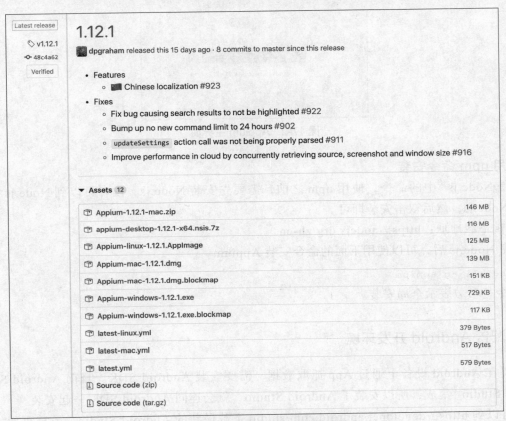

图 17-1　Appium 桌面端下载页面

　　读者可以下载与自己使用的操作系统平台对应的安装程序，如 Windows 平台的安装程序文件是 Appium-windows-1.12.1.exe。Mac 平台的安装程序文件是 Appium-mac-1.12.1.dmg。这两个文件，直接在对应平台双击运行即可。对于 Linux 平台，提供的是 Appium-linux-1.12.1.AppImage 文件，AppImage 是一种通用的 Linux 安装程序，在传统的 Linux 安装程序中，不同发行版本会使用不同类型的安装程序，这样就要制作多个版本的安装程序，所以就诞生了 AppImage 类型的安装程序，这种安装程序对于所有的 Linux 发行版本都适用。只需直接执行安装即可。不过，可能在默认情况下 AppImage 文件是不允许执行的，所以在执行 AppImage 文件之前，先要使用下面的命令将 AppImage 文件变成可执行的。

```
sudo chmod 777 Appium-linux-1.12.1.AppImage
```

安装完 Appium，直接双击即可运行，主界面如图 17-2 所示。

---

① Appium 桌面端是用 Electron 开发的，源代码一般也不需要编译，如果要做安装程序，还需要使用相关工具生成。

图 17-2　Appium 主界面

2. 使用 npm 命令安装

npm 是 Node.js①中的命令，使用 npm 之前，需要先安装 Node.js。读者可以到 Node.js 官网下载最新版的 Node.js，然后双击安装即可。

Node.js 下载地址：https://nodejs.org/zh-cn

安装完 Node.js 后，可以使用下面的命令安装 Appium。

```
npm install -g appium
```

其中 -g 命令行参数表示全局安装。

17.1.2　配置 Android 开发环境

如果要在 Android 设备上通过 App 抓取数据，需要安装 Android SDK。目前 Android SDK 已经与 Android Studio②集成，所以安装了 Android Studio，就会连同 Android SDK 一起安装。

读者可以到 https://developer.android.com/studio 下载最新的 Android Studio，下载页面如图 17-3 所示。下载完后直接安装即可。

图 17-3　Android Studio 下载页面

安装完 Android Studio 后，会安装默认的 Android SDK，如果读者想安装其他版本的 Android SDK，可以在 Android Studio 的 Preferences 对话框中选择某个 Android SDK，然后单击 OK 按钮完成安装，如图 17-4 所示。

---

① Node.js 运行用 JavaScript 开发服务端应用，类似于 Java EE、PHP 和 ASP.NET。
② 官方推荐的 Android App IDE。

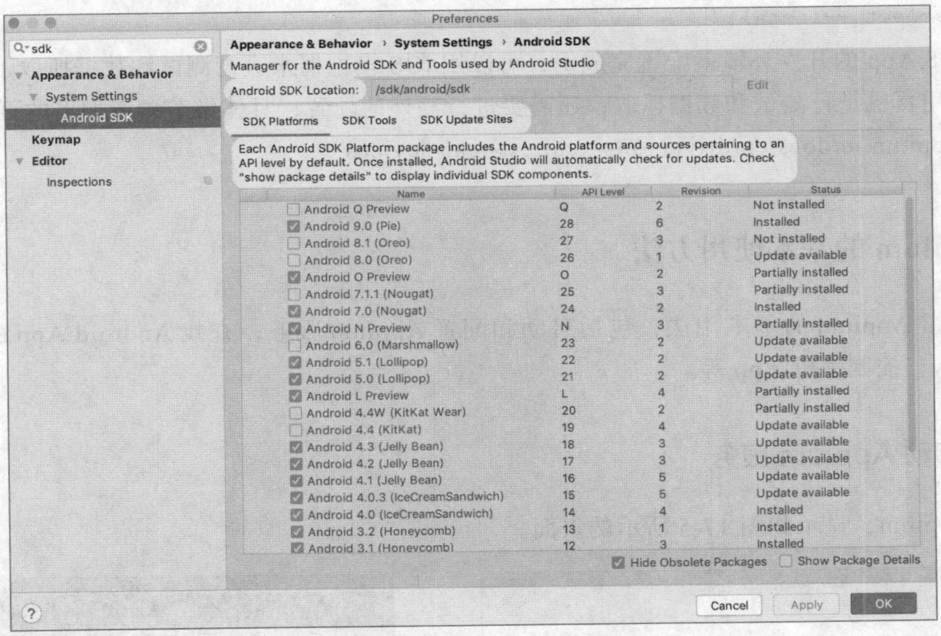

图 17-4　安装 Android SDK

17.1.3　配置 iOS 开发环境

在前面已经提到，Appium 是用来测试移动 App 的，这些 App 需要在手机上运行。由于手机操作系统和 PC 操作系统的不同，在手机上测试 App 会有很多问题。主要区别是在 PC 上安装任何软件，顶多某些杀毒软件或操作系统本身会提示这个软件可能会不安全，但并不会阻止安装软件，只要无视这些警告，就可以在 PC 上安装任何软件，包括封闭的 macOS 系统。

不过由于手机包含了很多敏感信息，所以在设计操作系统时加了很多限制，对于 Android 系统还好说，对于 iOS 系统，如果没有越狱，那么除非是自己开发的 App，否则就只能通过 AppStore 来安装了。而通过 AppStore 安装的 App 带的是分发证书（Distribution Certificate），而携带这种证书的 App 是禁止被测试的，只能获取 ipa 安装包，再重新签名才可以被 Appium 测试，如果是自己开发的 App，携带的是开发证书（Development Certificate），可以被 Appium 测试。除了这两种情况外，iOS App 是无法被 Appium 测试的，所以推荐使用 Android 手机测试 App，但本节还是要简要介绍一下 iOS 的基本情况，因为只要完成了前述的签名工作，还是可以使用 iPhone 手机测试 App 的。

Appium 驱动 iOS 设备必须在 Mac 下进行，Windows 和 Linux 平台是无法完成的，所以有必要介绍一下 Mac 平台的相关配置。

（1）macOS 10.12 及更高版本。

（2）Xcode 8 及更高版本。

不过读者也不必太关心版本的问题，只要升级到最新的版本即可，因为 Mac 电脑的 macOS 系统都是正版的，可以随时升级到最新版本。

当版本满足后，执行下面的命令可以安装和配置一些开发需要用到的依赖库和工具：

```
xcode-select --install
```

这样 iOS App 的开发环境就配置完成了，可以用 iOS 模拟器来进行测试和数据抓取了。

如果想用真机进行测试和数据抓取，还需要进行额外的配置，具体细节参考如下的页面：

http://appium.io/docs/en/drivers/ios-xcuitest-real-devices

17.2 Appium 的基本使用方法

本节介绍 Appium 的基本用法，包括启动和配置 Appium 服务；查找 Android App 的 Package 和入口 Activity；控制手机 App 等。

17.2.1 启动 Appium 服务

运行 Appium，显示如图 17-5 所示的页面。

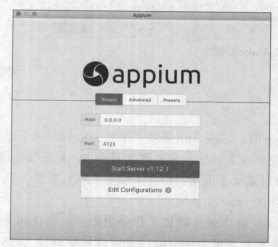

图 17-5　Appium 的首页

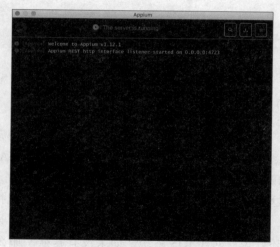

图 17-6　Sever 运行页面

然后单击"Start Server v1.12.1"按钮，会启动 Appium 服务，相当于开启一个 Appium 服务器，如图 17-6 所示。可以通过 Appium 内置的驱动或 Python 代码（当然其他编程语言的代码也可以）向 Appium 的服务器发送一系列操作指令，Appium 会根据不同的指令对移动设备进行驱动，完成不同的动作。也就是说，并不直接操作移动设备，而是操作 Appium 服务器，然后由 Appium 服务器操作移动设备。

Appium 服务器运行后默认的监听端口是 4723，向此端口对应的服务器发送操作指令，在如图 17-6 所示的页面就会显示这个过程的日志信息。

由于 Android 模拟器比较慢，而且很多 App 都无法安装在 Android 模拟器上，所以这里推荐使用 Android 真机进行测试。首先需要一根数据线，用于连接 Android 手机和 PC，同时打开 Android 手机的 USB 调试功能，确保 PC 可以识别 Android 手机。

如果安装了 Android SDK，会有一个 adb 命令，通过 adb 命令可以验证 PC 与 Android 手机是否连接成功。执行下面的命令可以列出所有连接到 PC 上的 Android 设备的详细信息。

```
adb devices -l
```

如果出现类似如图 17-7 所示的输出信息，表明 Android 手机已经成功被 PC 识别。

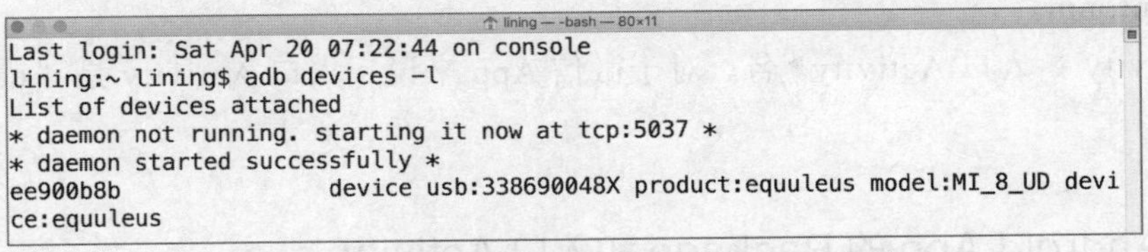

```
Last login: Sat Apr 20 07:22:44 on console
lining:~ lining$ adb devices -l
List of devices attached
* daemon not running. starting it now at tcp:5037 *
* daemon started successfully *
ee900b8b                  device usb:338690048X product:equuleus model:MI_8_UD devi
ce:equuleus
```

图 17-7　列出所有与 PC 连接的 Android 设备

如果找不到 adb 命令，请检查是否在 PATH 环境变量中添加了 adb 命令所在的目录，通常 adb 命令在 Android SDK 根目录的 platform-tools 子目录中。

在输出信息中，有一个信息对于测试 Android App 非常有用，这就是设备型号，也即是输出信息中 model 后面的字符串，这里使用的是小米 8，所以手机型号是 MI_8_UD，由于手机型号的不同，读者的手机可能会是其他名字。这个设备型号在配置 Appium 时会使用。

接下来单击 Start Inspector Session 按钮，也就是图 17-6 所示页面右上角 3 个按钮最左侧的那个按钮，如图 17-8 所示。

图 17-8　单击 Start Inspector Session 按钮

单击 Start Inspector Session 按钮后，会进入如图 17-9 所示的配置页面。

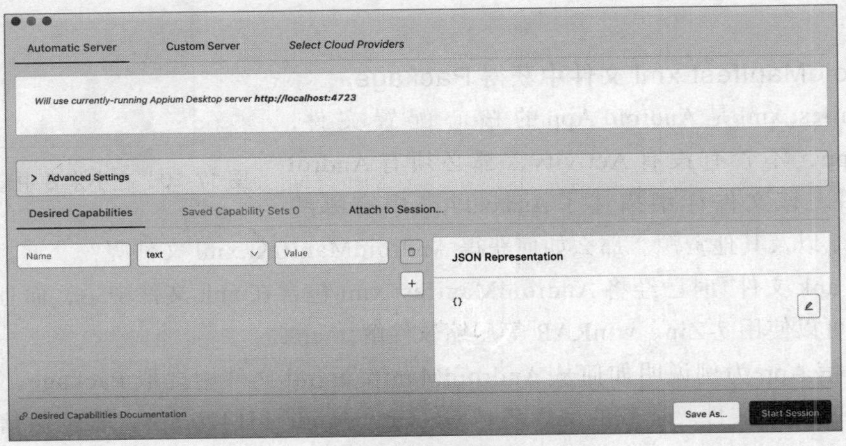

图 17-9　配置页面

在这个页面需要配置启动 App 时的 Desired Capabilities 参数，这些参数及解释如下：

（1）platformName：平台名称，需要区分 Android 和 iOS 平台，这里填写 Android。

（2）deviceName：设备名称，也可以认为是设备型号。对于本例来说，填写 MI_8_UD，请读者将该名字换成自己的 Android 手机的设备型号。

（3）appPackage：App 程序包名。每一个 Android App 都有一个包，这个包对于当前 Android 设备来说是全局唯一的，用来唯一标识这个 App。由于本节会监听微信 App，所以需要填写微信 App 的包名：com.tencent.mm。

（4）appActivity：入口 Activity[1]名。对于微信 App 来说，入口 Activity 是 "com.tencent.mm.ui. LauncherUI"。

17.2.2　查找 Android App 的 Package 和入口 Activity

可能很多读者会有这样的疑问，对于一个陌生的 App，没有源代码，应该如何获得 App 的 appPackage 和 appActivity？其实方法有很多。先来说明如何获得 App 的 appPackage。

获取 App 的 appPackage（在没有源代码的情况下），至少有如下 2 种方式。

1．利用手机本身的功能

几乎所有的 Android 手机都有"应用管理"功能，进入"应用管理"界面，找到要获取 Package 的 App，进入该 App，就会显示这个 App 对应的 Package。如图 17-10 所示，小米 8 中显示 Package 的界面（黑框中的就是 Package），不同的 Android 手机，可能操作的步骤和 Package 所在的位置有差异，请读者根据自己手机的型号去对应的窗口查询 App 的 Package。

2．从 AndroidManifest.xml 文件中获得 Package

AndroidManifest.xml 是 Android App 的核心配置文件，任何 Android App，不管有没有 Activity，都必须有 AndroidManifest.xml 文件。该文件详细描述了 Android App 中有哪些 Activity、Service 以及其他资源。那么如何获得 AndroidManifest.xml 文件呢？

图 17-10　在小米 8 中查看 App 的 Package

其实在生成 apk 文件[2]时已经将 AndroidManifest.xml 包含在 apk 文件中了，而且 apk 文件本身就是一个压缩包，可以使用 7-Zip、winRAR 等压缩软件解压 apk。

本节先以微信 App 为例说明如何从 AndroidManifest.xml 文件中提取 Package。首先到下面的页面下载微信 App 的 apk 文件。下载的文件名是 weixin704android1420.apk。根据微信版本不同，文件名可能略有差异。

https://weixin.qq.com

---

[1]　Android App 的窗口称为 Activity。任何带窗口的 Android App 都需要有第 1 个启动的窗口，也称为入口 Activity。
[2]　从 Android App 源代码编译生成的二进制文件，也是 Android App 的安装程序，可以直接安装在手机上。

然后解压 apk 文件，解压后的目录结构如图 17-11 所示。

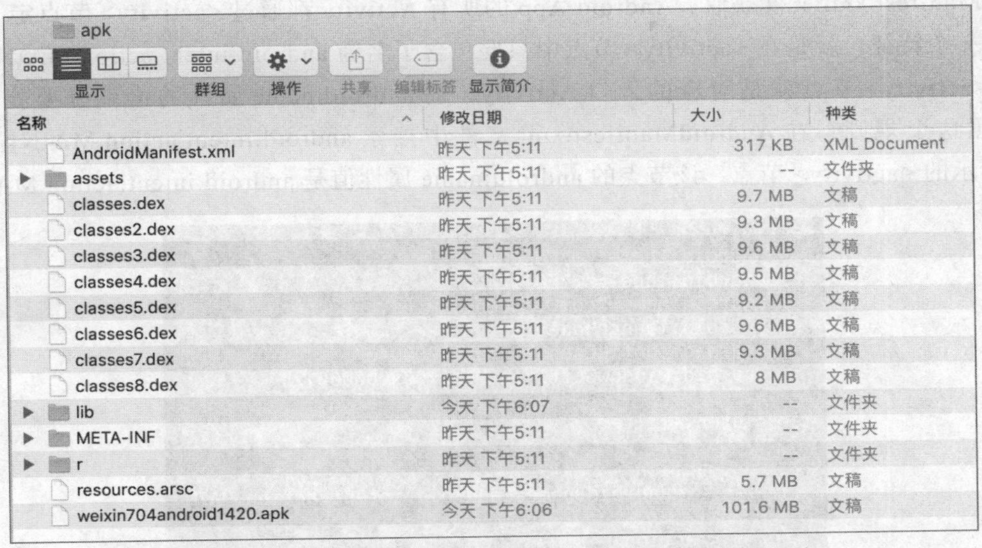

图 17-11 weixin704android1420.apk 文件解压后的目录结构

从 apk 文件的目录结构可以看出，第 1 个文件就是 AndroidManifest.xml，使用任何一款文本编辑器打开该文件，会发现都是乱码，其实该文件是 XML 格式的文本文件，只是在生成 apk 文件的过程中将其编译了。不过 AndroidManifest.xml 文件很容易反编译。最简单的方式就是使用 AXMLPrinter2.jar，这是一个用 Java 编写的工具，所以在使用这个工具之前，先要安装 JDK，读者可以到下面的页面下载最新版的 JDK，然后直接安装即可。

https://www.oracle.com/technetwork/java/javaee/downloads/jdk8-downloads-2133151.html

接下来到下面的页面下载 AXMLPrinter2.jar：

https://code.google.com/archive/p/android4me/downloads

然后将 AXMLPrinter2.jar 文件与 AndroidManifest.xml 文件放在同一个目录下，最后执行下面的命令将 AndroidManifest.xml 文件反编译成 AndroidManifest.txt 文件：

```
java -jar AXMLPrinter2.jar AndroidManifest.xml ->AndroidManifest.txt
```

现在可以使用文本编辑器打开 AndroidManifest.txt 文件了。打开文件后，会发现顶层节点是 <manifest>，在该节点中有一个 package 属性，该属性的值就是要找的 App 的 Package，如图 17-12 所示。

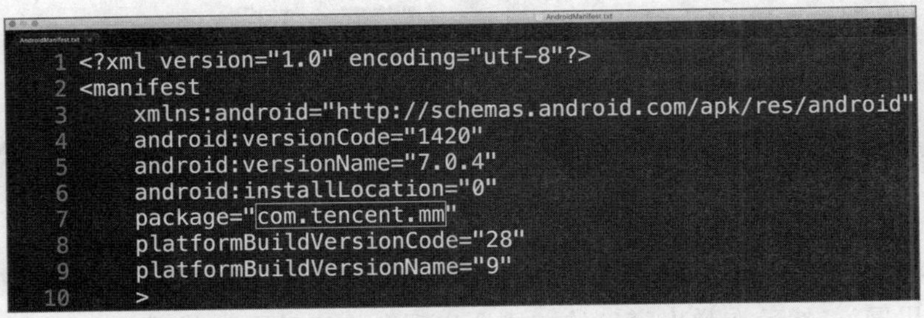

图 17-12 AndroidManifest.xml 文件中的 Package

在前面介绍了 2 种方式查找 App 的 Package，那么如何获得 App 的入口 Activity 呢？同样是通过 AndroidManifest.xml 文件获取。Android App 的所有 Activity 都通过 <activity> 节点定义，但入口 Activity 有一个特征，就是在 <activity> 节点中只要包含了名为 android.intent.action.MAIN 的 action，那么这个 <activity> 节点就是对应的入口 Activity，而 android:name 属性的值就是要找的 Activity 名称。按照这个规则，在 AndroidManifest.xml 文件中搜索 android.intent.action.MAIN，会找到如图 17-13 所示的 <activity> 节点，该节点的 android:name 属性值是 android.intent.action.MAIN。

```
<activity
    android:theme="@7F0C0096"
    android:label="@7F09124C"
    android:name="com.tencent.mm.ui.LauncherUI"
    android:launchMode="1"
    android:configChanges="0x00000DA0"
    android:windowSoftInputMode="0x00000012"
    >
    <intent-filter
        >
        <action
            android:name="android.intent.action.MAIN"
            >
        </action>
```

图 17-13　寻找入口 Activity

17.2.3　控制 App

在这一节将 17.2.2 节获得的 4 个信息填写到如图 17-9 所示的配置页面中，填写后的效果如图 17-14 所示。

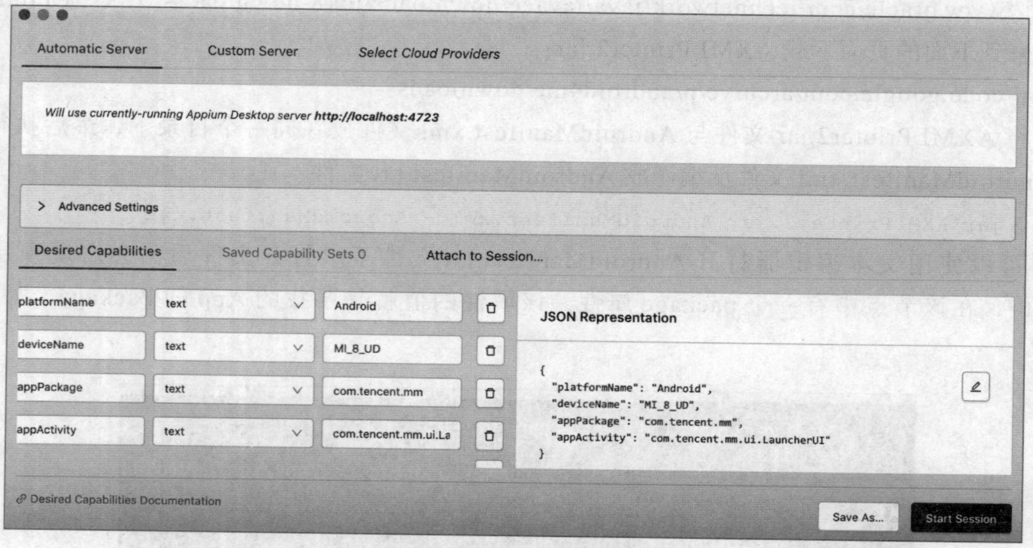

图 17-14　填写配置信息

单击右下角的 Start Session 按钮，就可以启动 Android 手机上的微信 App（注意，手机一定要处于激活状态，不能黑屏），然后在弹出窗口的左侧会出现微信启动页的截图，如图 17-15 所示。

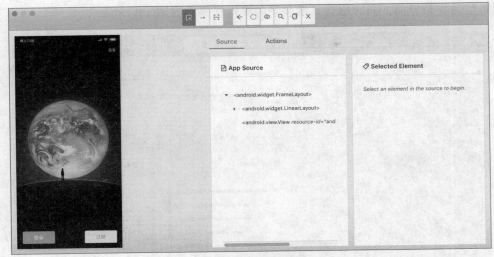

图 17-15 测试窗口

单击左栏屏幕中的某个控件，如"登录"按钮，它就会高亮显示，在中间栏会显示当前选中的按钮对应的源代码，右栏会显示控件的基本信息。如图 17-16 所示。

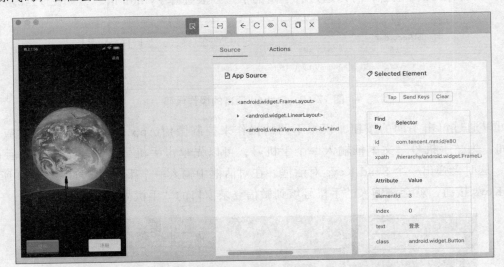

图 17-16 显示控件信息

单击如图 17-17 所示的录制按钮，会实时生成对应的操作代码。

图 17-17 录制操作代码

单击如图 17-16 所示页面右侧的 Tap，就会模拟单击动作，如果这时已经选中了"登录"按钮，就会跳转到微信的登录界面，同时也会显示登录的操作代码，如图 17-18 所示。

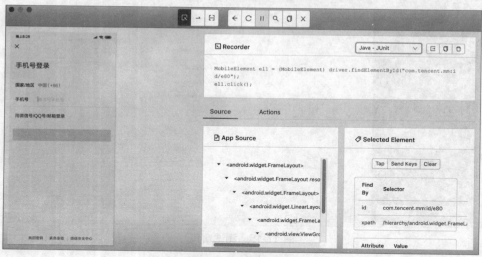

图 17-18 登录操作代码

操作代码默认是 Java 语言，可以通过右上角的下拉列表选择 Python 语言，如图 17-19 所示。

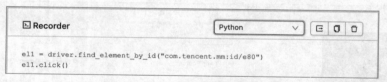

图 17-19 Python 语言的操作代码

现在可以通过单击不同的按钮，模拟不同的操作来控制微信 App，同时也会录制对应的 Python 代码。例如，为"手机号"文本框输入一个手机号，可以先单击手机号文本输入框，然后单击 Send Keys 按钮，这时会弹出一个 Send Keys 对话框，在对话框中输入一个手机号，如图 17-20 所示，最后单击 Send Keys 按钮，就会将输入的手机号填到微信登录窗口的"手机号"文本框中。

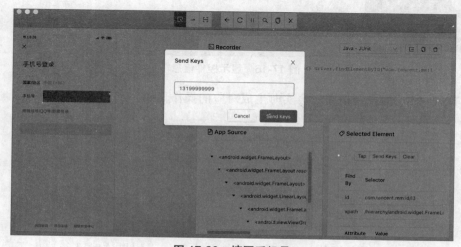

图 17-20 填写手机号

在完成单击"登录"按钮和输入手机号这 2 个操作后，Appium 会记录下 Python 语言的操作代码，如下所示：

```
el1 = driver.find_element_by_id("com.tencent.mm:id/e80")
el1.click()
el3 = driver.find_element_by_id("com.tencent.mm:id/l3")
el3.send_keys("13199999999")
```

那么这些代码应该如何用呢？请继续看 17.3 节的内容。

17.3　使用 Python 控制手机 App

在 17.2.3 节通过 Appium 生成了一些用于控制手机的 Python 代码，不过这些只是代码片段，要想让这些代码运行，还需要使用 Appium-Python-Client，这是一个 Python 模块，需要使用下面的命令安装：

```
pip install Appium-Python-Client
```

安装完成后，需要使用下面的代码引用 appium 模块：

```
from appium import webdriver
```

接下来就需要创建 Remote 对象来连接 Appium 服务器，代码如下：

```
driver = webdriver.Remote(server,desired_caps)
```

其中 server 是 Appium 服务器的 URL，默认值如下：

http://localhost:4723/wd/hub

desired_caps 是配置参数，用字典描述，与如图 17-14 所示页面的配置完全相同，代码如下：

```
desired_caps = {
    'platformName':'Android',
    'deviceName':'MI_8_UD',
    'appPackage':'com.tencent.mm',
    'appActivity':'com.tencent.mm.ui.LauncherUI'
}
```

到现在已经定义了 driver 变量，这个变量与 Appium 生成的 Python 代码中的 driver 其实是一个，所以后面的代码就可以使用 Appium 自动生成的代码了。

【例 17.1】　本例使用 Python 与 Appium 服务操作微信 App，首先会在手机上启动微信 App，然后模拟单击"登录"按钮，最后在登录页面输入一个手机号。

实例位置：src/appium/appium_demo.py

```
from selenium.webdriver.support.ui import WebDriverWait
from selenium.webdriver.common.by import By
from selenium.webdriver.support import expected_conditions as ec
server = 'http://localhost:4723/wd/hub'
desired_caps = {
    'platformName':'Android',
    'deviceName':'MI_8_UD',
    'appPackage':'com.tencent.mm',
```

```
        'appActivity':'com.tencent.mm.ui.LauncherUI'
    }
    # 创建 Remote 对象
    driver = webdriver.Remote(server,desired_caps)
    # 最长等待 20 秒，等待进入微信启动页面
    wait = WebDriverWait(driver,20)
    # 通过 ID 查找 "登录" 按钮
    login = wait.until(ec.presence_of_element_located((By.ID,'com.tencent.mm:id/e80')))
    print(login)
    # 输出 "登录" 按钮的文本
    print(login.text)
    # 模拟单击 "登录" 按钮
    login.click()
    # 通过 ID 在登录页面查找输入手机号的文本框
    phone = wait.until(ec.presence_of_element_located((By.ID,'com.tencent.mm:id/l3')))
    # 输入手机号，这里也可以使用 phone.send_keys('13199999999')
    phone.set_text('13199999999')
```

要注意，在查找某个控件时，通常需要使用 until 方法，这是为了防止控件所在的页面还没有进入时因为无法找到控件而抛出异常。通过 WebDriverWait 对象设置了最长等待时间（本例是 20 秒），只要在 20 秒内没有找到特定的控件，那么程序就会被阻塞，这期间会等待进入对应的页面，如果超过 20 秒还没有找到控件，说明页面可能死掉了，程序会抛出异常。

现在运行程序，注意，手机不能处于黑屏或锁机状态。会发现微信 App 自动启动了，然后进入启动页面，通过模拟单击 "登录" 按钮，会进入登录页面，然后在手机号文本框中输入 13199999999。

17.4 AppiumPythonClient API

本节介绍 AppiumPythonClient 常用 API 的使用方法，由于 AppiumPythonClient 是从 Selenium 继承的，所以在使用方法上与 Selenium 库类似。

17.4.1 初始化（Remote 类）

使用 Python 测试 App 时，首先要创建 Remote 类的实例，Remote 类的构造方法需要传入 2 个参数，第 1 个参数是 Appium 服务器的 URL，本例是 http://localhost:4723/wd/hub。第 2 个参数是一个字典类型的值，用于设置 Desired Capabilities 参数，该参数需要设置的属性比较多，本例只设置了 4 个属性，更详细的设置请读者参考下面的页面。

https://github.com/appium/appium/blob/master/docs/en/writing-running-appium/caps.md

一般来说，只需配置下面几个参数即可。

```
from appium import webdriver
server = 'http://localhost:4723/wd/hub'
desired_caps = {
    'platformName':'Android',
    'deviceName':'MI_8_UD',
```

```
        'appPackage':'com.tencent.mm',
        'appActivity':'com.tencent.mm.ui.LauncherUI'
}
driver = webdriver.Remote(server,desired_caps)
```

这 4 个配置信息都是必要的，指定了要启动和测试手机上哪一个 App，这样 Appium 就会自动查找手机上与指定包和入口匹配的 Activity，然后运行这个 Activity。

如果要打开的 App 在手机上没有安装，可以直接指定 app 参数为安装包所在的路径，这样程序在启动时就会自动在手机上安装这个 App，代码如下：

```
from appium import webdriver
server = 'http://localhost:4723/wd/hub'
desired_caps = {
    'platformName':'Android',
    'deviceName':'MI_8_UD',
    'app':'./weixin.apk',
}
driver = webdriver.Remote(server,desired_caps)
```

程序启动时会将当前路径下的 APK 文件安装到手机上，并启动这个 App。

17.4.2　查找元素

可以使用 Selenium 中的差值方法来实现对 App 中 UI 元素的查找，推荐使用 ID 查找，代码如下：

```
element = driver.find_element_by_id('com.tencent.mm:id/rq')
```

除了通过 ID 查找元素，也可以使用 Selenium 中其他的查找方法，这里不再赘述。

在 Android 平台，可以使用 UIAutomator 来选择元素，代码如下：

```
element1 = driver.find_element_by_android_uiautomator('new UiSelector().
description("test")')
element2 = driver.find_element_by_android_uiautomator('new UiSelector().
clickable(true)')
```

在 iOS 平台，可以使用 UIAutomation 来选择元素，代码如下：

```
element1 = driver.find_element_by_ios_uiautomation('.elements()[0]')
element2 = driver.find_element_by_ios_uiautomation('.elements()')
```

17.4.3　单击元素

单击元素可以使用 tap 方法，该方法可以模拟手指点击动作，支持多指触摸，最多 5 个手指，还可以设置点击时长（单位：毫秒），tap 方法的原型如下：

```
tap(self,positions,duration=None)
```

其中后两个参数的描述如下：

（1）positions：点击的位置组成的列表；

（2）duration：点击持续时间。

使用案例如下：

```
driver.tap([(120,40),(300,13),(100,100),(300,23)],800)
```

这行代码可以模拟手指同时按 4 个点，持续 800 毫秒。

如果某个元素是按钮，也可以直接使用 click 方法完成模拟点击工作，代码如下：

```
button = driver.find_element_by_id('com.tencent.mm:id/btn')
button.click()
```

17.4.4 屏幕拖动

可以使用 scroll 方法模拟屏幕滚动，该方法的原型如下：

```
scroll(self,origin,destination)
```

该方法可以实现从元素 origin 滚动到元素 destination。

最后 2 个参数的描述如下：

（1）origin：被操作的元素；

（2）destination：目标元素。

实例如下：

```
button1 = driver.find_element_by_id('com.tencent.mm:id/btn1')
button2 = driver.find_element_by_id('com.tencent.mm:id/btn2')
driver.scroll(button1,button2)
```

17.4.5 屏幕滑动

可以使用 swipe 方法模拟从 A 点滑动到 B 点，该方法的原型如下：

```
swipe(self,start_x,start_y,end_x,end_y,duration=None)
```

后面几个参数的描述如下：

（1）start_x：开始位置的横坐标；

（2）start_y：开始位置的纵坐标；

（3）end_x：终止位置的横坐标；

（4）end_y：终止位置的纵坐标；

（5）duration：持续时间，单位是毫秒。

实例如下：

```
driver.swipe(20,30,200,300,3000)
```

这行代码可以实现在 3 秒内，由 (20,30) 滑动到 (200,300)。

可以使用 flick 方法模拟从 A 点快速滑动到 B 点，该方法的原型如下：

```
flick(self,start_x,start_y,end_x,end_y)
```

后面几个参数的描述如下：

（1）start_x：开始位置的横坐标；

（2）start_y：开始位置的纵坐标；

（3）end_x：终止位置的横坐标；

（4）end_y：终止位置的纵坐标。

实例如下：

```
driver.flick(20,30,200,300)
```

17.4.6　拖曳操作

使用 drag_and_drop 方法可以将某一个元素拖曳到另一个目标元素上，该方法的原型如下：

```
drag_and_drop(self,origin,destincation)
```

该方法可以实现将 origin 拖曳到元素 destincation 上。

后面两个参数的描述如下：

（1）original：被拖曳的元素；

（2）destination：目标元素。

实例如下：

```
driver.drag_and_drop(element1,element2)
```

17.4.7　文本输入

使用 set_text 方法和 send_keys 方法都可以实现文本输入，代码如下：

```
textinput = driver.find_element_by_id('com.tencent.mm:id/text1')
textinput.set_text('hello')
textinput.send_keys('world')
```

17.4.8　动作链

与 Selenium 中的 ActionChains 类似，Appium 中的 TouchAction 可支持的方法包括 tap、press、long_press、release、move_to、cancel、wait 等，实例如下：

```
element = driver.find_element_by_id('com.tencent.mm:id/btn)
action = TouchAction(driver)
action.tap(element).perform()
```

上面的代码首先选中一个元素，然后利用 TouchAction 实现点击操作。

下面的代码利用 TouchAction 实现了拖曳操作。

```
lists = driver.find_elements_by_class_name('listview')
ta = TouchAction(driver)
ta.press(lists[0]).move_to(x = 10,y = 0).move_to(x = 10, y = 200).move_to(x = 10,y=-100).release()
```

17.5 项目实战：利用 Appium 抓取微信朋友圈信息

本节利用 Appium 实现一个抓取微信朋友圈信息的爬虫。在编写爬虫之前，先要启动 Appium 服务器。

编写基于 Appium 的爬虫，关键就是分析 App 每个界面相关元素的特征，也就是如何获取这些元素，然后在这些元素上执行特定的动作，如点击、输入字符串等。

微信 App 的大多数元素都是单一的元素，如按钮、文本框等，直接使用 Appium 很容易定位。比较复杂的是朋友圈信息，编写过 Android App 的读者应该可以猜到，朋友圈很明显是一个列表，在 Android App 中，列表通常用 ListView 控件实现，而且采用了动态向 ListView 控件添加 Item 的方式。所以首先要定位到朋友圈的 ListView 控件。

将微信 App 切换到朋友圈页面，然后刷新 Appium，会在左侧看到朋友圈页面，然后将微信 App 的朋友圈向下滚动，这是在 Appium 上定位，会找到如图 17-21 所示的 ListView 控件，而每一个 Item 就是一个 FrameLayout。每一个 FrameLayout 的 id 都是一样的。这个 id 是 com.tencent.mm:id/emw，所以只需要获得当前页面所有 ID 是 com.tencent.mm:id/emw 的元素，就可以得到每一条微信朋友圈内容。

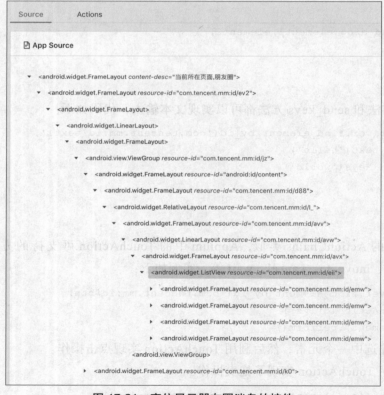

图 17-21　定位显示朋友圈消息的控件

再利用 Appium 继续往下定位，会发现两个 TextView 控件，ID 分别为 com.tencent.mm:id/b6e 和 com.tencent.mm:id/d13，前者用于显示昵称，后者用于显示朋友圈正文。所以只要根据 ID 获取这两个 TextView 控件，就可以得到昵称和正文。

【例 17.2】 本例使用 Appium 实现一个抓取微信朋友圈信息的爬虫，这里抓取了昵称和正文，并
输出到 Console。

实例位置： src/projects/weichar_friends/weichat_friends_spider.py

```python
from appium import webdriver
from selenium.common.exceptions import NoSuchElementException
from selenium.webdriver.common.by import By
from selenium.webdriver.support.ui import WebDriverWait
from selenium.webdriver.support import expected_conditions as EC
from time import sleep
from config import *
# 爬虫类
class FriendsSpider():
    # 初始化
    def __init__(self):
        # 定义 Desired Capabilities 参数
        self.desired_caps = {
            'platformName': PLATFORM,
            'deviceName': DEVICE_NAME,
            'appPackage': APP_PACKAGE,
            'appActivity': APP_ACTIVITY
        }
        # 创建 Remote 对象
        self.driver = webdriver.Remote(DRIVER_SERVER, self.desired_caps)
        # 创建用于等待数据加载完成的 WebDriverWait 对象
        self.wait = WebDriverWait(self.driver, TIMEOUT)


    # 登录微信
    def login_weixin(self):
        # 查找登录按钮
        login = self.wait.until(EC.presence_of_element_located((By.ID,
'com.tencent.mm:id/e80')))
        # 点击登录按钮
        login.click()
        # 查找用于输入手机号的文本框
        phone = self.wait.until(EC.presence_of_element_located((By.ID,
'com.tencent.mm:id/l3')))
        # 输入用户名（一般是手机号）
        phone.set_text(USERNAME)
        # 查找 "下一步" 按钮
        next = self.wait.until(EC.element_to_be_clickable((By.ID,
'com.tencent.mm:id/ay8')))
        # 单击 "下一步" 按钮
        next.click()
        # 查找用于输入密码的文本框
        password = self.wait.until(EC.presence_of_element_located((By.ID,
```

```python
        'com.tencent.mm:id/l3')))
            # 输入密码
            password.set_text(PASSWORD)
            # 查找"提交"按钮
            submit = self.wait.until(EC.element_to_be_clickable((By.ID,
    'com.tencent.mm:id/ay8')))
            # 单击"提交"按钮登录微信
            submit.click()
        # 进入朋友圈
        def enter_friend(self):
            # 查找页面底端的"发现"选项卡
            tab = self.wait.until(EC.presence_of_element_located((By.ID,
    'com.tencent.mm:id/d99')))
            # 单击"发现"选项卡
            tab.click()
            # 查找页面顶端的"朋友圈"
            friends = self.wait.until(EC.presence_of_element_located((By.ID,
    'com.tencent.mm:id/akt')))
            # 单击,进入朋友圈
            friends.click()
        # 获取朋友圈信息
        def get_friends_info(self):

            while True:
                # 获取ListView中所有的Item
                items = self.wait.until(
                    EC.presence_of_all_elements_located(
                        (By.ID, 'com.tencent.mm:id/emw')))
                # 不断向上滑动,让Item不断更新
                self.driver.swipe(FLICK_START_X, FLICK_START_Y + FLICK_DISTANCE, FLICK_START_X,
    FLICK_START_Y)
                # 对所有的Item进行迭代
                for item in items:
                    try:
                        # 获取昵称
                        nickname = item.find_element_by_id('com.tencent.mm:id/b6e').get_
    attribute('text')

                        # 获取正文
                        content = item.find_element_by_id('com.tencent.mm:id/d13').get_
    attribute('text')
                        # 输出昵称和正文
                        print(nickname, content)
                        sleep(SCROLL_SLEEP_TIME)
                    except NoSuchElementException:
                        pass
```

```
    # 开启爬虫
    def start(self):
        # 登录
        self.login_weixin()
        # 进入朋友圈
        self.enter_friend()
        # 抓取朋友圈信息
        self.get_friends_info()


if __name__ == '__main__':
    spider = FriendsSpider()
    spider.start()
```

上面的代码使用了一个 config.py 文件来保存配置信息，该配置文件的代码如下：

实例位置：src/projects/weichar_friends/config.py

```
import os

# 平台
PLATFORM = 'Android'

# 设备名称通过 adb devices -l 获取
DEVICE_NAME = 'MI_8_UD'

# APP 包名
APP_PACKAGE = 'com.tencent.mm'

# 入口类名
APP_ACTIVITY = 'com.tencent.mm.ui.LauncherUI'

# Appium 服务器地址
DRIVER_SERVER = 'http://localhost:4723/wd/hub'
# 等待元素加载时间
TIMEOUT = 500

# 微信手机号密码
USERNAME = '请填写用户名'
PASSWORD = '请填写密码'

# 滑动点
FLICK_START_X = 300
FLICK_START_Y = 300
FLICK_DISTANCE = 700

# 滑动间隔
SCROLL_SLEEP_TIME = 1
```

现在运行程序，会发现手机上的微信 App 自动启动了，在进入启动页面后，可能会出现申请权限对话框，授权即可。然后微信 App 就会自动按着程序的安排一步一步完成操作，直到获取如图 17-22 所示的微信朋友圈信息。

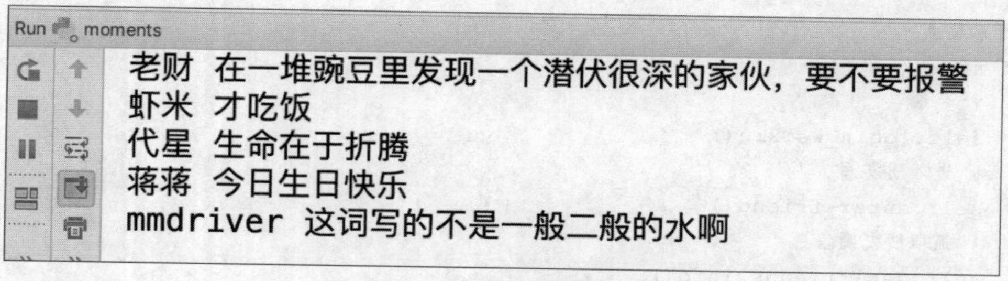

图 17-22 输出朋友圈信息

> **注意** 由于微信 App 的版本不同，读者使用的微信 App 中相关的控件可能 ID 会有变化，如果本例实现的爬虫无法按预期工作，可能是无法获取相关的控件，只需使用 Appium 重新获取相关控件的 ID 即可。

17.6 小结

本章详细讲解了 Appium 的用法。对于一些手机 App，很难通过分析，得到获取数据的 URL，在这种情况下，可以用与 Selenium 类似的所见即可爬的方式，只要在 App 上看到的，就可以抓取。要实现这种所见即可爬的爬虫，就需要使用 Appium 服务器，并且通过相应的 API 向 Appium 服务器发送消息，从而通过 Appium 服务器控制 App。这个过程相当于手动通过 App 查看数据，只是这个查看数据的过程被 Appium 服务器自动化了。最后通过获取相应的控件来获取感兴趣的数据。

第18章

多线程和多进程爬虫

在很多场景，爬虫需要抓取大量的数据，而且需要做大量的分析工作。如果只使用单线程的爬虫，效率会非常低。通常有实用价值的爬虫会使用多线程或多进程，这样可以很多工作同时完成，尤其在多CPU的机器上，执行效率更是惊人。本章将介绍如何用多线程和多进程实现爬虫应用。

本章主要介绍以下内容：

（1）进程和线程的区别；

（2）在Python中实现线程；

（3）为线程传递参数；

（4）线程类；

（5）用线程锁和信号量同步线程；

（6）生产者和消费者；

（7）多进程的实现；

（8）通过真实的项目演示如何用多线程和多进程实现爬虫应用。

18.1 线程与进程

线程和进程都可以让程序并行运行，但很多读者会有这样的疑惑，这两种技术有什么区别呢？本节将为读者解开这个疑惑。

18.1.1 进程

计算机程序有静态和动态的区别。静态的计算机程序就是存储在磁盘上的可执行二进制（或其他类型）文件，而动态的计算机程序就是将这些可执行文件加载到内存中并被操作系统调用，这些动态的计算机程序被称为一个进程，也就是说，进程是活跃的，只有可执行程序被调入内存中才叫进程。每个进程都拥有自己的地址空间、内存、数据栈以及其他用于跟踪执行的辅助数据。操作系统会管理系统中的所有进程的执行，并为这些进程合理地分配时间。进程可以通过派生（fork或spawn）新的进程来执行其他任务，不过由于每个新进程也都拥有自己的内存和数据栈等，所以只能采用进程间通信（IPC）的方式共享信息。

18.1.2 线程

线程（有时候也被称为轻量级进程）与进程类似，不过线程是在同一个进程下执行的，并共享同一个上下文。也就是说，线程属于进程，而且线程必须依赖进程才能执行。一个进程可以包含一个或多个线程。

线程包括开始、执行和结束三部分。它有一个指令指针，用于记录当前运行的上下文，当其他线程运行时，当前线程有可能被抢占（中断）或临时挂起（睡眠）。

一个进程中的各个线程与主线程共享同一块数据空间，因此相对于独立的进程而言，线程间的信息共享和通信更容易。线程一般是以并发方式执行的，正是由于这种并行和数据共享机制，使得多任务间的协作成为可能。当然，在单核 CPU 的系统中，并不存在真正的并发运行，所以线程的执行实际上还是同步执行的，只是系统会根据调度算法在不同的时间安排某个线程在 CPU 上执行一小会儿，然后就会让其他的线程在 CPU 上再执行一会儿，通过这种多个线程之间不断切换的方式让多个线程交替执行。因此，从宏观上看，即使在单核 CPU 的系统上仍然像多个线程并发运行一样。

当然，多线程之间共享数据并不是没有风险。如果两个或多个线程访问了同一块数据，由于数据访问顺序不同，可能导致结果的不一致。这种情况通常称为静态条件（race condition），幸运的是，大多数线程库都有一些机制让共享内存区域的数据同步，也就是说，当一个线程访问这片内存区域时，这片内存区域就暂时被锁定，其他的线程就只能等待这片内存区域解锁后再访问了。

要注意的是，线程的执行时间是不平均的，例如，有 6 个线程，6 秒的 CPU 执行时间，并不是为这 6 个线程平均分配 CPU 执行时间（每个线程 1 秒），而是根据线程中具体的执行代码分配 CPU 计算时间。例如，在调动一些函数时，这些函数会在完成之前保存阻塞状态（阻止其他线程获得 CPU 执行时间），这样这些函数就会长时间占用 CPU 资源，通常来讲，系统在分配 CPU 计算时间时会更倾向于这些贪婪的函数。

18.2 Python 与线程

Python 语言虽然支持多线程编程，但还是需要取决于具体的操作系统。当然，现代的操作系统基本上都支持多线程。例如 Windows、Mac OS X、Linux、Solaris、FreeBSD 等。Python 多线程在底层使用了兼容 POSIX 的线程，也就是众所周知的 pthread。

18.2.1 使用单线程执行程序

在使用多线程编写 Python 程序之前，先使用单线程的方式运行程序，然后再看一看和使用多线程编写的程序在运行结果上有什么不同。

【例 18.1】 本例使用 Python 单线程调用两个函数：fun1 和 fun2，在这两个函数中都使用了 sleep

函数休眠一定时间，如果用单线程调用这两个函数，那么会顺序执行这两个函数，也就是说，直到第 1 个函数执行完，才会执行第 2 个函数。

实例位置：src/parallel/single_thread.py

```python
from time import sleep, ctime
def fun1():
    print('开始运行 fun1:', ctime())
    # 休眠 4 秒
    sleep(4)
    print('fun1 运行结束:', ctime())

def fun2():
    print('开始运行 fun2:', ctime())
    # 休眠 2 秒
    sleep(2)
    print('fun2 运行结束:', ctime())

def main():
    print('开始运行时间:', ctime())
    # 在单线程中调用 fun1 函数和 fun2 函数
    fun1()
    fun2()
    print('结束运行时间:', ctime())

if __name__ == '__main__':
    main()
```

运行结果如图 18-1 所示。

图 18-1　同步调用 fun1 函数和 fun2 函数

很明显，以同步方式调用 fun1 函数和 fun2 函数，只有当 fun1 函数都执行完毕，才会继续执行 fun2 函数，而且执行的总时间至少是 fun1 函数和 fun2 函数执行时间的和（6 秒），不过执行其他代码也是有开销的，例如 print 函数，从 main 函数跳转到 fun1 函数和 fun2 函数，这些都需要时间，因此，本例的执行总时间应该大于 6 秒。

18.2.2　使用多线程执行程序

Python 提供了很多内建模块用于支持多线程，本节开始讲解第 1 个模块 _thread。要注意的是，在 Python2.x 中这个模块叫 thread，从 Python3.x 开始，thread 更名为 _thread。

　　使用 _thread 模块中的 start_new_thread 函数会直接开启一个线程，该函数的第 1 个参数需要指定一个函数，可以把这个函数称为线程函数，当线程启动时会自动调用这个函数。start_new_thread 函数的第 2 个参数是给线程函数传递的参数，必须是元组类型。

【例 18.2】　本例使用多线程调用 fun1 函数和 fun2 函数，这两个函数会交替执行。

实例位置：src/parallel/multi_thread.py

```python
import _thread as thread
from time import sleep, ctime
def fun1():
    print('开始运行 fun1:', ctime())
    # 休眠 4 秒
    sleep(4)
    print('fun1 运行结束:', ctime())

def fun2():
    print('开始运行 fun2:', ctime())
    # 休眠 2 秒
    sleep(2)
    print('fun2 运行结束:', ctime())

def main():
    print('开始运行时间:', ctime())
    # 启动一个线程运行 fun1 函数
    thread.start_new_thread(fun1, ())
    # 启动一个线程运行 fun2 函数
    thread.start_new_thread(fun2, ())
    # 休眠 6 秒
    sleep(6)
    print('结束运行时间:', ctime())

if __name__ == '__main__':
    main()
```

程序运行结果如图 18-2 所示。

图 18-2　用多线程运行 fun1 函数和 fun2 函数

　　从程序的运行结果可以看出，第 1 个线程运行 fun1 函数的过程中，会使用第 2 个线程运行 fun2 函数。这是因为在 fun1 函数中调用了 sleep 函数休眠了 4 秒，当程序休眠时，会释放 CPU 的计算资源，这时 fun2 函数趁虚而入，抢占了 fun1 函数的 CPU 计算资源。而 fun2 函数只通过 sleep 函数休眠了 2 秒，所以当 fun2 函数执行完，fun1 函数还没有休眠完呢。当 4 秒过后，fun1 函数又开始执行了，这时已经没有要执行的函数与 fun1 函数抢 CPU 计算资源了，所以 fun1 函数会顺利地执行完。在 main 函数中使用 sleep 函数休眠了 6 秒，等待 fun1 函数和 fun2 函数都执行完，再结束程序。

18.2.3 为线程函数传递参数

通过 start_new_thread 函数的第 2 个参数可以为线程函数传递参数，该参数类型必须是元组。

【例 18.3】 本例利用 for 循环和 start_new_thread 函数启动 8 个线程，并为每一个线程函数传递不同的参数值，然后在线程函数中输出传入的参数值。

实例位置： src/parallel/multi_thread_args.py

```python
import random
from time import sleep
import _thread as thread
# 线程函数，其中 a 和 b 是通过 start_new_thread 函数传入的参数
def fun(a,b):
    print(a,b)
    # 随机休眠一个的时间（1~4 秒）
    sleep(random.randint(1,5))
# 启动 8 个线程
for i in range(8):
    # 为每一个线程函数传入 2 个参数值
    thread.start_new_thread(fun, (i + 1,'a' * (i + 1)))
# 通过从终端输入一个字符串的方式让程序暂停
input()
```

程序运行结果如图 18-3 所示。

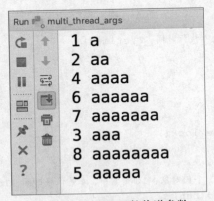

图 18-3 向线程函数传递参数

从图 18-3 所示的输出结果可以看出，由于每个线程函数的休眠时间可能都不相同，所以随机输出了这个结果，每次运行程序，输出的结果是不一样的。

在本例的最后使用 input 函数从终端采集了一个字符串，其实程序对这个从终端输入的字符串并不关心，只是让程序暂停而已。如果程序启动线程后不暂停，还没等线程函数运行，程序就结束了，这样线程函数就永远不会执行了。

18.2.4 线程和锁

在前面的代码中使用多线程运行线程函数，在 main 函数的最后需要使用 sleep 函数让程序处于休眠状态，或使用 input 函数从终端采集一个字符串，目的是让程序暂停，其实这些做法的目的只有一个，在所有的线程执行完之前，阻止程序退出。因为程序无法感知是否有线程正在执行，以及是否所有的线程函数都执行完毕。因此，只能采用这些手段让程序暂时不退出。如果读者了解了锁的概念，就会觉得这些做法简直太 Low 了。

这里的锁并不是将程序锁住不退出，而是通过锁可以让程序了解是否还有线程函数没执行完，而且可以做到当所有的线程函数执行完后，程序会立刻退出，而无须任何等待。

锁的使用分为创建锁、获取锁和释放锁。完成这 3 个功能需要 _thread 模块中的 1 个函数和两个方法，allocate_lock 函数用于创建锁对象，然后使用锁对象的 acquire 方法获取锁，如果不需要锁了，可以使用锁对象的 release 方法释放锁。如果要判断锁是否被释放，可以使用锁对象的 locked 方法。

【例 18.4】 本例启动 2 个线程，并创建 2 个锁，在运行线程函数之前，获取这 2 个锁，这就意味着锁处于锁定状态，然后在启动线程时将这 2 个锁对象分别传入 2 个线程各自的锁对象，当线程函数执行完，会调用锁对象的 release 方法释放锁。在 main 函数的最后，使用 while 循环和 locked 方法判断这 2 个锁对象是否已经释放，只要有一个锁对象没释放，while 循环就不会退出，如果 2 个锁对象都释放了，那么 main 函数立刻结束，程序退出。

实例位置： src/parallel/multi_thread_lock.py

```python
import _thread as thread
from time import sleep, ctime
# 线程函数，index 是一个整数类型的索引，sec 是休眠时间（单位：秒），lock 是锁对象
def fun(index, sec,lock):
    print('开始执行 ', index,'执行时间: ',ctime())
    # 休眠 sec 秒
    sleep(sec)
    print('执行结束 ',index,' 执行时间: ',ctime())
    # 释放锁对象
    lock.release()


def main():
    # 创建第 1 个锁对象
    lock1 = thread.allocate_lock()
    # 获取锁（相当于把锁锁上）
    lock1.acquire()
    # 启动第 1 个线程，并传入第 1 个锁对象，10 是索引，4 是休眠时间，lock1 是锁对象
    thread.start_new_thread(fun,
            (10, 4, lock1))
    # 创建第 2 个锁对象
    lock2 = thread.allocate_lock()
    # 获取锁（相当于把锁锁上）
    lock2.acquire()
    # 启动第 2 个线程，并传入第 2 个锁对象，20 是索引，2 是休眠时间，lock2 是锁对象
    thread.start_new_thread(fun,
            (20, 2, lock2))
```

```
# 使用 while 循环和 locked 方法判断 lock1 和 lock2 是否被释放
# 只要有一个没有释放，while 循环就不会退出
while lock1.locked() or lock2.locked():
        pass
if __name__ == '__main__':
    main()
```

程序运行结果如图 18-4 所示。

图 18-4　线程与锁

18.3　高级线程模块（threading）

这一节介绍更高级的线程模块 threading。在 threading 模块中有一个非常重要的 Thread 类，该类的实例表示一个执行线程的对象。在前面讲的 _thread 模块可以看作线程的面向过程版本，而 Thread 类可以看作线程的面向对象版本。

18.3.1　Thread 类与线程函数

在前面的例子中使用锁（Lock）检测线程是否释放，以及使用锁可以保证所有的线程函数都执行完毕再往下执行。如果使用 Thread 类处理线程就方便得多了，可以直接使用 Thread 对象的 join 方法等待线程函数执行完毕再往下执行，也就是说，在主线程（main 函数）中调用 Thread 对象的 join 方法，并且 Thread 对象的线程函数没有执行完毕，主线程会处于阻塞状态。

使用 Thread 类也很简单，首先需要创建 Thread 类的实例，通过 Thread 类构造方法的 target 关键字参数执行线程函数，通过 args 关键字参数指定传给线程函数的参数。然后调用 Thread 对象的 start 方法启动线程。

【例 18.5】　本例使用 Thread 对象启动 2 个线程，并在各自的线程函数中使用 sleep 函数休眠一段时间。最后使用 Thread 对象的 join 方法等待 2 个线程函数都执行完再退出程序。

实例位置：src/parallel/thread_fun.py

```
import threading
from time import sleep, ctime
# 线程函数，index 表示整数类型的索引，sec 表示休眠时间，单位：秒
def fun(index, sec):
    print('开始执行 ', index, ' 时间：', ctime())
    # 休眠 sec 秒
```

```
        sleep(sec)
        print('结束执行 ', index, '时间:', ctime())
    def main():
        # 创建第 1 个 Thread 对象，通过 target 关键字参数指定线程函数 fun，传入索引 10 和休眠时间（4 秒）
        thread1 = threading.Thread(target=fun,
                args=(10, 4))
        # 启动第 1 个线程
        thread1.start()
        # 创建第 2 个 Thread 对象，通过 target 关键字参数指定线程函数 fun，传入索引 20 和休眠时间（2 秒）
        thread2 = threading.Thread(target=fun,
                args=(20, 2))
        # 启动第 2 个线程
        thread2.start()
        # 等待第 1 个线程函数执行完毕
        thread1.join()
        # 等待第 2 个线程函数执行完毕
        thread2.join()

    if __name__ == '__main__':
        main()
```

程序运行结果如图 18-5 所示。

图 18-5　使用 Thread 对象启动线程

从输出结果可以看出，通过 Thread 对象启动的线程只需要使用 join 方法就可以保证所有的线程函数都执行完再往下执行，这要比 _thread 模块中的锁方便得多，起码不需要在线程函数中释放锁了。

18.3.2　Thread 类与线程对象

Thread 类构造方法的 target 关键字参数不仅可以是一个函数，还可以是一个对象，可以称这个对象为线程对象。其实线程调用的仍然是函数，只是这个函数用对象进行了封装。这么做的好处是可以将与线程函数相关的代码都放在对象对应的类中，这样更能体现面向对象的封装性。

线程对象对应的类需要有一个可以传入线程函数和参数的构造方法，而且在类中还必须有一个名为"__call__"的方法。当线程启动时，会自动调用线程对象的"__call__"方法，然后在该方法中调用线程函数。

【例 18.6】　本例在使用 Thread 类的实例启动线程时，通过 Thread 类构造方法传入了一个线程对象，并通过线程对象指定了线程函数和相应的参数。

实例位置：src/parallel/thread_obj.py

```
import threading
```

```
from time import sleep, ctime
# 线程对象对应的类
class MyThread(object):
    # func 表示线程函数，args 表示线程函数的参数
    def __init__(self, func, args):
        # 将线程函数与线程函数的参数赋给当前类的成员变量
        self.func = func
        self.args = args
    # 线程启动时会调用该方法
    def __call__(self):
        # 调用线程函数，并将元组类型的参数值分解为单个的参数值传入线程函数
        self.func(*self.args)
# 线程函数
def fun(index, sec):
    print('开始执行 ', index, ' 时间 :', ctime())
    # 延迟 sec 秒
    sleep(sec)
    print('结束执行 ', index, '时间 :', ctime())
def main():
    print('执行开始时间 :', ctime())
    # 创建第 1 个线程，通过 target 关键字参数指定线程对象 (MyThread)，延迟 4 秒
    thread1 = threading.Thread(target = MyThread(fun,(10, 4)))
    # 启动第 1 个线程
    thread1.start()
    # 创建第 2 个线程，通过 target 关键字参数指定线程对象 (MyThread)，延迟 2 秒
    thread2 = threading.Thread(target = MyThread(fun,(20, 2)))
    # 启动第 2 个线程
    thread2.start()
    # 创建第 3 个线程，通过 target 关键字参数指定线程对象 (MyThread)，延迟 1 秒
    thread3 = threading.Thread(target = MyThread(fun,(30, 1)))
    # 启动第 3 个线程
    thread3.start()
    # 等待第 1 个线程函数执行完毕
    thread1.join()
    # 等待第 2 个线程函数执行完毕
    thread2.join()
    # 等待第 3 个线程函数执行完毕
    thread3.join()
    print('所有的线程函数均已执行完毕 :', ctime())
if __name__ == '__main__':
    main()
```

程序运行结果如图 18-6 所示。

图 18-6　向 Thread 类中传入线程对象

18.3.3　从 Thread 类继承

为了更好地对与线程有关的代码进行封装，可以从 Thread 类派生一个子类。然后将与线程有关的代码都放到这个类中。Thread 类的子类的使用方法与 Thread 相同。从 Thread 类继承最简单的方式是在子类的构造方法中通过 super() 函数调用父类的构造方法，并传入相应的参数值。

【例 18.7】　本例编写一个从 Thread 类继承的子类 MyThread，重写父类的构造方法和 run 方法。最后通过 MyThread 类创建并启动两个线程，并使用 join 方法等待这两个线程结束后再退出程序。

实例位置：src/parallel/thread_inherit.py

```python
import threading
from time import sleep, ctime
# 从 Thread 类派生的子类
class MyThread(threading.Thread):
    # 重写父类的构造方法，其中 func 是线程函数，args 是传入线程函数的参数，name 是线程名
    def __init__(self, func, args, name=''):
        # 调用父类的构造方法，并传入相应的参数值
        super().__init__(target=func, name=name,
                args=args)
    # 重写父类的 run 方法
    def run(self):
        self._target(*self._args)
# 线程函数
def fun(index, sec):
    print('开始执行', index, '时间:', ctime())
    # 休眠 sec 秒
    sleep(sec)
    print('执行完毕', index, '时间:', ctime())


def main():
    print('开始:', ctime())
    # 创建第 1 个线程，并指定线程名为"线程 1"
    thread1 = MyThread(fun,(10,4),'线程 1')
    # 创建第 2 个线程，并指定线程名为"线程 2"
    thread2 = MyThread(fun,(20,2),'线程 2')
    # 开启第 1 个线程
    thread1.start()
    # 开启第 2 个线程
    thread2.start()
    # 输出第 1 个线程的名字
    print(thread1.name)
    # 输出第 2 个线程的名字
    print(thread2.name)
    # 等待第 1 个线程结束
    thread1.join()
    # 等待第 2 个线程结束
    thread2.join()

    print('结束:', ctime())
```

```
if __name__ == '__main__':
    main()
```
程序运行结果如图 18-7 所示。

图 18-7 使用 Thread 类的子类创建和启动线程

在调用 Thread 类的构造方法时需要将线程函数、参数等值传入构造方法，其中 name 表示线程的名字，如果不指定这个参数，默认的线程名字格式为 Thread-1、Thread-2。每一个传入构造方法的参数值，在 Thread 类中都有对应的成员变量保存这些值，这些成员变量都以下画线（_）开头，如 _target、_args 等（这一点从 Thread 类的构造方法中就可以看出）。在 run 方法中需要使用这些变量调用传入的线程函数，并为线程函数传递参数。

```
# Thread 类的构造方法
def __init__(self, group=None, target=None, name=None,
             args=(), kwargs=None, *, daemon=None):
    ... ...
    self._target = target
    self._name = str(name or _newname())
    self._args = args
    self._kwargs = kwargs
```

这个 run 方法不一定要在 MyThread 类中重写，因为 Thread 类已经有默认的实现了，如果想扩展这个方法，也可以重写，并加入自己的代码。

```
# Thread 类的 run 方法
def run(self):
    try:
        if self._target:
            self._target(*self._args, **self._kwargs)
    finally:
        del self._target, self._args, self._kwargs
```

18.4 线程同步

多线程的目的就是让多段程序并发运行，但在一些情况下，让多段程序同时运行会造成很多麻烦，如果这些并发运行的程序还共享数据，有可能造成脏数据以及其他数据不一致的后果。这里的脏数据是指由于多段程序同时读写一个或一组变量，由于读写顺序的问题导致最终的结果与期望的不一样。

例如，有一个整数变量 n，初始值为 1，现在要为该变量加 1，然后输出该变量的值，目前有两个线程（Thread1 和 Thread2）做同样的工作。当 Thread1 为变量 n 加 1 后，这时 CPU 的计算时间恰巧被 Thread2 夺走，在执行 Thread2 的线程函数时又对变量 n 加 1，所以目前 n 被加了两次 1，变成了 3。这时不管是继续执行 Thread2，还是接着执行 Thread1，输出的 n 都会等于 3。这也就意味着 n 等于 2 的值没有输出，如果正好在 n 等于 2 时需要做更多的处理，这也就意味着这些工作都不会按预期完成了，因为这时 n 已经等于 3 了。这个变量当前的值称为脏数据，就是说 n 原本应该等于 2 的，而现在却等于 3 了。这一过程可以看下面的线程函数。

```
n = 1
# 如果用多个线程执行 fun 函数，就有可能造成 n 持续加 1，而未处理的情况
def fun():
    n += 1
    print(n)   # 此处可能有更多的代码
```

解决这个问题的最好方法就是将改变变量 n 和输出变量 n 的语句变成原子操作，在 Python 线程中可以用线程锁来达到这个目的。

18.4.1　线程锁

线程锁的目的是将一段代码锁住，一旦获得了锁权限，除非释放线程锁，否则其他任何代码都无法再次获得锁权限。

为了使用线程锁，首先需要创建 Lock 类的实例，然后通过 Lock 对象的 acquire 方法获取锁权限，当需要完成原子操作的代码段执行完后，再使用 Lock 对象的 release 方法释放锁，这样其他代码就可以再次获得这个锁权限了。要注意的是，锁对象要放到线程函数的外面作为一个全局变量，这样所有的线程函数实例都可以共享这个变量，如果将锁对象放到线程函数内部，那么这个锁对象就变成局部变量了，多个线程函数实例使用的是不同的锁对象，所以仍然不能有效保护原子操作的代码。

【例 18.8】 本例在线程函数中使用 for 循环输出线程名和循环变量的值，并通过线程锁将这段代码变成原子操作，这样就只有当前线程函数的 for 循环执行完，其他线程函数的 for 循环才会重新获得线程锁权限并执行。

实例位置： src/parallel/thread_lock_demo.py

```
from atexit import register
import random
from threading import Thread, Lock, currentThread
from time import sleep, ctime
# 创建线程锁对象
lock = Lock()
def fun():
    # 获取线程锁权限
    lock.acquire()
    # for 循环已经变成了原子操作
    for i in range(5):
        print('Thread Name','=',currentThread().name,'i','=',i)
        # 休眠一段时间（1~4 秒）
```

```
        sleep(random.randint(1,5))
        # 释放线程锁, 其他线程函数可以获得这个线程锁的权限了
        lock.release()
def main():
        # 通过循环创建并启动了 3 个线程
        for i in range(3):
            Thread(target=fun).start()
# 当程序结束时会调用这个函数
@register
def exit():
        print('线程执行完毕:', ctime())
if __name__ == '__main__':
        main()
```

为了观察使用线程锁和不使用线程锁的区别, 读者可以先将 fun 函数中的 lock.require() 和 lock.release() 语句注释掉, 然后运行程序, 会看到如图 18-8 所示的输出结果。

```
Run   hread_lock_demo
      Thread Name = Thread-3 i = 0
      Thread Name = Thread-1 i = 1
      Thread Name = Thread-2 i = 1
      Thread Name = Thread-3 i = 1
      Thread Name = Thread-1 i = 2
      Thread Name = Thread-1 i = 3
      Thread Name = Thread-1 i = 4
      Thread Name = Thread-3 i = 2
      Thread Name = Thread-2 i = 2
      Thread Name = Thread-3 i = 3
      Thread Name = Thread-2 i = 3
      Thread Name = Thread-3 i = 4
      Thread Name = Thread-2 i = 4
      线程执行完毕: Sun Mar 17 20:28:56 2019
```

图 18-8 未使用线程锁的效果

很明显, 如果未使用线程锁, 当调用 sleep 函数让线程休眠时, 当前线程会释放 CPU 计算资源, 其他线程就会趁虚而入, 抢占 CPU 计算资源, 因此, 本例启动的 3 个线程是交替运行的。

现在为 fun 函数加上线程锁, 再次运行程序, 会看到如图 18-9 所示的输出结果。

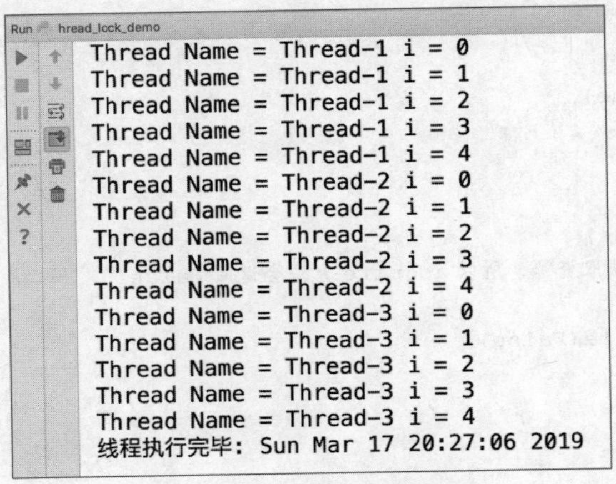

```
Run   hread_lock_demo
      Thread Name = Thread-1 i = 0
      Thread Name = Thread-1 i = 1
      Thread Name = Thread-1 i = 2
      Thread Name = Thread-1 i = 3
      Thread Name = Thread-1 i = 4
      Thread Name = Thread-2 i = 0
      Thread Name = Thread-2 i = 1
      Thread Name = Thread-2 i = 2
      Thread Name = Thread-2 i = 3
      Thread Name = Thread-2 i = 4
      Thread Name = Thread-3 i = 0
      Thread Name = Thread-3 i = 1
      Thread Name = Thread-3 i = 2
      Thread Name = Thread-3 i = 3
      Thread Name = Thread-3 i = 4
      线程执行完毕: Sun Mar 17 20:27:06 2019
```

图 18-9 使用线程锁的效果

从如图 18-9 所示的输出结果可以看出，如果为 fun 函数加上线程锁，那么只有当某个线程的线程函数执行完，才会运行另一个线程的线程函数。

18.4.2 信号量

从前面的例子可以看出，线程锁非常容易理解和实现，也很容易决定何时需要它们，然而，如果情况更加复杂，就可能需要更强大的技术配合线程锁一起使用。本节要介绍的信号量就是这种技术之一。

信号量是最古老的同步原语之一，它是一个计数器，用于记录资源消耗情况。当资源消耗时递减，当资源释放时递增。可以认为信号量代表资源是否可用。消耗资源使计数器递减的操作习惯上称为 P，当一个线程对一个资源完成操作时，该资源需要返回资源池，这个操作一般称为 V。Python 语言统一了所有的命名，使用与线程锁同样的方法名消耗和释放资源。acquire 方法用于消耗资源，调用该方法计数器会减 1，release 方法用于释放资源，调用该方法计数器会加 1。

使用信号量首先要创建 BoundedSemaphore 类的实例，并且通过该类的构造方法传入计数器的最大值，然后就可以使用 BoundedSemaphore 对象的 acquire 方法和 release 方法获取资源（计数器减 1）和释放资源（计数器加 1）了。

【例 18.9】 本例演示了信号量对象的创建，以及获取与释放资源。

实例位置： src/parallel/thread_semaphore.py

```
from threading import BoundedSemaphore
MAX = 3
# 创建信号量对象，并设置计数器的最大值（也是资源的最大值），计数器不能超过这个值
semaphore = BoundedSemaphore(MAX)
# 输出当前计数器的值，输出结果：3
print(semaphore._value)
# 获取资源，计数器减 1
semaphore.acquire()
# 输出结果：2
print(semaphore._value)
# 获取资源，计数器减 1
semaphore.acquire()
# 输出结果：1
print(semaphore._value)
# 获取资源，计数器减 1
semaphore.acquire()
# 输出结果：0
print(semaphore._value)
# 当计数器为 0 时，不能再获取资源，所以 acquire 方法会返回 False
# 输出结果：False
print(semaphore.acquire(False))
# 输出结果：0
print(semaphore._value)
# 释放资源，计数器加 1
semaphore.release()
```

```
# 输出结果: 1
print(semaphore._value)
# 释放资源, 计数器加 1
semaphore.release()
# 输出结果: 2
print(semaphore._value)
# 释放资源, 计数器加 1
semaphore.release()
# 输出结果: 3
print(semaphore._value)
# 抛出异常, 当计数器达到最大值时, 不能再次释放资源, 否则会抛出异常
semaphore.release()
```

程序运行结果如图 18-10 所示。

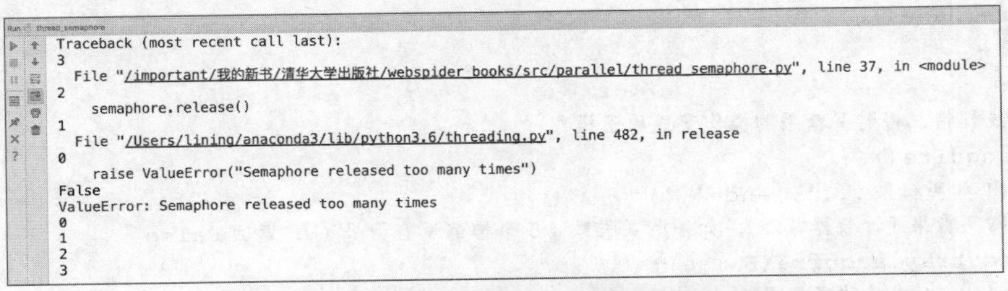

```
Traceback (most recent call last):
  File "/important/我的新书/清华大学出版社/webspider_books/src/parallel/thread_semaphore.py", line 37, in <module>
    semaphore.release()
  File "/Users/lining/anaconda3/lib/python3.6/threading.py", line 482, in release
    raise ValueError("Semaphore released too many times")
False
ValueError: Semaphore released too many times
0
1
2
3
```

图 18-10　获取信号量资源和释放信号量资源

要注意的是信号量对象的 acquire 方法与 release 方法。当资源枯竭（计数器为 0）时调用 acquire 方法会有两种结果。第 1 种是 acquire 方法的参数值为 True 或不指定参数时，acquire 方法会处于阻塞状态，直到使用 release 释放资源后，acquire 方法才会往下执行。第 2 种是 acquire 方法的参数值为 False，当计数器为 0 时调用 acquire 方法并不会阻塞，而是直接返回 False，表示未获得资源，如果成功获得资源，会返回 True。

release 方法在释放资源时，如果计数器已经达到了最大值（本例是 3），会直接抛出异常，表示已经没有资源释放了。

【**例 18.10**】　本例通过信号量和线程锁模拟一个糖果机补充糖果和用户取得糖果的过程，糖果机有 5 个槽，如果发现每个槽都没有糖果了，需要补充新的糖果。当 5 个槽都满了，就无法补充新的糖果了，如果 5 个槽都是空的，顾客也就无法购买糖果了。为了方便，本例假设顾客一次会购买整个槽的糖果，每次补充整个槽的糖果。

实例位置：src/parallel/thread_semaphore_lock.py

```
from atexit import register
from random import randrange
from threading import BoundedSemaphore, Lock, Thread
from time import sleep, ctime
# 创建线程锁
lock = Lock()
# 定义糖果机的槽数, 也是信号量计数器的最大值
MAX = 5
# 创建信号量对象, 并指定计数器的最大值
```

```python
    candytray = BoundedSemaphore(MAX)
    # 给糖果机的槽补充新的糖果 (每次只补充一个槽)
    def refill():
        # 获取线程锁, 将补充糖果的操作变成原子操作
        lock.acquire()
        print('重新添加糖果...', end=' ')
        try:
            # 为糖果机的槽补充糖果 (计数器加 1)
            candytray.release()
        except ValueError:
            print('糖果机都满了, 无法添加')
        else:
            print('成功添加糖果')
        # 释放线程锁
        lock.release()
    # 顾客购买糖果
    def buy():
        # 获取线程锁, 将购买糖果的操作变成原子操作
        lock.acquire()
        print('购买糖果...', end=' ')
        # 顾客购买糖果 (计数器减 1), 如果购买失败 (5 个槽都没有糖果了), 返回 False
        if candytray.acquire(False):
            print('成功购买糖果')
        else:
            print('糖果机为空, 无法购买糖果')
        # 释放线程锁
        lock.release()
    # 产生多个补充糖果的动作
    def producer(loops):
        for i in range(loops):
            refill()
            sleep(randrange(3))
    # 产生多个购买糖果的动作
    def consumer(loops):
        for i in range(loops):
            buy()
            sleep(randrange(3))

    def main():
        print('开始 :', ctime())
        # 产生一个 2~5 的随机数
        nloops = randrange(2, 6)
        print('糖果机共有 %d 个槽 !' % MAX)
        # 开始一个线程, 用于执行 consumer 函数
        Thread(target=consumer, args=(randrange(
            nloops, nloops+MAX+2),)).start()
        # 开始一个线程, 用于执行 producer 函数
        Thread(target=producer, args=(nloops,)).start()

    @register
```

```
def exit():
    print('程序执行完毕: ', ctime())

if __name__ == '__main__':
    main()
```

程序运行结果如图 18-11 所示。

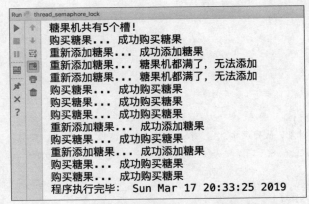

图 18-11 用信号量模拟补充和购买糖果的过程

18.5 生产者—消费者问题与 queue 模块

本节使用线程锁以及队列来模拟一个典型的案例：生产者—消费者模型。在这个场景下，商品或服务的生产者生产商品，然后将其放到类似队列的数据结构中，生产商品的时间是不确定的，同样消费者消费生产者生产的商品的时间也是不确定的。

这里使用 queue 模块来提供线程间通信的机制，也就是说，生产者和消费者共享一个队列。生产者生产商品后，会将商品添加到队列中。消费者消费商品，会从队列中取一个商品。由于向队列中添加商品和从队列中获取商品都不是原子操作，所以需要使用线程锁将这两个操作锁住。

【例 18.11】 本例使用线程锁和队列实现一个生产者—消费者模型的程序。通过 for 循环产生若干个生产者和消费者，并向队列中添加商品，以及从队列中获取商品。

实例位置： src/parallel/producer_customer.py

```
from random import randrange
from time import sleep,time, ctime
from threading import Lock, Thread
from queue import Queue
# 创建线程锁对象
lock = Lock()
# 从 Thread 派生的子类
class MyThread(Thread):
    def __init__(self, func, args):
        super().__init__(target = func, args = args)
# 向队列中添加商品
```

```python
    def writeQ(queue):
        # 获取线程锁
        lock.acquire()
        print('生产了一个对象，并将其添加到队列中', end='  ')
        # 向队列中添加商品
        queue.put('商品')
        print("队列尺寸", queue.qsize())
        # 释放线程锁
        lock.release()
# 从队列中获取商品
    def readQ(queue):
        # 获取线程锁
        lock.acquire()
        # 从队列中获取商品
        val = queue.get(1)
        print('消费了一个对象，队列尺寸: ', queue.qsize())
        # 释放线程锁
        lock.release()
# 生成若干个生产者
    def writer(queue, loops):
        for i in range(loops):
            writeQ(queue)
            sleep(randrange(1, 4))
# 生成若干个消费者
    def reader(queue, loops):
        for i in range(loops):
            readQ(queue)
            sleep(randrange(2, 6))

    funcs = [writer, reader]
    nfuncs = range(len(funcs))

    def main():
        nloops = randrange(2, 6)
        q = Queue(32)

        threads = []
        # 创建2个线程运行writer函数和reader函数
        for i in nfuncs:
            t = MyThread(funcs[i], (q, nloops))
            threads.append(t)
        # 开始线程
        for i in nfuncs:
            threads[i].start()

        # 等待2个线程结束
        for i in nfuncs:
            threads[i].join()
        print('所有的工作完成')
    if __name__ == '__main__':
```

```
    main()
```

程序运行结果如图 18-12。

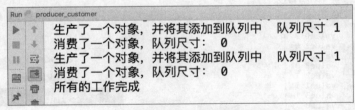

图 18-12　生产者—消费者模型

18.6　多进程

　　尽管多线程可以实现并发执行，不过多个线程之间是共享当前进程的内存的，也就是说，线程可以申请到的资源有限。要想进一步发挥并发的作用，可以考虑使用多进程。

　　如果建立的进程比较多，可以使用 multiprocessing 模块的进程池（Pool 类），通过 Pool 类构造方法的 processes 参数，可以指定创建的进程数。Pool 类有一个 map 方法，用于将回调函数与要给回调函数传递的数据管理起来，代码如下：

```
pool = Pool(processes=4)
pool.map(callback_fun,values)
```

　　上面的代码利用 Pool 对象创建了 4 个进程，并通过 map 方法指定了进程回调函数，当进程执行时，就会调用这个函数，values 是一个可迭代对象，每次进程运行时，就会从 values 中取一个值传递给 callback_fun，也就是说，callback_fun 函数至少要有一个参数接收 values 中的值。

　　【例 18.12】　本例使用 Pool 对象创建 4 个进程，这 4 个进程从 values 列表中取值，然后传入回调函数 get_value。

　　实例位置：src/parallel/multi_process.py

```
from multiprocessing import Pool
import time
# 进程回调函数
def get_value(value):
    i = 0
    while i < 3:
        # 休眠 1 秒
        time.sleep(1)
        print(value,i)
        i += 1

if __name__ == '__main__':
    # 产生 5 个值，供多进程获取
    values = ['value{}'.format(str(i)) for i in range(0,5)]
    # 创建 4 个进程
    pool = Pool(processes=4)
```

```
# 将进程回调函数与 values 关联
pool.map(get_value,values)
```

程序运行结果如图 18-13 所示。

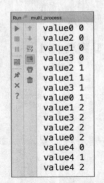

图 18-13　多进程输出结果

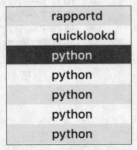

图 18-14　多个 python 进程

在程序运行的过程中，查看 python 进程，会发现多了 5 个 python 进程，其中一个是主进程，另外 4 个是通过 Pool 对象创建的 python 子进程，如图 18-14 所示。

18.7　项目实战：抓取豆瓣音乐 Top250 排行榜（多线程版）

本节使用多线程的方式重新实现 12.1 节中的例子，之所以要用之前的例子，是为了进行对比，看一看多线程是否会提高抓取和分析的速度。

【例 18.13】　本例重新实现 12.1 节中的例子。在这个例子中抓取豆瓣音乐 Top250 排行榜，只是去除了将提取的结果保存为文件的功能，仅仅将提取的结果输出到 Console 上。本例使用 4 个线程同时抓取不同的页面，并进行分析。读者可以与 12.1 节实现的单线程程序进行对比，看一看谁最先完成。

本例创建了一个存储 URL 的池，就是一个列表。获取这个列表中 URL 的工作由 get_url 函数完成，该函数通过线程锁进行了同步。由于在获取 URL 后，会将这个 URL 从列表中删除，所以在多线程环境下必须对这个列表进行同步，否则可能会产生脏数据，也就是说，可能会造成多个线程获取了同一个 URL。

实例位置： src/projects/multithread/multithread_spider.py

```python
import threading
import datetime
import requests
from bs4 import BeautifulSoup
import re
import time
# 记录开始时间
starttime = datetime.datetime.now()
# 创建线程锁
lock = threading.Lock()
```

```python
# 从 URL 列表中获取 URL，这是一个同步函数
def get_url():
    global urls
    # 获取 URL 之前，加锁
    lock.acquire()
    if len(urls) == 0:
        lock.release()
        return ""
    else:
        url = urls[0]
        # 提取一个 URL 后，将这个 URL 从列表中删除
        del urls[0]

    # 完成工作后，释放锁
    lock.release()
    return url
headers = {
    'User-Agent':'Mozilla/5.0 (Macintosh; Intel Mac OS X 10_14_2) AppleWebKit/537.36
(KHTML, like Gecko) Chrome/72.0.3626.119 Safari/537.36'
}

def get_url_music(url,thread_name):
    html = requests.get(url,headers=headers)
    soup = BeautifulSoup(html.text, 'lxml')
    aTags = soup.find_all("a",attrs={"class": "nbg"})
    for aTag in aTags:
        get_music_info(aTag['href'],thread_name)

def get_music_info(url,thread_name):
    html = requests.get(url,headers=headers)
    soup = BeautifulSoup(html.text, 'lxml')
    name = soup.find (attrs={'id':'wrapper'}).h1.span.text
    author = soup.find(attrs={'id':'info'}).find('a').text
    styles = re.findall('<span class="pl">流派:</span> (.*?)<br />', html.text,
re.S)
    if len(styles) == 0:
        style = '未知'
    else:

        style = styles[0].strip()
    time = re.findall(' 发行时间:</span> (.*?)<br />', html.text, re.S)[0].strip()
    publishers = re.findall('<span class="pl">出版者:</span> (.*?)<br />', html.
text, re.S)
    if len(publishers) == 0:
        publisher = '未知'
    else:
        publisher = publishers[0].strip()
    score = soup.find(class_='ll rating_num').text
    info = {
        'name': name,
```

```
                    'author': author,
                    'style': style,
                    'time': time,
                    'publisher': publisher,
                    'score': score
            }
        # 输出线程名称
        print(thread_name, info)
    # 这是一个线程类
    class SpiderThread (threading.Thread):
        def __init__(self,name):
            threading.Thread.__init__(self)
            # name 是线程名
            self.name = name
        def run(self):
            while True:
                # 线程一旦运行，就会不断从 URL 列表中获取 URL，直到列表为空
                url = get_url()
                if url != "":
                    get_url_music(url,self.name)
                else:
                    break
    if __name__ == '__main__':
        url_index = 0
        urls = ['https://music.douban.com/top250?start={}'.format(str(i))  for  i  in
range(0,100,25)]
        print(len(urls))
        # 创建 4 个线程
        thread1 = SpiderThread('thread1')
        thread2 = SpiderThread('thread2')
        thread3 = SpiderThread('thread3')
        thread4 = SpiderThread('thread4')
        # 开启 4 个线程
        thread1.start()
        thread2.start()
        thread3.start()
        thread4.start()
        # 等待 4 个线程都结束，才会退出爬虫
        thread1.join()
        thread2.join()
        thread3.join()
        thread4.join()
        print("退出爬虫")
        endtime = datetime.datetime.now()
        # 输出抓取和分析数据需要的时间，单位是秒
        print('需要时间: ',(endtime - starttime).seconds,'秒')
```

　　运行程序，会显示耗时 33 秒（不同的机器，可能时间不同），读者可以将本例改成 2 个线程，用同一台机器测试，耗时 74 秒。而测试 12.1 节实现的单线程爬虫，耗时 119 秒。很明显，启动 4 个线程的爬虫明显要比 2 个线程和单线程的爬虫完成同样的任务耗时更短。但要注意，并不是线程越多越

好，这就像一个团队开发软件，一开始，确实人手的增加，开发效率会大增，但随着人手变得越来越多，会发现需要协调的工作量越来越大，开发效率的增速会放缓，甚至有所下降，这就是所谓的人月神话。

18.8 项目实战：抓取豆瓣音乐 Top250 排行榜（多进程版）

本节仍然以 12.1 节的例子为基础，再使用多进程实现一遍。

【例 18.14】 本例重新实现 12.1 节中的例子。在这个例子中抓取豆瓣音乐 Top250 排行榜，只是去除了将提取的结果保存为文件的功能，仅仅将提取的结果输出到 Console 上。本例使用了 4 个进程同时抓取不同的页面，并进行分析，读者可以与单线程、多线程爬虫进行对比。

实例位置： src/projects/multiprocess/multiprocess_spider.py

```python
import requests
from bs4 import BeautifulSoup
import re
from multiprocessing import Pool
headers = {
    'User-Agent':'Mozilla/5.0 (Macintosh; Intel Mac OS X 10_14_2) AppleWebKit/537.36
(KHTML, like Gecko) Chrome/72.0.3626.119 Safari/537.36'
}

def get_url_music(url):
    html = requests.get(url,headers=headers)
    soup = BeautifulSoup(html.text, 'lxml')
    aTags = soup.find_all("a",attrs={"class": "nbg"})
    for aTag in aTags:
        get_music_info(aTag['href'])


def get_music_info(url):

    html = requests.get(url,headers=headers)
    soup = BeautifulSoup(html.text, 'lxml')
    name = soup.find (attrs={'id':'wrapper'}).h1.span.text
    author = soup.find(attrs={'id':'info'}).find('a').text
    styles = re.findall('<span class="pl"> 流派 :</span> (.*?)<br />', html.text,
re.S)
    if len(styles) == 0:
        style = '未知'
    else:

        style = styles[0].strip()
    time = re.findall(' 发行时间 :</span> (.*?)<br />', html.text, re.S)[0].strip()
    publishers = re.findall('<span class="pl"> 出版者 :</span> (.*?)<br />', html.
text, re.S)
    if len(publishers) == 0:
        publisher = '未知'
```

```
        else:
            publisher = publishers[0].strip()
        score = soup.find(class_='ll rating_num').text
        info = {
            'name': name,
            'author': author,
            'style': style,
            'time': time,
            'publisher': publisher,
            'score': score
        }
        print(info)

    if __name__ == '__main__':
        urls = ['https://music.douban.com/top250?start={}'.format(str(i)) for i in
range(0,100,25)]
        print(len(urls))
        # 启动 4 个进程
        pool = Pool(processes=4)
        # 将回调函数与 URL 列表绑定，回调函数会从这个列表中获取 URL，并通过参数传入回调函数
        pool.map(get_url_music,urls)
```

18.9 小结

支持多线程和多进程的爬虫固然效率惊人，但缺点是需要考虑太多的细节，而且多线程和多进程程序并不好调试，操作不当容易出现死锁或脏数据，所以为了尽可能提高开发效率，尽量减少 Bug，可以考虑采用爬虫框架实现大型复杂的爬虫应用，例如 Scrapy 就是一个非常好的选择。

C H A P T E R　19

第 19 章

网络爬虫框架：Scrapy

Scrapy 是一个非常优秀的爬虫框架，通过 Scrapy 框架，可以非常轻松地实现强大的爬虫系统，程序员只需要将精力放在抓取规则以及如何处理抓取的数据上，至于一些外围的工作，例如，抓取页面、保存数据、任务调度、分布式等，直接交给 Scrapy 就可以了。本章介绍 Scrapy 的入门知识以及一些高级应用。

本章主要介绍以下内容：

（1）什么是 Scrapy；

（2）如何安装 Scrapy；

（3）Scrapy 的入门知识；

（4）用 Scrapy 编写爬虫应用的一般步骤；

（5）如何保存抓取到的数据；

（6）处理登录页面；

（7）抓取 API 数据；

（8）数据格式转换；

（9）下载器中间件；

（10）爬虫中间件；

（11）Item 管道；

（12）通用爬虫。

19.1　Scrapy 基础知识

本节介绍一些 Scrapy 的基础知识，如安装 Scrapy、Scrapy Shell、XPath 等。

19.1.1　Scrapy 简介

Scrapy 主要包括如下 6 个部分。

（1）Scrapy Engine（Scrapy 引擎）：用来处理整个系统的数据流，触发各种事件。

（2）Scheduler（调度器）：从 URL 队列中取出一个 URL。

（3）Downloader（下载器）：从 Internet 上下载 Web 资源。

（4）Spiders（网络爬虫）：接收下载器下载的原始数据，做进一步的处理，例如，使用 XPath 提取感兴趣的信息。

（5）Item Pipeline（项目管道）：接收网络爬虫传过来的数据，以便做进一步处理。例如，存入数据库，存入文本文件。

（6）中间件：整个 Scrapy 框架有很多中间件，如下载器中间件、网络爬虫中间件等，这些中间件相当于过滤器，夹在不同部分之间截获数据流，并进行特殊的加工处理。

以上各部分的工作流程可以使用如图 19-1 所示的流程图描述。

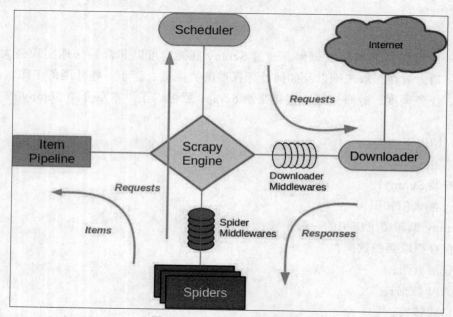

图 19-1　Scrapy 工作流程图

从这个流程图可以看出，整体在 Scrapy Engine 的调度下，首先运行的是 Scheduler，Scheduler 从下载队列中取一个 URL，将这个 URL 交给 Downloader，Downloader 下载这个 URL 对应的 Web 资源，然后将下载的原始数据交给 Spiders，Spiders 会从原始数据中提取出有用的信息，最后将提取出的数据交给 Item Pipeline，这是一个数据管道，可以通过 Item Pipeline 将数据保存到数据库、文本文件或其他存储介质上。

19.1.2　Scrapy 安装

在使用 Scrapy 前需要安装 Scrapy，如果读者使用的是 Anaconda Python 开发环境，可以使用下面的命令安装 Scrapy。

```
conda install scrapy
```

如果读者使用的是标准的 Python 开发环境，可以使用下面的命令安装 Scrapy。

pip install scrapy

安装完后，进入 Python 的 REPL 环境，输入下面的语句，如果未抛出异常，说明 Scrapy 已经安装成功。

```
import scrapy
```

关于 Scrapy 的其他安装方法和更详细的信息，请读者查看 Scrapy 的官网。

https://scrapy.org

19.1.3 Scrapy Shell 抓取 Web 资源

Scrapy 提供了一个 Shell，相当于 Python 的 REPL 环境，可以用这个 Scrapy Shell 测试 Scrapy 代码。

现在打开终端，然后执行 scrapy shell 命令，就会进入 Scrapy Shell。其实 Scrapy Shell 和 Python 的 REPL 环境差不多，也可以执行任何的 Python 代码，只是又多了对 Scrapy 的支持，例如，在 Scrapy Shell 中输入 1+3，然后按回车，会输出 4，如图 19-2 所示。

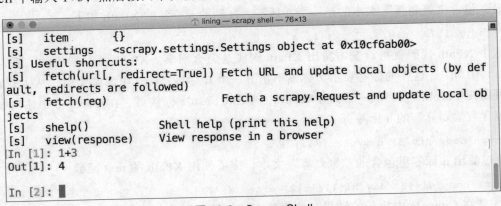

图 19-2 Scrapy Shell

Scrapy 主要是使用 XPath 过滤 HTML 页面的内容。那么什么是 XPath 呢？也就是类似于路径的过滤 HTML 代码的一种技术，关于 XPath 的内容后面再详细讨论。本节基本不需要了解 XPath 的细节，因为 Chrome 可以根据 HTML 代码的某个节点自动生成 XPath。

现在先体验什么叫 XPath。启动 Chrome 浏览器，进入淘宝首页（https://www.taobao.com），然后在页面右键菜单中单击"检查"命令，在弹出的调试窗口中选择第一个 Elements 标签页，最后单击 Elements 左侧黑色箭头的按钮，将鼠标放到淘宝首页的导航条"聚划算"上，如图 19-3 所示。

图 19-3 淘宝首页导航条

这时，"Elements"标签页中的 HTML 代码会自动定位到包含"聚划算"的标签上，然后在右键菜单中单击如图 19-4 所示的 Copy → Copy XPath 命令，就会复制当前标签的 XPath。

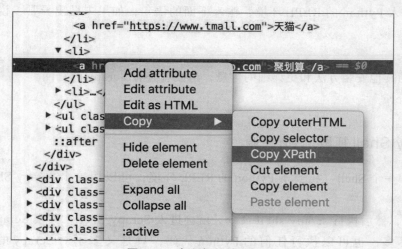

图 19-4 复制标签的 XCopy

很明显，包含"聚划算"文本的是一个 a 标签，复制的 a 标签的 XPath 如下：

```
/html/body/div[3]/div/ul[1]/li[2]/a
```

根据这个 XPath 代码就可以基本猜出 XPath 到底是怎么回事。XPath 通过层级的关系，最终指定了 a 标签，其中 li[…] 这样的标签表示父标签不止有一个 li 标签，[…] 里面是索引，从 1 开始。

现在可以在 Chrome 上测试一下这个 XPath，单击 Console 标签页，在 Console 中输入如下的代码会过滤出包含"聚划算"的 a 标签。

```
$x('/html/body/div[3]/div/ul[1]/li[2]/a')
```

如果要过滤出 a 标签里包含的"聚划算"文本，需要使用 XPath 的 text 函数。

```
$x('/html/body/div[3]/div/ul[1]/li[2]/a/text()')
```

图 19-5 是在 Console 中执行的结果，这里就不展开了，因为 Chrome 会列出很多辅助信息，这些信息大多用处不大。

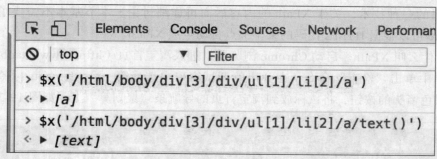

图 19-5 在 Chrome 中测试 XPath

为了在 Scrapy Shell 中测试，需要使用下面的命令重新启动 Scrapy Shell。

```
scrapy shell https://www.taobao.com
```

注意，在 Windows 下，运行上面的命令，可能会出现如下的错误提示。

```
no module named 'win32api'
```

如果出现这样的错误提示，执行下面的命令安装 pypiwin32 模块。

```
pip install pypiwin32
```

在 Scrapy Shell 中要使用 response.xpath 方法测试 XPath。

```
response.xpath('/html/body/div[3]/div/ul[1]/li[2]/a/text()').extract()
```

上面的代码输出的是一个列表，如果要直接返回"聚划算"，需要使用下面的代码。

```
response.xpath('/html/body/div[3]/div/ul[1]/li[2]/a/text()').extract()[0]
```

从包含"聚划算"的 a 标签周围的代码可以看出，li[1] 表示"淘宝"，li[3] 表示"天猫超市"，所以使用下面两行代码，可以分别得到"淘宝"和"天猫超市"。

```
# 输出"淘宝"
response.xpath('/html/body/div[3]/div/ul[1]/li[1]/a/text()').extract()[0]
# 输出"天猫超市"
response.xpath('/html/body/div[3]/div/ul[1]/li[3]/a/text()').extract()[0]
```

在 Scrapy Shell 中输入上面 3 条语句的输出结果如图 19-6 所示。

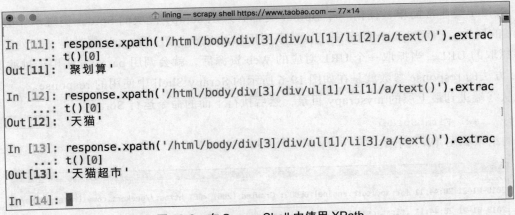

图 19-6　在 Scrapy Shell 中使用 XPath

19.2　用 Scrapy 编写网络爬虫

本节介绍 Scrapy 框架的基本用法，以及如何使用 Scrapy 来编写网络爬虫。

19.2.1　创建和使用 Scrapy 工程

Scrapy 框架提供了一个 scrapy 命令用来建立 Scrapy 工程，可以使用下面的命令建立一个名为 myscrapy 的 Scrapy 工程。

```
scrapy startproject myscrapy
```

执行上面的命令后，会在当前目录下创建一个 myscrapy 子目录。在 myscrapy 目录中还有一个

myscrapy 子目录，在该目录中有一堆子目录和文件，这些目录和文件就对应了如图 19-1 所示的各部分。例如，spiders 目录就对应了网络爬虫，其他的目录和文件先不用管。因为使用 Scrapy 框架编写网络爬虫的主要工作就是编写 Spider。所有的 Spider 脚本文件都要放到 spiders 目录中。

【例 19.1】　本例在 spiders 目录中建立一个 firstSpider.py 脚本文件，这是一个 Spider 程序，在该程序中会指定要抓取的 Web 资源的 URL。

实例位置： src/scrapy/myscrapy/myscrapy/spiders/FirstSpider.py

```
import scrapy
class Test1Spider(scrapy.Spider):
    # Spider 的名称，需要该名称启动 Scrapy
name = 'FirstSpider'
# 指定要抓取的 Web 资源的 URL
    start_urls = [
        'https://www.jd.com'
        ]
    # 每抓取一个 URL 对应的 Web 资源，就会调用该方法，通过 response 参数可以执行 XPath 过滤标签
def parse(self,response):
    # 输出日志信息
        self.log('hello world')
```

这个 Spider 类非常简单，任何一个 Spider 类都必须从 scrapy 模块的 Spider 类继承。必须有一个名为 name 的属性，指定 Spider 的名字，该名字用于启动 Scrapy。start_urls 属性是一个列表类型，用于指定要抓取的 URL。当抓取一个 URL 对应的 Web 资源后，就会调用 parse 方法用于过滤 HTML 代码。parse 方法的 response 参数就是在如图 19-6 所示的 Scrapy Shell 中使用的 response。

现在从终端进到最上层的 myscrapy 目录，然后执行下面的命令运行 Scrapy。

```
scrapy crawl FirstSpider
```

执行的结果如图 19-7 所示。

```
● ● ●                           myscrapy — -bash — 101×26
Q hello
2018-01-21 20:44:11 [scrapy.core.engine] DEBUG: Crawled (200) <GET https://geekori.com> (referer: Non
e)
2018-01-21 20:44:11 [firstscrapy] DEBUG: hello world
2018-01-21 20:44:11 [scrapy.core.engine] INFO: Closing spider (finished)
2018-01-21 20:44:11 [scrapy.statscollectors] INFO: Dumping Scrapy stats:
{'downloader/request_bytes': 428,
 'downloader/request_count': 2,
 'downloader/request_method_count/GET': 2,
 'downloader/response_bytes': 19209,
 'downloader/response_count': 2,
 'downloader/response_status_count/200': 1,
 'downloader/response_status_count/404': 1,
 'finish_reason': 'finished',
 'finish_time': datetime.datetime(2018, 1, 21, 12, 44, 11, 201289),
 'log_count/DEBUG': 4,
 'log_count/INFO': 7,
 'memusage/max': 44998656,
 'memusage/startup': 44998656,
 'response_received_count': 2,
 'scheduler/dequeued': 1,
 'scheduler/dequeued/memory': 1,
 'scheduler/enqueued': 1,
 'scheduler/enqueued/memory': 1,
 'start_time': datetime.datetime(2018, 1, 21, 12, 44, 10, 837713)}
2018-01-21 20:44:11 [scrapy.core.engine] INFO: Spider closed (finished)
liningdeiMac:myscrapy lining$ ▉
```

图 19-7　运行 Scrapy 后的输出结果

运行 Scrapy 后的输出结果中的 Debug 消息输出了"hello world"，这就表明了 parse 方法运行了，从而说明 URL 指定的 Web 资源成功被抓取了。

19.2.2 在 PyCharm 中使用 Scrapy

上一节的例子是通过文本编辑器编写的，但在实际的开发中不可能用文本编辑器编写整个网络爬虫，所以需要选择一个 IDE。推荐目前最流行的 PyCharm 作为 Python IDE。

PyCharm 不支持建立 Scrapy 工程，所以要先使用上一节介绍的方法通过命令行方式创建一个 Scrapy 工程，然后再使用 PyCharm 创建一个普通的 Python 工程，将包含 spiders 子目录的 myscrapy 目录和 scrapy.cfg 文件复制到新建的 Python 工程中。为了能直接在 Python 工程中运行网络爬虫，需要在 myscrapy 目录中建立一个 execute.py 脚本文件（文件名可以任意起），然后输入下面的代码。

```
from scrapy import cmdline
# 通过代码运行基于 Scrapy 框架的网络爬虫
cmdline.execute('scrapy crawl FirstSpider'.split())
```

如果要运行其他的网络爬虫，只需修改上面代码中字符串里面的命令即可。

使用 scrapy 命令创建的工程包含两个 myscrapy 目录，其中第 1 个 myscrapy 目录包含第 2 个 myscrapy 目录。将 execute.py 文件放在哪一个目录都可以，甚至是 spiders 目录也可以，所以最终的 Scrapy 工程结构如图 19-8 所示。

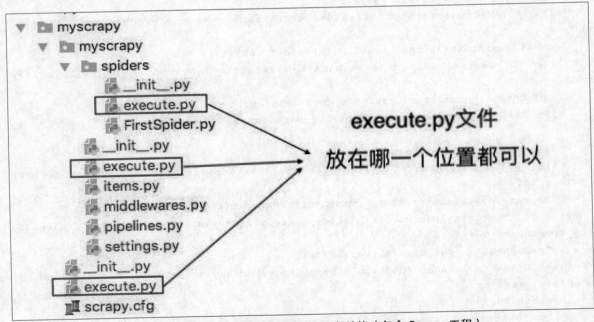

图 19-8 用 PyCharm 创建的 Python 工程结构（包含 Scrapy 工程）

现在执行 execute.py 脚本文件，会在 MyCharm 中的 Console 输入如图 19-9 所示的信息，从输出的日志信息中同样可以看到 hello world。

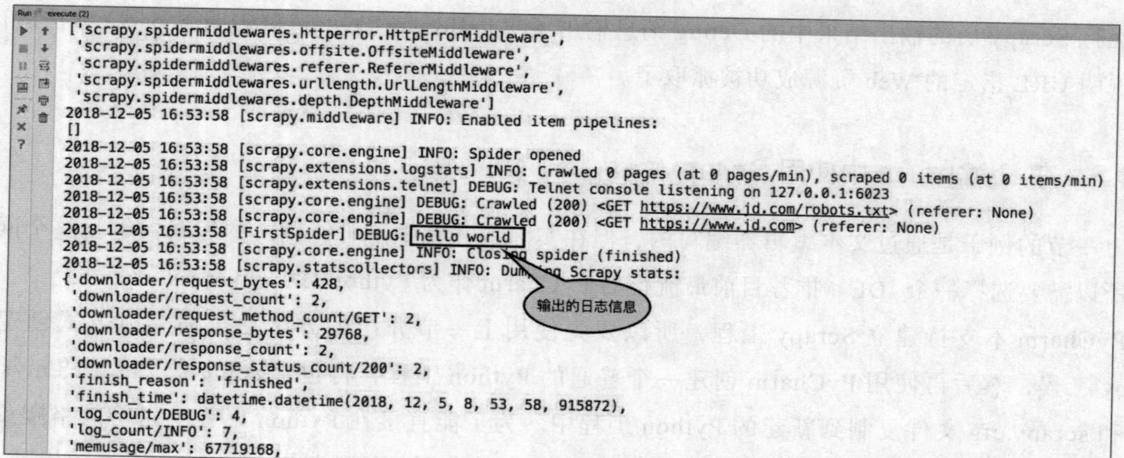

图 19-9　在 MyCharm 中运行 scrapy 程序

注意：尽管将 execute.py 文件放在 spiders 目录中可以成功运行 FirstSpider 爬虫，不过由于 Scrapy 的机制导致 spiders 目录中所有的 Python 文件都会执行一遍，所以如果将 execute.py 文件放在 spiders 目录中，就意味着不管运行哪一个爬虫，永远只会运行 FirstSpider，所以尽量不要将 execute. py 文件放在 spiders 目录中，否则 Scrapy 工程就只能有一个爬虫了。

注意，运行 cmdline.execute 函数可能会抛出如下异常。

```
2019-03-31 13:57:55 [scrapy.utils.log] INFO: Scrapy 1.5.1 started (bot: myscrapy)
Traceback (most recent call last):
  File "D:/MyStudio/resources/spider/src/scrapy/myscrapy/execute.py", line 2, in
<module>
    cmdline.execute('scrapy crawl FirstSpider'.split())
  File "D:\devtools\Anaconda3\lib\site-packages\scrapy\cmdline.py", line 149, in
execute
    cmd.crawler_process = CrawlerProcess(settings)
  File "D:\devtools\Anaconda3\lib\site-packages\scrapy\crawler.py", line 252, in __
init__
    log_scrapy_info(self.settings)
  File "D:\devtools\Anaconda3\lib\site-packages\scrapy\utils\log.py", line 149, in
log_scrapy_info
    for name, version in scrapy_components_versions()
  File "D:\devtools\Anaconda3\lib\site-packages\scrapy\utils\versions.py", line 35, in
scrapy_components_versions
    ("pyOpenSSL", _get_openssl_version()),
  File "D:\devtools\Anaconda3\lib\site-packages\scrapy\utils\versions.py", line 43, in
_get_openssl_version
    import OpenSSL
  File "D:\devtools\Anaconda3\lib\site-packages\OpenSSL\__init__.py", line 8, in
<module>
    from OpenSSL import crypto, SSL
  File "D:\devtools\Anaconda3\lib\site-packages\OpenSSL\crypto.py", line 16, in
```

```
<module>
        from OpenSSL._util import (
    File "D:\devtools\Anaconda3\lib\site-packages\OpenSSL\_util.py", line 6, in <module>
        from cryptography.hazmat.bindings.openssl.binding import Binding
     File "D:\devtools\Anaconda3\lib\site-packages\cryptography\hazmat\bindings\openssl\
binding.py", line 14, in <module>
        from cryptography.hazmat.bindings._openssl import ffi, lib
    ImportError: DLL load failed: 找不到指定的程序。
```

如果抛出上面的异常，请在命令行工具中输入下面的命令，然后再执行 cmdline.execute 函数即可。

```
pip uninstall scrapy
conda uninstall scrapy
pip install --force --upgrade scrapy
```

19.2.3　在 PyCharm 中使用扩展工具运行 Scrapy 程序

在上一节编写了一个 execute.py 文件用于运行 Scrapy 程序。其实本质上也是执行 scrapy 命令来运行 Scrapy 程序。不过每创建一个 Scrapy 工程，都要编写一个 execute.py 文件放到 PyCharm 工程中用于运行 Scrapy 程序显得很麻烦，为了在 PyCharm 中更方便地运行 Scrapy 程序，可以使用 PyCharm 扩展工具通过 scrapy 命令运行 Scrapy 程序。

PyCharm 扩展工具允许在 PyCharm 中通过单击命令执行外部命令。在 Mac OS X 系统中单击 PyCharm → Preferences 命令，在弹出的 Preferences 对话框的左侧单击 Tools → External Tools 命令，会在右侧显示已经创建的扩展工具列表，如图 19-10 所示。

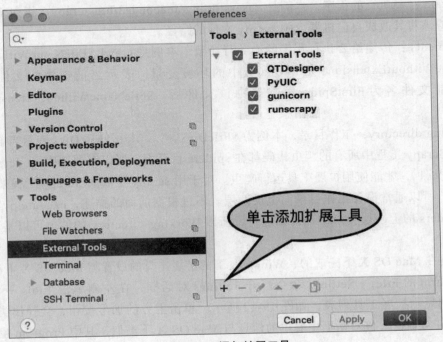

图 19-10　添加扩展工具

单击下方的加号按钮会弹出如图 19-11 所示的 Create Tool 对话框。

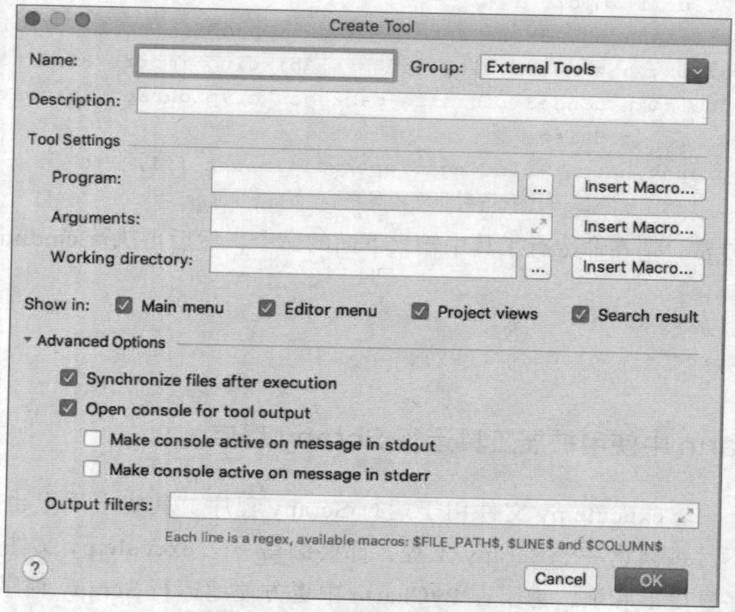

图 19-11　Create Tool 对话框

在 Create Tool 对话框中通常需要填写如下的内容：

（1）Name：扩展工具的名称，本例是 runscrapy，也可以是任何其他的名字。

（2）Description：扩展工具的描述，可以任意填写，相当于程序的注释。

（3）Program：要执行的程序，本例是 /Users/lining/anaconda3/bin/scrapy，指向 scrapy 命令的绝对路径。读者应该将其改成自己机器上的 scrapy 文件的路径。

（4）Arguments：传递给要执行程序的命令行参数。本例是 crawl \$FileNameWithoutExtension\$，其中 \$FileNameWithoutExtension\$ 是 PyCharm 中的环境变量，表示当前选中的文件名（不包含扩展名），如当前文件名为 FirstSpider.py，选中该文件后，\$FileNameWithoutExtension\$ 的值就是 FirstSpider。

（5）Working directory：工作目录，本例为 \$FileDir\$/../..。其中 \$FileDir\$ 表示当前选中文件所在的目录。由于 Scrapy 工程中所有的爬虫代码都在 spiders 目录中，所以需要选中 spiders 目录中的爬虫脚本文件（.py 文件），才能使用扩展工具运行爬虫。对于用 scrapy 生成的 Scrapy 工程来说，spiders 目录位于最内层，所以通常设置工作目录向上反两层。不过根据前面的描述，execute.py 文件在 spiders 目录中以及 spiders 的上一层目录中都可以运行，所以 Working directory 的值也可以是 \$FileDir\$/.. 或 \$FileDir\$。

以上设置是在 Mac OS X 下完成的，Windows 下的扩展工具的设置与 Mac OS X 下有一定的差异。首先单击 PyCharm 的 File → Settings 命令打开 Settings 对话框，在左侧单击 Tools → External Tools 节点，会在右侧显示扩展工具列表，如图 19-12 所示。单击上方的加号按钮，会弹出类似图 19-11 所示的 Create Tool 对话框。该对话框中要填的信息与 Mac OS X 下类似，其中 Program 也可以是相对路径，如 scrapy。

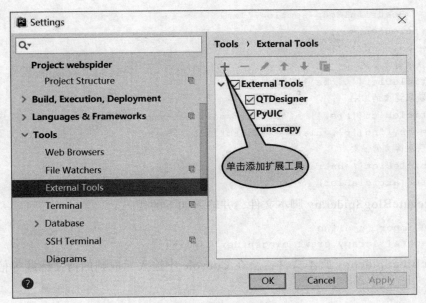

图 19-12 Settings 对话框

添加完扩展工具后，选择 spiders 目录中的一个爬虫文件，如 FirstSpider.py，然后在右键菜单中单击 External Tools → runscrapy 命令运行 FirstSpider.py，会在 Console 中输出与如图 19-9 所示相同的信息。选中 FirstSpider.py 文件后，单击 PyCharm 的 Tools → External Tools → runscrapy 命令也可以有同样的效果。

19.2.4 使用 Scrapy 抓取数据，并通过 XPath 指定解析规则

本节的案例会在 parse 方法中通过 response 参数设置 XPath，然后从 HTML 代码中过滤出感兴趣的信息，最后将这些信息输出到 PyCharm 的 Console 中。

【例 19.2】 本例通过 XPath 过滤出指定页面的博文列表，并利用 Beautiful Soup 对博文的相关信息进一步过滤，最后在 Console 中输出博文标题等信息。

实例位置： src/scrapy/myscrapy/myscrapy/spiders/BlogSpider.py

```python
import scrapy
from bs4 import *
class BlogSpider(scrapy.Spider):
    name = 'BlogSpider'
    start_urls = [
        'https://geekori.com/blogsCenter.php?uid=geekori'
        ]
def parse(self,response):
    # 过滤出指定页面所有的博文
    sectionList = response.xpath('//*[@id="all"]/div[1]/section').extract()
    # 对博文列表进行迭代
    for section in sectionList:
        # 利用 BeautifulSoup 对每一篇博文的相关信息进行过滤
```

```
bs = BeautifulSoup(section,'lxml')
articleDict = {}
a = bs.find('a')
# 获取博文标题
articleDict['title'] = a.text
# 获取博文的 URL
articleDict['href'] = 'https://geekori.com/' + a.get('href')
p = bs.find('p', class_='excerpt')
# 获取博文的摘要
articleDict['abstract'] = p.text
print(articleDict)
```

新建一个 executeBlogSpider.py 脚本文件，并输入如下的代码。

```
from scrapy import cmdline
cmdline.execute('scrapy crawl blogspider'.split())
```

执行 executeBlogSpider.py 脚本文件，会在 Console 中输入抓取到的博文标题等信息，如图 19-13 所示。

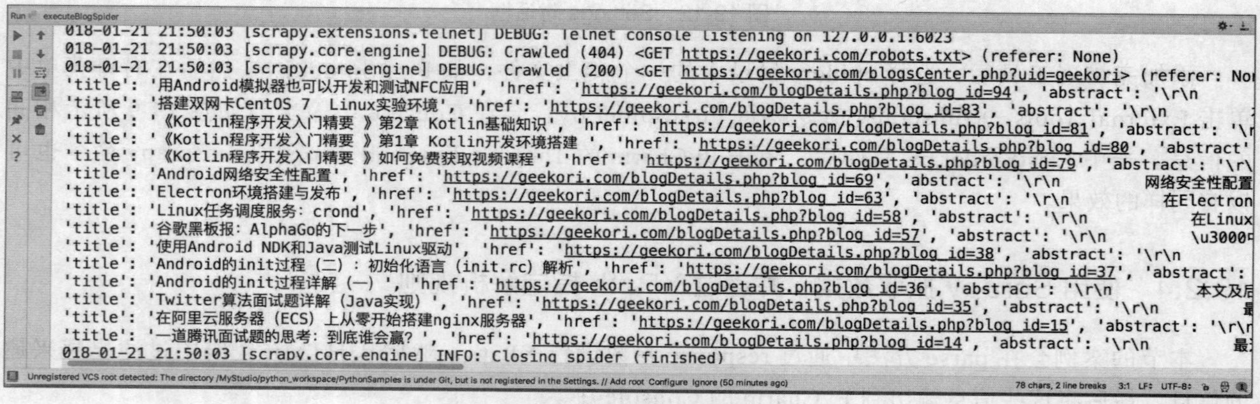

图 19-13　输出抓取到的信息

19.2.5　将抓取到的数据保存为多种格式的文件

parse 方法的返回值会被传给 Item Pipeline，并由相应的 Item Pipeline 将数据保存成相应格式的文件。parse 方法必须返回 Item 类型的数据。也就是说，parse 方法的返回值类型必须是 scrapy.Item 或其 scrapy.Item 的子类。在该类中会定义与要保存的数据对应的属性。

【例 19.3】 本例首先定义一个 Item 类，在该类中定义 title、href 和 abstract 三个属性，然后在 parse 方法中返回 Item 类的实例，并设置这 3 个属性的值。最后在运行网络爬虫时会通过 "-o" 命令行参数指定保存的文件类型（通过扩展名指定），成功运行后，就会将抓取到的数据保存到指定的文件中。

首先在 items.py 脚本文件中编写一个 Item 类，在创建 Scrapy 工程时，items.py 脚本文件中已经有一个 MyscrapyItem 类了，可以直接利用这个类。

实例位置： src/scrapydemo/myscrapy/myscrapy/items.py

```
import scrapy
class MyscrapyItem(scrapy.Item):
    # 每一个要保存的属性都必须是 Field 类的实例
    title = scrapy.Field()
    href = scrapy.Field()
    abstract = scrapy.Field()
```

现在来编写网络爬虫类。

实例位置： src/scrapydemo/myscrapy/myscrapy/spiders/SaveBlogSpider.py

```
import scrapy
from bs4 import *
from myscrapy.items import MyscrapyItem
class SaveBlogSpider(scrapy.Spider):
    name = 'SaveBlogSpider'
    start_urls = [
        'https://geekori.com/blogsCenter.php?uid=geekori'
    ]
    def parse(self,response):
        # 创建 MyscrapyItem 类的实例
        item = MyscrapyItem()
        sectionList = response.xpath('//*[@id="all"]/div[1]/section').extract()
        for section in sectionList:
            bs = BeautifulSoup(section,'lxml')
            articleDict = {}
            # 搜索 a 标签
            a = bs.find('a')
            # 下面的代码将 a 标签的属性值保存在 articleDict 字典中
            articleDict['title'] = a.text
            articleDict['href'] = 'https://geekori.com/' + a.get('href')
            p = bs.find('p', class_='excerpt')
            articleDict['abstract'] = p.text
            # 为 MyscrapyItem 对象的 3 个属性赋值
            item['title'] = articleDict['title']
            item['href'] = articleDict['href']
            item['abstract'] = articleDict['abstract']
            # 本例只保存抓取的第 1 条博文相关信息，所以迭代一次后退出 for 循环
            break
        # 返回 MyscrapyItem 对象
        return item
```

　　如果在 MyCharm 中编辑 SaveBlogSpider.py 文件，应该单击 myscrapy 目录（spiders 目录的上两级父目录，如图 19-14 所选中的目录），在右键弹出菜单中单击 Mark Director As → Sources root 命令，将该目录变成 Python 源代码目录（这样 Python 才会在该目录中搜索要导入的 Python 包文件）。单击该命令后，myscrapy 目录的图标会变成蓝色，这样程序才可以找到 items.py 文件。

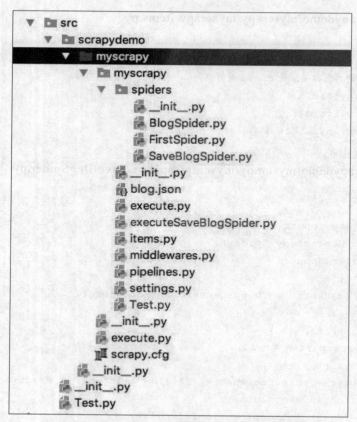

图 19-14　将 myscrapy 目录变成 Python 源代码目录

接下来在 items.py 文件所在的目录创建一个名为 executeSaveBlogSpider.py 的脚本文件，并输入如下的代码。

```
from scrapy import cmdline
# 将抓取的数据保存为 json 格式的文件（blog.json）
cmdline.execute('scrapy crawl SaveBlogSpider -o blog.jscn'.split())
```

执行 executeSaveBlogSpider.py 脚本文件，会在当前目录（executeSaveBlogSpider.py 脚本文件所在的目录）生成一个 blog.json 文件。如果使用"-o blog.xml"就会生成 XML 格式的文件，使用"-o blog.csv"就会生成 CSV 格式的文件，使用"-o blog.jl"也会生成 JSON 格式的文件，只是 blog.json 文件将每一个元素（包含博文相关信息的对象）都放到一个 JSON 数组中，而 blog.jl 文件的每一个元素都是独立的。也就是说，如果要读取 blog.json 文件的内容，需要整个文件都加载，如果要读取 blog.jl 文件的内容，可以一个元素一个元素地读取。

19.2.6　使用 ItemLoader 保存单条抓取的数据

在上一节通过 parse 方法返回一个 MyscrapyItem 对象的方式将抓取的数据保存到指定的文件中，本节会介绍另外一种保存数据的方式：ItemLoader。

本质上，ItemLoader 对象也是通过返回一个 item 的方式保存数据的，只不过 ItemLoader 对象将

item 和 response（用于从服务端获取响应数据的对象）进行了封装。

ItemLoader 类的构造方法常用的参数有 2 个：item 和 response，其中 item 用于指定 Item 对象（如本例的 MyscrapyItem 对象），response 用于指定从服务端获取数据的对象（本例是 response，也是 parse 方法的第 2 个参数）。

【例 19.4】 本例会通过一个 ItemLoader 对象以及 XPath 截取文章列表的第一篇文章的标题、摘要和 URL。它们分别保存在 title、abstract 和 href 三个属性中。最后在运行网络爬虫时会通过"-o"命令行参数指定保存的文件类型（通过扩展名确定文件类型），成功运行后，就会将抓取到的数据保存到指定的文件中。

实例位置： src/scrapydemo/myscrapy/myscrapy/spiders/ItemLoaderSpider.py

```python
import scrapy
from scrapy.loader import *
from scrapy.loader.processors import *
from bs4 import *
from myscrapy.items import MyscrapyItem
class ItemLoaderSpider(scrapy.Spider):
    name = 'ItemLoaderSpider'
    # 定义要抓取的 Web 资源的 URL
    start_urls = [
        'https://geekori.com/blogsCenter.php?uid=geekori'
    ]
    def parse(self,response):
        # 创建 ItemLoader 对象
        itemLoader = ItemLoader(item = MyscrapyItem(),response=response)
        # 通过 XPath 获取标题
        itemLoader.add_xpath('title', '//*[@id="all"]/div[1]/section[1]/div[2]/h2/a/text()')
        # 通过 XPath 获取 URL
        itemLoader.add_xpath('href', '//*[@id="all"]/div[1]/section[1]/div[2]/h2/a/@href',MapCompose(lambda href:'https://geekori.com/' + href))
        # 通过 XPath 获取摘要
        itemLoader.add_xpath('abstract','//*[@id="all"]/div[1]/section[1]/div[2]/p/text()')
        # 通过 load_item 方法获得 MyscrapyItem 对象，并返回这个对象
        return itemLoader.load_item()
```

由于在创建 ItemLoader 对象时已经指定了 response，所以在通过 XPath 获取特定内容时就不需要再考虑 response 了，这些与 response 相关的操作都被封装在 ItemLoader 类中，这也是 ItemLoader 的方便之处。

接下来创建一个名为 execute_ItemLoaderSpider.py 的文件，并输入下面的代码。

实例位置： src/scrapydemo/myscrapy/execute_ItemLoaderSpider.py

```python
from scrapy import cmdline
# 通过代码运行基于 Scrapy 框架的网络爬虫
cmdline.execute('scrapy crawl ItemLoaderSpider -o item1.json'.split())
```

最后执行 execute_ItemLoaderSpider.py 脚本文件，就会看到当前目录中多了一个 item1.json 文

件，如果抓取的内容存在中文，会以 Unicode 编码格式保存，当读取该文件时，就会将其转换为中文。

多学一招：如何获得特定内容的 XPath 代码

本例使用大量的 XPath 代码来获取特定的内容（如标题、摘要等），其实这些 XPath 并不需要手工编写，完全可以通过 Chrome 浏览器来获得。首先在要抓取的页面右击，在弹出菜单中单击"检查"命令，会显示如图 19-15 所示的调试面板，然后按图 19-15 中数字顺序操作即可将特定内容的 XPath 代码复制到剪贴版上。

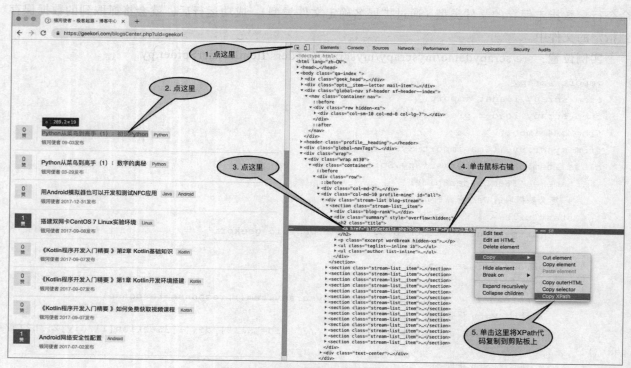

图 19-15　取特定内容的 XPath 代码

19.2.7　使用 ItemLoader 保存多条抓取的数据

在上一节通过 ItemLoader 保存了一条抓取的数据，如果要保存多条或所有抓取的数据，就需要 parse 方法返回一个 MyscrapyItem 数组。

【例 19.5】 本例仍然抓取例 19.4 中的博客列表页面，但保存抓取页面所有的博客数据，包括每条博客的标题、摘要和 URL。

实例位置：src/scrapydemo/myscrapy/myscrapy/spiders/ItemLoaderSpider1.py

```
import scrapy
from scrapy.loader import *
from scrapy.loader.processors import *
from bs4 import *
from myscrapy.items import MyscrapyItem
```

```
class ItemLoaderSpider1(scrapy.Spider):
    name = 'ItemLoaderSpider1'
    start_urls = [
        'https://geekori.com/blogsCenter.php?uid=geekori'
    ]
    def parse(self,response):
        # 要返回的 MyscrapyItem 对象数组
        items = []

        # 获取博客页面的博客列表数据
        sectionList = response.xpath('//*[@id="all"]/div[1]/section').extract()
        # 通过循环迭代处理每一条博客列表数据
        for section in sectionList:
            bs = BeautifulSoup(section,'lxml')
            articleDict = {}
            a = bs.find('a')
            # 获取博客标题
            articleDict['title'] = a.text
            # 获取博客 URL
            articleDict['href'] = 'https://geekori.com/' + a.get('href')
            p = bs.find('p',class_='excerpt')
            # 获取博客摘要
            articleDict['abstract'] = p.text
            # 创建 ItemLoader 对象
            itemLoader = ItemLoader(item = MyscrapyItem(),response = response)
            # 将标题添加到 ItemLoader 对象中
            itemLoader.add_value('title', articleDict['title'])
            # 将 URL 添加到 ItemLoader 对象中
            itemLoader.add_value('href', articleDict['href'])
            # 将摘要添加到 ItemLoader 对象中
            itemLoader.add_value('abstract', articleDict['abstract'])
            # 获取封装当前博文数据的 MyscrapyItem 对象，并将其添加到 items 数组中
            items.append(itemLoader.load_item())
        # 返回 items 数组
        return items
```

在本例中，并没有使用 ItemLoader.add_xpath 方法通过 XPath 获取博文数据，而是先通过 BeautifulSoup 对象获取博文数据，然后通过 add_value 方法直接将博文数据添加到 ItemLoader 对象中。其实直接通过上一节的方式，使用 XPath 获取博文的内容也没有问题，读者可以自己尝试 XPath 的方式，不过要注意根据当前博文的索引变化 XPath 中的部分代码。

接下来创建一个名为 execute_ItemLoaderSpider1.py 的文件，并输入下面的代码。

实例位置：src/scrapydemo/myscrapy/execute_ItemLoaderSpider1.py

```
from scrapy import cmdline
# 通过代码运行基于 Scrapy 框架的网络爬虫
cmdline.execute('scrapy crawl ItemLoaderSpider1 -o items.json'.split())
```

执行 execute_ItemLoaderSpider1.py 脚本文件，会看到在当前目录生成了一个名为 items.json 的文件，该文件中保存了抓取页面所有的博文数据。

19.2.8 抓取多个 URL

在前面的案例中都是只抓取一个 URL 对应的页面，但在实际应用中，通常需要抓取多个 URL，在爬虫类的 start_urls 变量中添加多个 URL，运行爬虫时就会抓取 start_urls 变量中所有的 URL。下面的代码在 start_urls 变量中添加了 2 个 URL，运行 MultiUrlSpider 爬虫后，就会抓取这两个 URL 对应的页面。

```
class MultiUrlSpider(scrapy.Spider):
    name = 'MultiUrlSpider'
    start_urls = [
        'https://www.jd.com',
        'https://www.taobao.com'
    ]
    ... ...
```

【例 19.6】 本例通过一个文本文件（urls.txt）提供多个 URL，并在爬虫类中读取 urls.txt 文件中的内容，然后将读取的多个 URL 存入 start_urls 变量中。最后抓取 urls.txt 文件中所有的 URL 对应的页面，并输出页面的博文数（本例提供的 URL 是 geekori.com 的博文列表页面，如果读者使用其他的 URL，需要修改分析页面的逻辑代码）。

实例位置： src/scrapydemo/myscrapy/myscrapy/spiders/MultiUrlSpider.py

```
import scrapy
class MultiUrlSpider(scrapy.Spider):
    name = 'MultiUrlSpider'
    # 从 urls.txt 文件中读取所有的 URL，并保存到 start_urls 变量中
    start_urls = [
        url.strip() for url in open('./urls.txt').readlines()

    ]
    def parse(self,response):
        # 使用 XPath 分析页面
        sectionList = response.xpath('//*[@id="all"]/div[1]/section').extract()
        # 输出当前页面的博文数
        print(' 共有 ',len(sectionList),' 条博文 ')
```

在 spiders 目录中创建一个 urls.txt 文件，并输入如下的内容：

```
https://geekori.com/blogsCenter.php?uid=geekori
https://geekori.com/blogsCenter.php?uid=geekori&page=2
```

最后使用下面的命令运行 MultiUrlSpider 爬虫。

```
crapy crawl MultiUrlSpider
```

如果执行成功，会输出如图 19-16 所示的信息。

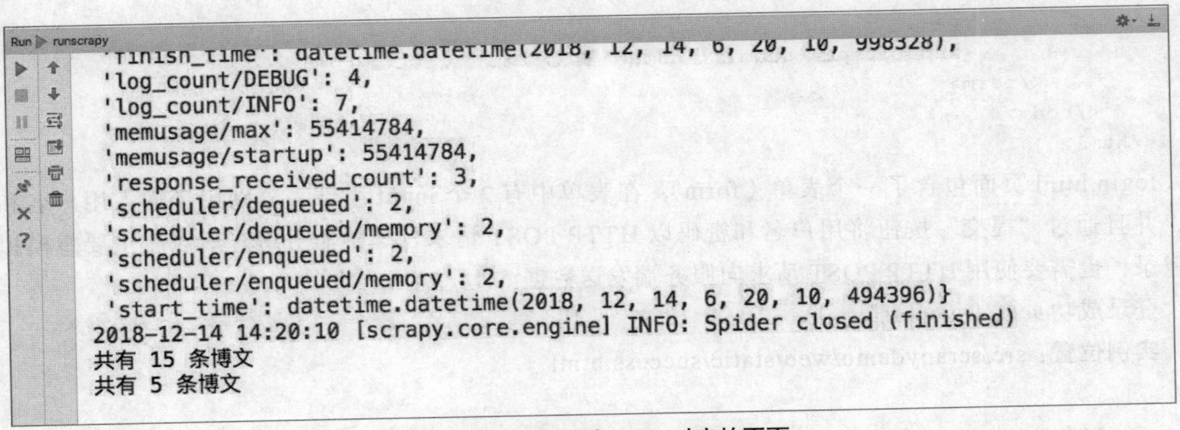

图 19-16　抓取多个 URL 对应的页面

19.3　Scrapy 的高级应用

本节深入讲解 Scrapy 中的高级技术，如模拟登录页面、抓取 API、中间件等。

19.3.1　处理登录页面

在抓取 Web 页面数据时，并不是每一个页面的数据在任何时候都可以抓取到。有一些页面，需要用户登录后才可以在浏览器中显示，如果想通过爬虫抓取这样的页面，同样也需要登录。也就是说，这种页面只有特定的用户才能访问。

对于需要登录才能访问的页面有多种情况，其中比较容易抓取的是不管以任何用户登录，页面都相同，或者只想抓取特定用户登录后的页面，在这种情况下，可以事先在网站上注册一个用户，然后在抓取 Web 页面之前，先用程序模拟登录，登录成功后，就可以继续利用爬虫抓取该 Web 页面了。

【例 19.7】　本例通过 Flask 框架①实现一个简单的 Web 服务器，用于模拟需要登录才能访问的 Web 页面，然后使用 Scrapy 模拟登录，最后再使用 Scrapy 抓取登录后页面的内容。

现在先来建立相关的 Web 页面。

登录页面（login.html）

实例位置：src/scrapydemo/web/static/login.html

```
<html>
    <body>
        <form action='/login' method='post'>
            username:<input type='text' name='username'/>
            <p>
            password:<input type='password' name='password'/>
```

---

① Flask 是基于 Python 的 Web 框架，用于开发 Web 应用，运行本例读者并不需要了解 Flask 框架，只需按操作步骤运行程序即可。如果读者想深入了解 Flask 框架，可以参考《Python 从菜鸟到高手》一书的第 21 章。安装 Flask 框架可以使用 pip install flask，如果读者使用的是 Anaconda Python 环境，Flask 框架已经包含在 Anaconda 安装包中，无须再次安装。

```
            <p>
            <input type='submit' name=' 提交 '/>
        </form>
    </body>
</html>
```

login.html 页面包含了一个表单（form），在表单中有 2 个 input 组件，分别用于输入用户名和密码，并且通过"提交"按钮将用户名和密码以 HTTP POST 请求发送给服务端。所以爬虫要想模拟用户登录，也需要使用 HTTP POST 请求向服务端发送数据。

登录成功页面（success.html）

实例位置： src/scrapydemo/web/static/success.html

```
<html>
    <body>
        <h1> 登录成功 </h1>
    </body>
</html>
```

当登录成功后，会跳转到 success.html 页面，爬虫希望抓取的就是该页面的内容，本例为了便于读者理解，只给出一个简单的登录成功后显示的页面，在实际应用中，登录成功后显示的页面可能会很复杂。

登录失败页面（failed.html）

实例位置： src/scrapydemo/web/static/failed.html

```
<html>
    <body>
        <h1> 登录失败 </h1>
    </body>
</html>
```

如果提供的用户名或密码错误，会自动跳转到 failed.html 页面，这样一来，爬虫就无法抓取到 success.html 页面的内容了。

接下来使用 Flask 框架编写一个简单的 Web 服务器。

实例位置： src/scrapydemo/web/LoginServer.py

```python
from flask import Flask,request,redirect
# 创建 Flask 对象，表示整个 Web 应用
app = Flask(__name__)
# 指定 /login 路由对应的函数，该路由必须通过 HTTP POST 方法才能访问
@app.route('/login',methods=['POST'])
def login():
    # 判断用户名和密码是否正确
    if request.form['username'] == 'bill' and request.form['password'] == '1234':
        # 如果用户名和密码正确，重定向到 success.html 页面
        return redirect('/static/success.html')
    else:
        # 如果用户名或密码错误，重定向到 failed.html 页面
        return redirect('/static/failed.html')
if __name__ == "__main__":
```

```
# 启动 Web 服务，默认端口号是 5000
app.run(host='0.0.0.0')
```

为了便于说明问题，Web 服务器将用户名和密码硬编码在程序中，用户名是 bill，密码是 1234。现在运行 LoginServer.py 脚本文件，即可启动 Web 服务，注意，默认端口号是 5000，在启动 Web 服务之前，要保证本机的 5000 端口没被占用。

前面建立的 3 个 Web 静态页面要放在 static 目录中，因为 Flask 框架默认会在 static 目录中寻找静态资源文件。Web 服务器中文件和目录结构如图 19-17 所示。

读者可以运行 LoginServer.py 脚本文件启动 Web 服务器，然后在浏览器地址栏输入如下的 URL，当页面显示后，在两个文本输入框中分别输入用户名和密码，如图 19-18 所示。

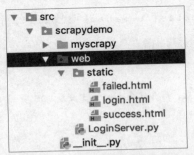

图 19-17 Web 服务器的目录和文件结构

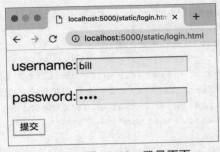

图 19-18 登录页面

单击"提交"按钮，如果用户名和密码输入正确，会显示如图 19-19 所示的页面。

图 19-19 登录成功页面

以上演示的就是登录和显示登录成功页面的过程，下面使用爬虫（LoginSpider.py）来模拟这一过程。

实例位置： src/scrapydemo/myscrapy/myscrapy/spiders/LoginSpider.py

```
import scrapy
from scrapy.http.request.form import FormRequest
class LoginSpider(scrapy.Spider):
    name = 'LoginSpider'
    # 爬虫运行时会自动调用 start_requests 方法向服务端发送请求
    def start_requests(self):
        return [
    // 创建 FormRequest 对象，并向服务端发送 HTTP POST 请求，用户名和密码包含在 HTTP POST 请求中
    FormRequest('http://localhost:5000/login',formdata={'username':'bill','password':'1234'})
        ]
    // 成功登录后，会重定向到 success.html 页面，然后 parse 方法会被调用
    def parse(self,response):
```

```
# 通过 XPath 得到 success.html 页面中 h1 标签的内容，也就是"登录成功"
text = response.xpath('//h1/text()').extract()
# 输出 h1 标签的内容
print(text[0])
```

如果要向服务端发送 HTTP POST 请求，不能使用 start_urls 变量指定 URL，因为通过该变量指定的 URL 都是以 HTTP GET 请求的形式访问服务端。要以 HTTP POST 请求的形式访问服务端，需要使用 FormRequest 对象，通过 FormRequest 类的 formdata 命名参数可以指定提交给服务器的数据，相当于 Web 页面中通过表单（form）提交的数据。FormRequest 对象默认通过 HTTP POST 方法请求服务器，不过也可以通过 FormRequest 类构造方法的 method 命名参数指定 HTTP GET 方法，这一点从 FormRequest 类构造方法的源代码就可以看出。代码如下：

```
FormRequest('http://localhost:5000/login',formdata={'username':'bill','passwo
rd':'1234' method='GET'})
# FormRequest 类的构造方法
def __init__(self, *args, **kwargs):
    formdata = kwargs.pop('formdata', None)
    # 如果指定了 formdata 命名参数，并且没有设置 method 命名参数，那么就将 method 设为 POST
    if formdata and kwargs.get('method') is None:
        kwargs['method'] = 'POST'
... ...
```

在运行爬虫之前，先启动 Web 服务器（LoginServer.py），然后运行爬虫（LoginSpider.py），如果在终端看到输出如图 19-20 所示的信息，说明爬虫已经成功登录，并成功抓取了 success.html 页面的内容。

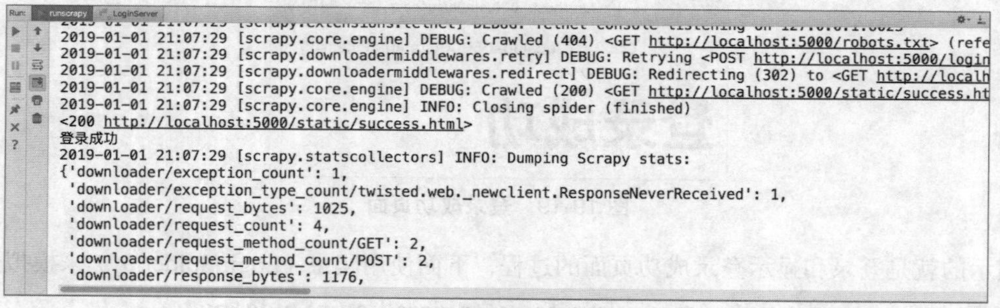

图 19-20　成功抓取 success.html 页面

19.3.2　处理带隐藏文本框的登录页面

上一节实现的抓取登录页面的方式是最简单的一种形式，在这个例子中假设服务端程序除了要求输入用户名和密码，没有做任何限制。但在实际应用中，服务端程序可能会加各种其他的校验，例如，一种比较常见的校验方式是在服务端向客户端发送登录页面的同时，在登录页面的代码中插入一个隐藏的 input 组件，并且在 input 组件中写入一个字符串，这个字符串是通过随机或某些算法生成的。当然，除了服务端程序外，其他人并不知道这个包含在隐藏 input 组件中的字符串的规则，而且每次显示登录页面时，这个字符串都不一样。当客户端提交用户名和密码的同时，也会将这个字符串提交给服务端，服务端不仅要校验用户名和密码，还要校验这个字符串是否与服务端保存的字符串匹配，如果不匹配，即使用户名和密码都正确，仍然无法获得登录后的页面。

要抓取这样的页面，在模拟登录时不仅要向服务端发送用户名和密码，还要发送隐藏在 input 组件中的字符串，那么这里有一个问题，爬虫怎么知道这个字符串是什么呢？其实很简单，爬虫只需要获取登录页面的内容，就可以获取这个隐藏在 input 组件中的字符串。

【例 19.8】 本例会沿用例 19.8 中的部分代码，只是在登录页面中加了一个隐藏的 input 组件，用于保存服务端生成的字符串，服务端除了用户名和密码外，还需要校验这个字符串。为了让程序简化，本例直接将这个字符串硬编码隐藏在 input 组件中，在实际应用中，这个字符串应该是由服务端程序自动生成的。

首先编写登录页面。

实例位置：src/scrapydemo/web/static/login1.html

```html
<html>
    <body>
        <form action='/login' method='post'>
            <!-- 隐藏 input 组件, 87453214 是要提交的字符串 -->
            <input type='hidden' name='nonce' value='87453214'/>
            username:<input type='text' name='username'/>
            <p>
            password:<input type='password' name='password'/>
            <p>
            <input type='submit' name=' 提交 '/>
        </form>
    </body>
</html>
```

接下来编写一个新的服务器程序。

实例位置：src/scrapydemo/web/LoginServer1.py

```python
from flask import Flask,request,redirect

app = Flask(__name__)

@app.route('/login',methods=['POST'])
def login():
    # 不仅要校验用户名和密码, 还要校验提交的字符串（nonce）
    if request.form['username'] == 'bill' \
    and request.form['password'] == '1234' \
    and request.form.get('nonce') == '87453214':
        return redirect('/static/success.html')
    else:
        return redirect('/static/failed.html')
if __name__ == "__main__":
    app.run(host='0.0.0.0')
```

最后编写一个新的爬虫程序（LoginSpider1.py）

实例位置：src/scrapydemo/myscrapy/myscrapy/spiders/LoginSpider1.py

```
import scrapy
from scrapy.http.request.form import FormRequest
from _cffi_backend import callback
class LoginSpider1(scrapy.Spider):
    name = 'LoginSpider1'
    def start_requests(self):
        return [
            # 相当于用浏览器访问该页面
FormRequest('http://localhost:5000/static/login1.html',callback=self.parseLogin)
        ]
    def parseLogin(self,response):
        # 相当于在浏览器中提交 form (已经包含了隐藏在 input 组件中的字符串)
        return FormRequest.from_response(response, formdata={'username':'bill','passw
ord':'1234'})
    def parse(self,response):
        # 分析 success.html 页面的代码
        text = response.xpath('//h1/text()').extract()
        print(text[0])
```

现在来测试本例，首先运行 LoginServer1.py 脚本文件，然后运行 LoginSpider1.py 爬虫脚本，会看到与图 19-20 类似的输出结果。

可以看到，在创建 FormRequest 对象时并没有在 FormRequest 类的构造方法中指定要提交的表单数据（用户名和密码），而且提供的 URL 也不是服务端的路由，而是登录页面（login1.html），其实这是模拟浏览器的登录过程。在浏览器中，首先要进入 login1.html 页面，在显示 login1.html 页面后，服务端会将一个根据一定规则产生的字符串写入隐藏的 input 组件。当单击"提交"按钮后，不仅将用户名和密码提交给客户端，同时也将这个字符串一起提交给了客户端。在用爬虫抓取登录成功页面之前，首先要访问 login1.html 页面，这样才能获得服务端产生的这个字符串。而 FormRequest 类构造方法的第 2 个参数是一个回调方法（self.parseLogin），该回调方法会在 login1.html 页面代码下载完调用，在该方法中可以分析 login1.html 页面的代码，不过本例使用了 FormRequest.from_response 方法向表单写入用户名和密码后，重新提交了表单。这时，隐藏在 input 组件中的字符串也同时被提交了。从本例的实现过程可以看出，爬虫抓取包含隐含表单信息（这里是一个字符串）的页面时，首先要模拟浏览器访问这个包含隐含信息的页面，服务端一般不管是通过什么方式提交的页面，都会生成这个字符串，所以爬虫就很容易获得这个由服务端生成的字符串，然后按正常方式提交表单即可。

19.3.3 通过 API 抓取天气预报数据

并不是所有的数据都在网页代码中，对于通过 AJAX 方式更新数据的 Web 页面，通常会使用 Web API 的方式从服务端获取数据，然后通过 JavaScript 代码将这些数据显示在 Web 页面的组件中。在这种情况下，无法通过抓取 HTML 代码的方式获取这些数据，而要通过直接访问这些 Web API 的方式从服务端抓取数据。

Web API 返回数据的形式有多种，但通常是以 JSON 格式的数据返回，当然，有可能会在返回的数据中插入其他的东西，例如 JavaScript 代码、HTML 代码、CSS 等。这就要具体问题具体分析了。

对于这种情况，是无法编写通用的爬虫程序的，需要针对特定的 Web API 进行分析和抓取。

【例 19.9】 本例分析了 http://www.weather.com.cn 网站的 Web API 数据格式，并模拟浏览器访问该网站的 Web API，通过该网站的 Web API 可以获取指定城市的天气预报数据。本例不仅详细描述了实现过程，还深入分析了如何从 Web 页面中找出 Web API URL。

抓取 Web API 数据不像抓取 Web 页面数据那么直接，抓取 Web 页面时已经得知该页面的 URL，所以只需要传给爬虫该 URL，就可以下载该页面的代码，然后通过 XPath 或其他技术获取特定的数据即可。而 Web API 尽管也需要通过 URL 访问，但这个 URL 肯定不会显示在 Web 页面上，所以需要爬虫程序员自己通过各种技术去定位 Web API 的 URL。获取 URL 后，才可以去分析和抓取 Web API 数据。

读者可以进入 http://www.weather.com.cn 的首页，在页面正上方的文本输入框输入一个城市的名字，如"沈阳"，然后选择列表中显示的第一项，效果如图 19-21 所示，最后按 Enter 键搜索指定城市的天气信息。

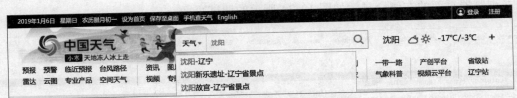

图 19-21　搜索指定城市的天气信息

搜索出来的天气信息如图 19-22 所示。这个搜索页面的信息有的是在页面上，但有的并没有在页面上，例如，左侧的气温实况就无法直接从搜索页面获得，其实这些信息都是从 Web API 获取的，然后通过 JavaScript 代码显示在 Web 页面上。

图 19-22　天气信息搜索页面

现在的任务就是要找到图 19-22 所示页面使用的 Web API 地址，然后通过爬虫访问这个地址来抓取数据。

分析 Web 页面的工具很多，不过可以就地取材，直接利用浏览器本身的功能来分析 Web 页面。推荐大家使用 Google 的 Chrome 浏览器。在浏览器页面右击，单击弹出菜单中的"检查"命令（通常是最后一个命令），如图 19-23 所示。

图 19-23 检查页面

这时在浏览器页面的右侧会显示如图 19-24 所示的调试页面。

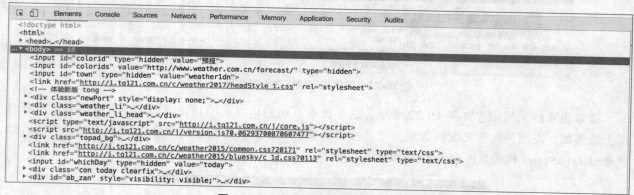

图 19-24 Chrome 浏览器的调试页面

打开调试页面后，在最上面有一排选项卡。单击 Network 选项卡，一开始在该选项卡中什么都没有，这是因为进入 Network 选项卡后，刷新页面才会显示数据。现在重新刷新当前页面，会看到如图 19-25 所示的效果。

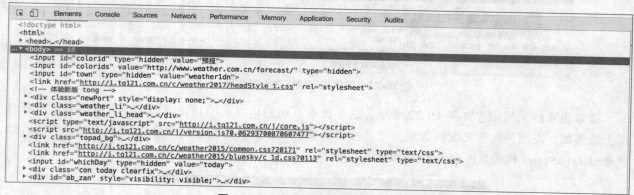

图 19-25 显示当前页面中访问的所有 URL

在 Network 选项卡最下方的列表中会显示当前 Web 页面所有访问的 URL（包括 html、css、js、图像等 URL），这些 URL 有的是用同步方式访问的，有的是用异步方式（AJAX）访问的。不管用哪种方式，通过 Web API 是采用 JSON、XML 等数据格式交互数据的，因为这样有利于 Web 页面通过 JavaScript 进行分析和处理。

当然，最原始的方式是逐个 URL 寻找，不过这太慢了，而且容易漏掉重要信息。所以可凭经验使用各种技巧进行搜索。首先要确定的是这些 URL 中是否有 JSON 或 XML 格式的数据。在 Network 选项卡的上方有一个 XHR[①]过滤器，如图 19-26 所示，单击 XHR 过滤器，会过滤掉其他非 XHR 格式的 URL。

不过很可惜，切换到 XHR 过滤器后，下方列表中什么都没有，这就意味着 Web API 的数据格式不是 JSON 或 XML，至少不是纯正的 JSON 格式或 XML 格式。

现在使用另外一种方法来搜索 Web API URL。这种方式一半靠猜，另一半靠运气。可以假设 Web API 的 URL 与当前页面使用相同的域名，所以在 Network 选项卡左上角的过滤器文本框中输入 weather.com.cn，如图 19-27 所示。这时会过滤出所有域名是 weather.com.cn 的 URL。不过 URL 还是太多了。

图 19-26　选择 XHR 过滤器

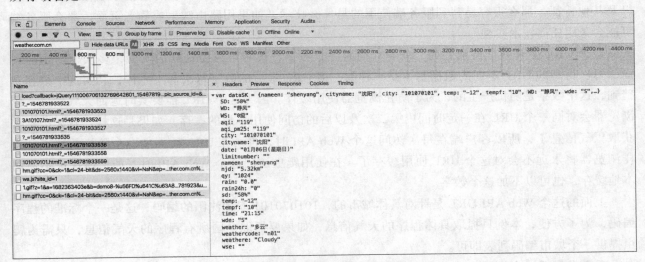

图 19-27　定位 Web API URL

接下来继续尝试，可以猜测，当前页面是通过 AJAX 的方式访问的 Web API，所以访问 Web API 的时间肯定会在主页面和大多数图像、css 等资源之后，Network 选项卡支持按访问时间过滤，在如图 19-27 所示的 Network 选项卡中 URL 列表的上方，选择一段稍微靠后的时间段，例如，400ms 到 800ms，这时下面列表中显示的 URL 明显变少了。现在可以逐个查看每一个过滤出来的 URL 了。找到了几个看似 JSON 格式的数据，其中有一个 URL 返回的数据非常像天气信息，如图 19-27 右侧所示。不过这个 JSON 格式的数据有些特别，并不是纯的 JSON 格式，而是一段 JavaScript 代码，将一

---

① XHR 是 XMLHttpRequest 的缩写，专门指通过 XMLHttpRequest 对象发送出去的数据，通常是 JSON 格式和 XML 格式的数据。XMLHttpRequest 也是 AJAX 技术的基础。

个 JavaScript 对象赋给了一个变量，这就是为什么 XHR 过滤器没过滤出来这个 URL 的原因，因为这根本就不是 JSON 格式的数据，而是一段 JavaScript 代码，当然，效果与 JSON 格式数据是相同的。其实这也是一种简单的反爬虫技术，这种技术可以在一定程度上防止爬虫找到和分析 JSON 格式的数据，不过这种反爬虫技术相当简陋，对于稍微有一点经验的爬虫程序员，这种反爬虫技术毫无意义。

现在基本上已经了解了当前页面是如何从服务端获取天气信息的。首先会通过这个 Url 访问 Web API，然后在 Web 端执行 Web API 返回的数据（因为是一段 JavaScript 代码），接下来就会通过保存天气信息的 JavaScript 变量 dataSK 访问相应的天气信息，并将这些信息显示在页面上。

现在看一下完整的 Web API URL。

```
http://d1.weather.com.cn/sk_2d/101070101.html?_=1546781933536
```

这个 URL 从表面上看是一个 html 页面，看着像是一个静态的页面，其实不一定是静态页面，也可能是服务端故弄玄虚，这个静态页面很可能是一个路由，实际上是对应的一个动态的服务端程序。这么做的好处至少有如下两点。

（1）容易被搜索引擎搜索到，因为像 Google、Baidu 等搜索引擎，更容易搜索像 html 一样的静态资源。

（2）可以隐藏服务端使用的技术，如果 URL 的扩展名直接使用 php 或其他服务端程序的扩展名以及其他特征，那么很容易猜到服务端使用的是什么技术，如果用路由映射成静态页面，那么服务端可能会采用任何技术实现。

这个 URL 还有一个特别之处，就是后面跟一个数字，读者可以做这样的实验，多次刷新当前页面，每次得到的 URL 返回的数据基本是一样的，但 URL 最后的数字每次都不一样，其实这个很容易猜到，这个数字是随机产生的，为了防止浏览器使用缓存。因为这个 URL 需要实时返回天气信息，而浏览器会对同一个 URL 在一定时间内第二次及以后的访问使用本地的缓存，如果是这样，就无法实时获取天气信息了，所以客户端在每次访问这个 Web API 时，自动在 URL 后面加一个随机的数字，这样浏览器将永远不会对这个 URL 使用缓存了。在使用爬虫访问这个 Web API 时，如果能保证不使用本地缓存，也可以不加这个数字。

上面的这个 Web API URL 是针对具体城市的，101070101 表示沈阳的编码，这是一个标准的程序编码，为了方便，本例只抓取具体程序的天气信息，如果要抓取全国所有程序的天气信息，只需为爬虫提供一个城市编码列表即可。

现在做最后一个尝试，就是直接使用浏览器访问这个 URL，不过很可惜，得到了如图 19-28 所示的结果。

图 19-28　禁止访问错误

出现这个错误的原因并不是这个 URL 不存在，而是服务端禁止通过这种方式访问。现在切换到 Headers 选项卡（在 URL 列表的右侧有一排选项卡，第一个就是 Headers 选项卡），如图 19-29 所示。会看到该 URL 确实是通过 HTTP GET 请求访问的，那么为什么服务端会禁止访问该 URL 呢？

图 19-29　查看 URL 请求头信息

原因只有一个，就是在访问这个 URL 时，通过 HTTP 请求头向服务端发送了其他的信息，而直接通过浏览器访问这个 URL 时并没有向服务端提供这些信息。通常来讲，这些信息是通过 Cookie 向服务端发送的，所以在使用爬虫模拟浏览器访问 Web API 时，还要向服务端发送这些 Cookie 信息。除了 Cookie 信息外，服务端可能还要求其他的 HTTP 请求头，如 Host 等，所以在模拟浏览器访问 Web API 时，最好完整地将浏览器向服务端发送的数据都给服务端发过去。

接下来在如图 19-29 所示的 Headers 标签页下方找到 Request Headers 部分，这一部分是 Web API 向服务端发送的所有 HTTP 请求头信息，如图 19-30 所示。

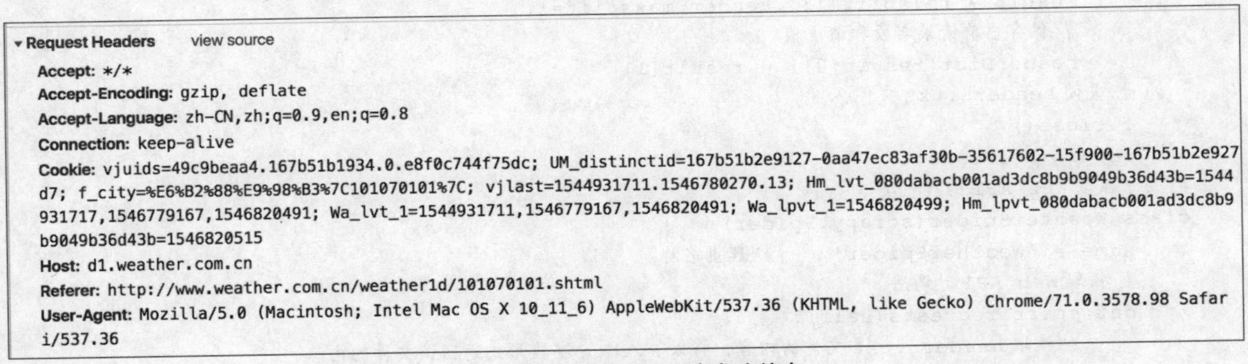

图 19-30　查看 HTTP 请求头信息

单击 view source 链接，会看到完整的代码，然后将这些代码复制到一个名为 headers.txt 的文本文件中，将该文本文件放到 spiders 目录中。之所以将 HTTP 请求头信息放在 headers.txt 文本文件中，是为了以后更新信息方便。爬虫程序会从 headers.txt 文件中读取 HTTP 请求头信息。

现在到了最后一步，就是编写爬虫程序抓取 Web API 返回的数据，不过在编写程序之前，需要先分析一下 Web API 返回的数据格式。根据前面的描述，Web API 返回的是一段如下所示的 JavaScript 代码，当然，没必要执行这段 JavaScript 代码，而只需将需要的信息提取出来即可。

```
var dataSK = {"nameen":"shenyang","cityname":"沈　阳","city":"101070101","temp":"-9","tempf":"15","WD":"南风","wde":"S","WS":"1级","wse":"&lt;12km/h","SD":"52%","time":"18:30","weather":"晴","weathere":"Sunny","weathercode":"n00","qy":"1023","njd":"4.6km","sd":"52%","rain":"0.0","rain24h":"0","aqi":"64","limitnumber":"","aqi_pm25":"64","date":"01月
```

07 日（星期一）"}

　　这段 JavaScript 代码非常简单，只是为一个变量赋值的操作，其实只需将等号（=）后面的内容提取出来即可（一个简单的字符串截取操作）。下面的代码会从 headers.txt 文件中读取 HTTP 请求头信息，然后抓取 Web API 返回的代码，最后分析这些代码，将天气信息提取出来。

　　实例位置： src/scrapydemo/myscrapy/myscrapy/spiders/WeatherSpider.py

```python
import scrapy
import json
import re
from scrapy.http import Request
from myscrapy.items import WeatherItem
# 从 headers.txt 文件中读取 HTTP 请求头信息
def str2Headers(file):
    # 用于保存请求头信息的字典对象
    headerDict = {}
    # 打开 headers.txt 文件
    f = open(file,'r')
    # 读取 headers.txt 文件的所有内容
    headersText = f.read()
    # 将 headers.txt 文件的内容用换行符分隔成多行
    headers = re.split('\n',headersText)
    # 将每一行用冒号（:）分成两部分，前一部分是请求字段，后一部分是请求值
    for header in headers:
        result = re.split(':',header,maxsplit=1)
        # 保存当前请求字段和请求值
        headerDict[result[0]] = result[1]
    # 关闭 headers.txt 文件
    f.close()
    return headerDict
# 用于抓取 Web API 的爬虫类
class WeahterSpider(scrapy.Spider):
    name = 'WeatherSpider'      # 爬虫名称
    # 抓取 Web API 时调用
    def start_requests(self):
        # 读取 headers.txt 文件的内容，将以 Python 字典形式返回该文件的内容
        headers = str2Headers('headers.txt')
        # 定义要访问的 URL，通过 headers 命名参数指定 HTTP 请求头信息
        return [
Request(url='http://d1.weather.com.cn/sk_2d/101070101.html?_=1513091119303',headers =
headers)
        ]
    # 当成功抓取 Web API 数据后调用该方法
    def parse(self,response):
        # 通过正则表达式截取等号（=）后面的内容
        result = re.sub('var[ ]+dataSK[ ]+=[ ]+','',response.body.decode('utf-8'))
        # 将截取的内容转换为 JSON 对象
        jsonDict = json.loads(result)
        # 要返回的 Item
        weatherItem = WeatherItem()
```

```
# 动态向 Item 中添加字段
for key,value in jsonDict.items():
    # 动态向 WeatherItem 中添加 Field 类型的属性
    weatherItem.fields[key] = scrapy.Field()
    weatherItem[key] = value
return weatherItem
```

上面的代码中涉及一个 WeatherItem 类，parse 方法会返回 WeatherItem 类的实例，该实例用于描述天气信息，WeatherItem 对象中的成员与 Web API 返回 JSON 格式数据的字段相同。由于 WeatherItem 对象是动态向其添加成员的，所以 WeatherItem 类并不需要编写实际的代码。

实例位置： src/ scrapydemo/myscrapy/myscrapy/items.py

```
class WeatherItem(scrapy.Item):
    pass
```

现在运行 WeatherSpider 爬虫，如果在 Console 中输出如图 19-31 所示的信息，说明爬虫成功抓取并分析了 Web API 的内容。

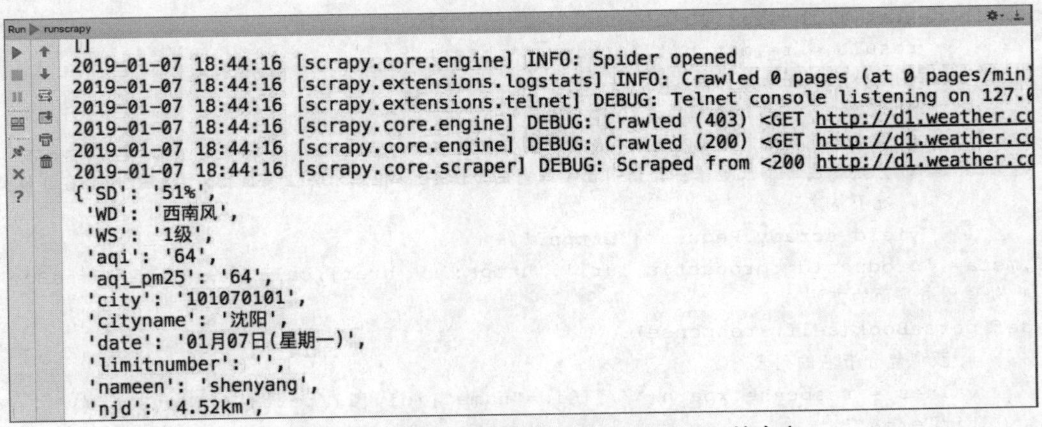

图 19-31 成功抓取并分析天气预报 Web API 的内容

19.3.4 从 CSV 格式转换到 JSON 格式

通过 Scrapy 框架编写的爬虫很容易进行格式转换，本节将利用爬虫将 CSV 格式的文件转换为 JSON 格式的文件。转换的基本原理是将 CSV 格式的文件作为数据源来读取，然后在 parse 方法中将 CSV 文件中的数据通过 Item 转换为指定的格式，如 JSON 格式。

【例 19.10】 本例会使用 BookSpider 爬虫从京东商城下载图书信息，并保存为 CSV 文件格式，然后使用 ToJSONSpider 爬虫将 CSV 格式的文件转换为 JSON 格式的文件。

下面先编写一个名为 BookSpider 的爬虫，用于从京东商城抓取图书信息（ISBN、出版社、图书名称和产品 ID），并将这些信息保存在 books.csv 文件中。

实例位置： src/scrapydemo/myscrapy/myscrapy/spiders/BookSpider.py

```
import scrapy
from myscrapy.items import NewBookItem
```

```
from scrapy.conf import settings
import re
class BookSpider(scrapy.Spider):
    name = 'BookSpider'
    # 设置并发请求为100，也就是说，最多同时可以有100个线程抓取页面
    settings.set('CONCURRENT_REQUESTS',100)
    # 向服务端（京东商城）发送包含图书信息的页面的请求，处理该页面返回信息的回调方法是parseBookList
    def start_requests(self):
        return [
scrapy.Request('https://search.jd.com/Search?keyword=python&enc=utf-8&wq=python&pvid=
186e2514605040b4987bfc7a62e3d5e0',callback=self.parseBookList)
            ]
    # 处理图书列表页面的回调方法
    def parseBookList(self,response):
        # 获取所有图书的URL
        hrefs = response.xpath('//*[@id="J_goodsList"]/ul/li/div/div[1]/a/@href[starts-
with(.,"//item.jd.com/")]').extract()
        for href in hrefs:
            result = re.match('.*/(\d+).*',href)
            # 获取当前图书的产品ID
            productId = result.group(1)
            # 请求当前的图书页面，处理相应的回调方法是parseBook，这里必须加yield，将parseBookList
            # 方法变成一个产生器，直到消费了当前的yield，程序才会往下执行，否则程序会在还没处理完的情
            # 况下结束
            yield scrapy.Request('https:' +
href,meta={'productId':productId,'url':'https:' + href},callback=self.parseBook)
    # 处理图书页面的方法
    def parseBook(self, response):
        # 获取包含书名的列表
        values = response.xpath('//*[@id="name"]/div[1]/text()').extract()
        title = ''
        # 将列表的每一个元素连接在一起
        for value in values:
            title += value
        title =  title.strip()   # 截取前后空格，得到最终的书名
        # 获取出版社
        press = response.xpath('//*[@id="parameter2"]/li[1]/a/text()').extract()[0]
        # 获取ISBN
        ISBN = response.xpath('//*[@id="parameter2"]/li[2]/@title').extract()[0]
        # 获取产品ID
        productId = response.meta['productId']
        # 获取图书页面的URL
        url = response.meta['url']
        # NewBookItem对象是返回的Item
        bookItem = NewBookItem()
        bookItem['url'] = url
        bookItem['title'] = title
        bookItem['press'] = press
        bookItem['ISBN'] = ISBN
```

```
bookItem['productId'] = productId
return bookItem
```

由于包含图书名称的 HTML 标签中纯文本位置不固定，所以干脆获得整个列表，列表元素中只有一个包含图书名称，其他的元素都是空格或换行符，所以将列表中所有元素连接，然后截取前后空格就得到了图书名称。另外，由于京东商城返回的 HTML 代码以后可能会改变，如果读者运行本例，无法成功得到图像的相关信息，那么很有可能是 HTML 代码改变了，需要重新通过 Chrome 浏览器获得对应的 XPath 代码。

BookSpider 类需要一个 NewBookItem 类，该类用于描述 BookSpider 爬虫返回的信息，代码必须放在 items.py 文件中，代码如下：

实例位置： src/scrapydemo/myscrapy/myscrapy/items.py

```
class NewBookItem(scrapy.Item):
    url = scrapy.Field()
    title = scrapy.Field()
    press = scrapy.Field()
    ISBN = scrapy.Field()
    productId = scrapy.Field()
```

接下来编写用于运行爬虫的 executeBook.py 脚本文件，尽管通过前面创建的扩展工具可以运行 BookSpider 爬虫，但为了生成 CSV 格式的文件，需要为爬虫指定更多的参数。

实例位置： src/scrapydemo/myscrapy/myscrapy/executeBook.py

```
from scrapy import cmdline
cmdline.execute('scrapy crawl BookSpider -o books.csv'.split())
```

Scrapy 会根据文件扩展名确定将抓取的数据保存成什么格式的文件，本例使用了 books.csv 文件，所以会将抓取的数据保存成 CSV 格式的文件。现在运行 executeBook.py 脚本文件，会生成一个名为 books.csv 的文件，路径如下：

```
Src/scrapydemo/myscrapy/books.csv
```

打开 books.csv 文件，会看到如图 19-32 所示的文件内容。

```
1  ISBN,press,productId,title,url
2  9787302507161,清华大学出版社,12417265,Python从菜鸟到高手,https://item.jd.com/12417265.html
3  9787115428028,人民邮电出版社,11993134,Python编程 从入门到实践,https://item.jd.com/11993134.h
4  9787115367174,人民邮电出版社,11576833,父与子的编程之旅：与小卡特一起学Python,https://item.jd.c
5  9787115428028,人民邮电出版社,12473144,Python编程从入门到实践+Python基础教程（第3版）（套装共2册）
6  9787111608950,机械工业出版社,12461168,Python 3标准库,https://item.jd.com/12461168.html
```

图 19-32 books.csv 文件的内容

下面编写将 books.csv 文件转换为 JSON 格式文件的爬虫（ToJSONSpider.py），该爬虫的原理是将 books.csv 文件作为数据源打开，然后读取该文件每一行的数据进行分析。

实例位置： src/scrapydemo/myscrapy/myscrapy/spiders/ToJSONSpider.py

```
import scrapy
from myscrapy.items import BookItem1
import csv
class toJSONSpider(scrapy.Spider):
```

```
name = 'ToJSONSpider'
def start_requests(self):
    # 打开 books.csv 文件
    with open('books.csv','r', encoding='utf-8') as f:
        # DictReader 可以将每一行转换为字典形式 (每一列的值通过列名获取)
        reader = csv.DictReader(f)
        for line in reader:
            # 读取 URL
            url = line['url']
            # 创建 Request 对象, 尽管仍然访问网络, 但 JSON 数据是直接从 books.csv 文件中获取的
            request = scrapy.Request(url)
            # 将字典形式的行数据赋给 fields 字段, 现在该字段值也是一个字典
            request.meta['fields'] = line
            yield request
# 分析返回的数据
def parse(self,response):
    bookItem = BookItem1()
    # 获取每一个字典值 (当前行每一列的值)
    for name,value in response.meta['fields'].items():
        bookItem.fields[name] = scrapy.Field()
        bookItem[name] = value
    return bookItem
```

在 ToJSONSpider 类中使用了一个名为 BookItem1 的类, 该类用于描述 parse 方法返回的数据, BookItem1 是空类, 因为数据都是动态添加的。BookItem1 类的代码如下:

实例位置: src/scrapydemo/myscrapy/myscrapy/items.py

```
class BookItem1(scrapy.Item):
    pass
```

最后编写用于执行 ToJSONSpider 爬虫的脚本文件。

实例位置: src/scrapydemo/myscrapy/myscrapy/executeJSONBook.py

```
from scrapy import cmdline
cmdline.execute('scrapy crawl ToJSONSpider -o books.jl'.split())
```

执行 executeJSONBook.py 脚本文件, 如果在当前目录下生成名为 books.jl 的文件, 并且文件的内容类似如图 19-33 所示, 说明本例已经成功将 CSV 格式的文件转换为 JSON 格式的文件。

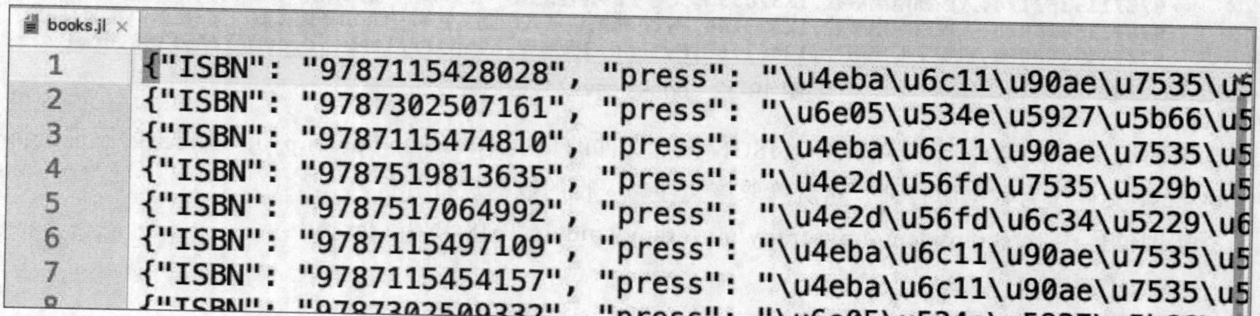

图 19-33   books.jl 文件的内容

19.3.5 下载器中间件

Scrapy 允许使用中间件干预数据的抓取过程，以及完成其他数据处理工作。其中一类非常重要的中间件就是下载器中间件。下载器中间件可以对数据的下载和处理过程进行拦截。在 Scrapy 爬虫中，数据下载和处理分如下两步完成。

（1）指定 Web 资源的 URL，并向服务端发送请求。这一步需要依赖爬虫类的 start_urls 变量或 start_requests 方法。

（2）当服务端响应 Scrapy 爬虫的请求后，就会返回响应数据，这时系统会将响应数据再交由 Scrapy 爬虫处理，也就是调用爬虫类的请求回调方法，如 parse。

1. 核心方法

下载器中间件可以对这两步进行拦截。当爬虫向服务端发送请求之前，会通过下载器中间件类的 process_request 方法进行拦截，当爬虫处理服务端响应数据之前，会通过下载器中间件类的 process_response 方法进行拦截。

除了这两个方法外，下载器中间件类还有一个 process_exception 方法，用于处理抓取数据过程中的异常。

这 3 个下载器中间件方法的完整描述如下：

➢ process_request(request,spider)

当爬虫在向服务端发送请求之前该方法就会被调用，通常在该方法中设置请求头信息，或修改需要提交给服务端的数据。例如，有很多服务端都会检测客户端请求头的 User-Agent 字段，如果发现不是浏览器，就会拒绝访问。所以可在该方法中模拟浏览器的 User-Agent 请求头字段。

process_request 方法的返回值必须是 None、Response 对象和 Request 对象之一，或者抛出 IgnoreRequest 异常。

process_request 方法的参数有如下两个。

（1）request：包含请求信息的 Request 对象。

（2）spider：Request 对应的 Spider 对象。

process_request 方法返回值类型不同，产生的效果也不同。下面看一下不同类型返回值的效果：

（1）None：Scrapy 会继续处理该 Request，然后接着执行其他下载器中间件的 process_request 方法，直到下载器向服务端发送请求后，得到响应结果才结束。不同下载器中间件的 process_request 方法会按照优先级顺序依次执行，当所有的下载器中间件的 process_request 都执行完，就会将 Request 送到下载器开始下载数据。

（2）Response 对象：优先级更低的下载器中间件的 process_request 方法不会再继续调用，转而开始调用每个下载器中间件的 process_response 方法。

（3）Request 对象：优先级更低的下载器中间件的 process_request 方法不会再继续调用，并将这个 Request 对象放到调度队列里，其实这就是一个全新的 Request 对象，等待被调度。如果这个 Request 被调度器调度了，那么所有的下载器中间件的 process_request 方法会重新按照顺序执行。

（4）IgnoreRequest 异常：如果 IgnoreRequest 异常抛出，则所有的 Downloader Middleware 的

process_ exception 方法会依次执行。如果没有一个方法处理这个异常，那么 Request 的 errorback 方法就会回调。

➤ process_response(request, response, spider)

下载器执行 Request 下载数据之后，会得到对应的 Response。Scrapy 引擎便会将 Response 发送给 Spider 进行解析。在发送之前可以用 process_response 方法对 Response 进行处理。方法的返回值必须是 Request 对象或 Response 对象，或者抛出 IgnoreRequest 异常。

process_response 方法的参数有如下 3 个。

（1）request：与 Response 对应的 Request 对象。

（2）response：被处理的 Response 对象。

（3）spider：与 Response 对应的 Spider 对象。

process_response 方法返回值类型不同，产生的效果也不同。下面看一下不同类型返回值的效果：

（1）Request 对象：优先级更低的下载器中间件的 process_response 方法不会再继续调用，该 Request 对象会重新放到调度队列中等待被调度，相当于一个全新的 Request。然后，该 Request 会被 process_request 方法顺序处理。

（2）Response 对象：更低优先级的下载器中间的 process_response 方法会继续调用，继续对该 Response 对象进行处理。

（3）IgnoreRequest 异常：Request 的 errorback 方法会回调。如果该异常未被处理，会被忽略。

➤ process_exception(request, exception, spider)

当下载器或 process_request 方法抛出异常时，例如，抛出 IgnoreRequest 异常，process_exception 方法就会被调用。该方法的返回值必须是 None、Request 对象或 Response 对象。

process_exception 方法的参数有如下 3 个。

（1）request：产生异常的 Request 对象。

（2）exception：抛出的异常对象。

（3）spider：与 Request 对象对应的 Spider 对象。

process_exception 方法返回值类型不同，产生的效果也不同。下面看一下不同类型返回值的效果：

（1）None：更低优先级的下载器中间件的 process_exception 方法会被继续按顺序调用，直到所有的方法被调用完毕。

（2）Response 对象：更低优先级的下载器中间件的 process_exception 方法不再被继续调用，每个下载器中间件的 process_response 方法转而被依次调用。

（3）Request 对象：更低优先级的下载器中间件的 process_exception 方法不再被继续调用，该 Request 对象会重新放到调度队列里面等待被调度，相当于一个全新的 Request。然后，该 Request 会被 process_request 方法按优先级顺序处理。

2. 内建下载器中间件

Scrapy 提供了很多内建的下载器中间件，例如下载超时、自动重定向、设置默认 HTTP 请求头等，这些中间件都在 DOWNLOADER_MIDDLEWARES_BASE 变量中定义，该变量是字典类型，key 表示中间件的名字，value 表示中间件的优先等级。该变量的内容如下：

```
{
    'scrapy.downloadermiddlewares.robotstxt.RobotsTxtMiddleware': 100,
    'scrapy.downloadermiddlewares.httpauth.HttpAuthMiddleware': 300,
    'scrapy.downloadermiddlewares.downloadtimeout.DownloadTimeoutMiddleware': 350,
    'scrapy.downloadermiddlewares.defaultheaders.DefaultHeadersMiddleware': 400,
    'scrapy.downloadermiddlewares.useragent.UserAgentMiddleware': 500,
    'scrapy.downloadermiddlewares.retry.RetryMiddleware': 550,
    'scrapy.downloadermiddlewares.ajaxcrawl.AjaxCrawlMiddleware': 560,
    'scrapy.downloadermiddlewares.redirect.MetaRefreshMiddleware': 580,
    'scrapy.downloadermiddlewares.httpcompression.HttpCompressionMiddleware': 590,
    'scrapy.downloadermiddlewares.redirect.RedirectMiddleware': 600,
    'scrapy.downloadermiddlewares.cookies.CookiesMiddleware': 700,
    'scrapy.downloadermiddlewares.httpproxy.HttpProxyMiddleware': 750,
    'scrapy.downloadermiddlewares.stats.DownloaderStats': 850,
    'scrapy.downloadermiddlewares.httpcache.HttpCacheMiddleware': 900,
}
```

优先等级是一个数字，数字小的中间件会被优先调用，所以 Scrapy 内建的下载器中间件中，RobotsTxtMiddleware 中间件会第一个被调用，因为该中间件的优先级是 100。如果要禁止某个内建的中间件，需要将优先级设为 None，代码如下：

```
'scrapy.downloadermiddlewares.httpproxy.HttpProxyMiddleware': None
```

【例 19.11】 本例会编写一个用于模拟浏览器请求头的下载器中间件（DownLoaderSpider）。在该下载器中间件中会随机设置请求头的 User-Agent 字段，并在 process_response 方法中修改响应状态码。

使用下面的命令创建一个新的 Scrapy 工程。

```
scrapy startproject downloader
```

在 spiders 目录创建一个名为 DownloadSpider.py 的爬虫文件。工程的目录结构如图 19-34 所示。

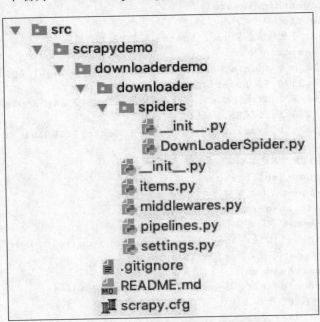

图 19-34　Scrapy 工程的目录结构

DownloaderSpider 爬虫的代码如下：

实例位置：src/scrapydemo/downloaderdemo/downloader/spiders/DownLoaderSpider.py

```python
import scrapy

class DownLoaderSpider(scrapy.Spider):
    name = 'DownLoaderSpider'
    # 指定待抓取的 URL
    start_urls = ['https://www.jd.com']

    def parse(self, response):
        # 输出响应的内容
        self.logger.debug(response.text)
        # 输出响应状态码
        self.logger.debug(' 状态码：' + str(response.status))
```

DownLoaderSpider 爬虫的主要功能是抓取京东商城首页的内容，并输出抓取的原始文本，以及服务端响应的状态码。在默认情况下，Scrapy 爬虫向服务端请求时，HTTP 请求头的 User-Agent 字段值是 Scrapy/1.5.1 (+https://scrapy.org)，通过这样的 User-Agent 字段值，服务端很容易判断出客户端使用 Scrapy 爬虫访问的服务端，所以很容易防止客户端的访问。不过可以在向服务端发送 HTTP 请求之前，通过下载器中间件的 process_request 方法修改 User-Agent 字段的值。还可以根据服务端返回的响应结果（Response）在交由爬虫处理之前，修改响应信息，如修改响应状态码。

下载器中间件需要放在 middlewares.py 文件中，代码如下：

实例位置：src/scrapydemo/downloaderdemo/downloader/middlewares.py

```python
import random
from scrapy import Request
class SimulateUserAgentMiddleware():
    def __init__(self):
        # User-Agent 字段的值会从 user_agents 列表中随机选择一个
        self.user_agents = [
            'Mozilla/5.0 (Macintosh; Intel Mac OS X 10_14_0) AppleWebKit/537.36 (KHTML,
like Gecko) Chrome/71.0.3578.98 Safari/537.36',
            'Mozilla/5.0 (Macintosh; Intel Mac OS X 10_14) AppleWebKit/605.1.15 (KHTML,
like Gecko) Version/12.0 Safari/605.1.15',
            'Mozilla/5.0 (Macintosh; Intel …) Gecko/20100101 Firefox/64.0'
        ]
    # 在向服务端发送 HTTP 请求之前调用
    def process_request(self, request, spider):
        # 修改 User-Agent 字段之前输出 HTTP 请求头信息
        print(request.headers)
        # 修改 User-Agent 字段的值
        request.headers['User-Agent'] = random.choice(self.user_agents)
        # 修改 User-Agent 字段之后输出 HTTP 请求头信息
        print(request.headers)
    def process_response(self, request, response, spider):
        # 修改 HTTP 响应状态码
        response.status = 201
        return response
```

可以看到，下载器中间件就是一个普通的类，只是需要在该类中添加 process_request 方法和 process_response 方法分别处理发送 HTTP 请求之前和处理 HTTP 响应之前的动作。

下载器中间件必须在 settings.py 文件中注册，代码如下：

实例位置： src/scrapydemo/downloaderdemo/downloader/settings.py

```
DOWNLOADER_MIDDLEWARES = {
    'downloader.middlewares.SimulateUserAgentMiddleware': 666,
}
```

其中 666 是一个数字，表示下载器中间件的优先级。

运行 DownLoaderSpider 爬虫，会看到如图 19-35 所示的输出结果，很明显，响应状态码变成了 201。

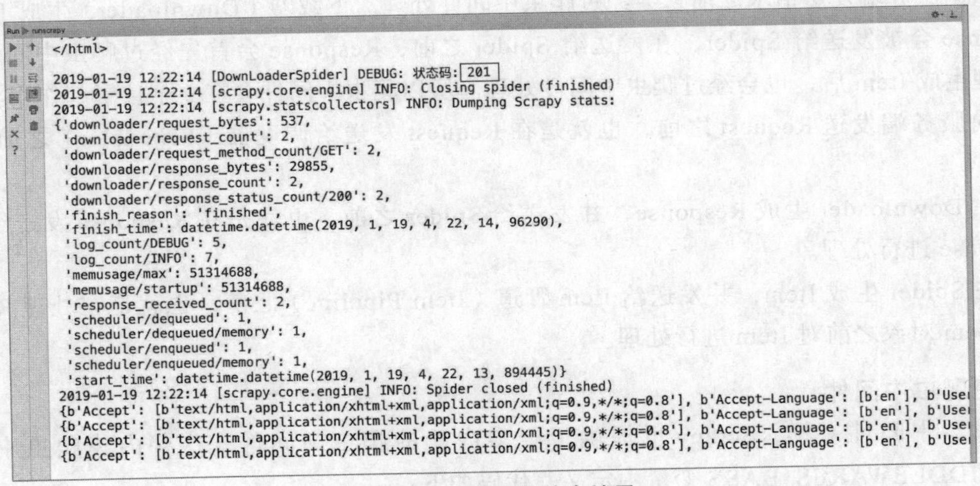

图 19-35　爬虫的输出结果

在输出结果的最下方是请求头信息，观察后会发现，下载器中间件的 process_request 方法被调用了 2 次，所以输出了 4 条 HTTP 请求头信息（每次输出修改前和修改后共 2 条 HTTP 请求头信息），这是由于 RobotsTxtMiddleware 中间件（专门处理机器人文件 robots.txt 的中间件）重新修改了 Request，加入了对 https://www.jd.com/robots.txt 的抓取，因为这个文件中描述了该网站允许哪些内容被抓取，哪些内容不能被抓取。当然，也可以不遵循这些规则，这就像行业规则一样，是规矩，不是法律，可以遵循，也可以不遵循。所以 DownLoaderSpider 爬虫其实是访问了如下 2 个 URL。

https://www.jd.com

https://www.jd.com/robots.txt

如果想禁止 RobotsTxtMiddleware 中间件，可以在 settings.py 文件中的 DOWNLOADER_MIDD-LEWARES 字典添加如下的代码，这样 DownLoaderSpider 爬虫就不会下载 robots.txt 文件了。

```
DOWNLOADER_MIDDLEWARES = {
    'scrapy.downloadermiddlewares.robotstxt.RobotsTxtMiddleware': None,
}
```

除了可以在下载器中间件的 process_request 方法中修改 User-Agent 字段外，在 settings.py 文件中可以使用下面的代码直接设置 User-Agent 字段值。

```
USER_AGENT = 'Mozilla/5.0 (Macintosh; Intel Mac OS X 10_14) AppleWebKit/605.1.15 (KHTML,
like Gecko) Version/12.0 Safari/605.1.15'
```

在 settings.py 文件中只能设置固定的 User-Agent 字段的值，如果要根据更复杂的逻辑设置 User-Agent 字段的值（例如，像本例一样的随机设置 User 字段的值）就需要使用 process_request 方法。另外，settings.py 文件是在 process_request 方法调用之后执行的，所以如果同时在 process_request 方法和 settings.py 文件中设置 User-Agent 字段的值，系统会以 settings.py 文件中的设置为准。

19.3.6 爬虫中间件

爬虫中间件（Spider Middleware）是 Spider 处理机制的构造框架，首先来看一下爬虫中间件的架构。

当爬虫向服务端发送请求之前，会经过爬虫中间件处理。下载器（Downloader）生成 Response 之后，Response 会被发送给 Spider，在发送给 Spider 之前，Response 会首先经过爬虫中间件处理，当 Spider 处理生成 Item 后，也会经过爬虫中间件处理。所以爬虫中间件会在 3 个位置起作用。

（1）向服务端发送 Request 之前，也就是在 Request 发送给调度器（Scheduler）之前对 Request 进行处理。

（2）在 Downloader 生成 Response，并发送给 Spider 之前，也就是在 Response 发送给 Spider 之前对 Response 进行处理。

（3）在 Spider 生成 Item，并发送给 Item 管道（Item Pipeline）之前，也就是在处理 Response 的方法返回 Item 对象之前对 Item 进行处理。

1. 内建爬虫中间件

与下载器中间件一样，Scrapy 也提供了很多内建的爬虫中间件，这些内建爬虫中间件都在 SPIDER_MIDDLEWARES_BASE 变量中定义，代码如下：

```
{
    'scrapy.spidermiddlewares.httperror.HttpErrorMiddleware': 50,
    'scrapy.spidermiddlewares.offsite.OffsiteMiddleware': 500,
    'scrapy.spidermiddlewares.referer.RefererMiddleware': 700,
    'scrapy.spidermiddlewares.urllength.UrlLengthMiddleware': 800,
    'scrapy.spidermiddlewares.depth.DepthMiddleware': 900,
}
```

爬虫中间件的用法与下载器中间件类似，需要在 settings.py 文件的 SPIDER_MIDDLEWARES 变量中声明相应的爬虫中间件。在声明爬虫中间件时，每个爬虫中间件也需要对应一个数字，表示爬虫中间件调用的优先级，数字越小，优先级越高。优先级高的爬虫中间件会更早调用。

2. 核心方法

爬虫中间件是一个普通的 Python 类，但至少要包含下面几个核心方法中的一个：

（1）process_spider_input(response,spider)；

（2）process_spider_output(response, result, spider)；

（3）process_spider_exception(response, exception, spider)；

（4）process_start_requests(start_requests,spider)。

这些核心方法的详细描述如下：

➤ process_spider_input(response,spider)

在 Response 被提交给爬虫处理之前，该方法会被调用。

process_spider_input 方法有如下 2 个参数。

（1）response：当前被处理的 Response 对象。

（2）spider：该 Response 对象的 Spider 对象。

process_spider_input 方法应该返回 None 或者抛出一个异常。返回值的描述如下：

（1）None：Scrapy 将会继续处理该 Response，调用所有其他的爬虫中间件，直到爬虫处理该 Response 为止。

（2）抛出异常：Scrapy 将不会调用任何其他的爬虫中间件的 process_spider_input 方法，而会调用 Request 的 errback 方法。errback 的输出将会重新输入中间件中，使用 process_spider_output 方法来处理。当抛出异常时会调用 process_spider_exception 方法来处理。

➤ process_spider_output(response,result,spider)

当爬虫处理 Response 返回结果，并返回 Item 后，process_spider_output 方法被调用。

process_spider_output 方法有如下 3 个参数。

（1）response：当前被处理的 Response 对象。

（2）result：包含 Request 或 Item 对象的可迭代对象，也就是处理 Response 的爬虫方法返回的结果。

（3）spider：该 Response 对象的 Spider 对象。

process_spider_output 方法必须返回包含 Request 或 Item 对象的可迭代对象。

➤ process_spider_exception(response,exception,spider)

当爬虫中间件的 process_spider_input 方法抛出异常时，process_spider_exception 方法会被调用。

process_spider_exception 方法有如下 3 个参数。

（1）response：异常被抛出时被处理的 Response 对象。

（2）exception：被抛出的异常对象。

（3）spider：抛出该异常的 Spider。

process_spider_exception 方法需要返回 None 或包含 Response 或 Item 对象的可迭代对象。这些返回值的描述如下：

（1）None：爬虫将继续处理异常，调用其他爬虫中间件的 process_spider_exception 方法，直到所有爬虫中间件被调用。

（2）可迭代对象：其他爬虫中间件的 process_spider_output 方法被调用，其他爬虫中间件的 process_spider_exception 方法不会被调用。

➤ process_start_requests(start_requests,spider)

process_start_requests 方法在爬虫向服务端发送请求之前调用，该方法有如下 2 个参数。

（1）start_requests：包含 Request 的可迭代对象。

（2）spider：发起请求的 Spider 对象。

process_start_requests 方法必须返回另一个包含 Request 对象的可迭代对象。

在前面的描述中多次提到了可迭代对象，通常这些可迭代对象是用 yield 实现的产生器

（generator）。从技术层面上看，爬虫中间件的很多功能与下载器中间件有些类似，例如，通过 process_start_requests 方法同样可以修改 HTTP 请求头，通过 process_spider_input 方法可以修改响应状态码等信息。不过由于实现这些功能下载器中间件足够了，而且更简单，所以爬虫中间件的使用率并不高。

【例 19.12】 本例利用爬虫中间件完成与例 19.11 同样的工作，也就是设置 HTTP 请求头的 User-Agent 字段值，以及修改 HTTP 响应的状态码。为了方便，本例的代码与例 19.11 实现的下载器中间件放在一个文件中，以便对比。

首先实现爬虫中间件的代码。

实例位置： src/scrapydemo/downloaderdemo/downloader/middlewares.py

```python
class SpiderMiddleware():
    def process_start_requests(self,start_requests,spider):
        # 通过 for-in 循环和 yield 语句实现一个产生器（可迭代对象）
        for r in start_requests:
            # 输出当前的 URL
            print(r)
            # 修改 User-Agent 字段的值
            r.headers['User-Agent'] = "my user-agent"
            # 以可迭代的方式返回 Request
            yield r
    def process_spider_input(self,response,spider):
        # 设置响应状态码
        response.status = 202
```

接下来在 settings.py 文件中使用下面的代码声明爬虫中间件。

```python
SPIDER_MIDDLEWARES = {
    'downloader.middlewares.SpiderMiddleware': 665,
}
```

现在运行 DownLoaderSpider.py 爬虫，会看到如图 19-36 所示的输出结果。很明显，状态码已经变成了 202，而且 User-Agent 字段值已经变成了 my user-agent。

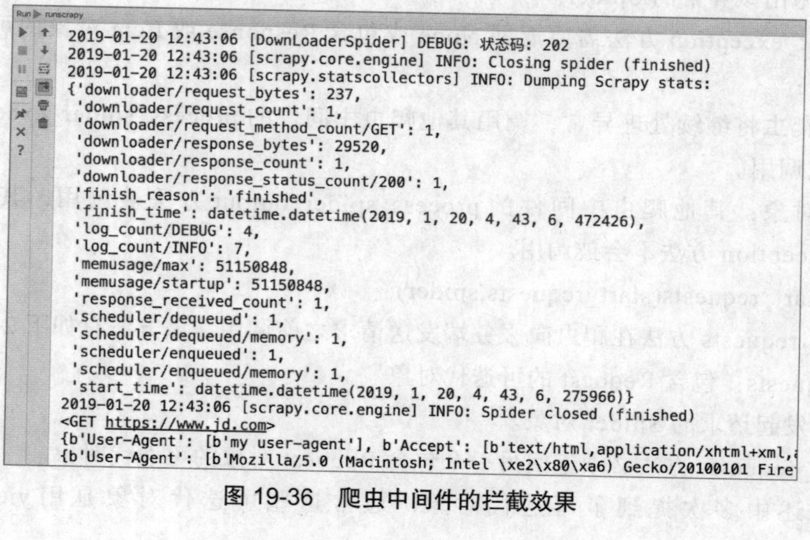

```
2019-01-20 12:43:06 [DownLoaderSpider] DEBUG: 状态码: 202
2019-01-20 12:43:06 [scrapy.core.engine] INFO: Closing spider (finished)
2019-01-20 12:43:06 [scrapy.statscollectors] INFO: Dumping Scrapy stats:
{'downloader/request_bytes': 237,
 'downloader/request_count': 1,
 'downloader/request_method_count/GET': 1,
 'downloader/response_bytes': 29520,
 'downloader/response_count': 1,
 'downloader/response_status_count/200': 1,
 'finish_reason': 'finished',
 'finish_time': datetime.datetime(2019, 1, 20, 4, 43, 6, 472426),
 'log_count/DEBUG': 4,
 'log_count/INFO': 7,
 'memusage/max': 51150848,
 'memusage/startup': 51150848,
 'response_received_count': 1,
 'scheduler/dequeued': 1,
 'scheduler/dequeued/memory': 1,
 'scheduler/enqueued': 1,
 'scheduler/enqueued/memory': 1,
 'start_time': datetime.datetime(2019, 1, 20, 4, 43, 6, 275966)}
2019-01-20 12:43:06 [scrapy.core.engine] INFO: Spider closed (finished)
<GET https://www.jd.com>
{b'User-Agent': [b'my user-agent'], b'Accept': [b'text/html,application/xhtml+xml,
{b'User-Agent': [b'Mozilla/5.0 (Macintosh; Intel \xe2\x80\xa6) Gecko/20100101 Fire
```

图 19-36　爬虫中间件的拦截效果

使用爬虫中间件时应注意以下两点。

（1）尽管声明爬虫中间件和下载器中间件时都需要指定优先级，但这两类中间件的优先级之间没有任何联系，互相独立。

（2）如果同时使用爬虫中间件和下载器中间件，这两类中间件的方法会交替被调用。对于本例来说，很明显，在向服务端发送请求之前，爬虫中间件的 process_start_requests 方法的调用要早于下载器中间件的 process_request 方法，所以当调用 process_request 方法时，HTTP 请求头的 User-Agent 字段已经被修改。而爬虫中间件的 process_spider_input 方法要晚于下载器中间件的 process_response 方法，所以最终输出的响应状态码是 202，而不是 201。

19.3.7 Item 管道

Item 管道的英文名是 Item Pipeline。前面已经不止一次使用了 Item 管道，相信大家也一定了解 Item 管道的基本用法。通过如图 19-1 所示的 Scrapy 架构图可以了解 Item 管道的作用。图中最左侧是 Item 管道，在爬虫产生 Item 之后调用。当爬虫解析完 Response 之后，Item 就会传递到 Item 管道中，被定义的 Item 管道组件会按顺序调用，完成一连串的处理工作，例如，数据清洗、存储等。

Item 管道的主要功能有如下几点：

（1）数据清理，主要清理 HTML 数据。

（2）校验抓取的数据，检查抓取的字段数据。

（3）查重并丢弃重复的内容。

（4）数据存储，也就是将抓取的数据保存到数据库（如 SQLite、MySQL、Mongodb 等）中。

Item 管道是一个普通的 Python 类，需要在 pipelines.py 文件中定义。与中间件类一样，也需要实现一些方法，大多数方法是可选的，但必须实现 process_item(item, spider) 方法，其他几个可选的方法如下：

（1）open_spider(spider)。

（2）close_spider(spider)。

（3）from_crawler(cls,crawler)。

这些方法的详细描述如下：

➤ process_item(item, spider)

process_item 是必须实现的方法，Item 管道会默认调用这个方法对 Item 进行处理。例如，在这个方法中可以进行数据清洗或将数据写入数据库等操作。该方法必须返回 Item 类型的值或者抛出一个 DropItem 异常。

process_item 方法的参数有如下两个。

（1）item：当前被处理的 Item 对象。

（2）spider：生成 Item 的 Spider 对象。

process_item 方法根据不同的返回值类型会有不同的行为，返回值类型如下：

（1）Item 对象：该 Item 会被低优先级的 Item 管道的 process_item 方法处理，直到所有的 process_item 方法被调用完毕。

（2）DropItem 异常：当前 Item 会被丢弃，不再进行处理。

➤ open_spider(spider)

open_spider 方法是在 Spider 开启时自动调用的。在这个方法中可以做一些初始化操作，如打开数据库连接、初始化变量等。其中 spider 就是被开启的 Spider 对象。

➤ close_spider(spider)

close_spider 方法是在 Spider 关闭时自动调用的。在该方法中可以做一些收尾工作，如关闭数据库连接、删除临时文件等。其中 spider 就是被关闭的 Spider 对象。

➤ from_crawler(cls,crawler)

from_crawler 方法是一个类方法，用 @classmethod 标识，是一种依赖注入的方式。参数 cls 的类型是 Class，最后会返回一个 Class 实例。通过参数 crawler 可以拿到 Scrapy 的所有核心组件，如全局配置的每个信息，然后创建一个 Pipeline 实例。

【例 19.13】 本例抓取"360 图片"网站中的美女图片，并将这些美女图片的相关信息（如 URL、标题等）保存在 MySQL 数据库与 MongoDB 数据库中。

由于本例涉及 MySQL 数据库与 MongoDB 数据库，所以在运行本例提供的源代码之前，需要先安装 MySQL 和 MongoDB。

现在首要的任务就是分析"360 图片"网站中的图像是如何显示在浏览器页面上的，换句话说，就是浏览器是如何获取这些图片的 URL 的。

通常来讲，这类图片展示网站，尤其是图片搜索展示网站，会采用异步的方式来展示图片。也就是说，页面中非图像展示部分（静态部分）会用同步的方式显示，然后通过 AJAX 技术以及 Restful API[1]的方式获取图片的 URL 以及其他相关信息，最后将图片显示在页面的相关位置，这就是往往图片展示网站上的图片都是后出来的原因。[1]

了解了图片展示网站可能的实现原理，现在就来验证推测。首先通过 https://image.so.com 进入"360 图片"首页（这里推荐 Chrome 浏览器）。然后在页面右键菜单中单击"检查"命令，会打开浏览器开发者工具。然后单击如图 19-37 所示的"美女"标签。

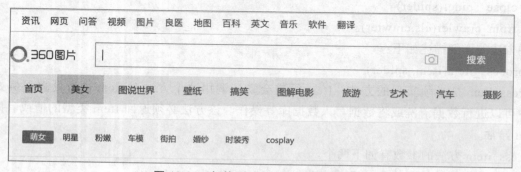

图 19-37 切换到"美女"图片展示页面

这时切换到开发者工具的 Network 标签，然后将图片展示页面向下滑动，可以显示更多的图片，这是因为当页面往下拉时，前端页面会不断向服务端发送请求来获取还未显示的图片的相关信息。通

---

[1] Restful API 是轻量级的 API，通常用于与服务端进行交互，一般是基于 HTTP/HTTPS 的，数据以 JSON 格式在网络中传输。

过这种方式，可以得到更完整的 Restful API URL。

按照以上步骤操作，会发现 Network 标签下方显示了很多 URL，单击 XHR 标签，只显示与 API 返回信息相关的 URL，会看到如图 19-38 所示的几个 URL。

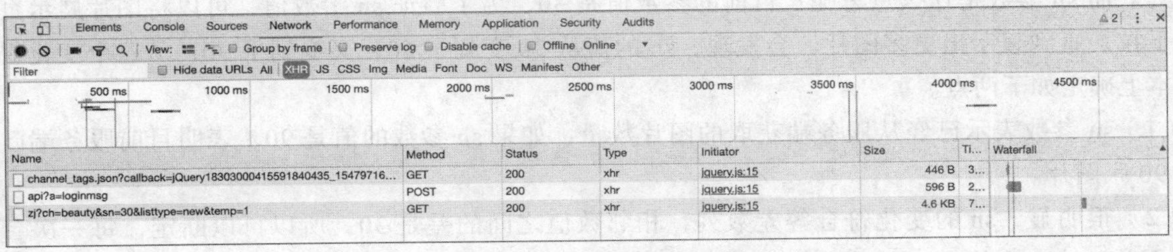

图 19-38　定位 Restful API URL

读者可以按顺序单击这些 URL，当单击最后一个 URL 时，在右侧的 Preview 标签页中显示的返回信息正好是 JSON 格式的，展开这些信息，会看到如图 19-39 所示的内容。很明显，里面包含了所有需要的信息，包括图像 URL、标题等。

图 19-39　Restful API 返回的信息

现在对"360 图片"网站的初步分析已经结束，至少找到了 Restful API 的 URL，下一步就是来分析这个 URL 的参数了。

单击如图 19-39 所示的 Headers 标签，看到如图 19-40 所示的 General 部分，其中 Request URL 就是 Restful API 的完整 URL。

图 19-40　获得完整的 Restful API URL

现在已经获得了如下的完整 URL。

```
https://image.so.com/zj?ch=beauty&sn=30&listtype=new&temp=1
```

接下来可以根据当前访问的内容来推断这个 URL 的参数的含义，例如，ch 参数的值是 beauty，由于现在搜索的是美女图片，所以可以断定，这个参数是用来指定搜索图片类型的，beauty 就代表美女图片。而 sn 参数是什么意思呢？目前的参数值是 30，为了验证 sn 参数值，可以将图片展示页面继续往下拉，直到显示出更多图片，会发现，sn 的值从 30 变到了 60，又变到了 90，从这个变化规律可以基本上确定如下两点。

（1）sn 参数表示已经从服务端获取的图片数量，如果 sn 参数的值是 90，表明目前服务端已经获取了 90 张图片。

（2）很明显，sn 的变化符合等差数列，相邻数值之间的差是 30，所以可以断定，每一次会获取 30 张图片。这一点从 Preview 页面显示出来的图像信息列表的数量也可以得到佐证。

到现在为止，已经获得了所有必要的信息，URL 后面那两个参数是固定的，直接按照上文的介绍发送给服务端即可。现在万事俱备，只差写程序抓取美女图片了。

首先创建一个名为 Images360 的爬虫项目，目录结构如图 19-41 所示。读者可以用命令 scrapy startproject 创建，也可以手工按如图 19-41 所示的目录结构创建爬虫项目（或直接复制其他的爬虫项目，然后修改目录名）。

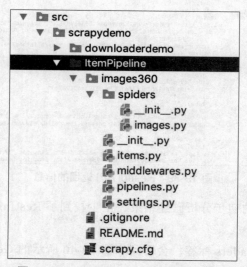

图 19-41 ItemPipeline 爬虫的目录结构

由于"360 图片"网站可以展示的图片几乎是无限多的，为了不让硬盘被撑爆，最好限制最大的抓取页数，可以将最大抓取页数作为配置信息放到 settings.py 文件中，代码如下：

实例位置： src/scrapydemo/ItemPipeline/images360/settings.py

```
MAX_PAGE = 50                    # 最大抓取页数，MAX_PAGE 只是一个普通的变量，可以任意起名
```

如果将最大抓取页数设置成 50，按每页 30 张图片算，最多可以抓取 1500 张图片。

接下来编写抓取图片的爬虫程序。

实例位置： src/scrapydemo/ItemPipeline/images360/spiders/images.py

```
from scrapy import Spider, Request
```

```
from urllib.parse import urlencode
import json
from images360.items import ImageItem

class ImagesSpider(Spider):
    name = 'images'
    start_urls = ['http://images.so.com/']
    def start_requests(self):
        # 定义 Restful API URL 的参数
        data = {'ch': 'beauty', 'listtype': 'new'}
        # 定义 Restful API 的基 URL
        base_url = 'https://image.so.com/zj?'
        # 通过 for-in 循环向服务端请求 MAX_PAGE 参数指定的次数
        for page in range(1, self.settings.get('MAX_PAGE') + 1):
            # 产生每次提交的 sn 参数的值
            data['sn'] = page * 30
            # 将 data 编码成 URL 参数（主要是转换某些无法放在 URL 中的特殊字符，如空格）
            params = urlencode(data)
            # 组成完整的 URL
            url = base_url + params
            # 通过 yield 实现一个产生器，只有读取，才会返回当前的 Request
            yield Request(url, self.parse)
    # 分析 HTTP 响应信息（Response）
    def parse(self, response):
        # 将 HTTP 响应信息抓好为 JSON 对象
        result = json.loads(response.text)
        # 得到 list 属性中每一个元素
        for image in result.get('list'):
            # 下面的代码将 json 对象中的属性值赋给 ImageItem 中对应的属性
            item = ImageItem()
            item['id'] = image.get('imageid')
            item['url'] = image.get('qhimg_url')
            item['title'] = image.get('group_title')
            item['thumb'] = image.get('qhimg_thumb_url')
            yield item
```

应当注意，parse 方法通过 yield 语句返回每一个图像对应的 Item 对象，这个 Item 对象需要交由 Item 管道处理。

在 ImagesSpider 爬虫中涉及一个 ImageItem 类，该类的实例也就是交由 Item 管道处理的 Item 对象，由 parse 方法返回。ImageItem 类的代码如下：

实例位置：src/scrapydemo/ItemPipeline/images360/items.py

```
from scrapy import Item, Field
class ImageItem(Item):
    # 定义 MySQL 表名和 MongoDB 数据集合名
    collection = table = 'images'
    id = Field()
    url = Field()
    title = Field()
    thumb = Field()
```

在 ImageItem 类中定义了 collection 和 table 变量，值是 images。爬虫在抓取图片数据后，会将相关信息保存到 MySQL 数据库的 images 表和 MongoDB 数据库的 images 数据集合中。

下一步就是编写 Item 管道，将图片信息保存到 MySQL 数据库和 MongoDB 数据库中。要往数据库中写数据，需要连接数据库的信息，如域名或 IP、数据库名、用户名、密码等。这些信息可以直接在 settings.py 文件中配置，代码如下：

实例位置： src/scrapydemo/ItemPipeline/images360/settings.py

```
# 用于连接 MongoDB 数据库的信息
MONGO_URI = 'localhost'
MONGO_DB = 'images360'


# 用于连接 MySQL 数据库的信息
MYSQL_HOST = 'localhost'
MYSQL_DATABASE = 'images360'
MYSQL_USER = 'root'
MYSQL_PASSWORD = '12345678'
MYSQL_PORT = 3306
```

从上面的配置信息可以看出，MongoDB 和 MySQL 的数据库名都是 images360，MySQL 的用户名是 root、密码是 12345678，在运行本例之前，读者需要将这些信息修改成自己机器上的对应信息。并在 MySQL 数据库中创建一个名为 images360 的数据库和一个名为 images 的表，结构如图 19-42 所示。MongoDB 数据库不需要事先建立，爬虫会自动创建 MongoDB 数据库以及相应的数据集合。

	#	名字	类型	排序规则	属性	空	默认
☐	1	**id**	varchar(100)	utf8_general_ci		否	无
☐	2	**url**	varchar(200)	utf8_general_ci		否	无
☐	3	**title**	varchar(100)	utf8_general_ci		否	无
☐	4	**thumb**	varchar(200)	utf8_general_ci		否	无

图 19-42 images 表的结构

完成所有的准备工作后，在 pipelines.py 文件中编写 3 个 Item 管道类，分别用来将图片保存到本地（ImagePipeline）、保存到 MySQL 数据库（MysqlPipeline）和保存到 MongoDB 数据库（MongoPipeline）。

实例位置： src/scrapydemo/ItemPipeline/images360/pipelines.py

```
import pymongo
import pymysql
from scrapy import Request
from scrapy.exceptions import DropItem
from scrapy.pipelines.images import ImagesPipeline


# 将图片保存到 MongoDB 数据库
```

```python
class MongoPipeline():
    def __init__(self, mongo_uri, mongo_db):
        # 传入连接 MongoDB 数据库必要的信息
        self.mongo_uri = mongo_uri
        self.mongo_db = mongo_db

    @classmethod
    def from_crawler(cls, crawler):
            # 这个 cls 就是 MongoPipeline 类本身，这里创建了 MongoPipeline 类的实例
        return cls(
            mongo_uri=crawler.settings.get('MONGO_URI'),
            mongo_db=crawler.settings.get('MONGO_DB')
        )
    # 开启 Spider 时调用
    def open_spider(self, spider):
        # 连接 MongoDB 数据库
        self.client = pymongo.MongoClient(self.mongo_uri)
        self.db = self.client[self.mongo_db]
    # 处理 Item 对象
    def process_item(self, item, spider):
        # 获取数据集的名字（本例是 images）
        name = item.collection
        # 向 images 数据集插入文档
        self.db[name].insert(dict(item))
        return item

    def close_spider(self, spider):
        # 关闭 MongoDB 数据库
        self.client.close()


# 将图片保存到 MySQL 数据库
class MysqlPipeline():
    def __init__(self, host, database, user, password, port):
        self.host = host
        self.database = database
        self.user = user
        self.password = password
        self.port = port

    @classmethod
    def from_crawler(cls, crawler):
        # 创建 MysqlPipeline 类的实例
        return cls(
            host=crawler.settings.get('MYSQL_HOST'),
            database=crawler.settings.get('MYSQL_DATABASE'),
            user=crawler.settings.get('MYSQL_USER'),
            password=crawler.settings.get('MYSQL_PASSWORD'),
            port=crawler.settings.get('MYSQL_PORT'),
```

```
            )

        def open_spider(self, spider):
            # 连接 MySQL 数据库
            self.db = pymysql.connect(self.host, self.user, self.password, self.database,
charset='utf8',port=self.port)
            self.cursor = self.db.cursor()

        def close_spider(self, spider):
            # 关闭 MySQL 数据库
            self.db.close()

        def process_item(self, item, spider):
            print(item['title'])
            data = dict(item)
            keys = ', '.join(data.keys())
            values = ', '.join(['%s'] * len(data))
            sql = 'insert into %s (%s) values (%s)' % (item.table, keys, values)
            # 将与图片相关的数据插入 MySQL 数据库的 images 表中
            self.cursor.execute(sql, tuple(data.values()))
            self.db.commit()
            return item

    # 将图片保存到本地
    class ImagePipeline(ImagesPipeline):
        # 返回对应本地图像文件的文件名
        def file_path(self, request, response=None, info=None):
            url = request.url
            file_name = url.split('/')[-1]
            return file_name
        # 过滤不符合条件的图片
        def item_completed(self, results, item, info):
            image_paths = [x['path'] for ok, x in results if ok]
            if not image_paths:
                # 抛出异常，剔除当前下载的图片
                raise DropItem('Image Downloaded Failed')
            return item
        # 根据当前 URL 创建 Request 对象，并返回该对象，Request 对象会加到调度队列中准备下载该图像
        def get_media_requests(self, item, info):
            yield Request(item['url'])
```

ImagePipeline 类从 ImagesPipeline 类派生，ImagesPipeline 是 Scrapy 的内建类，用于下载图像文件。ImagesPipeline 类会默认读取 Item 的 image_urls 字段，并认为该字段是一个列表形式，它会遍历 Item 的 images_urls 字段，然后取出每个 URL，并下载该 URL 对应的图片。

在 ImagePipeline 类中重写了 ImagesPipeline 类的一些方法，这些方法的含义如下：

（1）file_path 方法：request 参数就是当前下载对应的 Request 对象，这个方法用来返回保存的文件名，本例直接将图片链接的最后一部分作为文件名，在实际应用中，也可以用随机的方式产生文件名，或使用其他任何方式产生文件名。

（2）item_completed 方法：当单个 Item 对象完成下载后调用该方法。因为不是每张图片都会下载成功，所以需要在该方法中分析下载结果，并剔除下载失败的图片。如果某张图片下载失败，那么就不需要将这样的图片保存到本地和数据库中。results 参数是 Item 对应的下载结果，是一个列表形式的值，每一个列表元素是一个元组，其中包含了下载成功或失败的信息。本例遍历下载结果找出所有下载成功的图片（保存在一个列表中）。如果列表为空，那么该 Item 对应的图片就下载失败，随即抛出 DropItem 异常并忽略该 Item，否则返回该 Item，表明此 Item 有效。

（3）get_media_requests 方法：item 参数是抓取生成的 Item 对象。将它的 url 字段取出来，然后直接生成 Request 对象。这个 Request 对象会加入调度队列，等待被调用，并下载 URL 对应的图像文件。

最后在 settings.py 文件中声明前面编写的 3 个 Item 管道类，并为 ImagePipeline 类指定图像下载的本地路径，在默认情况下，ImagesPipeline 类会自动读取 settings.py 文件中名为 IMAGES_STORE 的变量值作为存储图片文件的路径。

实例位置： src/scrapydemo/ItemPipeline/images360/settings.py

```
ITEM_PIPELINES = {
    'images360.pipelines.ImagePipeline': 666,
    'images360.pipelines.MongoPipeline': 667,
    'images360.pipelines.MysqlPipeline': 668,
}

IMAGES_STORE = './images'
```

现在运行爬虫，会看到在 PyCharm 的 Console 中输出类似如图 19-43 所示的日志信息，表明爬虫正在抓取图片，并将这些图片保存到本地以及数据库中。

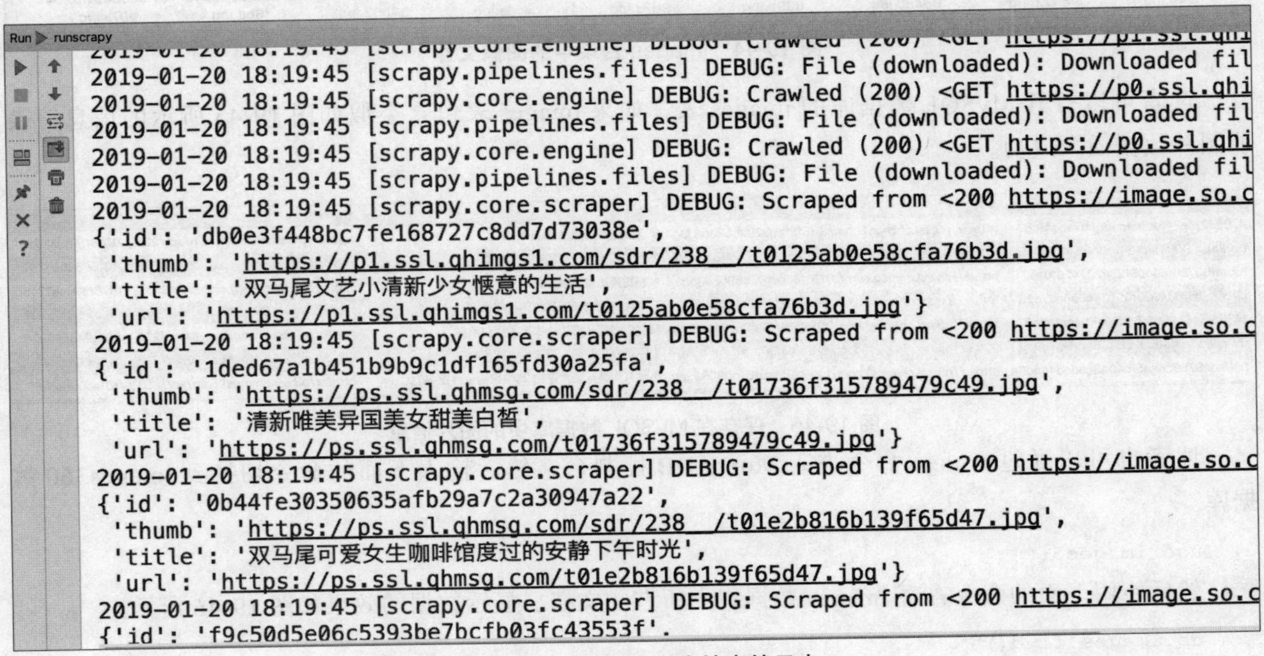

图 19-43　images 爬虫输出的日志

在抓取图片的过程中，会看到在 spiders 目录下多了一个 images 目录，这就是保存本地图片的目录。读者可以打开该目录，会看到 images 目录中有很多图像文件，如图 19-44 所示。

图 19-44 images 目录中的图像文件

读者可以打开 MySQL 数据库的 images 表，如果 images 表包含类似如图 19-45 所示的信息，表明图片数据插入成功。

id	url	title	thumb
478a3216e74fee1e4a469cb7ebd4fc67	https://p0.ssl.qhimgs1.com/t018f5fdc820ab52b6a.jpg	90后清纯气质美女森系写真	https://p0.ssl.qhimgs1.com/sdr/238__/t018f5fdc820a...
8b125ba19034f7af543f2d35ad67f489	https://p0.ssl.qhimgs1.com/t01663de1647f2ef5c0.jpg	冬日游园红衣少女暖暖温馨写真	https://p0.ssl.qhimgs1.com/sdr/238__/t01663de1647f...
e1daff037bdfc4405f28e207429f0183	https://ps.ssl.qhmsg.com/t0176f63cca77cb9089.jpg	乡村甜美短发少女户外写真	https://ps.ssl.qhmsg.com/sdr/238__/t0176f63cca77cb...
cb2a8dc7f5d4993f0f4f14c664ad7c23	https://ps.ssl.qhmsg.com/t01ed1eb2f02b237d2f.jpg	在桃花林里的清纯美女体态轻盈	https://ps.ssl.qhmsg.com/sdr/238__/t01ed1eb2f02b23...
1430a2fe6b96bfc65deeb6baec1b9b83	https://p3.ssl.qhimgs1.com/t01e248a82c26a9eb13.jpg	短发白嫩妹子海边泳衣展露雪白肌肤	https://p3.ssl.qhimgs1.com/sdr/238__/t01e248a82c26...
d81c68a8d7fedb92eb9319af491709cd	https://p5.ssl.qhimgs1.com/t01fd32e98afe127e8b.jpg	猫性美女宜家购物高清写真图片	https://p5.ssl.qhimgs1.com/sdr/238__/t01fd32e98afe...
b99adc97b9c6aa5fc4049caded44ed9a	https://p3.ssl.qhimgs1.com/t01ab088e5f67d09083.jpg	小辛月刘楚恬晒六连拍 其实想拍证件照–萌女	https://p3.ssl.qhimgs1.com/sdr/238__/t01ab088e5f67...

图 19-45 保存在 MySQL 数据库中的图片信息

读者也可以通过 mongo 命令进入 MongoDB 控制台，然后输入下面的命令切换到 images360 数据库。

```
use images360
```

然后使用下面的命令查看 images 数据集中所有的文档。显示数据的效果如图 19-46 所示。

```
db.images.find()
```

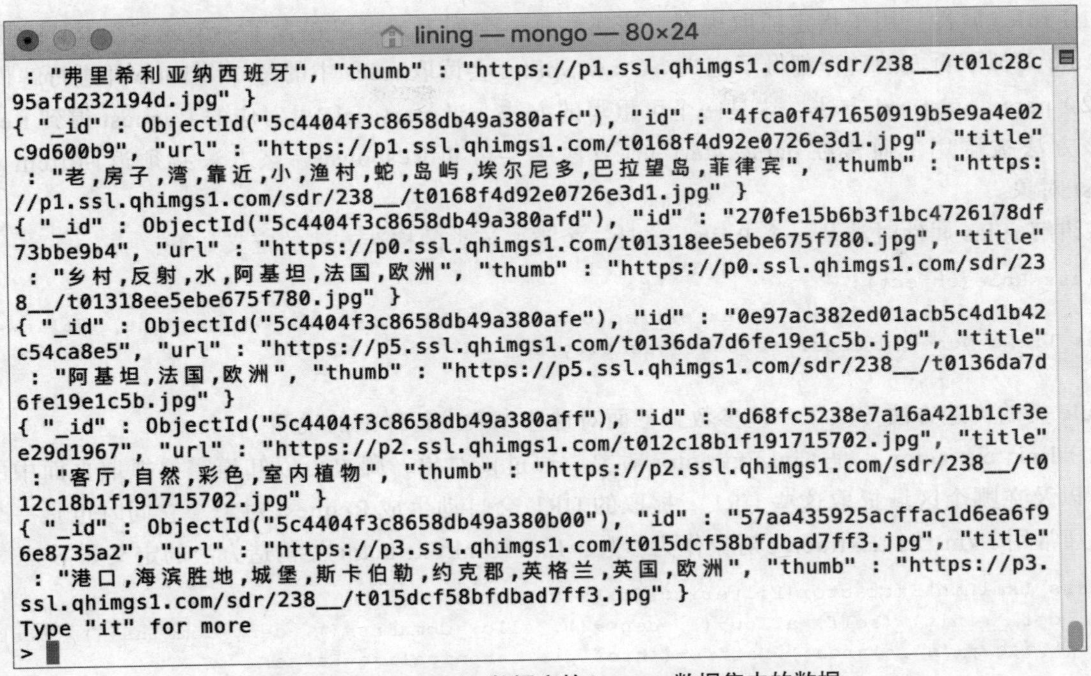

: "弗里希利亚纳西班牙", "thumb" : "https://p1.ssl.qhimgs1.com/sdr/238__/t01c28c
95afd232194d.jpg" }
{ "_id" : ObjectId("5c4404f3c8658db49a380afc"), "id" : "4fca0f471650919b5e9a4e02
c9d600b9", "url" : "https://p1.ssl.qhimgs1.com/t0168f4d92e0726e3d1.jpg", "title"
 : "老,房子,湾,靠近,小,渔村,蛇,岛屿,埃尔尼多,巴拉望岛,菲律宾", "thumb" : "https:
//p1.ssl.qhimgs1.com/sdr/238__/t0168f4d92e0726e3d1.jpg" }
{ "_id" : ObjectId("5c4404f3c8658db49a380afd"), "id" : "270fe15b6b3f1bc4726178df
73bbe9b4", "url" : "https://p0.ssl.qhimgs1.com/t01318ee5ebe675f780.jpg", "title"
 : "乡村,反射,水,阿基坦,法国,欧洲", "thumb" : "https://p0.ssl.qhimgs1.com/sdr/23
8__/t01318ee5ebe675f780.jpg" }
{ "_id" : ObjectId("5c4404f3c8658db49a380afe"), "id" : "0e97ac382ed01acb5c4d1b42
c54ca8e5", "url" : "https://p5.ssl.qhimgs1.com/t0136da7d6fe19e1c5b.jpg", "title"
 : "阿基坦,法国,欧洲", "thumb" : "https://p5.ssl.qhimgs1.com/sdr/238__/t0136da7d
6fe19e1c5b.jpg" }
{ "_id" : ObjectId("5c4404f3c8658db49a380aff"), "id" : "d68fc5238e7a16a421b1cf3e
e29d1967", "url" : "https://p2.ssl.qhimgs1.com/t012c18b1f191715702.jpg", "title"
 : "客厅,自然,彩色,室内植物", "thumb" : "https://p2.ssl.qhimgs1.com/sdr/238__/t0
12c18b1f191715702.jpg" }
{ "_id" : ObjectId("5c4404f3c8658db49a380b00"), "id" : "57aa435925acffac1d6ea6f9
6e8735a2", "url" : "https://p3.ssl.qhimgs1.com/t015dcf58bfdbad7ff3.jpg", "title"
 : "港口,海滨胜地,城堡,斯卡伯勒,约克郡,英格兰,英国,欧洲", "thumb" : "https://p3.
ssl.qhimgs1.com/sdr/238__/t015dcf58bfdbad7ff3.jpg" }
Type "it" for more

图 19-46　MongoDB 数据库的 images 数据集中的数据

19.3.8　通用爬虫

前面已经讲解的爬虫都是抓取一个或几个页面，然后分析页面中的内容，这种爬虫可以称为专用爬虫，通常是用来抓取特定页面中感兴趣的内容，例如，某个城市的天气预报信息，或特定商品的信息等。除了专用爬虫外，还有一类爬虫应用非常广泛，这就是通用爬虫。这种爬虫需要抓取的页面数量通常非常大。例如，像 Google、百度这样的搜索引擎就是使用这种通用爬虫抓取了整个互联网的数据，然后经过复杂的处理，最终将处理过的数据保存到分布式数据库中，通过搜索引擎查到的最终结果其实是经过整理后的数据，而数据的最初来源是利用通用爬虫抓取的整个互联网的数据。但对于大多数人来说，是没必要抓取整个互联网的数据的，即使抓取了，这么大量的数据也没有那么多硬盘来存放。不过为了研究通用爬虫，可以选择抓取某个网站的满足一定规则的数据，本节就会利用通用爬虫抓取网站中的新闻数据，但在讲解如何实现抓取新闻的通用爬虫之前，先要介绍两个重要的工具：CrawlSpider 和 Item Loader。

1. CrawlSpider

CrawlSpider 是 Scrapy 提供的一个通用爬虫。CrawlSpider 是一个类，编写的爬虫类可以直接从 CrawlSpider 派生。CrawlSpider 类可以通过指定一些规则让爬虫抓取页面中特定的内容，这些规则需要通过专门的 Rule 指定，爬虫会根据 Rule 来确定当前页面中哪些 URL 需要提取，以及是否继续抓取这些 URL 对应的 Web 页面。

CrawlSpider 类从 Spider 类继承，除了拥有 Spider 类的所有方法和属性外，还提供了一个非常重要的属性和一个方法：

（1）rules 属性：用于指定抓取规则，该属性是一个列表，可以包含了一个或多个 Rule 对象。每一个 Rule 对抓取页面的动作都做了定义。CrawlSpider 会读取 rules 中的每一个 Rule 并进行解析。

（2）parse_start_url 方法：这是一个可重写的方法。当 start_urls 里对应的 Request 得到 Response 时，该方法被调用，通常在 parse_start_url 方法中会分析 Response。该方法必须返回 Item 对象或 Request 对象。

在讲解 rules 属性时涉及一个 Rule，这是一个类，该类的构造方法的定义如下：

```
class Rule(object):
    def __init__(self, link_extractor, callback=None, cb_kwargs=None, follow=None,
process_links=None, process_request=identity):
        ... ...
```

Rule 类的构造方法传入了一些参数，下面对这些参数进行详细的说明。

（1）link_extractor：是 LinkExtractor 对象。通过该对象，爬虫可以知道需要抓取页面中的哪些 URL，以及在哪个区域提取这些 URL。提取的 URL 会自动生成 Request 对象。它同时也是一个数据结构，通常用 LxmlLinkExtractor 对象作为参数，LxmlLinkExtractor 类构造方法的定义如下：

```
class LxmlLinkExtractor(FilteringLinkExtractor):
    def __init__(self, allow=(), deny=(), allow_domains=(), deny_domains=(), restrict_
xpaths=(),tags=('a', 'area'), attrs=('href',), canonicalize=False,
                 unique=True, process_value=None, deny_extensions=None, restrict_
css=(),
                 strip=True):
        ...
```

LxmlLinkExtractor 类通过构造方法传入一些参数，常用参数的详细说明如下：

① allow：一个正则表达式或正则表达式列表，该参数定义了当前页面有哪些 URL 符合提取条件，只有符合这些条件的 URL 才会被提取。

② deny：与 allow 参数相反，满足 deny 指定的条件的 URL 不会被提取。

③ allow_domains：定义了符合要求的域名，只有包含这些域名的 URL 才会被提取，可以用该属性限定只提取本网站的 URL。

④ deny_domains：与 allow_domains 属性相反，相当于域名黑名单。

⑤ restrict_xpaths：定义了提取 URL 的区域，爬虫只会提取该属性指定区域内符合条件的 URL。

⑥ restrict_css：与 restrict_xpaths 属性的功能类似，只是需要通过 CSS 选择器指定提取 URL 的区域。

除了这些参数外，还有一些其他参数，但这些参数的使用频率不高，对这些参数感兴趣的读者可以参考官方文档的说明。

https://doc.scrapy.org/en/latest/topics/link-extractors.html

（2）callback：回调函数，每次按照 link_extractor 属性指定的规则获取 URL，向服务端发送 Request，获取 Response 后，就会调用 callback 属性指定的回调函数，该函数接收一个 Response 对象，表示 Request 返回的响应结果。callback 函数必须返回一个包含 Item 对象或 Request 对象的列表。注意，不要使用 parse 作为回调函数。由于 CrawlSpider 使用 parse 方法来实现其逻辑，如果 parse 方法被覆盖了，那么 CrawlSpider 将会运行失败。

（3）cb_kwargs：字典类型的参数，包含传递给回调函数的参数值。

（4）follow：布尔类型的参数，其中只能是 True 或 False，该参数指定根据规则从 Response 提取出来的 URL 是否需要跟进。如果 callback 参数值为 None，follow 的默认值是 True，否则默认值是 False。

（5）process_links：指定处理函数，根据规则提取 URL 时该函数会被调用，通常在该函数中过滤提取的 URL。

（6）process_request：同样是处理函数，在根据规则提取 URL 后会自动创建 Request，然后会调用该处理函数，通常用于对 Request 进行处理。该函数必须返回 Request 或 None。

2. Item Loader

在前面的描述中了解到可以利用 CrawlSpider 的 Rule 来定义页面的抓取逻辑，这是可配置化的一部分内容。但 Rule 并没有对 Item 的创建方式做规定。对于 Item 的创建，需要借助 ItemLoader 来实现。

ItemLoader 提供了一种便捷的机制来帮助用户方便地创建 Item。它提供了一系列 API 可以分析原始数据，并对 Item 的相应属性进行赋值。Item 对象是用于保存抓取数据的容器，而 ItemLoader 提供的是填充容器的机制。有了 ItemLoader，提取数据会变得更容易。

下面是 ItemLoader 类构造方法的定义。

```
class ItemLoader(object):
    def __init__(self, item=None, selector=None, response=None, parent=None,
**context):
    ... ...
```

ItemLoader 类的构造方法包含了若干个参数，下面是对常用参数的说明。

（1）item：待填充的 Item 对象，通常是 Item 的子类的实例，在 Item 对象中会包含与抓取数据对应的属性。

（2）selector：Selector 对象，用来提取填充数据的选择器。

（3）response：当前正常处理的 Response 对象。

下面是一个比较典型的使用 ItemLoader 填充 Item 对象的案例。

```
def parse_item(self, response):
    loader = NewsLoader(item=ProductItem(), response=response)
    loader.add_xpath('name', '//div[@id="name"]/text()')
    loader.add_css ('price', 'p#price')
    loader.add_value('country', 'China')
    return loader.load_item()
```

在这个案例中，首先创建了 ProductItem 类的实例，该类的父类是 Item。ProductItem 类中包含了 name、price 和 country 属性，分别通过 add_xpath、add_css 和 add_value 方法使用 XPath、CSS 选择器和值的方式为这 3 个属性赋值，最后通过 load_item 方法返回填充后的 Item 对象。

另外，ItemLoader 的每个字段中都包含了一个输入处理器（Input Processor）和一个输出处理器（Output Processor）。输入处理器收到数据时会立刻提取数据，处理结果会被收集起来，并保存在 ItemLoader 中，但不分配给 Item。收集到所有的数据后，load_item 方法被调用来用这些数据填充 Item 对象。在调用时会先调用输出处理器来处理之前收集到的数据，然后再保存到 Item 中，这时的

Item 就是最终生成的 Item 对象。

下面介绍一些内置的处理器（Processor）。

（1）Identity

Identity 是最简单的 Processor，不进行任何处理，直接返回原来的数据，代码如下：

```python
class Identity(object):
    def __call__(self, values):
        # 直接返回原来的数据
        return values
```

（2）TakeFirst

TakeFirst 返回列表的第一个非空值，也就是返回第一个不为 None 或空串的列表元素值，通常会作为 Output Processor。TakeFirst 的实现代码如下：

```python
class TakeFirst(object):

    def __call__(self, values):
        for value in values:
            if value is not None and value != '':
                return value
```

使用 TakeFirst 的代码案例如下：

```python
from scrapy.loader.processors import TakeFirst
processor = TakeFirst()
print(processor(['','hello',3,5])  # 输出 hello
```

（3）Join

Join 处理器用于将列表中每个元素首尾相接合成一个字符串，每个列表元素之间默认的分隔符是空格，其实 Join 处理器内部调用了 Python 内建函数 join 来连接列表中的每一个元素。Join 类的源代码如下：

```python
class Join(object):
    def __init__(self, separator=u' '):
        self.separator = separator
    def __call__(self, values):
        return self.separator.join(values)
```

下面是 Join 处理器的一个典型应用案例。

```python
from scrapy.loader.processors import Join
processor = Join()
print(processor(['I', 'love', 'you','.'])
```

运行结果如下：

```
I love you .
```

（4）Compose

Compose 处理器允许将多个处理器或函数组合在一起使用，Compose 类构造方法的参数允许传入多个处理器或函数，当前一个处理器或函数处理完，会将结果传递给下一个处理器或函数，以此类推，直到执行完最后一个处理器或函数为止。功能有点像 Linux 的管道命令，通过竖线（|）分隔多个命令，

前一个命令会将执行结果传递给下一个要执行的命令。

下面是 Compose 处理器的典型用法。

```
from scrapy.loader.processors import Compose
# 将列表元素连接起来，然后截取连接后字符串的首尾字符
processor = Compose(Join(),lambda s: s.strip())
print(processor(['   I', 'love', 'you','.   ']))
```

运行结果如下：

```
I love you .
```

（5）MapCompose

与 Compose 类似，MapCompose 可以迭代处理一个列表输入值，代码如下：

```
from scrapy.loader.processors import MapCompose
# 将列表元素连接起来，然后截取连接后字符串的首尾字符
processor = MapCompose(str.upper,lambda s: s.strip())
print(processor(['   I ', 'love ', 'you ']))
```

运行结果如下：

```
['I', 'LOVE','YOU']
```

（6）SelectJmes

SelectJmes 可以通过 key 获得 JSON 对象的 value，不过需要先安装 jmespath 库才可以使用 SelectJmes，安装命令如下：

```
pip3 install jmespath
```

安装好 jmespath，就可以使用 SelectJmes 了，代码如下：

```
from scrapy.loader.processors import SelectJmes
processor = SelectJmes('name')
print(processor({'name':'Bill'}))
```

运行结果如下：

```
Bill
```

【例 19.14】 本例编写一个通用爬虫，抓取"中华网"的互联网类的新闻内容。链接为 https://tech.china.com/internet/。

在编写通用爬虫之前首先要分析"中华网"的互联网类新闻内容的结构是怎样的，然后才能按照规则抓取相关的内容。现在进入互联网类新闻页面，如图 19-47 所示。

可以看到如图 19-47 所示的页面包含了若干条新闻，在页面的最下方是一行数字链接，可以切换到不同的页面，每一个页面显示一定数目的新闻。这是目前新闻类网站常用的页面布局。现在最关键的是了解页面的 HTML 代码是如何显示新闻的，以便用爬虫提取感兴趣的数据。

在新闻页面右击，单击"检查"命令，会显示开发者工具页面，在 Elements 标签页中会看到当前页面的源代码，找到新闻对应的 HTML 代码，如图 19-48 所示。

目的是在如图 19-48 所示的 HTML 源代码中找到可以过滤出新闻 URL 的条件。经过观察会发现，每一条新闻都在一个 `<div>` 标签中，标签的 id 都是 left_side，这个可以作为第一个过滤条件，另外，所有的 URL 都在 `<a>` 标签中，而这些 `<a>` 标签都在另一个 `<div>` 中，这个 `<div>` 标签的 class 属性值

是 con_item，而这个 <div> 标签又在 id 为 left_sise 的 <div> 标签中，所以可以将这两个条件综合一下作为爬虫抓取区域的过滤条件。class 属性值为 con_item 的 <div> 标签对应的 XPath 代码如下：

```
//*[@id="left_side"]/div[@class="con_item"]
```

图 19-47　"中华网"互联网类新闻页面

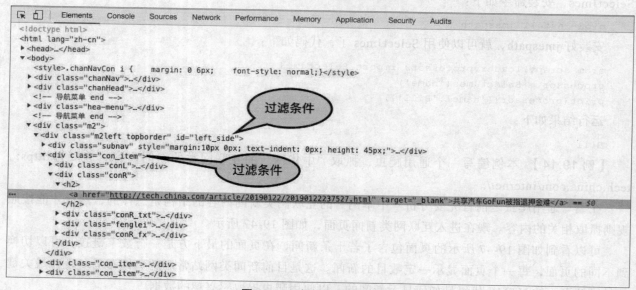

图 19-48　新闻页面的源代码

这样就将所有包含 <a> 标签的 HTML 代码过滤出来了，这些代码可以作为提取 URL 的区域，可以用 restrict_xpaths 参数指定上面的 XPath。

由于只需要过滤扩展名是 html 的 URL，但在提取 URL 的区域内还有其他类型的 URL，如图像 URL，所以要使用 allow 参数通过下面的 XPath 代码指定只抓取文件扩展名是 html 的 URL。

```
article\/.*\.html
```

由于新闻不是一页，通过页面最下方页码链接，可以切换到不同序号的新闻页面。所以在抓取当前页面中的新闻后，还需要自动跳转到下一个页面，然后继续使用同一个规则抓取，直到没有满足要求的 URL 为止。

可以定位到页码链接的 HTML 代码部分，如图 19-49 所示。

```
▼<div class="pages" id="pageStyle">
  <a class="a1">1161条</a>
  <a href="http://tech.china.com/internet/index.html" class="a1">上一页</a>
  <span>1</span>
  <a href="http://tech.china.com/internet/index_2.html">2</a>
  <a href="http://tech.china.com/internet/index_3.html">3</a>
  <a href="http://tech.china.com/internet/index_4.html">4</a>
  <a href="http://tech.china.com/internet/index_5.html">5</a>
  <a href="http://tech.china.com/internet/index_6.html">6</a>
  <a href="http://tech.china.com/internet/index_7.html">7</a>
  <a href="http://tech.china.com/internet/index_8.html">8</a>
  <a href="http://tech.china.com/internet/index_9.html">9</a>
  <a href="http://tech.china.com/internet/index_10.html">10</a>
  ".."
  <a href="http://tech.china.com/internet/index_39.html">39</a>
  <a href="http://tech.china.com/internet/index_2.html" class="a1">下一页</a>
  <!--/NEXPAGE-->
</div>
```

图 19-49　页面跳转的 HTML 代码

这段代码的规则很简单，所有的页面跳转 URL 都是 html 页面，只是页面文件的名字以序号结尾，如 http://tech.china.com/internet/index_2.html 表示第 2 页的新闻。

由于页码太多，一行不可能显示所有的页码，所以在第 10 页后使用了省略号，最后一项是"下一页"的链接，所以最好的方式就是每次只跟进下一页的链接，直到没有下一页为止，因此，只需提取包含"下一页"文本的 <a> 标签的 URL 即可。所以可以使用下面的 XPath 规则只提取包含"下一页"的 <a> 标签中的 URL。

`//div[@id="pageStyle"]//a[contains(., "下一页")]`

现在所有的提取规则都已经搞定了，接下来就可以正式开始编写可以抓取"中华网"所有互联网类新闻的通用爬虫，步骤如下。

1．创建工程

使用下面的命令创建一个 Scrapy 项目，读者也可以复制其他的 Scrapy 项目，然后修改其中的代码。项目的目录结构如图 19-50 所示。如果读者的项目是从其他项目复制过来的，或用其他方式创建的项目，也可以按如图 19-50 所示的目录结构修改文件名和目录名（如果文件或目录不存在，可以按目录结构创建相应的文件和目录）。

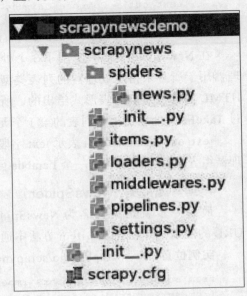

图 19-50　scrapynews 目录结构

```
scrapy startproject scrapynews
```

2. 编写 NewsItem 类

爬虫需要将抓取的新闻数据放到 Item 对象中，所以要先编写一个 NewsItem 类，该类从 Item 继承，代码如下：

实例位置： src/scrapydemo/scrapynewsdemo/scrapynews/items.py

```python
from scrapy import Field, Item

class NewsItem(Item):
    title = Field()          # 新闻标题
    text = Field()           # 新闻内容
    datetime = Field()       # 新闻发布日期
    source = Field()         # 新闻来源
    url = Field()            # 新闻在中华网的 URL
    website = Field()        # 网站名，本例是 "中华网"
```

3. 编写 NewsLoader 类

在生成 Item 对象时需要一个 ItemLoader，所以要编写一个从 ItemLoader 类继承的 NewsLoader 类用于对 Item 对象中的字段值进行处理，代码如下：

实例位置： src/scrapydemo/scrapynewsdemo/scrapynews/loaders.py

```python
from scrapy.loader import ItemLoader
from scrapy.loader.processors import TakeFirst, Join, Compose

class NewsLoader(ItemLoader):
    # 默认的输出处理器，取所有未指定输出处理器的列表类型字段值的第 1 个非空值
    default_output_processor = TakeFirst()
    # 将 text 列表字段的每一个元素值连接起来，然后去掉首尾两端的空格
    text_out = Compose(Join(), lambda s: s.strip())
    # 将 source 列表字段的每一个元素值连接起来，然后去掉首尾两端的空格
    source_out = Compose(Join(), lambda s: s.strip())
```

在 NewsLoader 类中使用了 3 个处理器，分别是 TakeFirst、Compose 和 Join。其中 TakeFirst 处理器用于所有未指定处理器的列表类型字段，得到列表的第 1 个非空元素值。由于通过 XPath 获取的 HTML 内容都是以列表形式给出的，所以即使获取的值只有一个，也是放在一个列表中，因此，要通过 TakeFirst 处理器得到列表的第 1 个元素值。

text_out 和 source_out 表示 text 字段和 source 字段的输出处理器，这两个处理器都使用 Compose 处理器组合了 Join 处理器和一个 Lambda 函数，这说明 text 字段和 source 字段都是列表类型。

4. 编写爬虫类（NewsSpider）

最后一步就是编写名为 NewsSpider 的爬虫类。NewsSpider 类通过 rules 变量指定了两个提取 URL 的规则，并在 parse_item 方法中通过 NewsLoader 对象处理抓取的每一条新闻数据。

实例位置： src/scrapydemo/scrapynewsdemo/scrapynews/spiders/news.py

```python
from scrapy.linkextractors import LinkExtractor
from scrapy.spiders import CrawlSpider, Rule
```

```
from scrapynews.items import *
from scrapynews.loaders import *

class NewsSpider(CrawlSpider):
    # 爬虫的名字
    name = 'news'
    # 只抓取域名是 tech.china.com 的 Url
    allowed_domains = ['tech.china.com']
    # 定义入口 URL
    start_urls = ['https://tech.china.com/internet/']
    # 定义提取 URL 的规则, 第 1 个 Rule 对象定义了如何提取页面中的 URL, 第 2 个 URL 定义了如何
    # 提取 "下一页" 的 URL
    rules = (
            Rule(LinkExtractor(allow='article\/.*\.html', restrict_xpaths='//div[@
id="left_side"]//div[@class="con_item"]'),
                callback='parse_item'),
            Rule(LinkExtractor(restrict_xpaths='//div[@id="pageStyle"]//a[contains(., "下
一页")]'))
    )
    # 提取每一条新闻的相关数据
    def parse_item(self, response):
        loader = NewsLoader(item=NewsItem(), response=response)
        loader.add_xpath('title', '//h1[@id="chan_newsTitle"]/text()')
        loader.add_value('url', response.url)
        loader.add_xpath('text', '//div[@id="chan_newsDetail"]//text()')
        loader.add_xpath('datetime', '//div[@id="chan_newsInfo"]/text()', re='(\d+-
\d+-\d+\s\d+:\d+:\d+)')
        loader.add_xpath('source', '//div[@id="chan_newsInfo"]/text()', re=' 来  源:
(.*)')
        loader.add_value('website', '中华网')
        # 用产生器返回 NewsItem 对象
        yield loader.load_item()
```

在阅读 NewsSpider 类的代码时应注意如下两点。

（1）rules 变量中定义的两个 Rule 对象都未指定 follow 参数。如果不指定 follow 参数，而且指定了 callback 参数，那么 follow 参数值默认是 false。也就是说，爬虫会在提取符合规则的 URL 后，抓取这个 URL 对象的 Web 页面，然后调用 callback 参数指定的回调函数对抓取的 Web 数据进行分析，本例是 parse_item。当分析完 Web 页面后，爬虫将不会再对 Web 页面中的任何 URL 进行跟进。对于第 2 个 Rule 对象，未指定 follow 参数，同样也未指定 callback 参数，所以爬虫在抓取满足条件的 URL 对应的 Web 页面后，会继续利用 rules 变量中定义的规则对这个新 Web 页面进行分析。这也符合逻辑，因为第 2 个 Rule 对象定义的是 "下一页" 的 URL，这个 URL 与入口点的 URL 在内容上是相近的，所以需要使用同样的方式进行分析。

（2）parse_item 方法最后使用了 yield 关键字，将 parse_item 方法变成一个产生器，只有对这个产生器进行迭代（通常会放到循环语句中），才会不断返回新的 NewsItems 对象。

现在运行 NewsSpider 爬虫，如果看到类似如图 19-51 所示的输出结果，说明爬虫成功抓取了 "中华网" 的互联网类新闻。

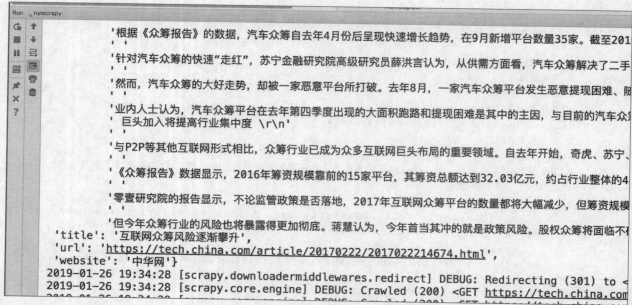

图 19-51 正在抓取"中华网"的互联网类新闻

19.4 小结

本章花了大量篇幅讲解如何用 Scrapy 框架编写各种类型的爬虫，这一章的内容对于深入学习 Scrapy 框架至关重要，因为后面的章节会更深入介绍 Scrapy 框架，例如，如何将 Scrapy 与 Docker、Selenium 对接、如何使用分布式框架等。所以读者一定要认真学习本章的内容。

第 20 章

综合爬虫项目：可视化爬虫

到现在为止，已经学习了相当多的爬虫知识，包括各种网络库、分析库、多线程爬虫、基于 Selenium 和 Appium 的爬虫，以及 Scrapy 爬虫框架。在前面的章节中也提供了大量的爬虫项目，不过这些爬虫应用都有一个共同点，都是控制台程序，需要直接在命令行中运行。但对于大型的爬虫项目，如果没有 GUI 接口，控制起来是很费劲的。而且，抓取数据并不是目的，最终的目的是如何利用这些抓取到的数据，从这些数据中提取出有价值的东西，也就是数据处理。爬虫也是很多高端应用的数据源，如搜索引擎、深度学习、图像识别等。所以本章提供了一个综合的爬虫项目，让读者学习到如何将前面学习到的爬虫知识和其他领域的知识结合起来，完成一个带有 GUI 的爬虫应用。本项目涉及的技术包括网络技术、数据分析技术、数据可视化技术、PyQt5、多线程、数据库、Web 技术、自然语言分析等。

爬虫项目路径：src/projects/spider

20.1 项目简介

这个爬虫项目的主要功能是根据关键字搜索当当图书商品，然后获取商品页数以及每页的商品数，单击"抓取商品列表"按钮，会根据关键字搜索图书商品，并抓取搜索出的商品信息，最后将这些抓取到的商品显示在用 PyQt5 实现的窗口中，如图 20-1 所示。

抓取到的商品信息会保存到 SQLite 数据库，单击"装载商品列表"按钮，会从 SQLite 数据库中重写装载商品列表。

单击每一件商品前面的"开始抓取和分析（3 个线程）"按钮，会使用 3 个线程同时抓取该商品的评论数据，然后在按钮下方显示每一个线程所抓取的评论数，右侧会显示所抓取评论的平均情感指数，也就是评论的情绪。值在 0~1，1 是完美的情绪，没有任何负面情绪。

单击图书封面，会弹出如图 20-2 所示的对话框。该对话框通过柱状图和折线图按月展示了该商品的评论数的变化。

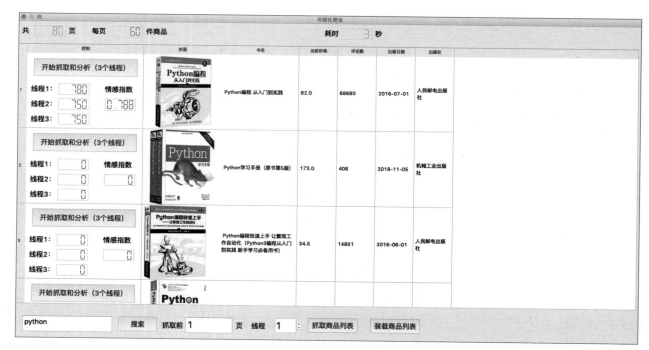

图 20-1 可视化爬虫主界面

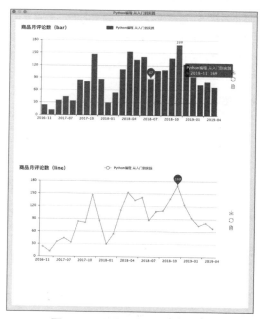

图 20-2 按月统计商品评论数

如果读者不熟悉 PyQt5，可以参考《 Python 从菜鸟到高手》一书的第 19 章，或参考下面的视频课程。本章将会直接使用 PyQt5 的相应 API 来完成这个可视化爬虫应用。

https://study.163.com/course/courseMain.htm?courseId=1006246004&share=2&shareId=400000000393006

20.2 主界面设计和实现

整个项目采用 QtDesigner 设计,效果如图 20-3 所示。保存这个界面的文件是 main.ui。

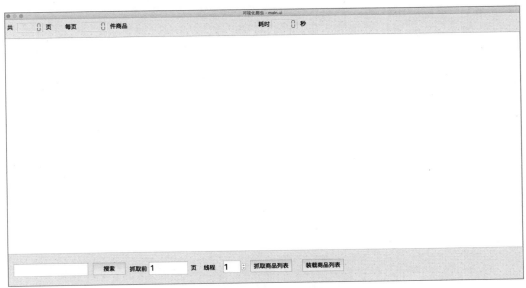

图 20-3 用 QtDesigner 设计的 UI

QtDesigner 是 PyQt5 的 UI 可视化设计工具,在 Anaconda 中已经包含了 QtDesigner 工具。由于这个项目需要使用 PyQt5,所以可以使用下面的命令安装 PyQt5。

```
pip install pyqt5
```

接下来使用下面的命令将 main.ui 转换为 main.py 文件,以便在 Python 中使用前面设计的主界面。

```
python -m PyQt5.uic.pyuic main.ui -o main.py
```

本项目通过 run.py 脚本文件作为入口点,首先要运行这个文件,代码如下:

```
# run.py
import sys
import main
from main_event import *
from PyQt5.QtGui import *
from PyQt5.QtWidgets import QApplication, QMainWindow
# 用于绑定信号与槽
def bind_event(ui):
    ... ...

if __name__ == '__main__':
    app = QApplication(sys.argv)
    MainWindow = QMainWindow()
    ui = main.Ui_MainWindow()
    main_event = MainEvent(ui)
    # 调用 setupUi 方法动态创建控件
    ui.setupUi(MainWindow)
```

```
bind_event(ui)
# 显示窗口
MainWindow.show()
# 当窗口关闭后会退出程序
sys.exit(app.exec_())
```

其中 bind_event 函数用于绑定信号与槽，在后面会介绍。

20.3 获取商品页数和每页商品数

绝大多数控件的事件代码都在 MainEvent 类中，该类在 main_event.py 文件中，"抓取商品列表"按钮的单击事件（槽）方法是 onclick_search，代码如下：

```
# main_event.py
class MainEvent(QObject):
    def __init__(self,ui):
        self.ui = ui
... ...
    def onclick_search(self):
        # 需要加 self，否则会释放
        self.search_thread = SearchSpider('search',self.ui.textedit_keyword.
toPlainText())
        # 为自定义信号绑定槽
        self.search_thread.sendmsg.connect(lambda page_number,every_page_goods_number
:self.search_callback(page_number,every_page_goods_number))
        self.search_thread.start()
```

onclick_search 方法中创建了一个 SearchSpider 对象，这个对象负责搜索商品，并获取商品页数以及每页商品数。在本章会多次提到信号与槽的概念。其实槽就相当于事件、信号事件方法的引用。在 PyQt5 中，如果使用多线程抓取数据，是不能直接将数据显示在主线程创建的控件中的，需要使用槽将数据传给主线程。所以在项目中会多次使用信号与槽。

现在分析如何在当当网搜索商品，以及如何获取搜索到的商品页数，读者可以进入当当网，然后以 Python 作为关键字进行搜索，右上角会显示搜索的页数，如图 20-4 所示，这就是要提取的数据，至于每页有多少个商品，统计一下就知道了。如果读者需要更详细的信息，可以按照前面章节介绍的方法进行分析。

图 20-4 商品页数

SearchSpider 类在 spider.py 文件中，该类是线程类，需要从 QThread 类继承，SearchSpider 类的代码如下：

```
# spider.py
class SearchSpider (QThread,BaseSpider):    # 继承父类 threading.Thread
    sendmsg = pyqtSignal(int,int)
```

```
def __init__(self,name,keyword):
    super(SearchSpider, self).__init__()
    self.name = name
    # 用于搜索商品的 URL
    self.url = 'http://search.dangdang.com/?key={}&act=input'.format(keyword)
    self.keyword = keyword


def run(self):
    print('<<<<<<<<<<<<<< 线程 ',self.name,' 开始运行 >>>>>>>>>>>>>>')
    html = BaseSpider.get_content(self.url)
    doc = pq(html)
    # 获取商品页数
    result1 = doc('#go_sort > div > div.data > span:nth-child(3)')
    result2 = doc('#component_59 > li')
    # 得到每页商品数
    every_page_goods_number = len(result2)
    try:
        # 发送消息，将数据发送给相应的槽，然后更新相应的控件
        self.sendmsg.emit(int(result1.text()[1:]),every_page_goods_number)
    except Exception as e:
        print(e)
    print('<<<<<<<<<<<<<< 线程 ', self.name, ' 结束运行 >>>>>>>>>>>>>>')
```

在 SearchSpider 类中还继承了一个名为 BaseSpider 的类，这个类是所有爬虫类的父类，实现了一个名为 get_content 的方法，用于获取特定 URL 对应的页面的内容，该类的代码如下：

```
# spider.py
class BaseSpider:
    def get_content(url):
        content = requests.get(url, headers=headers)
        if content.status_code == 200:
            return content.text
        return None
```

20.4　并发抓取商品列表

抓取商品列表的实现与抓取商品页数的方式类似，同样在 spider.py 文件中实现。这个功能由 GoodsPageSpider 类完成，代码如下：

```
class GoodsPageSpider (QThread,BaseSpider):

    # page_index: 当前抓取的页索引，从 1 开始
    # get_url: 回调函数
    def __init__(self, name, goods_list_spider):
        super(GoodsPageSpider, self).__init__()
        self.name = name
        self.goods_list_spider = goods_list_spider
        self.goods_list = []
    # 将图像保存到本地
```

```python
    def save_image(self,index,url):
        try:
            if not os.path.exists('images'):
                os.mkdir('images')
            r = requests.get(url)
            # 不加扩展名，自动识别
            filename = str(index).zfill(8)
            with open('images/' + filename, 'wb') as f:
                f.write(r.content)
        except:
            pass
    # 线程运行方法
    def run(self):
        print('<<<<<<<<<<<<<<< 线程 ', self.name, ' 开始运行 >>>>>>>>>>>>>>>')
        # 循环从 URL 池中获取评论页面 URL，然后抓取相应页面的商品列表
        while True:
            url = self.goods_list_spider.get_url()
            if url == "":
                break;

            result = urlparse(url)
            page_index = int(parse_qs(result.query)['page_index'][0])
            html = BaseSpider.get_content(url)
            doc = pq(html)
            # 获取当前商品页面中所有的商品数据，每一个商品在一个 li 节点中
            liList = doc('#component_59 > li')
            every_page_goods_number = len(liList)
            start_index = every_page_goods_number * (page_index - 1) + 1

            for li in liList.items():
                goods_info = []
                title = li('a.pic').attr.title
                now_price = li('span.search_now_price').text()[1:]
                pre_price = li('span.search_pre_price').text()[1:]
                comment_num = li('a.search_comment_num').text()[:-3]
                publication_date = li('p.search_book_author > span:nth-child(2)').text()[1:]

                publisher = li('p.search_book_author > span:nth-child(3) > a').text()
                image_url = li('a > img').attr['data-original']
                if image_url == None:
                    image_url = li('a > img').attr.src
                goods_url = li('a').attr.href

                goods_info.append(start_index)
                goods_info.append(title)
                goods_info.append(now_price)
                goods_info.append(pre_price)
                goods_info.append(comment_num)
                goods_info.append(publication_date)
                goods_info.append(publisher)
```

```
            goods_info.append(image_url)
            goods_info.append(goods_url)
            # 保存当前商品的图像
            self.save_image(start_index,image_url)
            self.goods_list.append(goods_info)
            print(" 线程 ",self.name,':',goods_info)
            start_index += 1

        print('<<<<<<<<<<<<<<< 线程线程 ', self.name, ' 结束运行 >>>>>>>>>>>>>>')
```

在 GoodsPageSpider 类中，除了抓取商品列表数据外，还将每一个商品的封面图使用 save_image 方法保存到本地的 images 目录中，如图 20-5 所示。这里并没有加扩展名，这是因为当当网上的商品的封面图有的使用 png 格式，有的使用 jpeg 格式，所以这里没有使用文件扩展名，在加载图像时让程序自动识别图像格式。

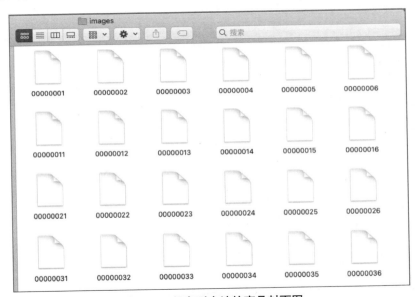

图 20-5 保存到本地的商品封面图

20.5 数据库操作类

由于这个项目需要操作 SQLite 数据库，所以需要实现一个 Database 类，用来创建数据库以及完成插入数据，查询数据等操作。

```
# database.py
import sqlite3
import os

class Database:
    def __init__(self):
        self.db_path = 'goods.sqlite'
```

```python
    # 打开数据库，如果数据库文件不存在，则创建数据库
    def open(self,clear_data = True):

        if not os.path.exists(self.db_path):
            self.conn = sqlite3.connect(self.db_path)
            c = self.conn.cursor()
            c.execute('''CREATE TABLE t_goods_list
             (id INT PRIMARY KEY       NOT NULL,
              title            TEXT    NOT NULL,
              now_price        REAL     NOT NULL,
              pre_price        REAL     NOT NULL,
              comment_num      INT      NOT NULL,
              publication_date DATE NOT NULL,
              publisher TEXT NOT NULL,
              image_url TEXT,
              goods_url TEXT NOT NULL

              );

              ''')
            c.execute('''
                        CREATE TABLE t_goods_comment_list
                                (goods_id INT     NOT NULL,
                                 detail           TEXT,
                                 score            INT,
                                 time             DATETIME,
                                 sentiment        REAL
                                 );
                        ''', {})
            self.conn.commit()
            # 关闭数据库连接
            print('成功创建数据库')
        else:  # 打开数据库
            self.conn = sqlite3.connect(self.db_path)
            if clear_data:
                c = self.conn.cursor()
                c.execute('''
                  DELETE FROM t_goods_list;
                 ''')

                self.conn.commit()
    # goods_list是一个包含列表（元组）的列表，可以一次性插入多条记录
    def insert_goods_list(self,goods_list):
        c = self.conn.cursor()
        c.executemany('INSERT INTO t_goods_list values (?,?,?,?,?,?,?,?,?)', goods_list)
        self.conn.commit()
    # 获取全部商品信息
    def select_goods_list(self):
        c = self.conn.cursor()
```

```
        goods_list = c.execute('SELECT * FROM t_goods_list ORDER BY id')
        result = []
        for goods in goods_list:
            goods_info = {}
            goods_info['title'] = goods[1]
            goods_info['price'] = goods[2]
            goods_info['comment_num'] = goods[4]
            goods_info['publication_date'] = goods[5]
            goods_info['publisher'] = goods[6]
            goods_info['image_url'] = goods[7]
            goods_info['goods_url'] = goods[8]
            result.append(goods_info)
        return result
    def close(self):
        print(' 数据库已经关闭 ')
        self.conn.close()

# 一次性插入多条商品评论数据
    def insert_goods_comment_list(self,goods_comment_list):
        c = self.conn.cursor()

        c.executemany('INSERT INTO t_goods_comment_list values (?,?,?,?,?)', goods_
comment_list)
        self.conn.commit()
    # 根据商品 id，删除特定商品的所有评论数据
    def delete_goods_comment_list(self,goods_id):
        c = self.conn.cursor()
        c.execute('''
                    DELETE FROM t_goods_comment_list WHERE goods_id=?;
                ''',[goods_id])
        self.conn.commit()
    # 按月分组统计特定商品的评论数
    # 如果 goods_id 等于 -1，表示按月获取所有商品的评论数
    def get_comment_count_list_for_month(self,goods_id = -1):
        c = self.conn.cursor()

        goods_comment_list = c.execute('''
            select * from (
                select goods_id,substr(time,1,7) as month,count(time) as c from t_
goods_comment_list
                group by goods_id,substr(time,1,7) ) where goods_id=? and c > 10
order by month
            ''',[goods_id])

        result = []

        for goods_comment in goods_comment_list:

            goods_comment_info = {}
            goods_comment_info['goods_id'] = goods_comment[0]
```

```
            goods_comment_info['month'] = goods_comment[1]
            goods_comment_info['count'] = goods_comment[2]
            result.append(goods_comment_info)
        return result
```

20.6 情感分析

这个项目需要对评论数据的文本信息进行分析，得到情感指数，也就是用户是好评、中评或差评，这里要使用一个文本语义分析库 snownlp，这是一个第三方的 Python 库，需要使用下面的命令安装。

```
pip install snownlp
```

snownlp 本身使用机器学习算法对文本进行分析，模型已经训练完成，只需直接调用相应的 API 即可。snownlp 除了可以计算出文本的情感指数，还有很多其他功能，如中文分词、提取摘要、提取关键字等。

下面的代码对两段文本进行分析，计算出这两段文本的情感指数，以及其他信息。

```
# snownlp_demo.py
from snownlp import SnowNLP
s = SnowNLP('坑！买的纸质＋电子书，结果只收到电子书的，纸质就没发货，也联系不到客服。')
s1 = SnowNLP('这本书分成好，赞一个，5分满分，Yeah')
# 对 s 进行分词
print(s.words)
print("s 的情感指数：",s.sentiments )
print("s1 的情感指数：",s1.sentiments )
# 获取 s 的前 3 个关键字
print(s.keywords(3))
# 获取 s 的前 3 条摘要
print(s.summary(3))
```

运行程序，会输出如图 20-6 所示的内容。

图 20-6 分析文本

从语义上可以直观地看出，s 文本明显是差评，s1 文本明显是好评。所以 s 文本的情感指数是 0.0029，而 s1 的情感指数高达 0.95。

20.7 抓取和分析商品评论数据

抓取商品评论数据使用了多线程技术，实现方法与第18章介绍的方式类似，本节只给出抓取商品评论数据的部分，更详细的实现代码，请读者查看随书带的项目源代码。

抓取和分析商品评论数据的功能由 GoodsCommentPageSpider 类实现，代码如下：

```python
# spider.py
class GoodsCommentPageSpider (QThread,BaseSpider):
    progress = pyqtSignal(int,int,float)
    # page_index: 当前抓取的页索引，从 1 开始
    # get_url: 回调函数
    def __init__(self, thread_id,name, goods_comment_spider):
        super(GoodsCommentPageSpider, self).__init__()
        self.name = name
        self.finished_comment_num = 0
        self.thread_id = thread_id
        self.goods_comment_spider = goods_comment_spider
        self.goods_comment_list = []


    def run(self):
        print('<<<<<<<<<<<<<< 线程 ', self.name, ' 开始运行 >>>>>>>>>>>>>>')
        while True:

            try:
                # 从 URL 队列中获取评论页的 URL
                url = self.goods_comment_spider.get_url()
                if url == "":
                    break;
                # 获取某一页的评论内容（JSON 格式）
                json_str = BaseSpider.get_content(url)
                json_obj = json.loads(json_str)
                # 具体的评论内容是通过 json 数据中的 html 属性提供的，这个属性值是 HTML 代码
                # 所以还需要对 HTML 代码进行解析
                html = json_obj['data']['list']['html']
                # 使用 pyquery 对 HTML 代码进行解析
                doc = pq(html)
                comment_items = doc('.comment_items')
                # 处理所有的评论信息
                for item in comment_items.items():
                    # 提取评分
                    comment_score = item('em').text()
                    comment_score = comment_score[0:len(comment_score) - 1]
                    describe_detail = item('.describe_detail').text()
                    if describe_detail == "":
                        continue
                    # 对评论数据进行情感分析
                    s = SnowNLP(describe_detail)
                    # 提取评论时间
```

```
                                comment_time = item('.starline > span:first-child').text()
                                comment = []
                                comment.append(self.goods_comment_spider.goods_id)
                                comment.append(describe_detail)
                                comment.append(comment_score)
                                comment.append(comment_time)
                                comment.append(s.sentiments)

                                self.goods_comment_list.append(comment)
                                self.finished_comment_num += 1
                                # 通过触发信号，更新抓取评论的进度
                    self.progress.emit(self.thread_id,self.finished_comment_num,s.sentiments)


                except:
                    pass
                print('<<<<<<<<<<<<<< 线程线程 ', self.name, ' 结束运行 >>>>>>>>>>>>>>')
```

20.8 可视化评论数据

本项目可以将抓取到的数据可视化，这里使用了 pyecharts 库，pyecharts 是一个用于生成 Echarts 图表的类库。Echarts 是百度开源的一个数据可视化 JS 库。

完成这个功能的代码在 MyLabel 类（一个自定义标签类）的 show_analysis_chart 方法中，代码如下：

```
# main_event.py
class MyLabel(QLabel):
    def show_analysis_chart(self,value):
        db = Database()
        # 打开 SQlite 数据库
        db.open(clear_data=False)
        # 获取评论分组数据
        comment_count_list = db.get_comment_count_list_for_month(self.index + 1)
        from pyecharts import Bar, Line
        attr = []
        v = []
        # 产生 pyecharts 库需要的数据
        for comment_count in comment_count_list:
            attr.append(comment_count['month'])
            v.append(comment_count['count'])

        bar = Bar(' 商品月评论数 (bar)')
        bar.add(self.book_title, attr, v, is_stack=False, mark_point=['average'])
        # 生成显示柱状图的页面
        bar.render('goods_comment_count_bar.html')
        line = Line(' 商品月评论数 (line)')
        line.add(self.book_title, attr, v, mark_point=["max"])
```

```
        #  生成显示折线图的页面

        line.render("goods_comment_count_line.html")
        #  显示数据可视化窗口
        ui = Ui_AanlysisChart()
        dialog = QDialog()
        #  调用 setupUi 方法动态创建控件
        ui.setupUi(dialog)
        #  垂直布局按照从上到下的顺序进行添加按钮部件。
        vlayout = QVBoxLayout()
        dialog.setWindowTitle(self.book_title)
        dialog.setLayout(vlayout)
        dialog.browser = QWebEngineView()
        vlayout.addWidget(dialog.browser)
        #  加载本地页面
        url =  os.getcwd() + '/chart.html'
        dialog.browser.load(QUrl.fromLocalFile(url))
        #  显示窗口
        dialog.exec()
        db.close()
```

上面的代码使用了一个 Ui_AanlysisChart 类来显示数据可视化窗口，这个类是通过 analysis_ chart.ui 文件自动生成的，该文件是数据可视化窗口的设计文件，可以通过前面介绍的方式生成对应的 analysis_chart.py 文件。在数据可视化窗口中主要的控件就是浏览 Web 页面的浏览器控件。

由于本项目需要生成柱状图和折线图，为了将这两个图放到同一个页面，所以本项目提供了一个 chart.html 文件，该文件将生成的显示柱状图和折线图的两个 HTML 文件合在了一起。chart.html 文件的代码如下：

```html
<!-- chart.html -->
<!DOCTYPE html>
<html>
<head>
    <meta charset="UTF-8">
    <title>图表</title>
</head>
<body >


    <div   style="width:98%; height:98%;position: absolute">
        <iframe src="goods_comment_count_bar.html" style="width:100%; height:50%;"
frameborder="0">
        您的浏览器不支持iframe，请升级
    </iframe>
        <iframe  src="goods_comment_count_line.html"  style="width:100%;  height:50%;"
frameborder="0">
        您的浏览器不支持iframe，请升级
    </iframe>
    </div>
</body>
```

20.9 小结

本章给出了可视化爬虫的核心代码，由于该项目代码太多，书中不可能全部给出，如果读者想查看完整的实现代码，请参考随书带的项目源代码。这个项目完整地演示了如何将多种技术结合起来实现一个完整的爬虫项目，希望本项目能起到抛砖引玉的作用。读者可以利用本项目涉及的知识开发出更强大的爬虫应用。

图 书 资 源 支 持

感谢您一直以来对清华大学出版社图书的支持和爱护。为了配合本书的使用，本书提供配套的资源，有需求的读者请扫描下方的"书圈"微信公众号二维码，在图书专区下载，也可以拨打电话或发送电子邮件咨询。

如果您在使用本书的过程中遇到了什么问题，或者有相关图书出版计划，也请您发邮件告诉我们，以便我们更好地为您服务。

我们的联系方式：

地　　址：北京市海淀区双清路学研大厦 A 座 701

邮　　编：100084

电　　话：010-83470236　　010-83470237

资源下载：http://www.tup.com.cn

客服邮箱：tupjsj@vip.163.com

QQ：2301891038（请写明您的单位和姓名）

科技传播·新书资讯

电子电气科技荟

资料下载·样书申请

书圈

用微信扫一扫右边的二维码，即可关注清华大学出版社公众号。